KB030325

실험설계분석

ANALYSIS OF EXPERIMENTAL DESIGN

| **성태제** 저 |

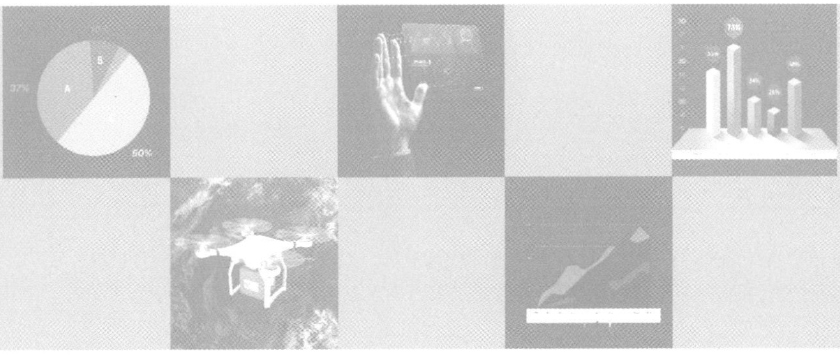

학지사

머리말

어떤 분을 만나는가가 인생을 결정하는 것과 같이 어떤 책으로 공부를 하는가도 큰 영향을 준다. 유학시절 2년간의 통계과목 TA를 마치고 실험설계분석실(laboratory of experimental design)의 상담역(consultant)으로 영전되었다. 담당 업무는 교수들의 연구, 대학병원의 실험, 주정부의 정책 과제, 때로는 박사 학위 논문에 대한 상담이었다.

질문 내용은 검사나 질문지 개발, 타당도와 신뢰도 분석, 표집 그리고 통계와 자료 분석에 대한 내용이었다. 특히 통계 분석과 해석에 대한 내용이 많은 부분을 차지하였다. 질문에 답을 주던 책이 Kirk가 쓴 제2판 『Experimental Design: Procedures for Behavioral Sciences』이었다. 이 책으로 실험설계 수업을 들었으며 상담할 때도 실험설계에 관한 한 성경책과 같아 옆에 두고 애지중지하며 너덜너덜할 정도로 참고하였다.

대학에 부임하여 실험설계 강의가 개설되지 않아 강의를 하지 못했고, 대학원 과정에 전공분야가 만들어지고 나서도 어떤 이유에서인지 실험설계 강의를 거의 하지 못했다. 아마도 교육학과의 특성상 실험을 중심으로 논문을 작성하는 대학원생이 많지 않아 그러지 않았나 하는 생각이 든다.

『Experimental Design』 제3판이 출간되었을 때 구입하여 책꽂이에 꼿아 두었고, 제4판을 보면서 공부할 때 나도 이런 책을 써 보아야겠다는 옛 생각이 되살아나기 시작하였다. Kirk 책을 자세히 보니 그전에 이해하고 풀었던 행렬에 대한 기억이 가물거리고 풀기가 어려워지는데, '내가 너무 멀리하고 있었구나' 하는 후회 그리고 '그래도 책을 집필해 보자'는 욕망이 혼재되어 어지러웠다. 행렬 이외의 내용들은 기억이 새록새록하고 옛날의 유학시절이 생각난다.

여러 고민을 하다가 정년을 앞두고 실험설계를 위한 책을 쓰기로 마음먹었다.

많은 학생이 애용하는 『현대기초통계학』을 확장하고 『알기 쉬운 통계분석』 책을 참고한다면 그리 어려운 일이 아니라는 생각이 들었다. 그보다도 더 중요한 것은 그 두 책을 읽은 독자들에게는 출간할 이 책이 도움이 될 것이라는 생각도 컸다. 이 책을 집필하는 데 많은 시간이 소요됨을 알기에 그전부터 조금씩 준비하였지만 안식년을 맞이하여 집필을 완성하려 한 것은 욕심이었다. 안식년 전에 목차와 기본 골격을 만들었고, 안식년 중에 많은 내용을 집필하였으나 만족스럽지 않아 초안을 수업에 사용하면서 많은 부분을 보강하였다. SPSS의 실행과 분석 그리고 연습문제 등이 보완되었다.

수식에 대한 기본적 이해를 강조하였으며, 실제 작은 자료를 손으로 계산하고 SPSS의 최신 버전인 24.0을 실행하여 두 부분을 연계시키려고 노력하였다. 이렇게 함으로써 통계적 원리와 분석방법 그리고 결과에 대한 이해를 높여 해석과 보고의 오류를 범하지 않도록 하고 싶었다. 아쉬운 점은 행렬과 관련한 수식을 포함하지 않았다는 것이다. 행렬을 이해하면 수식에 대한 복잡한 계산 절차를 간단히 이해할 수 있으나 굳이 행렬을 포함하지 않은 이유는 크게 두 가지다. 첫째는 내가 행렬에 대한 이해가 예전 같지 않다는 것이 큰 이유이고, 둘째는 이 책을 참고하는 독자들은 대부분 문과생이라 행렬을 깊이 이해하지 못할 것이라는 변명이 다른 이유이다. 이 점이 이 책의 한계임을 밝힌다. 행렬을 이해하는 독자는 Kirk 책을 참고하면 이해가 명료하고 더 쉬울 것이다. 그나마 이 정도로라도 실험설계분석이라는 책의 집필을 마침은 그전부터 해 보고 싶었던 일을 마무리할 수 있음에 반쪽의 행복감을 느낀다.

이 책을 집필함에 Kirk가 쓴 『Experimental Design』이 그리고 Marascuillo와 Serlin이 쓴 『Statistical Methods for Social and Behavioral Sciences』가 많은 도움을 주었다. 물론 Hays의 『Statistics』도 내가 즐겨 보았던 책이기에 세 권의 책을 보면서 공부한 내용이 이 책에 녹아 있음을 밝힌다. 그리고 그전에 내가 저술한 『현대기초통계학』의 책 내용이 이 책의 앞부분에 인용되었으며, 연장선상에 있음을 밝힌다. 『실험설계분석』이 행동과학을 위한 실험설계의 모든 질문에 대한 해답을 주기에는 부족한 점이 없지 않다. 그러므로 이 책은 더욱 보강될 것이며, 실험연구가들에게 도움을 줄 것을 기대한다.

유학시절 통계 과목을 흥미롭게 가르쳐 주신 Ron Serlin 교수님, 석사학위 지도 교수이셨던 Mike Subkoviak, 그리고 박사학위 지도교수이셨던 Frank Baker 세 분께 감사를 드린다.

이 책을 집필하는 과정에서 수업에 참여하면서 의견을 주었고 집필을 도와준 대학원생 이보람, 안선영, 곽예린에게 감사한다. 그들의 도움이 없었더라면 책의 수준이 지금에 이르지 못했을 것이고, 출판도 어려웠을 것임을 밝힌다. 이 책에 오류가 있으면 이는 전적으로 저자의 잘못이며 알려 주시면 감사한 마음으로 수정할 것이다. 내가 집필한 모든 책을 출간해 주고 관리하여 주는 학지사 김진환 사장에게 다시 감사의 말씀을 드린다. 특히 이 책에 수식이 많이 포함되었음에도 오탈자가 없게 편집하여 준 김순호 부장과 관계자께 고마움을 표한다.

2018년 1월

연구실에서 저자 성태제

전체 차례

차 례

제9장 분할구획 요인설계 / 299

제10장 일반화 무선구획설계 / 333

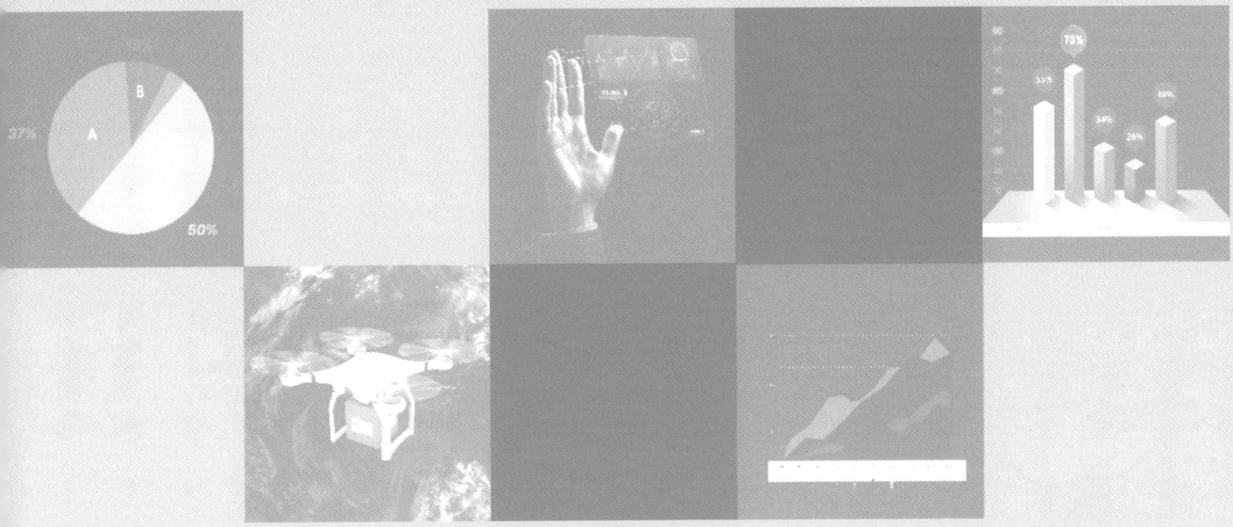

제1장
실험설계

실험설계 제1장

1.1 실험연구

실험연구(experimental study)란 실험을 통하여 얻은 결과를 분석하여 원인과 결과에 대한 이론을 정립하는 과정이다. 실험에서는 처치가 있고 처치에 따른 영향을 분석하고자 한다. 그러므로 실험연구는 원인과 결과(cause and effect)에 대한 연구이다.

사회 현상을 파악하기 위한 연구로는 조사연구가 있다. **조사연구**는 원인과 결과보다는 현재의 현상에 대한 사실을 밝히고자 한다. 조사연구와 실험연구 모두 사회과학 또는 경험과학에서 이론을 정립하고자 하는 중요한 연구방법이다. 조사연구는 처치를 가하지 않기 때문에 현상을 파악하는 연구로서 현재인 'is'에 관심이 집중되나, 실험연구는 처치에 따른 결과에 관심을 두어 'does'와 관련된 연구라 할 수 있다. 조사연구는 일반적으로 사회학을 위한 연구방법이고, 실험연구는 심리학을 위한 연구라고 분류할 수 있으나, 특정 전공 영역을 위한 연구방법이라기보다는 연구의 목적에 따라 사용한다.

실험연구는 통제의 정도에 따라 두 가지로 분류한다. 완벽한 통제하에서 처치변수의 영향을 완벽하게 분석할 수 있는 실험연구와 통제가 느슨한 준실험연구(quasi-experimental study)가 있다. 약이나 독극물의 효과를 알아보기 위하여 쥐와 같은 동물을 대상으로 하는 연구는 완벽하게 통제된 상황에서 처치변수에 대한 효과를 검증할 수 있다. 그러나 인간을 대상으로 하는 연구에서는 철저한 통제가 불가능하다. 이런 상황에서의 연구를 준실험연구라고 한다. Kirk(2013)는 통제가 완벽하지 못한 준실험설계는 실제적이거나 혹은 윤리적 이유에서 연구대상을 확률적으로 무선할당(random assignment)할 수 없는 연구라고 하였다. 아동 학대나 특별한 질병을 지니고 있는 연구대상이나 집단들을 대상으로 하는 연구 등은 준실험연구에 포함된다.

1.2 실험연구 절차

실험연구의 기본적인 절차는 [그림 1-1]과 같다.

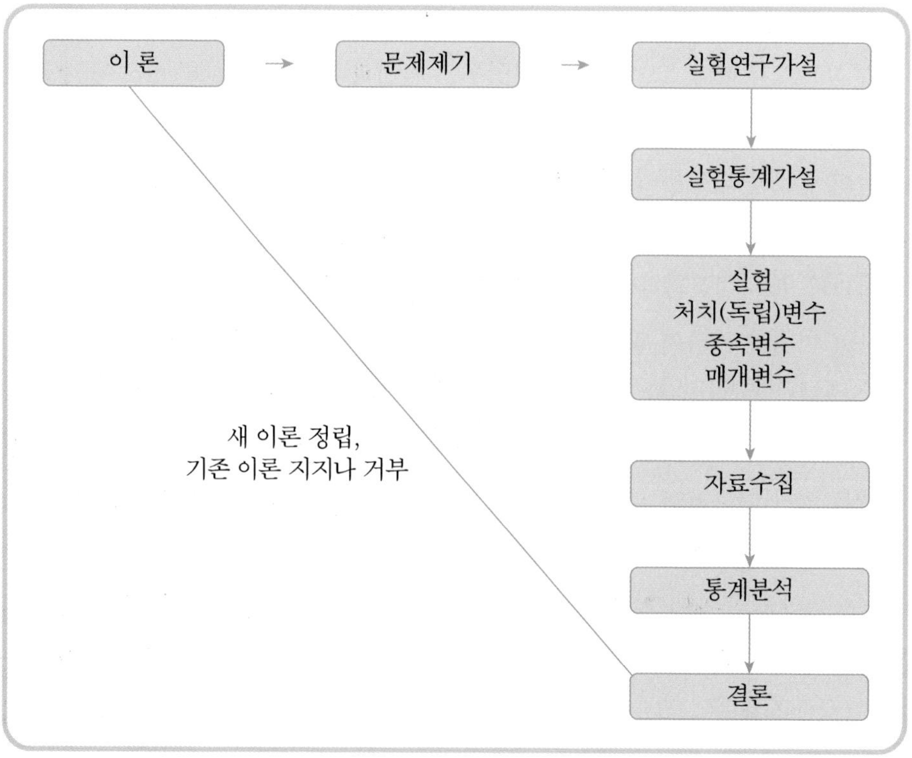

✪[그림 1-1] 실험연구의 일반적 절차

실험을 통하여 알지 못하는 인과관계를 밝히고자 하는 연구나 기존의 인과관계에 대한 이론이 맞는지를 검정하는 연구가 있다. 이 두 가지 연구가 어떤 목적이든 문제를 제기하면 이를 검정하고자 하는 연구가설을 설정하고 이를 검정하기 위한 통계적 가설로 전환한다. 이에 따라 독립변수인 처치변수와 처치 결과인 종속변수 그리고 종속변수에 영향을 주는 처치변수 이외의 변수인 매개변수를 규명한다. 그런 다음에 실험을 진행하고, 실험을 통하여 자료를 수집한 후에 통계가설을 검정하기 위한 가장 적합한 통계적 방법을 선택하여 분석을 실시한다. 최종적으로 통계분석을 근거로 한 결과를 가지고 결론을 내린다. 이 결론은 기존의 이론을 지지하거나 거부할 수 있으며, 몰랐던 인과관계도 밝힐 수 있다. 이것이 실험연구의 일반적 절차이며, 반복되어 새로운 이론을 발견하게 된다.

실험연구와 준실험연구는 모두 원인에 의한 결과를 알아보고자 하기에 연구절차가 구조화되어야 하며, 통계적 가설도 집단비교연구와 상관연구로 명료하게 하여야 한다. 이에 따라 자료를 수집하고 통계적 검정을 통하여 분석한 후 결론을 유도하여 기존의 이론을 지지하거나 거부한다.

Kirk(2013)는 실험연구를 실행하기 위하여 설계 시부터 다음의 다섯 가지를 고려하여야 한다고 하였다. 첫째, 통계적 가설을 만들 때, 연구하고자 하는 연구대상인 모집단의 모수치를 구체화하여야 한다. 예를 들어, '어느 지역에 거주하는 40세 성인들의 최고 혈압의 평균은 130이다.'라는 가설을 들 수 있다. 그리고 과학적 가설에 근거한 통계적 연구가설은 검정이 가능하여야 한다. 둘째, 실험상황에서 독립변수는 무엇이고 종속변수는 무엇이며, 특히 매개변수가 무엇인지 결정하여야 한다. 특히 매개변수의 영향을 제거하여야 하기 때문에 매개변수의 규명이 더욱 명확하여야 한다. 셋째, 모집단을 대표하는 표본을 추출할 때 연구의 대상과 수를 구체화하여야 한다. 연구대상과 수는 일반적으로 이론적 배경에 의하여 결정하는 것이 바람직하며 사전 연구들을 참고하면 대상과 수를 결정하기가 용이하다. 넷째, 연구대상을 실험집단에 할당하는 방법과 절차를 구체화하여야 한다. 처치를 가하지 않는 통제집단과 하나의 실험집단이 있는 연구나 통제집단과 다수의 실험집단이 있는 연구, 아니면 몇 개의 실험집단만 가지고 하는 연구 등 모든 연구에서 연구대상을 각 집단에 배치하는 방법을 결정하여야 한다. 다섯째, 연구결과를 얻기 위하여 통계적 방법을 선택하여야 한다. 이상의 다섯 가지를 구체화하여 결정을 하는 것이 실험연구를 위한 절차 중 가장 중요한 요소라 할 수 있다.

1.3 처치변수와 종속변수

처치변수(treatment variable)란 실험에서 제공하는 **투입변수**(input variable)를 말한다. 예를 들어, 수면제를 복용하였을 때 수면시간의 변화에 대한 연구를 한다면, 수면제가 처치변수이며 투입변수가 된다. 처치변수는 실험연구에서 영향을 주는 변수이므로 이를 **독립변수**(independent variable)라고 한다. 처치변수, 투입변수, 독립변수의 특성은 매우 중요하며, 실험연구를 할 때 사용하는 통계적 방법을 선택하는 데에 중요한 역할을 한다. 처치변수가 질적인 변수인지 양적인 변수인지 나아가 명명변수인지 범주변수인지에 따라 분석방법이 다를 수 있다. 그러므로 독립변수와 종속변수가 어떤 척도에 의하여 측정되었으며, 어떤 종류의 변수인지를 파악하여야 한다.

일반적으로 독립변수는 질적변수이나 때로는 양적변수일 경우도 있다. 질적변수인 경우는 교수법으로 전통적 교수법, 컴퓨터 교수법, 개인 교수법을 예로 들 수 있다. 양적변수는 투입변수가 양과 관련된다. 예를 들어, 달리는 거리가 혈압에 미치는 영향을 연구하거나, 특정 약물을 투입하는 양에 따른 암세포 수의 변화에 대한 연구를 하는 경우이다. 이럴 경우 투입변수는 양적 연속변수로 각기 다른 양을 다양하게 투입하여도 투입변수에서 동일한 간격의 거리나 양을 설정하는 것이 바람직하다. 혈압에 미치는 달리기 거리의 영향에 대한 연구에서는 서 있을 때, 500m, 1,000m, 1,500m로 한다든가 약물연구에서는 약의 투입량을 3mg, 6mg, 9mg 등으로 하는 것을 추천한다. 이렇게 동일 간격의 거리나 양으로 투입변수의 수준을 설정할 경우 집단 간의 차이를 검정할 수 있을 뿐 아니라 경향성분석도 가능하기 때문이다.

처치변수의 영향에 따라 변화되는 변수를 **종속변수**(dependent variable) 혹은 **출력변수**(output variable)라고 한다.

1.4 매개변수

실험연구에서 처치변수인 입력변수가 있다고 하였으며 처치에 의한 결과인 출력변수가 있다고 하였다. 이를 독립변수와 종속변수라 한다. 독립변수는 영향을 주는 변수이고, 종속변수는 영향을 받는 변수이다. 실험 상황이 완벽하게 통제되었다면 종속변수는 독립변수에 의한 결과라 할 수 있다. 그러나 준실험설계인 경우 종속변수에 영향을 주는 독립변수 이외의 변수가 존재한다. 이를 매개변수라 한다. 즉, **매개변수**(extraneous variable)란 종속변수에 영향을 주는 독립변수 이외의 변수를 말한다.

매개변수는 실험연구에서 바람직하지 않은 요소로 오차를 유발하여 오차분산(error variance)을 크게 한다. 실험의 경우 각 집단에 지시하는 방법이나 기구를 사용할 때의 차이 등이 있으며, 실험상황에서는 조명이나 소음 등도 오차요인이 될 수 있다. 나아가 성별 등의 개인적 신상정보도 매개변수가 될 수 있다. 예를 들어, 알코올의 섭취량에 따른 반응속도를 측정하여 알코올의 영향력을 분석할 경우, 연구대상들이 지니고 있는 특성에 따라 반응속도에 차이가 있을 수 있다. 평소의 주량이나 알코올의 분해 능력, 체중 등의 여러 변수들이 있을 수 있다. 평소에 주량이 센 연구대상은 알코올의 섭취량에 따른 반응속도에 큰 변화가 없을 수 있으며, 술이 약한 연구대상은 알코올의 섭취량에 따라서 반응속도에 민감한 변화가 있을 수 있다. 여기서는 평소의 주량이 매개변수가 될 수 있다. 또한, 성별에 따라 알코올 섭취량이 반응속도에 차이가 있다면 이 역시 매개변수가 될 수 있다. 알코올의 섭취량에 따른 반응속도의 영향력을 분석하기 위해서는 이런 매개변수들의 영향을 완벽하게 제거하는 것이 바람직하다.

매개변수의 영향을 제거하기 위한 분석방법에는 실험을 실시할 때 설계방법을 달리하는 방법과 통계적으로 매개변수의 영향력을 제거하는 방법이 있다. 설계에 의한 방법은 무선구획설계나 반복설계, 일반화 무선구획설계와 분할구획 요인설계를 들 수 있고, 통계적 방법으로는 공분산분석이 있다. 무선구획설계와 반복설계는 제7장에서, 무선구획 요인설계는 제8장에서, 분할구획 요인설계는 제9장에서, 일반화 무선구획설계와 일반화 무선구획 요인설계는 제10장과 제11장에서 그리고 공분산분석은 제12장에서 설명한다.

1.5 실험집단과 통제집단

실험연구에서 처치변수의 효과를 알아보기 위하여 처치가 가해지는 집단을 **실험집단**(experimental group)이라 한다. 처치효과를 분석하기 위하여 처치를 가하기 전에 종속변수를 측정하고, 처치를 가한 후 종속변수를 다시 측정하여 그 변화량을 처치변수의 효과로 분석하는 것이 일반적이다. 그러나 두 번 이상의 측정으로 인해 연구대상이 측정 내용을 인지하여 발생하는 효과 등이 존재하는 연구에서는 종속변수의 변화량을 처치에 따른 효과로 분석하는 것은 타당하지 않다. 그러므로 실험집단과 비교할 수 있는 대등한 수준의 다른 집단을 구성하는데, 이를 통제집단이라 한다. **통제집단**(control group)이란 실험집단과 비교하기 위하여 처치를 가하지 않는 집단이다.

1.6 무선표집과 무선할당

실험연구의 연구대상을 추출하거나 할당하는 방법은 다양하다. 조사연구의 경우 연구의 대상이 되는 모집단을 대표하는 표본을 추출하기 위하여 단순무선표집, 층화표집, 군집표집, 층화군집표집, 행렬표집 등의 표집방법을 사용한다. 모집단의 특성에 따라 다른 표집방법을 사용하여야 모집단의 특성을 반영할 수 있기 때문에 과학적이고 체계적인 표집방법을 사용한다.

실험연구의 경우 연구의 대상을 선정하기 위하여 조사연구와 같이 연구대상이 되는 모집단을 대표하는 연구대상을 추출하기가 용이하지 않다. 실험연구를 실시하기 위하여 여러 지역에서 연구대상을 추출하기란 현실적으로 불가능하다. 그러므로 실험연구에서는 일반적으로 비확률표집으로 무선할당이나, 목적표집, 편의표집, 스노우볼 표집을 사용한다.

무선할당(random assignment)이란 모집단을 대표하는 표본을 모집단 전체에서 추출하기가 불가능할 때 모집단의 일부(chunk)를 도려내어 연구대상을 할당하는 방법을 말한다. 이는 **확률화**(randomization)라고도 하며 [그림 1-2]와 같다(성태제, 시기자, 2014).

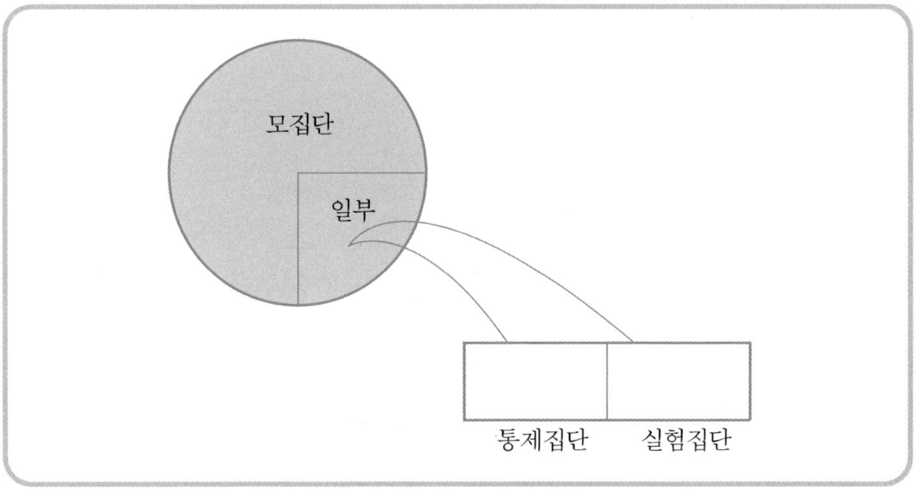

✪[그림 1-2] 무선할당

모집단의 일부인 집단을 도려내어 연구의 대상을 통제집단과 실험집단에 할당하는 방법으로 단순무선표집, 대응집단, 균형집단으로 구성하는 방법이 있다.

단순무선표집(simple random sampling)은 모집단으로부터 추출된 일부에 있는 대상들에게 일련번호를 부여한 후 난수표([수표 1] 참조)에 의하여 통제집단과 실험집단에 할당하는 방법이다. 무선할당에서 단순무선표집을 하는 기본 전제는 연구의 대상이 각 집단에 할당될 확률은 같고, 한 연구대상이 어떤 집단에 할당될 때 다른 연구대상이 할당되는 데에 아무런 영향을 주지 않는다는 독립성을 의미한다. 이 두 가지 전제는 연구대상들이 통제집단이나 실험집단에 할당되는 확률이 같기 때문에 통제집단과 실험집단이 동일하게 된다고 가정한다.

대응집단(matching group)이란 단순무선표집에 의하여 통제집단과 실험집단을 동일하게 구성하기가 어렵다고 연구자가 판단할 때, 모집단으로부터 추출된 연구대상들에게 종속변수나 그와 관련된 변수를 측정하여 서열을 부여한 후 서열에 따라 통제집단과 실험집단에 할당하는 방법으로 [그림 1-3]과 같다.

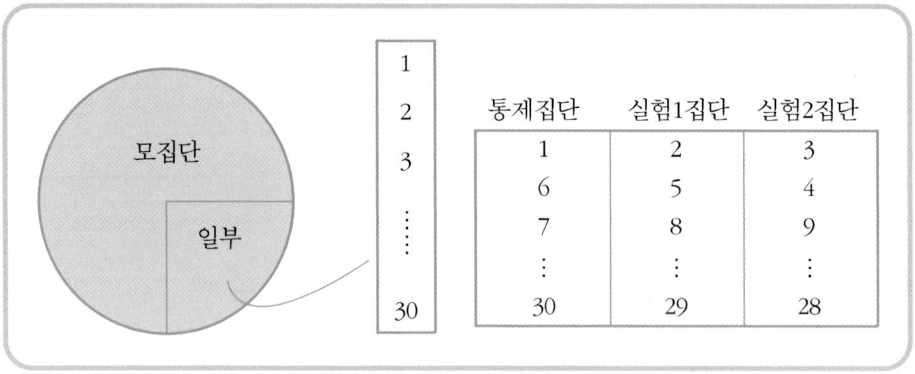

[그림 1-3] 무선할당 시 대응집단 구성

모집단의 일부인 30명의 종속변수 혹은 종속변수와 관련된 특성을 측정하여 서열을 부여한 후 서열에 따라 각 집단에 지그재그식으로 연구대상을 할당한다. 지그재그식 할당은 각 집단의 서열의 합이 같으므로 연구를 시작하기 전에 통제집단과 실험집단의 특성을 동일하게 하기 위한 노력이다.

균형집단(balancing group)이란 모집단으로부터 추출된 연구대상을 각 집단에 할당하는 것이 아니라, 할당의 단위가 집단으로서 여러 집단이 있을 때 각 집단을 통제집단과 실험집단에 할당하는 것으로 [그림 1-4]와 같다.

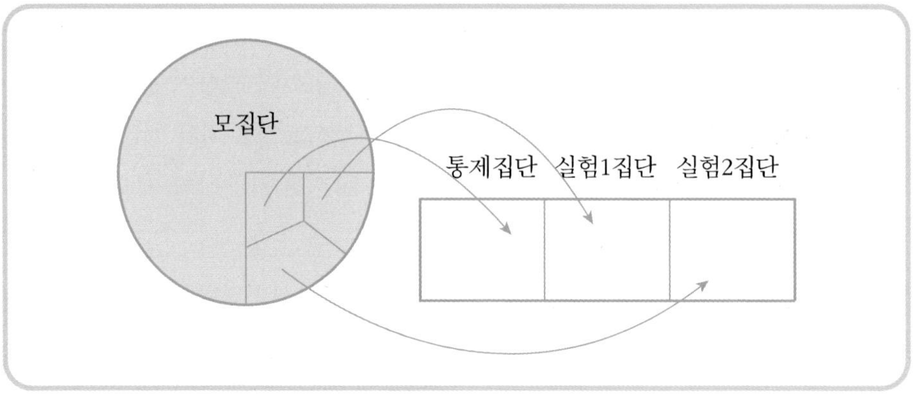

[그림 1-4] 무선할당 시 균형집단 구성

균형집단의 경우 모집단에서 추출된 일부에 있는 여러 하부 집단들이 매우 유사함을 가정하여야 한다. 만약 여러 하부 집단들이 상이하다면 균형집단의 방법은 실험을 시작하기 전부터 집단 간의 차이가 있으므로 처치변수의 효과를 분석하기 어렵다.

무선할당 시 단순무선표집, 대응집단 그리고 균형집단 등의 구성은 매개변수를 통제하기 위한 방법이다. 즉, 처치를 가하기 전부터 가능한 한 통제집단과 실험집단들을 최대한 동일하게 하여 출발점이 다르기 때문에 발생하는 문제를 제거하기 위한 노력이다. 100m 달리기를 할 때 동일선상에서 출발을 하여야 나중에 승부를 쉽게 판정할 수 있는 것처럼 실험연구에서도 이와 같게 하고자 하는 방법이다.

단순무선표집, 대응집단, 균형집단을 완벽하게 구성한다 하여도 정확하게 똑같을 수는 없기 때문에 독립변수 이외에 영향을 주는 매개변수를 통제하기 위하여 다양한 설계방법을 사용한다. 매개변수를 최대한 통제하여야 실험연구에서 처치변수의 효과를 정확히 분석할 수 있기 때문이다.

1.7 연구의 타당성

실험연구의 타당성에 대한 논의는 오래전부터 진행되었다. Campbell과 Stanley (1966)가 실험연구의 오염요인을 종합적으로 논의하였고, 이를 근간으로 하여 Shadish, Cook과 Campbell(2002)이 타당한 결론을 위협하는 요소를 4가지로 범주화하였다. 4종류의 위협요소는, 첫째, 통계적 결론을 위협하는 요소, 둘째, 내적 타당도를 위협하는 요소, 셋째, 인과관계와 관련된 구인 타당도를 위협하는 요소, 넷째, 외적 타당도를 위협하는 요소로 일서하였나.

통계적 결론에 대한 타당도를 위협하는 요소로는 낮은 검정력, 통계적 가정의 위배, 유의한 결과를 찾기 위한 통계방법의 물색(fishing)과 유의수준 문제, 측정도구의 신뢰도, 처치를 적용함에 있어 신뢰성, 실험배치에서 부적절한 무선표집, 이질적 대상에 대한 무선할당 등이 있다. 또한 연구대상이 적으면 검정력이 낮아서 영가설이 진이 아닐 때 영가설을 기각하기가 쉽지 않다. 통계적 방법을 사용할 때, 정규분포가정이나 등분산가정 등을 충족하여야 하나 그렇지 않은 경우도 특정 통계를 사용하는 오류를 범하고 있다. 연구자들은 오로지 오차와 관련된 유의한 결과를 얻기 위하여 그런 결과를 가져오게 할 수 있는 통계적 방법을 물색하는 오류를 범하는 경향이 있으며, 측정도구의 신뢰도가 낮아 영가설을 기각하지 못하는 경우도 있다. 또한 실험절차를 표준화하지 못하는 경우 오차가 발생하고, 각 실험수준에서 실험환경이 물리적 혹은 심리적으로 다양할 때 오차가 높아지고, 연구대상이 이질적이어서 오차를 유발할 수 있다고 지적한다.

내적 타당도를 위협하는 요소로는 처치효과가 아니라 시간이 지나면서 변하는 것과 연구대상의 성숙, 검사의 영향, 관찰자에 의한 측정도구, 연구대상의 손실, 실험 시 애매한 지시, 통제집단의 보상심리 등이 있다. 성태제와 시기자(2014)도 Campbell과 Stanley(1963)가 정리한 실험연구에서 내적 타당도를 저해하는 요인으로 특정사건의 영향, 성숙효과, 시험효과, 검사도구 효과, 통계적 회귀, 편향된 표본 선정, 연구대상의 손실, 확산 혹은 모방효과를 설명하고 있다.

외적 타당도는 연구결과를 다른 모집단과 상황에 일반화시킬 수 있느냐의 문제로 이를 위협하는 요소로 검사와 처치의 상호작용, 연구대상 선택과 처치의 상호작용, 연구 상황 설정과 처치의 상호작용, 시간과 처치의 상호작용, 다수 처치의 효과 등을 든다. 검사와 처치의 상호작용은 반복검사의 경우 동일한 결과를 얻을 수 없다는 것으로 처치 전에 검사를 실시하고 처치 후에 검사를 실시할 경우 서로 다른 결과를 얻을 수 있다는 것이다.

이외에 실험연구를 위협하는 다른 요인으로 연구자의 기대효과, 요구반영, 연구대상의 선입견, 플라시보 효과를 들고 있다. 연구자는 연구자가 얻고자 기대하는 연구결과가 있기에 실험을 그런 방향으로 유도한다는 것이 실험자의 기대효과이다. 요구반영(demand characteristics)은 연구절차나 연구환경이 얻고자 하는 연구결과가 무엇임을 연구대상에게 은연중에 알게 하여 그 요구를 따르게 하는 효과이다. 이는 연구대상이 연구에 참여하기를 동의하는 서명을 하는 과정에 다른 사람들과의 대화나 암시를 통하여 연구자가 기대하는 결과를 알게 되고 이후 연구결과에 부합하게 행동하여야 한다는 연구대상의 선입견이다. 연구대상의 선입견에는 매우 우호적인 연구대상, 뒤틀리게 하는(screw you effect) 연구대상의 효과가 있다. 뒤틀리게 하는 연구대상은 고의적으로 연구에 비협조적이거나 연구를 거부하여 연구자가 의도하는 연구결과를 얻지 못하도록 하는 경향이 있다.

실험 절차상에서 나타나는 연구결과의 타당도를 위협하는 원인들을 논의하였다. 보다 세부적인 설명과 예는 관련 문헌을 참고하기 바라고 실험연구에서 발생하는 매개변수를 통제하는 절차가 매우 중요하다. Kirk(2013)는 매개변수를 통제하는 방법을 크게 네 가지로 분류하였다. 첫째 방법은 상수로써 연구대상의 모든 변수를 통제하는 것이다. 예를 들어, 쥐를 가지고 연구를 할 때 동일한 쥐, 즉 암수, 무게, 길이 등이 모두 같은 대상을 가지고 실험하는 경우이다. 또 다른 예로 실험에서 지시하는 사항이나 전달과정 등의 절차들을 표준화하여 컴퓨터를 사용한다든가 아니면 태블릿pc를 사용하는 경우이다. 이런 과정을 통하여 실험 절차상에 개입될 수 있는 모든 매개변수를 통제한다는 것이다. 둘째는 연구대상을 확률적으로 무선 할당함으로써 특정집단에 유리하거나 불리할 수 있는 문제를 확률적으로 통제한다는 것이다. 세 번째는 매개변수를 통제하기 위하여 특별한 설계방법을 사용하는 것이다. 예를 들어, 무선구획설계, 반복설계, 분할구획 요인설계 등이 있다. 이런 방법은 매개변수인 구획변수를 고려하여 실험설계를 달리하는 것이다. 마지막으로 네 번째는 통계적으로 매개변수의 영향을 제거하는 공분산분석이 있다.

1.8 매개변수를 통제하는 방법

구획변수를 이용하여 매개변수를 통제하는 방법과 공분산분석을 설명한다. 실험연구의 핵심은 독립변수인 처치변수가 효과가 있느냐를 밝히는 것이다. 이럴 때 매개변수가 작용하여 종속변수에 영향을 주었다면 이는 처치변수의 효과를 검정하기가 불가능하다. 그러므로 우선 매개변수의 통제여부가 실험연구의 내적 타당도를 결정하게 된다. [그림 1-5]와 같이 교수법이 학업성취도에 주는 영향을 분석하고자 할 때 교수법을 투입하기 전에 세 집단의 출발선을 동일하게 하기 위하여 무선할당 방법으로 단순무선표집, 대응집단, 균형집단으로 구성한다고 하였다. 이는 무선할당, 즉 확률화에 의하여 확률적으로 세 집단이 동일하게 구성된다는 것을 의미한다. 이런 설계를 **완전무선설계**(Completely randomized design)라 하며 제4장에서 설명한다.

전통적 교수법	컴퓨터 교수법	개인 교수법

[그림 1-5] 세 가지 교수법에 따른 학업성취도 분석

이 세 가지 무선할당 방법을 아무리 완벽하게 한다고 해도 학업능력이나 학업의 선수학습 정도를 완벽하게 통제하기가 불가능하다. 우주에 존재하는 만물이 똑같은 것이 없듯이, 세 집단에 할당된 연구대상들이 동일할 리 만무하고 평균적으로도 세 집단이 같을 수 없다.

연구자가 교수법에 따른 학업성취도 연구에서 컴퓨터에 대한 적응 등에 남녀 학생 간 차이가 있다고 생각한다면 이 연구자는 성별을 매개변수로 선정하여 이를 통제하여야 한다. 성별을 매개변수로 한 교수법에 따른 학업성취도 분석 연구는 [그림 1-6]과 같다.

	전통적 교수법	컴퓨터 교수법	개인 교수법
남			
여			

[그림 1-6] 성별을 매개변수로 한 교수법에 따른 학업성취도 분석

성별이 매개변수일 경우 어떤 집단에 남학생 혹은 여학생이 많이 할당된다면 이는 연구가 시작되기 전부터 연구의 타당성을 결여하게 된다. 그러므로 성별을 통제하는 변수로 선정하여 설계부터 성별을 고려하여야 한다. 이 설계에서 성별은 처치변수가 아니고 구획변수 혹은 집단변수라 한다.

구획변수(blocking variable)란 통제하여야 할 변수로서 일반적으로 질적변수이거나 범주변수이며, 때로는 양적변수를 구간으로 끊어 상 · 중 · 하 등으로 만들어 사용하기도 한다. 예를 들어, 사전학업능력을 매개변수로 고려할 때 80점 이상을 상집단, 50점 이상 80점 미만을 중집단, 50점 미만을 하집단으로 분류하여 사전학업능력을 매개변수로 반영할 수 있다. 양적변수를 구간으로 구분하고 집단화하여 매개변수인 구획변수로 사용할 때 집단을 구분하는 구분점에 따라 분석 결과가 달라지는 문제가 발생할 수 있다. 강조하지만 구획변수는 처치변수가 아니다. [그림 1-6]과 같이 구획변수를 사용하여 매개변수를 통제하는 실험설계를 **일반화 무선구획설계**(Generalized randomized block design)라 하며 제10장에서 설명한다.

어떤 연구자는 이 연구에서 학업성취도에 교수법뿐만 아니라 보상여부가 영향을 미친다고 주장할 수 있다. 그렇다면 성별을 매개변수로 하고 처치변수로 교수법과 보상여부를 투입하여야 한다. 이때 매개변수는 성별이며 처치변수는 교수법과 보상인 실험설계로 [그림 1-7]과 같고 **일반화 무선구획 요인설계**(Generalized randomized block factorial design)이며 제11장에서 설명한다.

		전통적 교수법	컴퓨터 교수법	개인 교수법
남	보상			
	보상 안함			
여	보상			
	보상 안함			

✪[그림 1-7] 성별을 매개변수로 한 교수법과 보상여부에 따른 학업성취도 분석

교수법에 따른 학업성취도 연구에서 성별과 재학하는 학교의 유형, 학생의 사회경제적 배경, 과외 경험 유무, 지능 등 많은 매개변수가 있다고 연구자가 가정한다면, 이 많은 매개변수를 설계상으로 혹은 통계적으로 통제하기가 용이하지 않다. 이런 경우에는 일정한 특성의 연구대상을 구획(block)에 무선할당하여 다른 처치를 받게 하는 방법이나 혹은 동일한 연구대상에게 다른 처치를 반복적으로 받게 하는 설계가 있다. 전자의 방법은 [그림 1-8]과 같으며 이를 **무선구획설계**(Randomized block design)라 하고 제7장에서 설명한다. 후자는 연구대상에게 처치를 반복적으로 가하는 반복설계를 사용하며 [그림 1-9]와 같다.

대상 \ 교수법	전통적 교수법	컴퓨터 교수법	개인 교수법
Block 1			
Block 2			
⋮			
Block 20			

✪**[그림 1-8]** 교수법에 따른 학업성취도 분석을 위한 무선구획설계

[그림 1-8] 연구의 경우 앞에서 언급한 많은 매개변수를 통제하기가 어렵기 때문에 동일 연구대상에게 세 가지 교수법에 의한 학습을 실시한 후 어떤 교수법이 학업성취도를 높였는지를 분석한다. 이런 설계의 경우 동일 대상에게 다른 교수법을 투입하여 매개변수를 모두 통제하였다 하여도 심각한 문제가 발생한다. 동일 대상이 각기 다른 학습방법에 의하여 학습하기 때문에 학습의 효과가 누적될 뿐 아니라 학업성취도를 측정할 때 같은 측정도구를 사용한다면 이 또한 시험효과까지 누적되어 나타난다. 그러므로 반복되는 학습효과나 시험을 보는 과정에서 기억효과 등과 같은 잔존효과가 나타나는 연구에서는 반복설계를 사용하지 않는다.

의학이나 체육학의 경우는 반복설계가 자주 이용된다. 달리기 거리가 혈압에 미치는 영향이나, 음주량에 의한 반응속도 등에는 반복설계를 사용한다. [그림 1-9]와 같이 달리기 거리가 혈압에 미치는 영향에 대한 연구를 예로 들 수 있으며 이를 **반복설계**(repeated design)라 하고 제7장에서 설명한다.

거리 / 대상	0m	500m	1,000m
1			
2			
⋮			
20			

[그림 1-9] 달리기 거리가 혈압에 미치는 영향 분석을 위한 반복설계

연구의 대상으로서 모든 사람이 체중, 신장, 혈압, 체형, 체질 등이 다르기 때문에 모든 변수를 통제하기가 불가하다. 그러므로 동일 대상이 서 있을 때 혈압을 측정하고, 500m를 달리게 한 후 혈압을 측정하고, 또 얼마 후 1,000m를 달리게 하고 혈압을 측정하여 달린 거리가 혈압에 미치는 영향을 분석할 수 있다. 여기서 '얼마 후'란 의미는 달리기를 한 후에 혈압에 미친 효과가 완전히 제거되는 기간을 의미한다. 이전 실험이 그다음 실험에 영향을 주지 않도록 누적되는 효과가 완전히 제거된 후에 다음 처치를 가해야 한다. 알코올이나 약물에 대한 효과 역시 이전에 마신 알코올이나 복용한 약의 효과가 완전히 제거된 뒤에 처치가 반복적으로 실시되어야만 한다.

교수법에 따른 학업성취도 연구에서 사전능력을 구획으로 설정하여 구획변수를 사용하지 않고 사전능력점수를 통계적으로 통제하여야 한다는 연구자도 있다. 이럴 경우는 매개변수로서 사전능력을 제거하는 **공분산분석**(analysis of covariance)을 사용하며 [그림 1-10]과 같으며 제12장에서 설명한다.

전통적 교수법		컴퓨터 교수법		개인 교수법	
사전능력	학업성취도	사전능력	학업성취도	사전능력	학업성취도

✪[그림 1-10] 사전능력을 통제한 교수법의 효과 분석을 위한 공분산분석

공분산분석은 매개변수가 질적인 변수가 아니라 양적인 변수일 경우에 그 변수의 영향력을 통계적으로 제거하기 위한 분석으로서 제12장에서 설명한다. 간단히 설명하면 무선할당의 방법을 이용하여 연구대상을 통제집단과 실험집단에 확률적으로 할당한다 하더라도 사전능력이나 선수학습 정도가 완벽하게 같을 수가 없다. 사전능력이 높은 집단은 당연히 성취도에서 높은 결과를, 낮은 집단은 성취도에서 낮은 결과를 가져오게 된다. 그러므로 통계적으로 다른 사전능력의 수준을 동일하게 만드는 통계적 방법이다. 매개변수인 사전능력 수준을 동일하게 만든 후 성취도를 교정하여 비교하는 방법이 공분산분석이다.

매개변수를 통제하는 방법으로 구획변수를 실험설계 시 사용하는 구획설계법과 양적인 매개변수를 통계적으로 제거하는 공분산분석이 있다고 하였다. 실험연구의 경우 연구의 특성에 따라 구획설계나 공분산분석을 실시할 수 있으며, 나아가 두 가지 방법을 동시에 사용할 수 있다. 매개변수가 하나일 때보다 두 개 이상일 경우는 설계와 통계적 방법을 동시에 사용하여 처치변수의 효과를 보다 정확히 분석할 수 있다.

교수법에 따른 학업성취도 연구에서 성별과 사전능력을 매개변수로 상정한다면 [그림 1-11]과 같이 실험설계를 할 수 있다.

	전통적 교수법		컴퓨터 교수법		개인 교수법	
	사전능력	학업성취도	사전능력	학업성취도	사전능력	학업성취도
남						
여						

✪[그림 1-11] 성별과 사전능력을 통제한 교수법의 효과 분석

성별은 구획변수로, 사전능력점수는 매개변수인 공변수(covariate)로 통제한 이 실험에서는 설계와 통계적 분석을 동시에 사용하여 교수법에 대한 효과를 보다 정확히 분석할 수 있다. 실험연구에서 통제해야 할 매개변수가 소수이면 실험설계도 간단하고 연구결과도 명료하게 도출할 수 있다. 그러나 통제해야 할 매개변수가 많을 경우에는 실험설계가 복잡해지고 결과 해석도 모호해질 수 있다.

실험연구에서 매개변수를 통제하였을 때 연구결과의 타당성을 보장받을 수 있으며 이런 타당성을 내적 타당도(internal validity)를 확보하였다고 할 수 있다. 성태제와 시기자(2014)는 내적 타당도란 종속변수, 즉 연구결과에서 나타나는 변화가 독립변수의 변화에 의한 것임을 확신할 수 있는 정도를 의미하는 것으로서 인과관계에 대한 추론이 어느 정도 가능한지를 나타낸다 하였다.

연습문제

1. 실험연구의 절차를 설명하시오.

2. 실험설계 시 무선할당에 대하여 다음 질문에 답하시오.

   2-1 무선할당의 의미를 설명하시오.

   2-2 단순무선표집에 의한 할당방법을 예를 들어 설명하시오.

   2-3 대응집단에 의한 할당방법을 예를 들어 설명하고 장단점을 논하시오.

   2-4 균형집단에 의한 할당방법을 예를 들어 설명하고 장단점을 논하시오.

   2-5 교수법에 따른 학업성취도의 비교 분석을 위한 실험연구를 할 때, 각각 단순무선표집, 대응집단, 균형집단의 방법으로 통제집단과 실험집단을 구성하였다면 어느 무선할당 방법이 가장 매개변수를 잘 통제하였는지 그리고 왜 그런지를 밝히시오.

3. 실험연구의 타당성을 위협하는 요소를 열거하고 그 요소에 대한 여러 원인을 설명하시오.

   3-1 통계적 결론을 위협하는 요소

   3-2 내적 타당도를 위협하는 요소

   3-3 구인 타당도를 위협하는 요소

   3-4 외적 타당도를 위협하는 요소

4. 매개변수를 통제하는 세 가지 방법의 예를 들어 설명하시오.

   4-1 통계적 방법

   4-2 실험설계에 의한 방법

   4-3 실험설계와 통계적 방법을 병행하는 방법

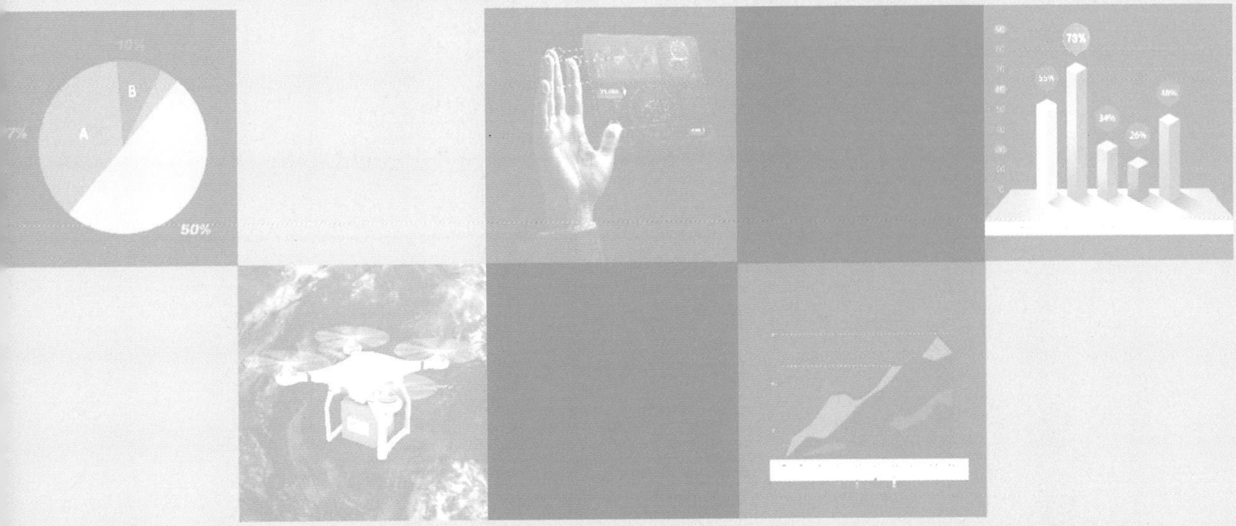

제2장

통계의 기본 개념

통계의 기본 개념 제2장

2.1 집단비교, 상관, 모형 탐색

연구의 목적은 크게 세 가지 유형으로 분류할 수 있다. 첫 번째는 집단 간에 차이가 있는지를 분석하는 연구이고, 두 번째는 변수 간의 관계가 있는지를 밝히는 연구, 세 번째는 현상을 설명하기 위하여 모형을 탐색하는 연구이다. 실험연구의 경우 일반적으로 많은 변수를 포함하기보다는 가능한 매개변수를 통제하고 독립변수인 처치변수의 영향을 분석하기 때문에 집단비교연구나 상관연구가 주로 이루어진다.

제1장의 예에서 교수법에 따른 학생들의 학업성취도에 차이가 있는지를 밝히는 연구에서는 어느 교수법이 더 효과적이라는 결론을 얻을 수 있다. 이를 상관연구로 전환하였을 때, 만약 세 교수법에 따른 학업성취도의 차이가 없다면 이는 교수법이 학업성취도와 관계가 없다고 할 수 있다. 반대로 세 교수법에 따른 학업성취도의 차이가 크다면, 교수법이 학업성취도에 영향을 주기 때문에 교수법과 학업성취도에는 관계가 있다고 할 수 있다. 집단비교와 상관의 관계를 그림으로 설명하면 [그림 2-1]과 같다.

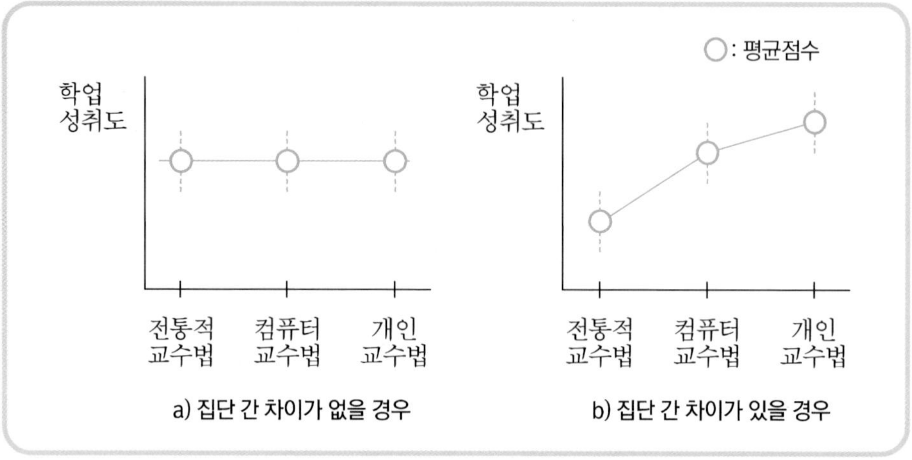

[그림 2-1] 집단비교와 상관의 관계

교수법에 따른 각 집단의 평균이 [그림 2-1]의 a)와 같을 경우, 각 교수법을 받은 학생들의 평균점을 연결하면 수평선이 된다. 그러므로 어떤 교수법에서든 집단의 평균점수가 같으므로 교수법은 학업성취도에 영향을 주지 않아 관계가 없다는 것으로 해석한다. [그림 2-1]의 b)와 같이 교수법에 따른 집단 간의 평균점수에 차이가 있을 경우, 각 교수법을 받은 학생들의 평균점을 연결하면 수평선이 아니라 상승 직선에 가깝다. 교수법에 따라 학업성취도에 변화가 있으므로 교수법과 학업성취도는 관계가 있다고 해석한다. 결론적으로 집단비교연구나 상관연구가 같은 결론을 유도하나 처치변수인 독립변수의 특성에 따라 집단비교연구와 상관연구가 된다. 일반적으로 처치변수가 질적변수이면 집단비교연구가 되고 양적변수일 경우는 상관연구가 된다.

2.2 집단비교를 위한 통계방법

집단비교를 위한 통계적 방법은 두 집단 이하 비교와 세 집단 이상 비교로 구분하며 두 집단 이하의 비교일 때 모집단의 분산을 알고 있는지 여부에 따라 통계방법이 다르다. 두 집단 이하의 비교일 경우 평균점수를 비교함으로써 두 집단의 평균의 차이가 있는지를 검정한다. 이 경우, 모집단의 분산을 알고 있으면 Z 검정을, 알지 못하면 t 검정을 사용한다. 두 집단 이하 비교를 위한 Z 검정과 t 검정은 〈표 2-1〉과 같다.

❖〈표 2-1〉 Z검정과 t검정

Z검정	t검정
단일표본 Z검정	단일표본 t검정
두 종속표본 Z검정	두 종속표본 t검정
두 독립표본 Z검정	두 독립표본 t검정

단일표본의 검정은 표본에서 얻은 평균값과 연구자가 이론적 배경에서 얻은 특정 수치와의 비교이므로 이 또한 두 평균의 비교로 볼 수 있다. 실험연구의 경우 일반적으로 모집단의 분산을 알지 못하므로 t 검정을 사용한다.

두 독립표본 t 검정을 위한 공식은 다음과 같다.

$$t = \frac{\overline{Y}_1 - \overline{Y}_2}{\sqrt{s_p^2\left(\frac{1}{n_1} + \frac{1}{n_2}\right)}}$$

$\overline{Y}_1$: 한 집단의 평균

$\overline{Y}_2$: 다른 집단의 평균

s_p^2 : 통합분산 $s_p^2 = \frac{(n_1-1)s_1^2 + (n_2-1)s_2^2}{(n_1-1)+(n_2-1)}$

n_1 : 한 집단의 사례수

n_2 : 다른 집단의 사례수

s_1^2 : 한 집단의 분산

s_2^2 : 다른 집단의 분산

세 집단 이상의 비교일 경우는 두 집단의 비교처럼 분석한다면 여섯 개의 비교를 할 수 있다. 1 vs 2, 1 vs 3, 2 vs 3, 1 vs (2+3), 2 vs (1+3), 3 vs (1+2)의 비교이다. 이렇게 복잡하게 대비를 만들어 평균 간의 비교가 가능하나, 이보다는 분산을 분석하는 분산분석 방법을 사용한다.

처치를 가한 후 집단 간의 차이가 커지면 집단 간의 분산도 커지게 된다. 물론 동일집단 내에서도 분산이 발생할 수 있다. 그러나 동일집단은 같은 처치를 받으므로 집단내 분산은 집단간 분산보다 커지지 않는다. 한편 처치변수의 영향이 크다면 집단 간 평균의 차이가 커지므로 집단간 분산은 커질 것이다. 이에 비추어 처치변수의 영향이 있다고 판단하는 통계적 기준은 집단간 분산을 집단내 분산으로 나눈 값으로 F 통계값을 추정하며 식은 다음과 같다.

$$F = \frac{\text{집단간 분산}}{\text{집단내 분산}}$$

정리하면 **분산분석**(Analysis of Variance: ANOVA)이란 분산의 원인을 밝히는 통계적 방법으로 집단간 분산과 집단내 분산을 추정하여 처치변수의 효과를 검정하며, F 분포에 근거하기 때문에 F 검정이라 한다. F 값이 클수록 집단간 분산이 집단내 분산에 비하여 상대적으로 크기 때문에 집단 간의 차이가 있다고 판단하는 것이다.

두 집단 비교를 위한 통계적 영가설과 대립가설은 다음과 같다.

$$H_0 : \mu_1 = \mu_2$$

$$H_A : \mu_1 \neq \mu_2$$

세 집단 이상 비교를 위한 통계적 영가설과 대립가설은 다음과 같다.

$$H_0 : \mu_1 = \mu_2 = \mu_3 \ ; \ \mu_j = \mu_{j'}$$

$$H_A : \mu_1 \neq \mu_2 \ \text{혹은} \ \mu_1 \neq \mu_3 \ \text{혹은} \ \mu_2 \neq \mu_3 \ ; \ \mu_j \neq \mu_{j'}$$

j : 한 집단
j' : 다른 집단

두 집단 비교나 세 집단 비교의 경우 영가설이나 대립가설은 유사하나, 두 집단에서는 평균에 대한 직접적 비교이고, 세 집단에서는 발생하는 평균의 차이와 관련된 분산의 크기를 추정하는 데 차이가 있다. 분산분석을 실시하여 집단 간의 차이가 있다는 결론이 나면 어느 집단 간의 차이가 있는지를 밝히는 검정이 있는데 이를 사후분석이라 하고, 기본적인 원리는 두 집단 평균 비교의 원리를 따른다. 이 부분은 제4장 3절에서 설명한다.

종속변수가 양적변수일 때는 Z 검정, t 검정, 분산분석인 F 검정을 사용한다. 그러나 종속변수가 질적변수일 경우에는 χ^2 검정을 사용하여야 한다. 예를 들면, 어떤 사안에 대한 찬성과 반대라든지, 리커트 척도에 의한 지지 정도로서 매우 찬성, 찬성, 보통, 반대, 매우 반대 등의 응답인 경우 χ^2 검정을 사용하여야 한다. 찬성과 반대 그리고 5단계 리커트 척도 등의 응답은 양적변수가 아니라 명명척도에 의한 질적변수이기 때문이다.

χ^2 검정을 실시하기 위해서는 다음의 가정을 충족하여야 한다.

첫째, 종속변수가 질적변수이어야 한다.
둘째, 각 칸에 떨어지는 도수들은 독립적이다.
셋째, 획득도수와 기대도수가 5보다 작은 칸(cell)의 수가 전체 칸 수의 20% 이하이어야 한다.

χ^2 검정의 기본 원리는 영가설하에서의 기대도수와 실제 획득도수의 차이가 크면 영가설이 거부되는 기본 원리에 입각하며, 영가설과 대립가설은 다음과 같다.

$$H_0: P_{ij} = P_{ij'}$$
$$H_A: P_{ij} \neq P_{ij'}$$

P_{ij} : j 집단에서 i에 응답한 비율
$P_{ij'}$: j 집단이 아닌 집단에서 i에 응답한 비율

실험이나 조사연구 결과 얻은 **획득도수**는 [그림 2-2]와 같다.

	j	j'	
i	f_{ij}	$f_{ij'}$	$f_{i\cdot}$
i'	$f_{i'j}$	$f_{i'j'}$	$f_{i'\cdot}$
	$f_{\cdot j}$	$f_{\cdot j'}$	$f_{\cdot\cdot}(=N)$

f : 획득도수

[그림 2-2] χ^2 검정에서 획득도수

영가설하에서, 즉 영가설이 사실이라면 i와 j칸에 떨어질 **기대도수**는 F_{ij}라 하고 다음과 같이 계산된다.

$$F_{ij} = f_{\cdot j} \times \frac{f_{i\cdot}}{N} = \frac{f_{\cdot j} \times f_{i\cdot}}{N}$$

전체 $N(f_{\cdot\cdot})$명 중 $f_{i\cdot}$명의 비율만큼이 응답을 하였으므로 영가설이 맞다면 i와 j칸에 확률적으로 떨어질 도수는 $f_{\cdot j}$명 중 $\frac{f_{i\cdot}}{N}$의 비율만큼에 해당하는 도수가 i에 응답할 것이라는 원리이다. 그러므로 각 칸에 떨어지는 기대도수는 해당 칸과 관계있는 주변도수를 곱하고 전체 사례수로 나누어 주면 각 칸과 기대도수가 계산된다. f_{ij}와 F_{ij}의 차이가 없다면 영가설이 사실이 된다. 만약 f_{ij}와 F_{ij}의 차이가 크다면 이는 영가설이 거짓이 된다. 그렇다면 영가설을 지지하거나 거부하는, 즉 f_{ij}와 F_{ij}의 차이에 따라 판단하는 기준이 요구된다. 이를 위하여 χ^2 통계값을 다음과 같이 계산한다.

$$\chi^2 = \sum_{i=1}^{I}\sum_{j=1}^{J}\frac{(f_{ij} - F_{ij})^2}{F_{ij}}$$

$$(i = 1, \cdots, I;\ j = 1, \cdots, J)$$

χ^2 값이 클수록 집단 간의 의견 차이가 크다는 것을 알 수 있다. 종국적으로 $(I-1)(J-1)$의 자유도와 유의수준에 따라 얻은 기각값에 의하여 영가설의 기각 여부를 결정한다.

2.3 상관을 위한 통계방법

두 변수의 관계를 알아보는 것이 상관연구이다. 상관연구는 두 변수의 특성에 따라 다른 통계적 방법을 사용한다. 독립변수와 종속변수가 모두 양적인 변수일 때는 **단순적률상관계수**를 사용한다. 독립변수가 명명척도에 의한 질적 이분변수이고 종속변수가 양적변수일 경우는 **양류상관계수**(biserial correlation)를, 독립변수가 양적변수이나 연구자가 어떤 기준에 따라 인위적으로 이분하였을 경우는 **양분상관계수**(point biserial correlation)를 사용한다. 독립변수와 종속변수가 모두 질적변수 혹은 범주변수일 경우는 상관 정도를 ϕ와 V로 추정한다.

종속변수가 양적변수일 때 단순적률상관계수를 사용하며, 단순적률상관계수는 1896년 Karl Pearson에 의하여 고안된 통계로서 공분산에 근거한다. 단순적률상관계수(simple product moment correlation coefficient)는 사회에 존재하는 변수들의 상관 정도를 추정하여 많은 현상들을 설명하였다.

상관계수를 설명하기 전에 편차, 분산, 공분산에 대한 이해가 필요하다. **편차**(deviation)는 어떤 점수가 평균으로부터 떨어진 정도다. **표준편차**(standard deviation)는 편차들의 평균으로, 개념적으로 설명하면 이 편차들을 더해서 사례수로 나누어 표준편차를 계산할 수 있다. 그러나 편차의 합은 항상 0이기 때문에 계산을 할 수 없다. 그래서 편차를 제곱하여 더한 후에 사례수로 나누며 이를 **분산**(variance)이라 한다. 독립변수를 X 변수라 할 때 X 변수의 분산은 다음과 같다.

$$s_X^2 = \frac{\sum_{i=1}^{n}(X_i - \overline{X})^2}{n-1}$$

X 변수의 표준편차는 분산의 제곱근이다.

$$s_X = \sqrt{\frac{\sum_{i=1}^{n}(X_i - \overline{X})^2}{n-1}}$$

종속변수인 Y 변수의 분산과 표준편차는 다음과 같다.

$$s_Y^2 = \frac{\sum_{i=1}^{n}(Y_i - \overline{Y})^2}{n-1}$$

$$s_Y = \sqrt{\frac{\sum_{i=1}^{n}(Y_i - \overline{Y})^2}{n-1}}$$

분산과 표준편차를 추정할 때 서술통계에서는 분자를 사례수인 n으로 나누어 통계값을 계산하지만, 추리통계에서는 자유도의 개념을 이용하여 분자를 $n-1$로 나눈다. 전자를 분산과 표준편차의 편파 추정치라 하고 후자를 불편파 추정치라 한다.

공분산(covariance)이란 X 변수가 변할 때 Y 변수가 변하는 정도이다. 공분산을 계산하는 공식은 다음과 같다.

$$s_{XY} = \frac{\sum_{i=1}^{n}(X_i - \overline{X})(Y_i - \overline{Y})}{n-1}$$

X_i 값이 $\overline{X}$보다 클 때 Y_i 값이 $\overline{Y}$보다 크거나, X_i 값이 $\overline{X}$보다 작을 때 Y_i 값이

$\overline{Y}$보다 작으면 정적인 관계가 있을 것이고, X_i 값이 $\overline{X}$보다 클 때 Y_i 값이 $\overline{Y}$보다 작거나 그와 반대일 경우 부적인 관계에 있을 것이다. 편차의 곱을 다 더해서 양수이면 공분산은 양(+)의 값이므로 전체적으로 정적 관계에 있음을 알 수 있고, 그 값이 음수이면 관계는 부적 관계가 된다. 만약 한 변수의 차이가 있어도 다른 변수의 차이, 즉 종속변수의 차이가 0이면 공분산도 0이 되어 이는 상관이 없음을 알 수 있다. 그러므로 상관은 공분산과 관계가 있다. 즉, 공분산 값이 양수이면 정적 관계, 음수이면 부적 관계이고, 0이면 관계가 없고, 공분산 값이 크면 상관이 높다고 할 수 있다.

10명의 키와 체중의 상관을 추정할 때 cm와 g으로 측정하여 키와 체중의 분산과 공분산을 추정하였을 때와 m와 kg으로 측정하였을 때, 키와 체중의 분산과 공분산은 다른 값을 갖는다. 그렇다면 키와 체중의 상관 정도를 계산할 때 공분산만 고려하면 그 값이 달라져 상관의 정도가 다르게 된다. 상관의 정도는 공분산에 비례하지만 키와 체중의 관계에서 척도를 달리하였다 해도 상관의 정도는 같이 추정되어야 한다. 그러므로 키와 체중의 예에서와 같이 척도를 변화시켰을 경우에는 공분산이 변화되므로 상관계수를 추정할 때 각 척도의 변화를 고려하여야 한다.

이에 Karl Pearson이 상관계수를 추정하는 공식을 다음과 같이 제안하였다.

$$\rho_{XY} = \frac{\sigma_{XY}}{\sigma_X \sigma_Y}$$

$$r_{XY} = \frac{s_{XY}}{s_X s_Y}$$

즉, 상관의 정도는 X 변수와 Y 변수의 공분산을 각 변수의 표준편차로 나눈 값이며, 이를 단순적률상관계수라 한다. 그러므로 상관계수의 범위는 −1에서 +1 이다.

집단비교를 위한 통계방법에서 두 집단의 비교인 경우 두 집단 간의 차이가 크면 집단변수인 독립변수와 종속변수의 관계가 있다고 하였다. 남녀의 체중 차이가 크다면 성별과 체중은 관계가 있는 것이다. 남녀의 지능 차이가 없다면 성별과 지능은 관계가 없는 것이다. 그러므로 두 독립표본 t 통계값과 상관계수는 관계가 있음을 알 수 있고 그 관계는 다음과 같다.

$$r = \sqrt{\frac{t^2}{t^2 + df}}$$

$$t = \sqrt{\frac{r^2 df}{1 - r^2}}$$

상관계수는 t 통계값이 클수록 높아지고, t 통계값은 r^2 값이 클수록 커짐을 알 수 있다.

세 집단 이상의 비교에서 집단 간의 차이가 크면 [그림 2-1]의 b)에서와 같이 집단변수인 독립변수와 종속변수의 관계가 있다고 하였다. 분산분석에서는 집단 간의 분산분석 결과를 F 통계값으로 제시하나 독립변수의 영향력을 η^2(eta square)으로 추정한다. η^2은 집단간 편차제곱합을 총편차제곱합으로 나눈 수치이기 때문에 상관계수의 제곱인 **결정계수** R^2과 유사한 의미를 가지며 η^2 값이 상관의 정도를 의미한다고 해석할 수 있다.

질적변수의 경우 상관연구는 χ^2 검정에 의한 ϕ 나 V 계수로써 설명한다 하였다. 어떤 사안에 대한 두 집단의 찬반의 경우, 예를 들어 출산장려정책에 대한 남녀의 찬성에 대한 연구에 대하여 제2장 2절에서 집단비교연구를 설명하였다. j 집단과 j' 집단, 두 집단에서 i 에 응답한 비율에 대한 비교연구를 말한다. 이 경우 집단 간 비율의 차이를 검정하는 예로 출산장려정책에 대한 남녀집단 간의 찬성 비율에 대한 차이가 있느냐를 검정할 수 있다.

χ^2 검정의 경우 집단 간의 응답 비율에 대한 차이가 있느냐에 대한 연구와, 집단과 응답 간의 관계가 있느냐에 대한 연구의 출발은 연구의 대상을 표집하는 방법에서 달라진다. 집단비교연구의 경우 각 집단을 대표하는 표본을 추출할 때 각기 다른 모집단으로부터 각각 독립적으로 추출하여야 한다. 즉, 남녀 각기 다른 모집단에서 각각 독립적으로 연구대상을 추출하여야 한다. 상관연구는 각 모집단을 대표하는 표본을 각 모집단에서 추출하는 것이 아니라 연구의 대상이 되는 표본을 하나의 모집단에서만 표집하는 것이다. 출산장려정책에 대한 예시에서는 남녀가 혼재되어 있는 모집단에서 일부를 표집하여 그들에게 찬반을 알아보고 남녀 성별을 구별하여 분석하는 방법이다.

표집방법이 어떻든 집단 간의 응답 비율의 차이가 있으면 종속변수가 양적변수인 경우에서 설명한 것과 같이, 이 경우도 두 변수, 즉 집단변수와 응답에 관계가 있음을 추리할 수 있다. 출산장려정책에 대하여 남녀의 찬성 비율의 차이가 크다면 성별과 출산장려정책에 대한 반응 간의 관계가 있는 것이다. 즉, χ^2 검정값이 클수록 두 변수의 관계가 높다고 할 수 있다. 질적변수의 경우 독립변수와의 상관정도는 ϕ 와 V로 추정한다.

ϕ **계수**는 두 집단의 두 응답범주일 때 계산하며 공식은 다음과 같다.

$$\phi = \sqrt{\frac{\chi^2}{N}}$$

χ^2: χ^2 검정값
N : 사례수

세 집단 이상이거나 세 개 이상의 응답범주의 경우 상관정도는 Cramer가 상관의 정도를 추정하는 V **계수**를 제안하였으며, Cramer의 상관 추정치라 하며 다음과 같다.

$$V = \sqrt{\frac{\chi^2}{mN}}$$

m : $(I-1)$과 $(J-1)$ 중 작은 수
N : 사례수

ϕ 계수와 V 계수의 공식을 보면 χ^2 값이 클수록 두 계수가 높아짐을 알 수 있다.

2.4 집단비교와 상관을 위한 통계방법의 연관성

제2장 2절에서 집단비교를 위한 통계적 방법과 제2장 3절에서 상관을 위한 통계적 방법에서 두 통계적 방법은 매우 밀접하게 관련되어 있음을 설명하였다. t 통계값으로 상관계수를, 상관계수로 t 통계값을 계산할 수 있음을 설명하였고, χ^2 통계값으로 ϕ 와 V 를 계산함을 설명하였다. 제3장에서 회귀분석과 분산분석을 설명하겠지만 상관계수의 제곱인 결정계수 R^2 은 분산분석의 η^2 의 개념과 동일하다.

집단비교나 상관연구의 두 통계적 방법이 관련되어 있기에 계산하는 통계값이 다를 뿐 유의수준이 동일하다면 동일한 결론을 내리게 된다. 다만 가설이 다르기 때문에 해석이 달라질 뿐이다. 그렇다면 가설을 설정할 때 어떤 것이 더 바람직한가는 우선 가설을 설정할 때 기본가정에 충실한지를 확인하고 의미, 즉 연구의 목적이 집단비교연구와 상관연구 중에서 어떤 것이 연구결과를 해석하는 데 명료한지를 두고 결정하는 것이 바람직하다.

예를 들어, 남녀와 지능 점수의 연구를 할 때 집단비교연구와 상관연구 중 어느 것도 가능하다. 이때 두 가지 목적에 따른 영가설은 다음과 같다.

집단비교연구에서 H_0 : 남자의 지능과 여자의 지능은 같다.
상관연구에서 H_0 : 성별과 지능은 관계가 없다.

두 영가설을 볼 때, 첫 번째 영가설이 두 번째 영가설보다 연구의 목적을 명료하게 한다. 독립변수가 질적변수이고 집단이기 때문에 관계로 연구의 목적을 표현하는 것보다 집단비교로 연구의 목적을 표현하는 것이 이해가 쉽고 빠르다. 연구의 목적에 대한 내용이 다르더라도 집단 간 차이가 있다면 집단변수와 종속변수 사이에 관계가 있음을 이해하여야 한다.

2.5 유의수준과 검정력

실험연구에서는 연구대상이 되는 모집단 전체에서의 표집이 불가능하기 때문에 무선할당방법을 취하고 조사연구인 경우는 확률적 표집방법을 사용한다. 두 연구방법 모두 자료를 분석하여 보고할 때 기술통계와 추리통계 결과를 동시에 보고하여야 한다. 이를 위하여 모집단, 표본, 표집, 모집단분포, 표본분포, 중요한 표집분포의 표집오차와 표준오차, 중심극한정리, 영가설과 대립가설, 유의수준, 자유도, 검정력에 대한 개념을 이해하여야 한다.

기술통계(descriptive statistics)는 모아진 자료를 가지고 그 자료의 속성을 나타내는 통계로 **서술통계**라고도 하며 평균, 표준편차와 분산, 최소값과 최대값, 사례수 등을 말한다. **추리통계**(inferential statistics)란 모아진 자료의 특성을 설명하는 수준을 넘어서 추출된 모집단의 특성을 설명하기 위하여 사용하는 통계로 Z, t, F, χ^2 검정 등이 있으며 자유도와 유의수준에 따라 결론을 유도한다.

모집단(population)이란 연구대상이 되는 전체를 말한다. 모집단의 통계값은 **모수치**(parameter)라 하며 평균은 μ, 표준편차는 σ 그리고 사례수는 N으로 표기한다. 모집단의 분포는 **모집단분포**(population distribution)로 일반적으로 정규분포를 나타낸다.

모집단분포가 정규분포일 경우 모수통계(parametric statistics)를 사용하며, 특별한 집단의 경우, 즉 정규분포가 아닐 경우 비모수통계(non-parametric statistics) 방법을 사용한다.

연구는 일반적으로 모집단의 특성을 밝히는 데 연구의 목적이 있다. 그러나 모집단 전체를 연구의 대상으로 하기는 불가능하므로 연구대상의 일부를 추출한다. 이를 **표본**(sample)이라 하고 추출된 연구대상의 특징을 그린 분포를 **표본분포**(sample distribution)라 한다. 표본분포는 사례수가 적어서 정규분포가 아닐 경우가 많다. 표본의 특징인 평균, 표준편차, 분산, 사례수 등을 **추정치**(estimation) 혹은 **통계치**(statistics)라고 하며, 추정치라 하는 이유는 표본의 특성으로 모집단의 특성을 추정하기 때문이다.

모집단에서 연구대상인 표본을 추출하는 과정을 **표집**(sampling)이라 한다. 표집하는 과정에서 사용하는 방법을 표집방법이라 하고, 그 방법에는 확률적 표집방법과 비확률적 표집방법이 있다. 확률적 표집방법에 단순무선표집, 층화표집, 군집표집 등이 있으며 비확률적 표집방법에는 무선할당, 목적표집, 편의표집, 스노우볼 표집 등이 있다.

모집단에서 추출한 표본들의 평균들을 가지고 그린 분포를 **표집분포**(sampling distribution)라 하고 [그림 2-3]과 같다.

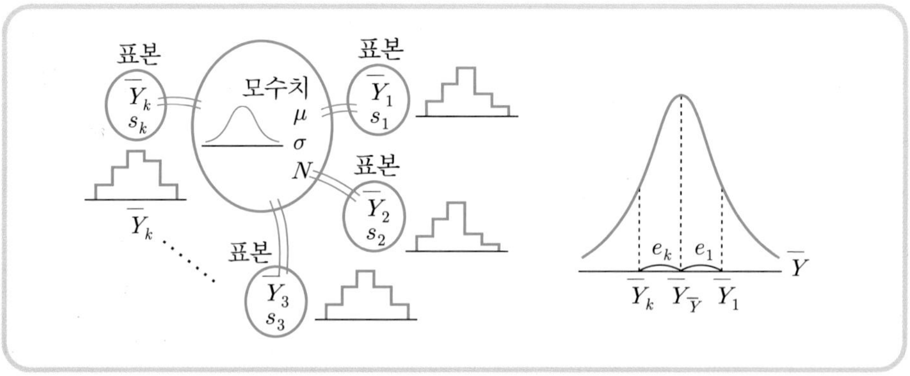

[그림 2-3] 표집분포 형성과정과 표집분포

모집단에서 K개의 표본을 추출하면 K개의 평균값들이 있다. 이 K개의 평균들을 가지고 그린 분포를 표집분포(sampling distribution)라 하고 평균들의 평균과 표준편차를 다음과 같이 계산한다.

$$\overline{Y}_{\overline{Y}} = \frac{\sum_{k=1}^{K} \overline{Y}_k}{K}$$

$$\sigma^2_{\overline{Y}} = \frac{\sum_{k=1}^{K} (\overline{Y}_k - \overline{Y}_{\overline{Y}})^2}{K}$$

$\overline{Y}_{\overline{Y}}$는 표집분포의 평균이고, $\sigma^2_{\overline{Y}}$는 표집분포의 분산이다. $\sigma_{\overline{Y}}$는 표집분포의

표준편차이나 이는 일반적인 표준편차라 하지 않고 표준오차(standard error)라 한다.

모집단에서 K개의 표본을 무한히 추출하였을 때 개념적으로 이 표본들의 평균의 평균은 모집단의 평균인 μ와 같게 될 것이다. 그러면 $(\overline{Y}_K - \mu)$는 추출한 표본의 평균과 모집단 평균과의 차이이므로, 이 값은 표집의 오류로 인한 오차라 할 수 있어서 이를 **표집오차**(sampling error)라 한다. 표집을 완벽하게 하였다면 표본의 평균이 모집단의 평균과 일치할 것이며 이때 표집오차는 0이 된다.

K개의 표본들의 표집오차는 모두 다르게 나타난다. 여기서 표집분포들의 표집오차의 표준편차를 $\sigma_{\overline{Y}}$로 추정하고 이를 표집분포의 **표준오차**(standard error of sampling distribution)라고 한다.

표집분포의 특성은 중심극한정리에 의하여 알 수 있다. **중심극한정리**(central limit theorem)란 표집분포의 평균은 모집단의 평균과 같고, 표집분포의 표준오차는 모집단의 표준편차를 사례수의 제곱근으로 나눈 값과 같음을 말하고 이를 수식으로 표현하면 다음과 같다.

$$\overline{Y}_{\overline{Y}} = \mu$$

$$\sigma_{\overline{Y}} = \frac{\sigma}{\sqrt{n}}$$

표집분포는 추리통계에서 중요한 역할을 하는 이론적 분포로서 영가설의 기각 여부를 결정한다. 유의수준은 표집분포에서 영가설을 기각하는 표본이 추출될 수 있는 구간을 확률로써 표기한 것이다. Z 검정에서 유의수준이 .05이고 양방적 검정이라면 유의수준에 해당하는 기각역은 [그림 2-4]와 같다.

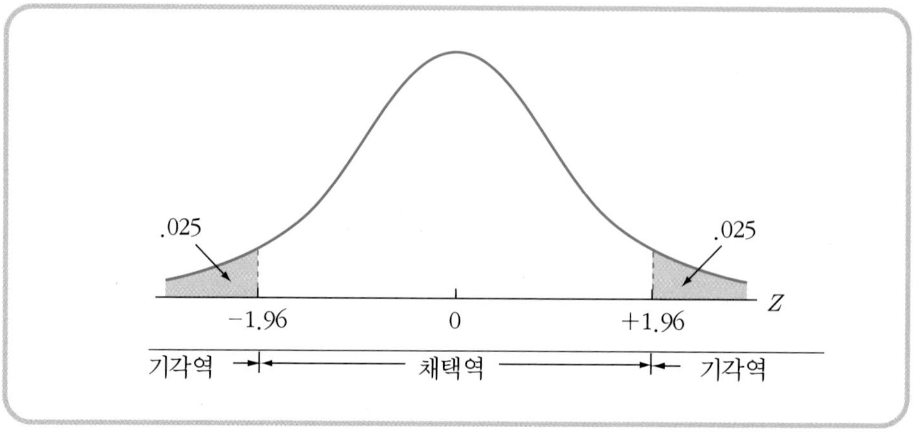

[그림 2-4] 유의수준 .05의 양방적 Z 검정에서 기각역

모집단에서 표본을 표집했을 때 일반적으로 많은 수의 표본들이 모집단의 평균과 유사한 평균을 얻을 것이고, 모집단의 평균과 차이가 큰 표본의 평균들을 얻을 수 있으나 그 표본은 쉽게 나타나지 않는다. 그러나 그런 특이한 표본들도 확률적으로 추출될 수 있다.

[그림 2-4]에서 유의수준이 .05로서 양방적 검정일 경우 좌우로 .05가 양분되어 .025씩 배분된다. 만약 100개의 표본을 모집단으로부터 추출할 경우 그 100개의 평균들은 [그림 2-4]에서와 같이 정규분포를 그리며 모집단의 평균으로부터 $-1.96\sigma_{\overline{Y}}$인 평균의 표본 수는 2.5개, 모집단의 평균으로부터 $+1.96\sigma_{\overline{Y}}$인 평균을 갖는 표본 수는 2.5개가 된다. 즉, 모집단의 평균보다 $\pm1.96\sigma_{\overline{Y}}$ 범위 밖에 있는 표본 수는 5개가 되며, 그 사이에 존재하는 표본 수는 95개가 존재한다. 이럴 경우 $\pm1.96\sigma_{\overline{Y}}$ 사이에 있는 표본이 추출될 경우는 영가설을 기각하지 않고, $\pm1.96\sigma_{\overline{Y}}$ 밖에 있는 평균을 얻은 표본일 경우 영가설을 기각한다고 결론을 내린다. 이럴 경우 영가설을 기각하게 되면, 이 5개 이하의 표본도 모집단의 평균이 μ라는 모집단 분포 하에서 추출될 수 있는 표본임에도 불구하고 평균이 μ라는 영가설을 기각하였으므로 판단의 오류를 범하게 된다.

판단의 오류를 인정하는 확률을 **유의수준**(significant level)이라 한다. 연구를 할 때 의사결정을 하는 과정에서 판단의 오류가 따른다. 연구자가 신이 아니기 때문에 모든 의사결정에는 판단의 실수를 범하게 되고 이를 인정하는 수준을 설정하고 제시하여야 한다. 경험과학에서는 판단의 실수 중 심각한 오판은 **1종 오류**(type I error)라 명명하고 이를 허용하는 수준을 유의수준이라 하며 α로 표기한다. 유의수준 α는 심각한 오류인 1종 오류를 허용하는 수준이기 때문에 가능한 그 확률을 낮게 잡으며 사회과학의 경우 .05나 .01로 설정한다. 연구자에 따라서 그리고 연구결과가 연구대상에 미치는 영향을 고려하여 유의수준을 결정하므로 의학 등의 연구에서는 유의수준을 .001로 낮출 수 있다.

[그림 2-4]에서 연구자는 모집단의 평균이 μ라고 설정하고 연구를 진행하고 표본에서 얻는 평균값이 μ로부터 멀리 떨어진 값을 얻으면 영가설을 기각한다고 하였다. 그러므로 유의수준 α란 영가설이 사실인데 이 가설을 기각하는 것을 허용하는 확률을 말한다.

영가설과 반대되는 사실을 대립가설이라 한다. 가설에는 영가설과 대립가설이 있고, 각 가설이 진리라 할 때 각 가설을 채택하거나 거부하는 것이 연구의 논리이다. 그러므로 연구에서 결론은 다음과 같이 $2 \times 2 = 4$가지의 경우가 발생한다.

(1) 영가설이 진일 때 영가설을 채택한다.
(2) 영가설이 진일 때 영가설을 거부(대립가설을 채택)한다.
(3) 영가설이 진이 아닐(대립가설이 진일) 때 영가설을 채택한다.
(4) 영가설이 진이 아닐(대립가설이 진일) 때 영가설을 거부(대립가설을 채택)한다.

영가설(null hypothesis: H_0)이란 연구를 유도하는 가설로서 귀무가설이라고도 하며, 연구를 진행하였을 때 연구대상에게 피해가 큰 오판에서 사실인 내용이 된다. **대립가설**(alternative hypothesis: H_A)이란 영가설과 반대되는 내용이다.

예를 들어, 설명하면, 수질연구의 경우 식수 가능여부를 판단하는 연구에서 올바른 판단이 두 개, 오판이 두 개가 된다. 올바른 판단은 오염수인데 식수가 불가하다는 판단과 청정수인데 식수가 가능하다는 판단이다. 반면에 오판은 오염수인데 식수가 가능하다는 오판과 청정수인데 식수가 불가능하다는 오판이다. 올바른 판단은 연구자가 당연히 하여야 할 일지만 오판은 연구자가 하지 말아야 한다. 두 개의 오판 중 연구자는 특히 심각한 오판을 하지 말아야 하며 심각한 오판을 1종 오류(type I error)라 하고 덜 심각한 오판을 **2종 오류**(type II error)라 한다. 두 오판 중에 덜 심각한 오판보다 심각한 오판을 하지 않아야 하기 때문에, 심각한 오판은 물이 오염수인데 식수가 가능하다는 판단이므로, '물이 오염되었다.'는 내용을 영가설로 설정하여 검정하여야 한다. 만약 덜 심각한 오판에서 사실인 내용, 즉 물이 청정수라는 사실을 가지고 검정을 한다면, 심각한 내용인 물이 오염수라는 사실을 검정할 수 없으므로 심각한 오판을 범하게 된다. 수질연구에서 영가설과 대립가설은 다음과 같다.

H_0 : 물이 오염수다.

H_A: 물이 청정수다.

교수법의 효과 연구에서도 두 가지의 정판과 두 가지의 오판이 있다.

정판은 교수법의 차이가 없는데 차이가 없다는 판단과 교수법의 차이가 있는데 차이가 있다는 판단이다. 오판은 교수법의 차이가 없는데 교수법의 차이가 있다는 판단과 교수법의 차이가 있는데 교수법의 차이가 없다는 판단이다. 그러면 두 개의 오판 중에 심각한 오판은 교수법의 차이가 없는데 교수법의 차이가 있다는 오판이 된다. 여기서 중요한 것은 심각함이란 연구대상에 주는 피해의 관점에서 논하게 된다. 그러므로 교수법 연구에서는 영가설은 '교수법에 따른 학업성취도에 차이가 없다.'가 되고, 대립가설은 '차이가 있다.'가 된다.

영가설과 대립가설, 1종 오류, 2종 오류, 유의수준, 검정력은 [그림 2-5]와 같다.

영가설이 사실일 때 영가설을 기각하는 확률을 유의수준이라 하며 α라 한다. 대립가설이 진인데 영가설을 채택하는 확률을 β라 한다. 대립가설이 진일 때 대립가설을 채택하는 것을 **검정력**(power)이라 하며 $(1-\beta)$가 된다. 연구자는 가능하면 심각한 오판인 유의수준 α를 낮추고 검정력인 $(1-\beta)$를 높여야 한다.

1종 오류(α), 2종 오류(β), 검정력($1-\beta$)은 관계가 있다. 검정력($1-\beta$)은 1종 오류(α), 연구에서의 표본의 크기, 영가설과 대립가설하에서 평균 간의 차이에 영향을 받게 된다. 검정력($1-\beta$)은 열거한 다른 요인의 영향을 받기 때문에 연구자가 통제하기가 어렵다. 그러므로 연구결과에 대한 엄격성은 유의수준에 의하여 결정되므로 연구자는 유의수준인 α를 결정하여 연구를 진행한다.

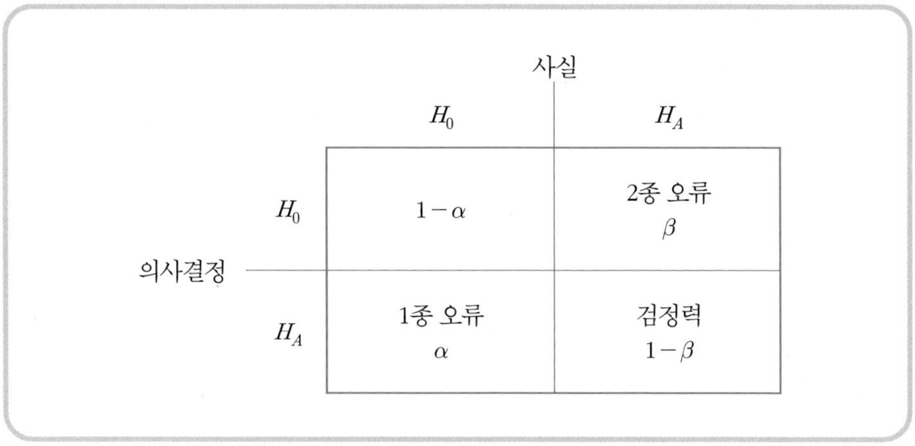

[그림 2-5] 1종 오류, 2종 오류, 검정력

유의수준, 표본의 크기, 영가설과 대립가설하의 평균의 차이가 검정력에 주는 영향은 [그림 2-6]과 같다.

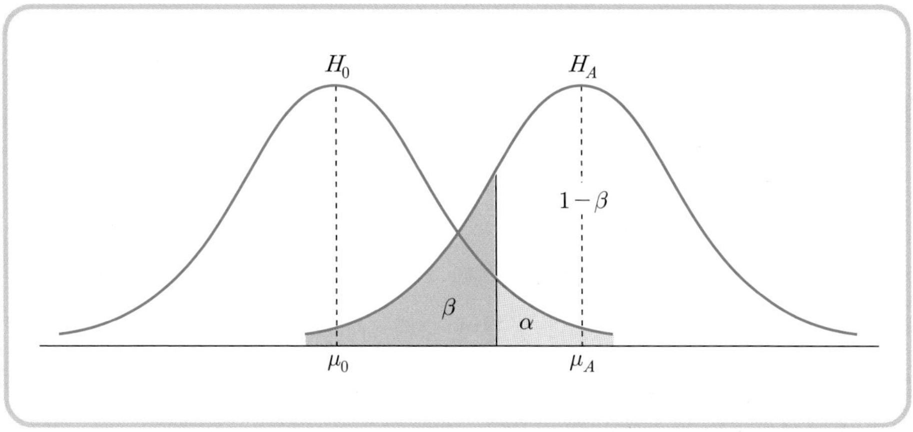

[그림 2-6] 1종 오류(α), 2종 오류(β), 검정력($1-\beta$)의 관계

검정력에 영향을 주는 유의수준의 경우, 1종 오류인 α를 낮추면 α의 영역이 작아지므로 기각역을 나타내는 선이 오른쪽으로 이동하여 검정력($1-\beta$)이 낮아진다. α를 높이면 검정력($1-\beta$)도 높아지나 α를 높이는 것은 연구에서 바람직하지 않다.

표본의 크기를 증가시키면 H_0와 H_A의 표집분포는 표준오차가 작아진다. 그러면 분포의 형태는 좁아져서 꼬리 부분이 작아지게 되어, α를 고정하였을 때 기각역을 나타내는 선이 왼쪽으로 이동하므로 검정력$(1-\beta)$은 높아지게 된다. 사례수를 증가시키면 검정력은 증가한다.

대립가설(H_A)하에서 평균인 μ_A가 영가설(H_0)하에서의 μ_0와 차이가 커질 때, 유의수준 α를 고정하면 대립가설(H_A)의 표집분포가 오른쪽으로 이동하므로 검정력$(1-\beta)$은 높아지게 된다.

유의수준이 높고, 사례수가 많으며, 대립가설하에서의 평균이 영가설에서의 평균과 차이가 클 때 검정력이 높아진다. 유의수준 α를 고정하였어도 사례수에 의하여 검정력이 변화되므로 적정 수준의 검정력을 확보하기 위하여 사례수를 계산하는 Tang(1938)의 통계적 방법이 제시되고 있다([수표 2] 참조). 사례수를 증가시키면 검정력도 증가되고 통계적 유의성도 높아지나 실험연구에서는 연구의 대상을 무작정 늘릴 수 없는 한계가 있기 때문에 실험연구에서는 연구의 대상 수를 실험연구 상황에 맞게 정하는 것이 바람직하다.

2.6 유의수준에 대한 해석

유의수준에 대한 해석에서 오류가 많아 유의수준과 관련하여 자세히 설명한다. 연구자는 자신이 관심 있는 어떤 현상에 대해 잠정적인 진술, 즉 가설을 세우고 그 가설의 진위여부를 밝힌다. 연구자는 관심의 대상인 모집단의 특성, 모수치를 알기가 어려우므로 무선적으로 추출한 표본을 가지고 모집단의 특성을 추정한다. 따라서 연구자는 자신이 세운 가설을 검정하는 데 있어 통계값을 가지고 모집단의 특성을 추정하게 되므로, 확률적인 결론을 내리게 된다 하였다. 확률이론에 입각하여 가설을 검정하기 위해서 연구자는 잠정적으로 진술한 가설을 통계적 가설로 바꾼다.

통계적 가설에는 영가설과 대립가설이 있으며 영가설은 확률에 의해 직접적으로 검정되는 가설로서 연구자가 부정하고자 하는 가설이며, 심각한 오판에서 사실인 내용이다. 대립가설은 연구가설이라고도 하며 연구자가 주장하고자 하는 가설로서 영가설이 기각되었을 때 채택되는 가설이다. 연구자는 추정치를 가지고 확률적으로 모집단의 특성에 대하여 결론을 내리게 되므로 항상 판단에 따른 오류의 가능성을 가지게 된다. 판단의 오류에는 영가설이 진일 때 영가설을 기각하고 대립가설을 채택하는 제1종 오류와 영가설이 거짓일 때 영가설을 채택하는 제2종 오류가 있다고 하였으며 제1종 오류의 확률을 α, 제2종 오류의 확률을 β라 하고 α를 유의수준이라고 설명하였다.

유의수준 α에 대하여 다시 설명하면 연구에서 저지를 수 있는 심각한 오판을 허용하는 수준이다. 그러므로 연구대상에게 심각한 영향을 주는 연구인 경우는 유의수준을 매우 낮추지만 일반적으로 인문사회과학 연구에서는 유의수준을 .01이나 .05로 설정한다 하였다.

그렇다면 유의수준을 .05로 설정하였다면 이것이 무엇을 의미하는가에 대하여 완전한 이해를 하지 않고는 연구의 결과를 올바로 해석하기가 어렵다. 그러므로 유의수준에 대한 의미는 연구의 의미 자체를 결정한다고 보아도 과언이 아니다. 그럼에도 불구하고 많은 연구자들이 유의수준 .05에 대하여 기계적으로 접근해서 연구에서 계산한 통계방법에 따른 통계값이 기각값보다 크면 영가설을 기각하고 기뻐한다.

최근에 사용하고 있는 통계분석 프로그램으로 자료를 분석하면 얻은 통계값 옆이나 밑에 p값을 제공한다. 그 p값이 유의수준보다 작으면 영가설을 기각하고 그 값이 유의수준보다 크면 영가설을 기각하지 못한다고 그냥 기계적으로 결정하고 더 이상의 해석을 하지 않는다. 유의수준을 .05로 설정한 연구에서 통계분석 프로그램이 계산한 통계값과 연관되어 제시된 p값이 .051이 나온 경우 매우 원통해하기도 하고 때로는 이를 고치고자 하는 유혹도 느끼는 경우가 있을 것이다. 이런 경우 간혹 연구자들이 이렇게 나와도 영가설을 기각할 수 있지 않느냐는 질문을 받기도 하고 유의수준을 .10로 수정하면 안 되는가 하는 질문을 받기도 한다. p값에 대하여 충분한 이해가 있다면 연구결과를 고치려고 하는 유혹이나 이런 질문들을 하지 않을 것이다.

통계분석 프로그램이 계산한 통계값 옆에 제시된 p값이 .09이었다면 이는 어떤 의미를 갖는가를 이해하여야 한다. 예를 들어, 새로운 교수법으로 가르친 학생들의 학업성취도의 평균이 80점일 것이라는 영가설을 설정하고 새로운 교수법을 투입한 연구에서 연구대상들의 학업성취도 점수가 85점이 나왔고 계산한 통계값과 관련한 p 값이 .09라면 이는 [그림 2-7]과 같다.

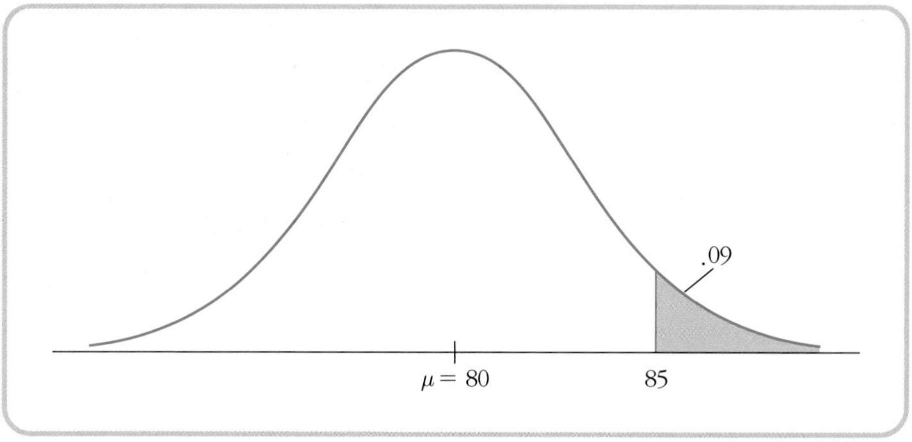

✪[그림 2-7] 모집단의 평균이 80이라는 영가설하에서 평균이 85점, p값이 .09일 때

영가설의 기각여부를 결정하는 영가설하에서 표집분포는 80점을 평균으로 좌우 대칭인 정규분포를 형성하고 있다. 그 영가설하에서 연구를 실시한 후 만약에 연구대상들의 학업성취도 점수가 80점이었다면 80점을 얻을 수 있는 확률은 .5이다. 이는 동일한 연구를 100번 실시하면 평균이 80점을 얻는 연구가 50번 나타난다는 의미이다. 매우 흔히 나타나기에 새로운 교수법에 의한 학업성취도는 80점임을 인정할 수밖에 없다. 그러므로 영가설을 기각할 수가 없다. 정리하면 새로운 교수법에 의한 학업성취도 점수가 80점이 자주 나타나기 때문에 영가설을 기각하지 못하고, 다시 말해서 영가설이 사실이라고 인정하여, 새로운 교수법의 평균은 80점이라고 결론을 내린다.

지금의 연구에서는 평균이 85점이 되었고 그에 해당하는 확률이 .09이었다면 이에 대한 해석은 평균점수를 80점 얻었을 때 경우에 비추어 설명하면 다음과 같다. 새로운 교수법에 의한 평균이 80점이라는 영가설을 가정하고 새로운 교수법을 투입하였더니 연구대상들의 학업성취도 점수가 85점이 나왔고 그에 해당하는 확률이 .09가 나왔다 함은, 영가설하에서 연구대상들의 실제 얻은 점수가 85점이 나왔으며 이런 연구를 100번 실시하였을 때 9번 정도가 나타난다는 것이다. 이는 그래도 100번에서 9번 정도 나타난 결과이므로 유의수준을 .05로 설정하였다면 새로운 교수법에 의한 평균은 80점이라는 것을 인정하는 것이다. 즉, 연구자가 설정한 유의수준 .05에 비추어 영가설을 기각하지 못한다는 것이다. 평균점수가 80점이 나온 연구결과나 85점이 나온 연구결과인 경우 영가설을 기각하지 않았기에 판단의 실수를 범하지 않았으므로 유의수준을 제시하지 않는다.

다른 예로, 컴퓨터를 이용한 다른 교수법을 이용하여 가르친 후 학업성취도 검사를 실시하였더니 평균점수가 95점이었으며 그에 해당하는 확률이 .002이었다면, 곧 [그림 2-8]과 같다.

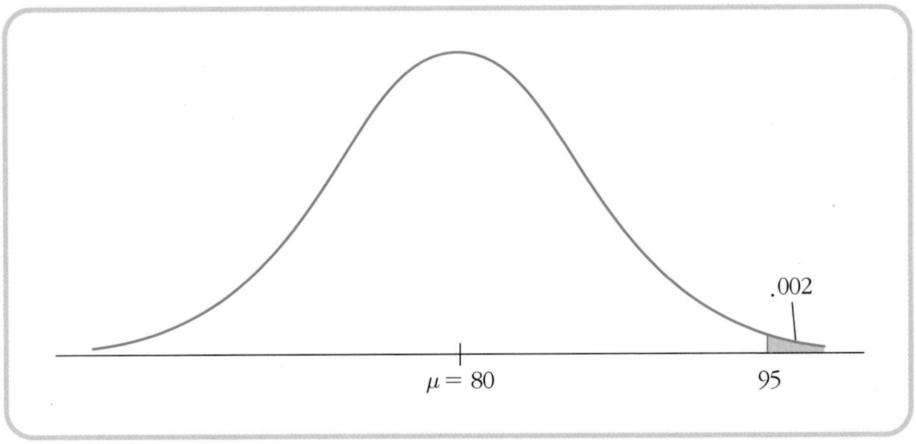

✪[그림 2-8] 모집단 평균이 80이라는 영가설하에서 평균이 95점, p값이 .002일 때

이는 컴퓨터를 이용한 교수법에 의한 학업성취도의 평균점수가 80점이라는 영가설하에서 평균점수가 95점이 나타날 확률은 .002라는 의미다. 이런 연구를 1,000번 반복하였을 경우 평균이 95점 이상인 경우가 겨우 2번 나타난다는 것이다. 이는 평균이 80점이라는 영가설하에서 거의 나타나지 않으므로 컴퓨터 교수법에 의한 모집단의 학업성취도 점수가 80점이 아니라고 결정할 수 있다. 1,000번의 연구를 하였을 때 2번 밖에 나타나지 않으므로 영가설을 기각한다. 그렇지만 모집단의 평균이 80점이라는 영가설하에서 확률 .002, 즉 1,000번 중에 2번은 확률적으로 나타나기 때문에 영가설을 기각하는 결론을 내린다면 실수를 범하게 되고 그 정도의 실수, 즉 .002를 허용한다는 의미이다.

유의수준을 .05나 .01로 설정한 경우는, 동일한 실험을 100번 반복 실시하였을 경우 5번이나 혹은 1번 미만으로 나타나는 희귀한 경우로서 영가설을 기각한다는 의미이다. 그러니까 연구자가 설정한 영가설하에서 5번 미만 혹은 1번 미만으로 흔하게 나타나지 않기 때문에 영가설을 기각하지만 이 또한 영가설하에서 확률적으로 나타날 수 있는 경우이다. 영가설하에서 확률적으로 우연히 5번 미만이나 혹은 1번 미만으로 나타날 수 있기 때문에 그 정도의 실수를 연구자는 허용하면서 결론을 내린다는 것이다. 그래서 통계를 확률적 논리라고 하는 것이다. 유의수준을 낮춘 연구일수록 보수적(conservative)인 연구라 한다.

통계프로그램에서 제시되는 p 값은 양방적 검정을 위한 **유의확률**(significant probability)을 말한다. 그래서 p 값이 유의수준보다 작으면 영가설을 기각하고, p 값이 크면 영가설을 기각하지 못한다 하였다. 만약 연구자가 일방적 검정을 한다면 p 값을 2로 나눈 확률과 유의수준을 비교하여 결론을 유도하여야 한다. $p/2$의 값이 유의수준보다 작으면 영가설을 기각하고 그 값이 크면 영가설을 기각하지 않아야 한다.

2.7 통계적 유의성과 실제적 유의성

연구자는 영가설의 기각여부를 유의수준에 의해 결정하게 되며 앞에서 설명하였듯이 유의수준은 연구자가 이론적, 경험적 배경에서 일반적으로 .01이나 .05로 정한다 하였다. 연구자가 어떤 검정통계값을 얻었을 때 그 검정통계값이 나타날 확률이 유의수준 이하일 경우 이 검정통계값은 일어날 확률이 실제적으로 매우 낮으므로 우연히 일어났다고 보고 영가설을 기각하게 되는데, 이때 이 검정통계값은 **통계적 유의성**(statistical significance)이 있다고 한다. 즉, 통계적 유의성이란 연구자가 얻은 어떤 검정통계값을 자신이 설정한 유의수준에 입각하여 판단해 볼 때 영가설을 기각할 만큼 유의한 것을 뜻한다.

이에 반해 **실제적 유의성**(practical significance)이란 통계적 검정보다는 연구상황에서 연구자가 얻은 추정값, 즉 표본의 평균, 집단 간의 차이, 상관계수 등이 실제적으로 의미가 있는지에 대한 관점이다. 다시 말해서 두 변수의 관계가 있다면 얼마나 의미 있는 상관이 있는지, 집단 간의 차이가 있다면 실제적으로 의미가 있을 정도로 차이가 있는지에 대한 분석이다. 그러므로 연구자가 통계적 검정에서 얻은 검정통계값을 가지고 영가설을 기각하였다 해도 반드시 실제적으로도 의미가 있다고는 할 수 없다.

예를 들어, 지능과 발 크기의 상관이 유의한지 통계적 검정을 실시하기 위하여 1,000명을 무선추출하여 지능과 발 크기의 상관계수를 추정하였더니 .10이었다. 유의수준 .05에서 검정을 실시하였을 때 Z통계값은 다음과 같다.

$$Z = \frac{Z_r - Z\rho_0}{\frac{1}{\sqrt{n-3}}} = \frac{.10 - 0}{\frac{1}{\sqrt{1000-3}}} = 3.158$$

Z_r: 상관계수에 해당하는 Fisher의 Z값

Z통계값 3.158은 Z기각값 ±1.96의 1.96보다 크므로 영가설을 기각한다. 결론은 '지능과 발 크기의 상관계수는 0이 아니다.'라고 내린다. 그러나 통계적으로는 유의하더라도 두 변수 간의 상관계수 .10은 상관이 매우 낮은 것이다. 그러므로 이는 실제적으로 의미가 없는 상관계수를 말한다. 이 같은 경우를 통계적 유의성은 존재하나 실제적 유의성은 존재하지 않는다고 말한다.

반대로 중간고사 점수와 기말고사 점수 간의 상관관계를 검정하기 위하여 모집단으로부터 10명을 추출하여 두 점수 간의 상관계수를 추정하였더니 .62였다고 하자.

Z통계값은 다음과 같다.

$$Z = \frac{Z_r - Z\rho_0}{\frac{1}{\sqrt{n-3}}} = \frac{.725 - 0}{\frac{1}{\sqrt{10-3}}} = 1.918$$

Z_r: 상관계수에 해당하는 Fisher의 Z값

1.918로서 유의수준 .05의 양방적 검정에서 영가설을 기각하지 못하게 된다. 결론은 '중간고사와 기말고사 점수의 상관은 0이다.'라고 내린다. 즉, 통계적으로 유

의하지 않다고 할 수 있다. 이는 연구자가 판단의 실수를 범하지 않는다는 의미이지 상관이 전혀 없음을 의미하는 것이 아니다. 두 점수 간의 상관계수는 .62로서 상관의 정도가 높다. 상관계수가 .62이면 결정계수 R^2은 .3844로서 기말고사의 총변화량의 38.44%를 중간고사가 설명한다는 의미이다. 그러므로 이 같은 경우를 통계적 유의성은 없으나 실제적 유의성은 있다고 한다.

예를 들어, 전통적 교수법과 컴퓨터 교수법에 의한 학업성취도의 차이를 비교하는 연구에 있어서 영가설은 '두 교수법에 차이가 없다.'라고 설정하고 대립가설은 '두 교수법에 차이가 있다.'라고 설정한다.

$$H_0 : \mu_{전} = \mu_{컴};\ \mu_{전} - \mu_{컴} = 0$$

$$H_A : \mu_{전} \neq \mu_{컴};\ \mu_{전} - \mu_{컴} \neq 0$$

그리고 표본수를 1,000, 유의수준 α를 .05로 하고 두 교수법의 표본 간 평균의 차이를 가지고 표집분포를 그리면 [그림 2-9]와 같다.

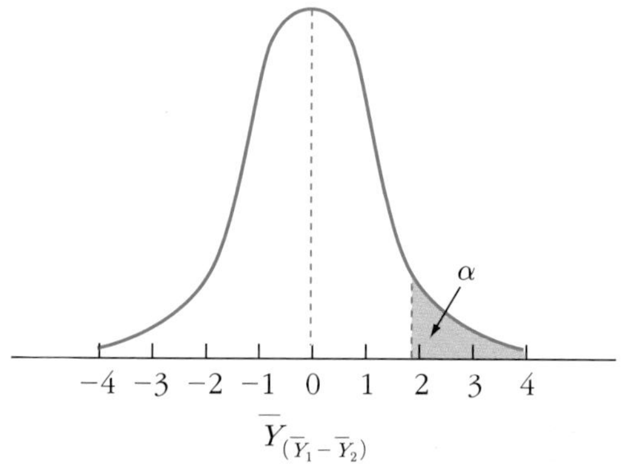

✪[그림 2-9] 표본수 1,000, 유의수준 .05일 때 두 표본 평균 차이를 위한 표집분포

이때 검정통계값 $(\overline{Y}_1 - \overline{Y}_2)$이 2가 나왔다면 2가 나올 확률은 α보다 작으므로 영가설을 기각하게 된다. 그러나 실제 상황에서 전통적 교수법에 의한 학업성취도의 평균이 86점이고 컴퓨터 교수법에 의한 학업성취도의 평균이 88점이라고 할

때 이 점수 간의 차이가 과연 두 학습방법의 차이가 있다고 할 수 있을 만큼의 의미 있는 차이인지 의문시된다. 즉, 통계적 검정의 결과 연구자가 얻은 검정통계값은 영가설을 기각할 만큼 유의성이 있었지만 실제적으로는 의미 있는 차이가 아니라는 것이다.

앞의 실험에서 사례수 n을 1,000으로 하지 않고 50으로 정하면 검정통계값이 6이 되고 분포는 [그림 2-10]과 같다. 다른 두 교수법에 의한 평균의 차이가 6점으로 큰 차이가 있으나 표본의 크기가 50인 표집분포에서 이에 해당하는 확률은 유의수준보다 크므로 검정통계값이 기각역에 있지 않아 영가설을 기각하지 못하게 된다.

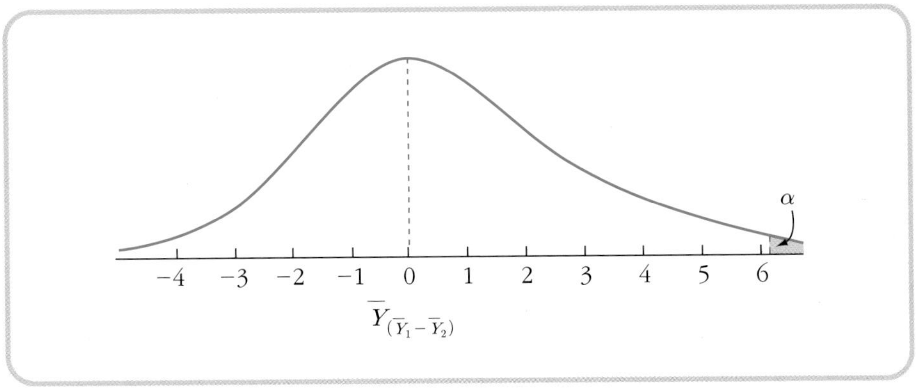

✪[그림 2-10] 표본수 50, 유의수준 .05일 때 두 표본 평균 차이를 위한 표집분포

즉, n이 클수록 표집오차가 줄어들기 때문에 표집분포의 폭은 좁아지게 되고 n이 작을 때에는 상대적으로 표집오차가 커져서 표집분포는 넓게 퍼지게 된다. n이 클 때에는 앞의 실험에서 평균의 차이가 적어도 영가설을 기각할 수 있게 된다. 그러나 n을 50으로 줄였을 때에는 표집분포에서 보듯이 두 학습 간의 평균의 차이가 6점이 되어도 영가설을 기각하지 못하게 된다. 두 교수법 간의 차이가 6점이 나타날 때 통계적으로는 유의한 차이가 없다고 하더라도 실제적으로 평균의 차이는 매우 큰 것이다. 그러나 통계적 검정에서는 6점이 기각역에 떨어지지 않으므로 영가설을 기각하지 못하고 '전통적 교수법과 컴퓨터 교수법 간의 차이가 없다.'라고 결론을 내리게 된다.

표본의 크기, 즉 사례수를 늘이거나 줄임으로써 실제적으로 의미 있는 차이가 없는데도 통계적으로는 유의하게 할 수 있고, 실제적으로는 의미가 있으나 통계적으로 유의하지 않은 결과를 얻을 수 있다. 통계적 유의성 검정은 표본의 크기에 의하여 결정됨을 알 수 있으며, 이는 표집분포의 표준오차와 관련된다. 그러므로 현대통계학에서는 통계적 유의성과 실제적 유의성을 모두 강조하지만 실제적 유의성에 관심을 두는 경향이 있다. 그러므로 연구자들은 영가설의 기각여부에만 관심을 지닐 것이 아니라 통계적 결과가 무엇을 의미하는지 심사숙고하여야 한다.

통계적 유의성(statistical significance)은 실수여부를 판단하는 기준이라면 실제적 유의성(practical significance)이란 얻은 통계값이 얼마나 의미가 있느냐의 문제이다. 다시 말하면 통계적 유의성이란 관찰된 처치효과가 우연에 의하여 나타났는가에 관심을 둔다면, 실제적 유의성이란 관찰된 처치효과가 현실 상황에서 유용할 만큼 충분한 의미를 갖느냐에 관심을 둔다. 그러므로 연구자들은 통계적 유의성 못지않게 실제적 유의성에도 관심을 두어야 한다.

2.8 R^2, η^2, 효과크기

실제적 유의성을 분석하는 지수로서 R^2, η^2 그리고 효과크기가 있다. 상관계수를 해석할 때 낮다와 높다로 표현하지만 그 의미는 결정계수 R^2으로 설명한다. **결정계수**는 한 변수가 다른 변수의 총변화량 혹은 총편차제곱합에 얼마만큼의 영향을 주는가를 설명하는 지수이다. 만약 수능의 영어 점수와 대학 입학 후 영어 교과목과의 상관이 .4라면 이는 대학 입학 후 대학생들의 영어 과목 점수의 총변화량의 16%를 대학수학능력시험의 영어점수가 설명한다는 의미이다.

η^2은 분산분석에서 종속변수의 총변화량 중에 처치변수가 영향을 주는 정도를 의미하며 다음과 같이 계산한다.

$$\eta^2 = \frac{SS_{Between}}{SS_{Total}}$$

η^2이 .5이었다면 종속변수의 총변화량인 총편차제곱합의 50%가 처치변수인 독립변수에 의하여 발생된 것으로 해석한다. η^2이 크면 처치변수의 영향력이 크다고 할 수 있으며, 다시 말해 집단 간의 차이가 크다는 의미이다.

효과크기(effect size)란 실험에서 처치변수의 효과인 실제적 유의성과 관련이 있으며 집단간 평균의 차이에 기초한다. Cohen(1988)이 효과크기라 하였으며 d나 f로 표기한다. 단일표본이나 두 표본의 실험연구에서 효과크기 d는 다음과 같다.

$$d = \frac{|\mu - \mu_0|}{\sigma_\epsilon} \quad \text{혹은} \quad d = \frac{|\mu_1 - \mu_2|}{\sigma_\epsilon}$$

단일표본 검정에서는 표본에서 얻은 통계치와 영가설하에서 모집단의 평균의 차이를 집단내 편차제곱근으로 나눈 것이 되며, 두 표본 검정에서는 두 모집단의 평균의 차이를 집단내 편차제곱근으로 나눈 것이 된다. 그러므로 d값이 크면 효과크기가 큰 것으로 처치효과가 크다고 할 수 있다.

세 집단 이상의 비교에서 효과크기는 다음과 같이 추정한다.

$$f = \sqrt{\frac{\sum_{j=1}^{J}(\mu_j - \mu)^2 / J}{\sigma_\epsilon^2}} \quad \text{혹은} \quad f = \sqrt{\frac{\sum_{j=1}^{J}\hat{\alpha}_j^2 / J}{\hat{\sigma}_\epsilon^2}}$$

Cohen(1988)은 f값이 .10이면 작은 효과, .25면 중간 효과, .40 이상이면 큰 효과라 하였다.

연습문제

1. 집단비교연구와 상관연구의 관계에 대하여 예를 들어 설명하고 결론을 유도하시오.

2. Z검정, t검정, 분산분석은 언제 사용하는지 설명하고 예를 드시오.

3. t검정과 상관계수 검정과의 관계를 설명하시오.

4. t검정과 F검정의 관계를 설명하고, 예를 들어 t통계값과 F통계값은 어떤 관계가 있는지 밝히시오.

5. χ^2 검정에서 χ^2 통계값과 ϕ, V의 관계를 설명하시오.

6. 표집분포의 평균과 표준편차, 분산을 설명하고 그 값이 어떻게 추정되는지 설명하시오.

7. 표준오차에 대하여 설명하시오.

8. 제1종 오류, 제2종 오류, 검정력을 설명하시오.

9. 검정력을 결정하는 네 가지 요소를 열거하고 그 요소에 의한 검정력의 변화를 설명하시오.

10. 유의수준을 .01로 설정하였을 때 그 유의수준에 대한 올바른 해석을 설명하시오.

11. 통계적 유의성과 실제적 유의성에 대하여 설명하고 다음의 경우를 예를 들어 설명하시오.

    11-1 통계적 유의성과 실제적 유의성이 있는 경우

    11-2 통계적으로 유의하나 실제적으로 유의하지 않는 경우

    11-3 통계적으로 유의하지 않으나 실제적으로는 유의한 경우

    11-4 통계적으로나 실제적으로나 유의하지 않는 경우

12. 인공지능을 이용하여 구성한 놀이를 통한 교수법에 의하여 학습한 집단과 전통적 강의 위주의 교수법을 이용한 집단의 어휘능력 평균점수의 차이가 100점 척도에서 15점으로 두 독립표본 t 검정을 한 결과 p값이 .002였다.

    12-1 p값에 대하여 해석하시오.

    12-2 유의수준을 .01로 설정하였을 때 결론을 유도하시오.

13. R^2은 무엇이며, 어떻게 추정하는지 설명하시오.

14. η^2은 무엇이며, 어떻게 추정하는지 설명하시오.

15. 효과의 크기는 무엇이며, 어떻게 추정하는지 설명하시오.

16. R^2, η^2 그리고 효과크기의 관계를 설명하시오.

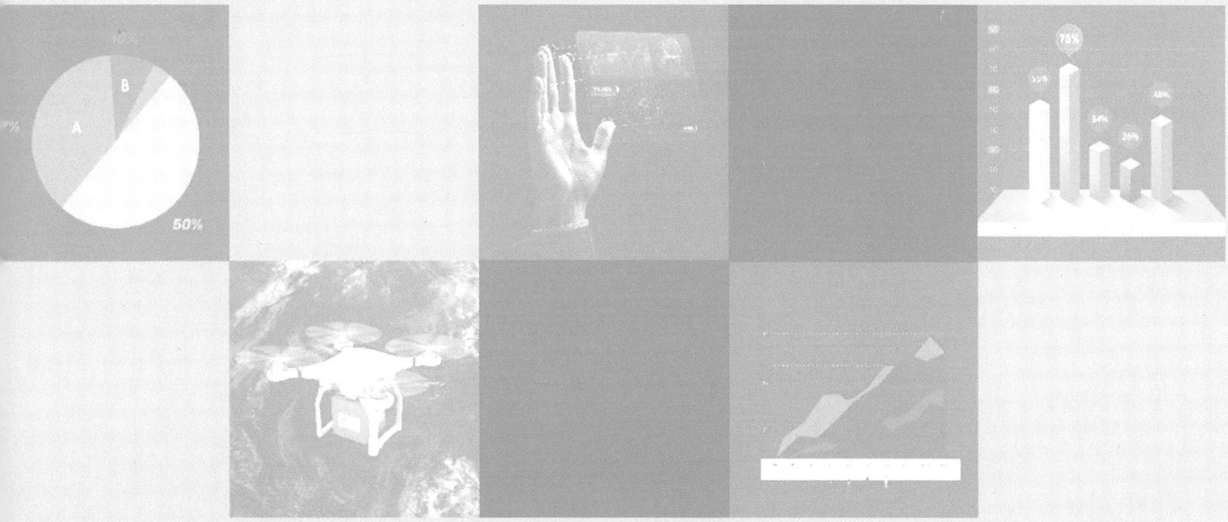

제3장
회귀분석과 분산분석

회귀분석과 분산분석 제3장

3.1 회귀분석

3.1.1 기본개념

상관은 두 변수의 관계를 말한다. 회귀분석은 상관을 더 의미 있게 해석하기 위하여 실시하는 것으로 분산분석과 관계가 있다.

상관계수를 추정하기 위한 기본가정의 충족여부와 정도를 예측하기 위하여 산포도를 그리며 산포도를 대표하는 회귀선은 [그림 3-1]과 같다.

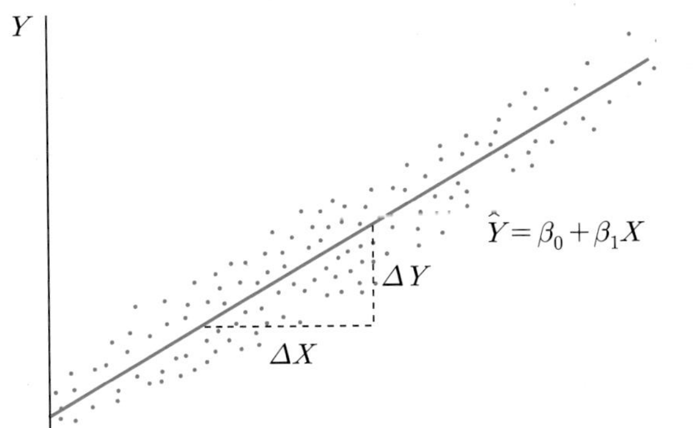

[그림 3-1] 산포도와 회귀선

X 변수와 Y 변수를 대표하는 선을 **회귀선**(regression line)이라 하며 **최적선**(best fitting line)이라고도 한다. 최적선이라는 의미는 산포도의 각 점과 이 점에서 최적선까지 내리거나 올린 거리가 가장 짧은 직선이어야 한다는 의미이다. 회귀선이라 함은 각 점들이 회귀선보다 위나 아래에 위치하여도 최적선상의 점으로 돌아가려 한다는 의미이다. 각 점과 회귀선과의 차이들을 모두 더하면 0이 된다. 왜냐하면 최적선인 회귀선은 모든 점을 대표하기 때문이다. 그러므로 최적선은 각 점과 최적선상의 점과의 차이를 제곱한 후 그 합이 가장 작은 직선을 그려야 하며 이를 최소제곱법 혹은 **최소자승화법**(at least square method)이라 한다. 회귀선을 위한 공식은 다음과 같다.

$$\hat{Y} = \beta_0 + \beta_1 X$$

이를 회귀등식(regression equation)이라 하며 $\hat{Y}$ 은 기대값으로 **예측값**(predictive value), β_1 은 **회귀계수**(regression coefficient), β_0은 **절편**(intercept) 그리고 X 는 독립변수이다. 회귀계수는 상관계수, X 변수와 Y 변수의 표준편차에 의하여 계산되며 식은 다음과 같다.

$$\beta_1 = r_{XY} \cdot \frac{s_Y}{s_X}$$

회귀선은 산포도의 모든 점을 대표하기 때문에 $(\overline{X}, \overline{Y})$인 점을 통과하여야 한다. 그러므로 β_0는 다음과 같이 계산한다.

$$\overline{Y} = \beta_0 + \beta_1 \overline{X}$$

$$\beta_0 = \overline{Y} - \beta_1 \overline{X}$$

회귀선에 의하면 회귀분석을 실시하기 위한 선형모형은 [그림 3-2]와 같다.

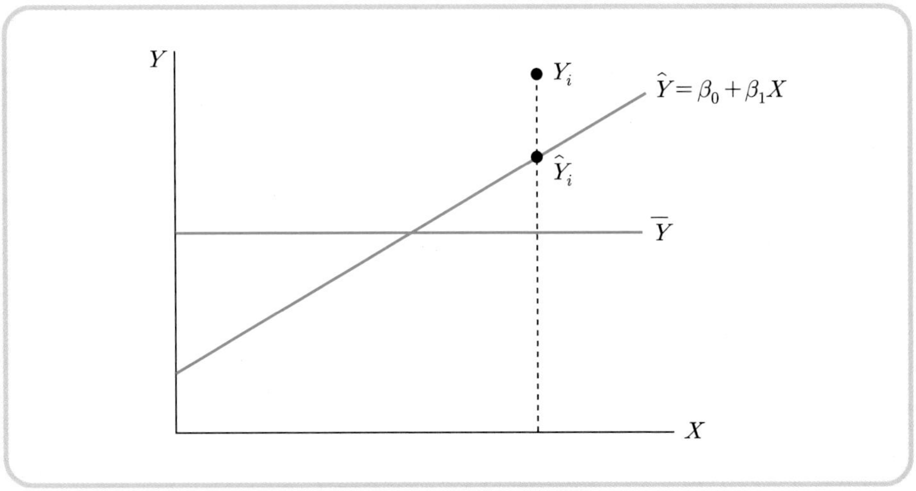

✪[그림 3-2] 회귀분석모형

Y 값은 [그림 3-2]에서 보듯이 다음과 같이 구성된다.

$$Y_i = \overline{Y} + (\hat{Y}_i - \overline{Y}) + (Y_i - \hat{Y}_i)$$

이를 **선형모형**(linear model)이라 하며, 회귀분석을 위하여 선형모형을 변형하면 다음과 같다.

$Y_i - \overline{Y}$	$=$	$(\hat{Y}_i - \overline{Y})$	$+$	$(Y_i - \hat{Y}_i)$
총편차		설명된 편차		설명되지 않은 편차
d_T		d_E		d_u

총편차는 회귀선에 의해서 **설명된 편차**인 기대값과 평균의 차이, **설명되지 않은 편차**인 Y값과 기대값의 차이, 다른 말로 오차로 구성되어 있다. 총편차의 합은 항상 0이 된다. 왜냐하면 평균은 무게 중심에 있기 때문이다. 분석을 위하여 각 편차를 제곱하면 다음과 같다.

$$(Y_i - \overline{Y})^2 = (\hat{Y}_i - \overline{Y})^2 + (Y_i - \hat{Y}_i)^2$$

총편차를 제곱하고 더한 값은 설명된 편차제곱합과 오차제곱합의 합으로 계산된다.

$$\underbrace{\sum_{i=1}^{n}(Y_i - \overline{Y})^2}_{SS_T} = \underbrace{\sum_{i=1}^{n}(\hat{Y}_i - \overline{Y})^2}_{SS_E} + \underbrace{\sum_{i=1}^{n}(Y_i - \hat{Y}_i)^2}_{SS_u}$$

좌변을 **총편차제곱합**(Sum of Squares of Total deviation: SS_T)이라 하며, 이를 **총변화량**(total variation)이라고도 한다. 분산을 $\sum_{i=1}^{n}(Y_i - \overline{Y})^2/(n-1)$으로 계산할 때 분자에 해당하는 부분이 총편차제곱합 혹은 총변화량이 된다.

등호 뒤에 $\sum_{i=1}^{n}(\hat{Y}_i - \overline{Y})^2$은 회귀선에 의해 **설명된 편차제곱합**(Sum of Squares of Explained deviation : SS_E)이라 하며 이는 회귀선에 의해서 설명된 변화량이라고도 한다. $\sum_{i=1}^{n}(Y_i - \hat{Y}_i)^2$은 설명이 되지 않은 부분으로 그 값이 다양하여 회귀선에 의하여 **설명되지 않은 편차제곱합**(Sum of Squares of unexplained deviation: SS_u) 또는 오차제곱합이라 한다.

상관이 높으면 회귀선에 의하여 설명된 변화량이 크고, 오차에 의한 변화량이 적을 것이다. 변화량에 대한 분석을 회귀분석이라 하고 이는 분산분석과 원리가 같으며 회귀분석을 위한 분산분석은 〈표 3-1〉과 같다.

❖〈표 3-1〉 단순회귀분석표

분산원	SS	df	MS	F	R^2
설명된 변화량 (회귀선)	$\sum(\hat{Y}_i - \overline{Y})^2$	1	$MS_E = SS_E/1$	MS_E/MS_u	SS_E/SS_T
설명되지 않은 변화량 (오차)	$\sum(Y_i - \hat{Y}_i)^2$	$n-2$	$MS_u = SS_u/n-2$		
총변화량	$\sum(Y_i - \overline{Y})^2$	$n-1$			

제곱합은 분산을 계산할 때 분자에 해당하므로 이를 자유도로 나누면 분산이 된다. **자유도**란 평균값을 유지하면서 어떤 값도 가질 수 있는 경우의 수이기 때문

에 단순회귀분석에서는 자유도가 1이 된다. 그러므로 SS_E가 MS_E가 되고, 오차와 관련된 분산은 SS_u를 $(n-2)$로 나누면 MS_u가 된다. F 값은 MS_E/MS_u가 된다. 회귀분석에서 중요한 개념은 결정계수 R^2인데 결정계수는 총변화량 중 회귀선에 의해서 설명된 변화량의 비율을 말한다.

$$R^2 = \frac{SS_E}{SS_T} = r^2$$

결정계수는 총변화량 중에 독립변수인 X 변수에 의해서 설명된 변화량의 비율을 의미하므로 상관이 1일 경우 결정계수는 1이 된다. 상관계수가 .5일 경우 결정계수는 $(.5)^2$으로 .25가 된다. 예를 들어, 지능과 학업성취도의 상관이 .5라면 학업성취도의 총편차제곱합, 총변화량의 .25, 즉 25%를 지능이 설명하여 준다고 해석할 수 있다.

〈표 3-1〉에서 F 통계값은 회귀계수에 대한 유의검정으로 F 값이 기각값보다 크면 회귀계수(β_1)가 0이라는 영가설을 기각하게 된다. R^2 값은 결정계수로 독립변수의 영향력을 설명하기 때문에 해석에 큰 의미를 갖게 되며 실제적 유의성과 관련된다. 현대 통계에서는 영가설의 기각여부에 대한 관심도 크지만 의미 해석을 중요시하는 경향이 커지므로 제2장 6절에서 통계적 유의성과 더불어 실제적 유의성도 설명하였다. 회귀분석의 자세한 수리적 예는 현대기초통계학(성태제, 2014a)의 제7장을 참고하기 바란다.

3.1.2 기본가정

회귀분석을 위한 기본가정은 종속변수가 양적변수이어야 하고 종속변수의 모집단 분포가 정규분포를 이루어야 한다. 여기서 정규분포라 함은 표본의 분포가 아니라 추출된 표본의 전체인 모집단의 분포를 말한다. 일반적으로 인간과 관련된 많은 변수들이 정규분포를 이룰 것으로 가정한다. 그러나 모집단의 분포가 정규분포가 아닌 특수한 경우에는 정규분포를 만들기 위하여 자료를 변환하여야 한다. 자료변환은 3.2.3에서 설명한다.

회귀분석은 회귀선이 선형성을 지녀야 하고, 각 점이 회귀선으로부터 떨어진

거리가 유사한 등분산가정이 충족되어야 하며, 동떨어져 있는 이상점(outlier)이 없으며 자료가 절단(truncation)되지 않았을 때 실시한다.

3.1.3 중다회귀분석

독립변수가 하나인 경우 이를 **단순회귀분석**(simple regression analysis)이라 하며, 독립변수가 2개 이상인 경우 다중회귀분석 혹은 **중다회귀분석**(multiple regression analysis)이라 한다.

중다회귀분석의 선형모형은 다음과 같다.

$$Y_i = \beta_0 + \beta_1 X_1 + \beta_2 X_2 + \cdots + \beta_K X_K + \epsilon_i$$

중다회귀분석을 위한 분산분석표는 〈표 3-2〉와 같다.

❖〈표 3-2〉 중다회귀분석표

분산원	SS	df	MS	F	R^2
설명된 변화량 (회귀선)	$\sum_{i=1}^{n}(\hat{Y}_i - \overline{Y})^2$	K	$MS_E = SS_E/K$	MS_E/MS_u	SS_E/SS_T
X_1		1	MS_{X_1}	MS_{X_1}/MS_u	SS_{X_1}/SS_T
X_2		1	MS_{X_2}	MS_{X_2}/MS_u	SS_{X_2}/SS_T
X_K		1	MS_{X_K}	MS_{X_K}/MS_u	SS_{X_K}/SS_T
설명되지 않은 변화량 (오차)	$\sum_{i=1}^{n}(Y_i - \hat{Y}_i)^2$	$n-K-1$	$MS_u = SS_u/n-K-1$		
총변화량	$\sum_{i=1}^{n}(Y_i - \overline{Y})^2$	$n-1$			

중다회귀분석에서 독립변수로 투입된 X 변수가 K개 있으므로 분산분석을 실시하면 각 X 변수가 설명하는 종속변수의 변화량을 알 수 있다.

3.2 분산분석

3.2.1 기본개념

두 집단 이하의 비교연구일 경우는 표본에서 얻은 평균값을 가지고 직접비교가 가능하다고 하였다. 그러나 세 집단 이상일 경우 평균 간의 비교는 여러 개의 대비를 만들어서 비교하여야 한다. 이런 번거로움을 피하기 위하여 분산의 원인이 무엇에 의한 것인가를 밝혀내는 **분산분석**(Analysis of Variance: ANOVA)을 Fisher가 1924년 고안하였다.

[그림 1-5]와 같이 교수법에 의한 세 집단의 학업성취도의 예를 들어 설명하면 개인의 점수와 평균점수 등은 [그림 3-3]과 같다.

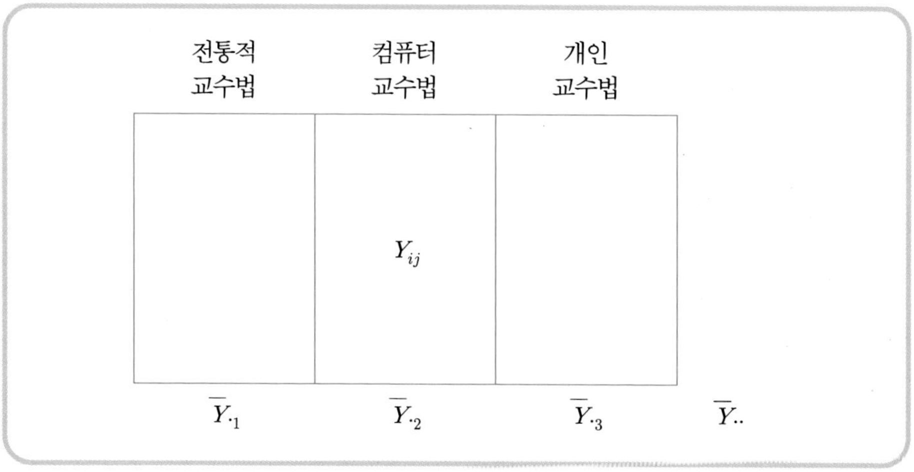

[그림 3-3] 개인점수와 평균점수

교수법에 따른 개인의 학업성취도 Y_{ij}는 다음과 같이 구성된다.

$$Y_{ij} = \mu + \alpha_j + \epsilon_{ij}$$

α_j : j 집단의 효과

ϵ_{ij} : 오차

개인의 점수 Y_{ij}는 전체 평균과 특정 처치를 받은 처치효과 그리고 오차로 구성되며 이는 Y_{ij}의 선형모형이라 한다. 통계값으로 선형모형을 제시하면 다음과 같다.

$$Y_{ij} = \overline{Y}.. + (\overline{Y}._j - \overline{Y}..) + (Y_{ij} - \overline{Y}._j)$$

$(\overline{Y}._j - \overline{Y}..)$은 해당 집단에 속해 있기에 나타나는 효과로서 처치효과로 해석되고, $(Y_{ij} - \overline{Y}._j)$는 개인의 점수에서 집단의 평균을 뺀 값이므로 오차에 해당된다. 개인마다 오차는 다른 값을 갖는다. 이 선형모형에서 $\overline{Y}..$을 좌변으로 이동하면 다음과 같다.

$$\underbrace{Y_{ij} - \overline{Y}..}_{d_{Total}} = \underbrace{(\overline{Y}._j - \overline{Y}..)}_{d_{Between}} + \underbrace{(Y_{ij} - \overline{Y}._j)}_{d_{Within}}$$

$(Y_{ij} - \overline{Y}..)$을 **총편차**(total deviation)라 하고, $(\overline{Y}._j - \overline{Y}..)$은 **집단간 편차**(deviation between groups), $(Y_{ij} - \overline{Y}._j)$는 **집단내 편차**(deviation within groups)라 한다. 총편차 중 집단간 편차가 크면 처치효과가 집단마다 다른 것으로 처치효과가 크다고 할 수 있다. 집단간 편차는 회귀분석에서 설명된 편차에 해당하고 집단내 편차는 설명되지 않은 편차, 즉 오차에 해당한다.

회귀분석과 같이 편차의 합은 0이 되므로 편차를 제곱하고 더하면 다음과 같이 된다.

$$\underbrace{\sum_{i=1}^{n}\sum_{j=1}^{J}(Y_{ij} - \overline{Y}..)^2}_{SS_{Total}} = \underbrace{\sum_{i=1}^{n}\sum_{j=1}^{J}(\overline{Y}._j - \overline{Y}..)^2}_{SS_{Between}} + \underbrace{\sum_{i=1}^{n}\sum_{j=1}^{J}(Y_{ij} - \overline{Y}._j)^2}_{SS_{Within}}$$

총편차제곱합은 **집단간 편차제곱합**(Sum of Squares Between groups: SS_B)과 **집단내 편차제곱합**(Sum of Squares Within groups: SS_W)으로 구성되어 있으며, 총편차를 **총변화량**(total variation)이라 하고 집단간 편차제곱합을 **집단간 변화량**(variation between groups), 집단내 편차제곱합을 **집단내 변화량**(variation within groups)이라 한다. 총변화량 중 집단간 변화량이 크면 처치효과가 달라 집단간 분산이 커짐을 의미한다. 집단내 변화량은 오차에 의한 변화량이다.

집단간 편차제곱합, 즉 집단간 변화량은 회귀분석에서 회귀선에 의해 설명된 편차제곱합과 같은 개념이며, 집단내 편차제곱합, 즉 집단내 변화량은 회귀선에 의해서 설명되지 않는 편차제곱합, 오차에 의한 변화량에 해당한다.

편차와 편차제곱합에 의한 분산분석표는 〈표 3-3〉과 같다.

❖〈표 3-3〉 분산분석표

분산원	SS	df	MS	F	η^2
집단간(처치)	$\sum_{i=1}^{n}\sum_{j=1}^{J}(\overline{Y}_{\cdot j}-\overline{Y}_{\cdot\cdot})^2$	$J-1$	$SS_B/J-1$	MS_B/MS_W	SS_B/SS_T
집단내(오차)	$\sum_{i=1}^{n}\sum_{j=1}^{J}(Y_{ij}-\overline{Y}_{\cdot j})^2$	$N-J$	$SS_W/N-J$		
총	$\sum_{i=1}^{n}\sum_{j=1}^{J}(Y_{ij}-\overline{Y}_{\cdot\cdot})^2$	$N-1$			

총편차의 제곱합을 자유도인 $N-1$로 나누면 이는 분산을 계산하는 공식이 된다. 집단간 분산은 SS_B를 $J-1$로 나누고, 이를 $\boldsymbol{MS_B}$ (Mean Squares Between groups)라 표기하고 **집단간 편차제곱평균**이라한다. $\boldsymbol{MS_W}$ (Mean Squares Within groups)는 집단내 편차제곱합을 자유도인 $N-J$로 나누었기에 **집단내 편차제곱평균**이라 하며 집단내 분산이 된다.

분산분석의 기본원리는 무선할당에 의하여 연구대상을 각 집단에 배정한 후 처치를 가하면 분산이 발생하며, 분산은 집단 간의 차이에 의한 분산과 집단 안의 개인차에 의한 분산으로 구성된다는 것에서 출발한다. 그러므로 집단간 분산이 커질수록 처치효과가 있다고 하는데 그 판단기준이 필요하다. 판단기준은 집단내 분산이 되어 두 분산에 의한 F 통계를 사용하며 다음과 같다. F 통계는 두 개의 분산에 의하여 만들어진 ***F* 분포**에 의하여 영가설의 기각여부를 판단한다.

$$F = \frac{\text{집단간 분산}}{\text{집단내 분산}} = \frac{\sigma_B^2}{\sigma_W^2} = \frac{MS_B}{MS_W}$$

분산분석의 영가설과 대립가설은 다음과 같다.

H_0 : 집단 간의 차이가 없다. ; $\mu_j = \mu_{j'}$

H_A : 집단 간의 차이가 있다. ; $\mu_j \neq \mu_{j'}$

F 통계의 기각값은 유의수준, 집단간 자유도, 집단내 자유도에 의하여 결정되며, F 통계값이 기각값보다 크면 영가설을 기각한다. 〈표 3-3〉에서 η^2은 회귀분석에서의 결정계수 R^2의 의미와 같다. η^2은 총편차제곱합 중 집단간 편차제곱합이 차지하는 비율로서 그 의미는 총변화량 중 그 비율에 해당하는 변화량이 독립변수인 처치변수에 의하여 발생한 것이다.

회귀분석에 의한 분석표인 〈표 3-1〉과 분산분석에 의한 분석표 〈표 3-3〉이 거의 동일하다고 할 수 있다. 회귀분석에서는 독립변수인 X가 양적변수라면, 분산분석에서는 독립변수가 j로 표기되는 집단변수로 질적변수라는 점이 차이가 있다.

3.2.2 기본가정

분산분석을 적용하기 위해서는 종속변수가 정규분포가정을 충족하여야 하고 등분산가정을 충족하여야 한다.

3.3 회귀분석과 분산분석의 관계

회귀분석과 분산분석을 비교하면 〈표 3-4〉와 같다.

❖〈표 3-4〉 회귀분석과 분산분석의 비교

	회귀분석	분산분석
연구목적	상관연구	집단비교
독립변수	양적변수	질적변수
영가설	$\beta=0,\ R^2=0$	$\mu_j=\mu_{j'},\ \eta^2=0$
총편차제곱합	$\sum_{i=1}^{n}(Y_i-\overline{Y})^2$	$\sum_{i=1}^{n}\sum_{j=1}^{J}(Y_{ij}-\overline{Y}_{..})^2$
설명된, 집단간 편차제곱합	$\sum_{i=1}^{n}(\hat{Y}_i-\overline{Y})^2$	$\sum_{i=1}^{n}\sum_{j=1}^{J}(\overline{Y}_{.j}-\overline{Y}_{..})^2$
오차, 집단내 편차제곱합	$\sum_{i=1}^{n}(Y_i-\hat{Y}_i)^2$	$\sum_{i=1}^{n}\sum_{j=1}^{J}(Y_{ij}-\overline{Y}_{.j})^2$
설명력	R^2	η^2

회귀분석은 일반적으로 종속변수와 독립변수가 모두 양적변수이면서 독립변수가 종속변수에 얼마만큼의 영향력을 나타내는지를 밝히는 상관계수에 기초한다. 회귀분석을 확장하여 독립변수로 질적변수를 사용할 수 있으며 어떤 독립변수가 종속변수에 큰 영향을 주는지를 밝힐 수 있다. 예를 들어, 수입이 종속변수이고 독립변수로서 수업연한, 근무 연수, 나이, 성별 등을 투입하여 각 독립변수의 영향력을 추정한다.

분산분석은 앞에서 설명한 바와 같이 종속변수는 양적변수이고 독립변수는 처치집단으로 질적변수이거나 집단변수이다. 예를 들어, 교수법으로 전통적 교수법, 컴퓨터 교수법, 개인 교수법 등과 같이 질적변수이거나, 약물을 투입할 경우, 0mg, 10mg, 20mg, 30mg을 투입한 집단으로 구분한 변수이나. 약물투입량은 양적변수이지만 이를 회귀분석에서와 같이 연속적인 변수로 투입한 것이 아니라 간격을 두어 집단으로 구분한다. 그러므로 분산분석에서는 집단 간의 차이를 가지고 분산의 원인을 밝힌다.

회귀분석과 분산분석은 연구목적과 독립변수가 다르나 편차제곱합을 계산하는 절차는 매우 유사하다. 영가설로서 회귀분석의 경우 회귀계수가 0이라 함은 독립변수의 영향력이 없다는, 즉 종속변수와 독립변수의 관계가 없음을 말한다. 분산분석의 경우 집단 간의 평균이 같다는 영가설은 실험에서 집단과 관련된 처치변수가 영향을 주지 않는다는 것을 의미한다.

회귀분석의 기초가 되는 상관분석에서 상관은 항상 인과관계가 아닐 수 있음을 유념하여야 한다. 실험연구는 일반적으로 처치효과를 알아보기 위한 연구이므로 인과관계로 해석한다. 회귀분석의 경우 모든 사례의 편차제곱합을 더하나, 분산분석의 경우 집단 내에 있는 사례의 편차제곱을 각각 계산하여 더한 후 모두 더하기 때문에 $\sum$ 기호가 추가된다.

총편차의 개념은 동일하고, 회귀분석에서 설명된 편차는 분산분석에서 집단간 편차, 즉 처치에 의하여 발생한 편차가 동일한 개념이며, 회귀분석에서 설명되지 않은 편차는 분산분석에서 집단내 편차가 되어 종국적으로는 오차(error)가 된다. 그리고 영가설의 기각여부는 회귀분석에서는 MS_E / MS_u로, 분산분석에서는 MS_B / MS_W로 F 분포를 기초로 결정한다는 것도 같다. 회귀분석에서의 결정계수 R^2과 분산분석에서 η^2의 의미는 같으며 현대 통계에서 실제적 유의성을 나타내어 연구결과의 의미를 부여하기 위하여 사용되고 있다.

회귀분석과 분산분석의 유사성에 대하여 선형모형에 의한 편차의 개념으로 편차제곱합(sum of squares) 계산 절차로 설명을 하였다. 독자들 중에 행렬(matrix)에 익숙한 독자들은 Kirk(2013)의 제8장을 보면 보다 쉽게 이해가 가능할 것이다.

3.4 분산분석과 설계

제3장 2절에서 설명한 분산분석은 처치변수, 즉 독립변수가 하나인 분산분석이므로 이를 **일원분산분석**(one-way ANOVA)이라 한다. 교수법이라는 독립변수인 처치변수에서 3가지 다른 교수법이 있으므로 3개의 수준(level)을 갖는다고 한다.

이 실험에서 하나의 다른 변수를 추가하면 독립변수가 두 개가 된다. 이를 **이원분산분석**(two-way ANOVA)이라 한다. 추가되는 변수가 보상여부처럼 처치변수가 될 수 있으며, 처치변수가 아닌 성별이라는 변수도 추가될 수 있다. 추가되는 처치변수로서 교수법에 따라 연구대상에게 보상을 하거나 하지 않을 수 있다. 이럴 경우는 교수법과 보상 효과 그리고 교수법과 보상의 상호작용효과도 분석할 수 있다. 이원분산분석에서는 투입변수 A, B 의 주효과(main effect)와 AB 상호작용효과(interaction effect)를 분석할 수 있다. 이와는 달리 성별이라는 변수가 추가되면 성별은 처치변수가 아니라 성별에 따라 달리 나타날 수 있는 교수법에 대한 효과에서 성별을 통제하기 위한 변수로 이는 매개변수이며 구획변수(blocking variable)라 한다. 구획변수가 추가될 경우는 처치변수와 구획변수의 상호작용에 관심을 두는 것이 아니라 처치변수의 순수한 효과를 검정하기 위한 목적이 있다.

실험연구에서 처치변수든 구획변수이든 변수가 3개 이상 투입되면 이는 삼원분산분석(three-way ANOVA)라 한다. 삼원분산분석에서 투입되는 변수가 A, B, C 세 변수라 할 때 A, B, C 의 주효과와 상호작용효과인 AB, AC, BC, ABC 효과를 검정할 수 있다. 이때 AB, AC, BC 효과의 해석은 용이하나 ABC 의 상호작용효과는 해석이 난해한 점이 있다.

실험연구에서 독립변수를 4개 이상 투입할 수 있으나 이럴 경우 원인과 결과 해석이 난해할 수 있어 인과관계 해석이 모호하므로 독립변수를 많이 투입하지 않는다. 실험연구에서 연구의 목적은 처치에 따른 결과를 밝히는 데 있으므로 가능한 한 매개변수를 통제하여 인과관계를 명쾌히 밝히려 한다.

실험설계에서 독립변수의 수에 따라 일원분산분석, 이원분산분석 그리고 삼원분산분석으로 명명하나 투입하는 처치변수와 매개변수를 통제하는 방법에 따라 설계가 다양하다. 실험설계 방법에 따른 설계 모형으로 완전무선설계, 완전무선요인설계, 무선구획설계, 무선구획 요인설계, 반복설계, 일반화 무선구획설계, 일반화 무선구획 요인설계, 분할구획 요인설계가 있으며, 통계적 방법으로는 공분산분석이 있다.

완전무선설계(Completely Randomized design)는 독립변수로 처치변수가 하나 투입된 설계이고, 완전무선 요인설계(Completely Randomized Factorial design)는 독립변수로 처치변수가 두 개 이상 투입된 설계이다. 완전무선 요인설계에서는 두 처치변수 혹은 세 처치변수의 상호작용효과에 관심을 갖는다.

무선구획설계(Randomized Block design)는 하나의 처치변수가 투입되고 처치변수의 효과를 밝힘에 있어 매개변수의 영향을 제거하기 위하여 구획변수를 설정하는 설계이다. 구획은 유사한 대상으로서 구획 안에 연구대상은 하나여야 한다. 무선구획 요인설계(Randomized Block Factorial design)는 매개변수로서 구획변수가 설정되고 두 개 이상의 처치변수가 투입되어 두 처치변수의 주효과와 상호작용효과를 분석하고자 하는 설계이다.

통제하여야 할 매개변수가 많을 경우 구획변수를 여러 개 설정하기가 불가능하다. 앞에서 예를 들었듯이 평상 시, 500m, 1,000m를 달리고 난 후 혈압을 측정하여 달리기가 혈압에 미치는 영향에 대하여 연구를 할 경우 통제하여야 할 변수로 나이, 성별, 체중, 고혈압과 저혈압 등의 많은 변수가 있다. 이럴 경우 이런 매개변수들을 구획변수로 통제하기가 불가능하므로 실험대상이 되는 개인을 구획변수로 설정하여 동일 대상에게 각기 다른 처치를 반복적으로 부여하는 방법을 사용하며 이를 반복설계(repeated design)라 한다. 반복설계에서 주의할 점은 처치를 가하고 다른 처치를 가할 경우 이전 처치에 대한 잔존효과가 없어야 한다. 그러므로 교수 · 학습의 경우 반복설계를 사용하지 않는다고 하였다.

일반화 무선구획설계(General Randomized Block design)란 매개변수를 통제하기 위하여 구획변수를 사용하되 구획 안에 연구의 대상이 둘 이상인 경우, 집단화 변수를 사용하는 설계이다. 집단화 변수는 독립변수이나 처치변수가 아니라 매개변수이다. 예를 들면, 남녀를 구분한 집단에 연구대상을 할당하고 각기 다른 교수법을 투입하여 학업성취도의 차이를 분석하는 모형이다.

일반화 무선구획 요인설계(General Randomized Block Factorial design)란 매개변수를 통제하기 위한 집단화 변수와 두 개 이상의 처치변수를 사용하는 설계로 집단화 변수 안에는 둘 이상의 연구대상이 포함된다. 이는 일반화 무선구획설계에서 처치변수를 추가한 모형으로, 성별과 교수법에 의한 학업성취도 차이 연구에 보상여부를 추가하면 일반화 무선구획 요인설계가 된다.

분할구획 요인설계(Split Plot Factorial design)란 무선구획설계나 반복설계를 할 경우 동일 연구대상에게 각기 다른 처치를 반복해서 투입한다 해도 통제하여야 할 매개변수를 설정할 경우 사용하는 설계법이다. 예를 들어, 달리기가 혈압에 미치는 영향에 대한 연구에서 연구자가 남녀 간에 혈압에 다른 특징이나 차이가 있다면 남녀 집단을 고려하고 각 남녀 집단의 구획인 연구대상들에게 처치를 가하는 실험 모형이다.

공분산분석(Analysis of Covariance: ANCOVA)이란 실험을 위하여 설계 모형을 달

리 하는 것이 아니라 양적인 매개변수의 영향력을 제거하기 위하여 사용하는 통계적 방법이다. 예를 들어, 교수법에 따른 학업성취도 연구에서 매개변수로 사전학업능력이나 지능점수 등을 매개변수로 설정할 수 있다. 이때 학업성취에 영향을 주었을 사전학업능력의 영향을 통계적으로 제거하기 위하여 공분산분석을 사용한다. 공분산분석은 매개변수가 양적변수일 때, 무선구획설계는 매개변수가 질적변수일 때 사용한다.

3.5 고정, 무선, 혼합효과모형

분산분석에서 처치변수를 어떻게 설정하느냐에 따라 고정효과모형, 무선효과모형 그리고 혼합효과모형으로 구분한다. **고정효과모형**(fixed effect model)은 처치변수로 설정되는 집단이나 수준이 전체 모집단에서 확률적으로 무선추출된 것이 아니라 연구자가 처치변수의 특정한 집단이나 수준의 효과가 있는가를 분석하는 모형이다. 교수법을 예로 들어 설명하면, 연구자가 전통적 교수법, 컴퓨터 교수법, 개인 교수법이 학업성취도에 영향을 주는지를 분석할 때, 여러 가지 교수법 중 이 세 가지 교수법에만 관심이 있어 이 세 교수법만 특정하였다면 이를 고정효과라 한다. 교수법의 효과 연구에서 고정효과모형을 위한 영가설은 다음과 같다.

$$H_0 : \alpha_j = 0 \; (\mu_j = \mu_{j'})$$

연구자가 특정한 j 개의 집단에만 관심을 갖는 모형으로 제 I 모형(model I)이라 한다.

연구자가 특정한 교수법에 관심이 있는 것이 아니라 매우 다양한 교수법들이 있을 때 확률적으로 교수법을 무선추출하여 교수법이 학업성취에 영향을 주는지를 분석하는 모형을 **무선효과모형**(random effect model)이라 하며 **제 II 모형**(model II)

이라고도 한다. 확률적으로 무선추출한 교수법은 여러 교수법이 될 수 있으며 특정 교수법으로 제한하지 않는다. 그러므로 무선효과모형의 특징은 처치변수의 집단이나 수준은 처치변수와 관련된 전체 모집단에서 추출되었기에 특정 처치변수의 집단이나 수준의 효과를 검정하는 것이 아니라 전체 교수법의 효과를 알고자 하며 영가설은 다음과 같다. 다시 말해서 고정효과모형에서의 집단이 j개라면 무선효과모형에서는 전체 모집단인 J에 관심을 둔다. 일반적으로 $j < J$ 관계를 가진다.

$$H_0 : \sigma^2_{\alpha} = 0$$

고정효과모형과 무선효과모형에 대하여 보다 쉽게 설명하면 달리기가 혈압에 미치는 영향에 대한 연구를 예로 들 수 있다. 연구자가 달리기 특정 거리가 혈압에 어떤 영향을 미치는가를 알기 위하여 서 있을 때, 100m, 1,000m, 3,000m, 5,000m의 구간을 설정하고 이 구간을 달린 후 혈압의 차이가 있는가를 연구한다면 이는 고정효과모형이 된다. 왜냐하면 연구자가 서 있을 때부터 5,000m까지의 거리 중에 특별히 단거리와 장거리의 특정 거리에 관심이 있기 때문이다. 그러므로 영가설은 거리에 따른 혈압의 차이가 없다가 된다.

무선효과모형을 선택한다면 연구자는 0m부터 5,000m까지에서 100m단위로 무선표집에 의하여 200m, 1,300m, 2,200m, 3,500m 네 가지의 거리를 무선추출하여 혈압의 변화에 대한 실험을 하는 경우이다. 이 경우 5,000m까지 그 거리를 대표하는 구간이 확률적으로 추출되었으므로 거리가 미치는 혈압에 대한 변화에 대하여 연구를 할 수 있다. 왜냐하면 달리는 거리는 연구자가 설정한 것이 아니라 무선표집에 의하여 결정되었기에 전 구간을 대표할 수 있기 때문이다. 그러므로 영가설은 '특정 구간에 따른 혈압의 차이가 없다.'보다는 '혈압의 분산이 0이다.'라는 가설이 더 합당하다.

고정효과모형에서 집단간 편차제곱합의 기대값은 다음과 같다.

$$E(MS_{BG}) = \sigma^2_{\epsilon} + \frac{n\sum_{j=1}^{J}\alpha^2_j}{J-1}$$

여기서 처치효과는 α_j는 $(\mu_j - \mu)$로 j개 집단의 처치효과가 없다면 α_j는 0이 된다. 그러므로 모든 집단에서 처치효과가 없다면 $E(MS_{BG}) = \sigma_\epsilon^2$이 된다. $E(MS_{WG}) = \sigma_\epsilon^2$이므로 영가설이 기각되지 않는다면 $E(MS_{BG}) = E(MS_{WG})$이 된다.

고정효과모형을 위한 기본가정은, 첫째, 모든 값이 처치효과와 오차 항을 가지고, 둘째, 각 처치인 α_j에 관심을 둔다. 셋째, 각 처치집단의 오차변수의 평균은 0이고 표준편차를 지니는 정규분포를 갖는다.

무선효과모형에서 $E(MS_{BG}) = \sigma_\epsilon^2 + n\sigma_\alpha^2$가 된다. 영가설을 기각하는 F 통계는 다음과 같다.

$$F = \frac{E(MS_{BG})}{E(MS_{WG})} = \frac{\sigma_\epsilon^2 + n\sigma_\alpha^2}{\sigma_\epsilon^2}$$

무선효과모형에서 영가설이 기각되었다면 σ_ϵ^2이 0보다 큰 값으로 이는 모든 교수법의 전체 모집단에서 교수법의 효과의 표준편차, 즉 분산이 0이 아님을 말한다. 즉, 수많은 교수법 중 두 개 이상의 교수법의 처치효과가 같지 않음을 의미한다.

처치변수가 하나일 경우는 처치변수로서 집단이나 수준이 연구자가 특별히 선택하였으면 고정효과모형이라 하고 무선표집에 의하였다면 무선효과모형이라 한다. 처치변수가 두 개일 경우 두 개의 처치변수가 모두 고정효과면 이를 고정효과모형 또는 제 I 모형이라 한다. 두 개의 처치변수가 모두 무선효과라면 이는 무선효과모형 또는 제II모형라 한다. 한 처치변수는 고정효과이고 다른 처치변수가 무선효과라면 이 모형을 **혼합효과모형**(mixed effect model)으로 **제III모형**(model III)이라고도 한다.

분산분석에서 모형에 따라 추정하는 기대값(expectation)이 달라진다. 이 부분은 제5장 완전무선 요인설계에서 설명한다.

3.6 회귀분석과 분산분석을 위한 기본가정

회귀분석과 분산분석을 위하여 연구대상이 되는 모집단 분포는 정규분포이어야 하고 두 집단 이상의 비교 시 등분산가정을 충족하여야 한다. 정규분포가정을 충족하기 위한 자료변환 방법과 등분산가정을 검정하는 방법을 설명한다.

3.6.1 정규분포가정

정규분포가정(normality assumption)은 연구의 대상이 되는 모집단의 분포가 정규분포이어야 함을 말하며 정규분포의 가정여부를 충족하는지는 이론적이거나 경험적 배경에 의한다. 일반적으로 인간의 많은 특성들이 정규분포를 이룬다. 예를 들어 지능이라든가, 체중이나 키 그리고 학업성취도 등은 평균을 기점으로 좌우가 대칭이 되는 분포를 이룬다.

그러나 특정 집단이나 특별한 변수의 경우 분포가 정규분포가 아닌 정적편포나 부적편포를 이룰 경우가 있다. 이럴 때는 비모수통계(non parametric statistics)를 사용하여야 한다. 예를 들면, 특수아동들의 학업성취도를 측정한다든가 아니면 특정 질병을 지니고 있는 사람들의 건강지수 등을 말한다.

3.6.2 자료변환

종속변수가 정규분포가정을 충족하지 못할 경우 원자료를 변환하여야 한다. **자료변환**(data transformation)이란 자료의 본질적인 특성은 변하지 않게 하면서 특정 규칙에 의하여 원자료를 수리적으로 변환하는 것이다. 그러므로 자료변환은 오차분산을 유사하게 하거나 오차효과가 정규분포를 이루게 하려는 데 목적이 있다. 또한 극한값이 있을 경우 극한값의 영향력을 줄이기 위하여 자료를 변환하기도 한다. 자료변환에는 제곱근변환, 지수함수변환, 역함수변환, arcsin변환 등이 있다.

제곱근변환(square root transformation)이란 포아종 분포 같은 특수한 형태의 분포에서 평균과 분산이 비율일 경우 분포가 정규분포를 이루지 못할 때, 원자료에 다음과 같이 제곱근을 취하여 자료를 변환하는 방법이다.

$$Y' = \sqrt{Y}$$

제곱근 자료변환에서는 일정 수를 더하거나 빼서 자료를 변환할 수 있다.

지수함수변환(logarithmic transformation)이란 종속변수의 평균과 분산이 비율일 경우 그 값이 0이거나 매우 작을 수 있으므로 로그를 취해 자료를 변환하는 방법이다. 또한 원자료의 분포가 정적 편포일 경우 분포를 정규분포로 만들고 극한값의 영향을 제거할 수 있다. 지수함수변환은 다음과 같이 변환한다.

$$Y' = \log_{10} Y \quad \text{혹은} \quad Y' = \log_{10}(Y+2)$$

역함수변환(reciprocal transformation)도 변수의 평균과 분산이 비율인 경우 역함수를 취하여 그 값을 비율이 아닌 자료로 분석하는 방법이다. 역함수변환은 다음 공식에 의하여 자료를 변환한다.

$$Y' = \frac{1}{Y} \quad \text{혹은} \quad Y' = \frac{1}{Y+1}$$

사인자료변환(angular or inverse sine transformation)은 원자료가 %나 비율이며, 분포가 이항분포일 경우 사용하며 다음 공식에 의한다.

$$Y' = 2\arcsin\sqrt{Y}$$

지수함수변환이나 역함수변환 그리고 사인자료변환은 공통적으로 원자료의 평균과 분산이 비율로서 매우 작은 수일 경우에 적용하며 지수함수변환과 역함수변환은 종속변수가 반응시간(reaction time)일 경우 원점수가 정규분포를 가정하지 않을 때 사용한다. 사인자료변환은 어떤 사건이 일어나는 경우와 아닌 경우의 분포에서 사용한다. 예를 들어, 문항의 답을 맞히거나 틀리는 연구, 찬성과 반대 연구 등을 들 수 있다. 자료변환에서 특정 수치를 더하거나 빼는 경우는 변환한 값이 0에 가까울 경우 특정 수치를 더하거나 뺄 수 있으나 일반적으로 더하는 경우가 흔하다.

원자료를 변환하였을 경우 변환한 자료에 의미를 부여하는 데 어려움이 따른다. 그러나 원자료의 의미를 그대로 지니고 있지 아니하였다 하여도 모수통계를 사용하기 위해서, 정규분포가정을 충족하기 위하여 자료를 변환하여야 한다.

정규분포가정과 등분산가정을 충족하지 못하는 경우는 간혹 이상점(outlier) 때문일 수 있다. 극한값인 이상점은 평균으로부터 멀리 떨어진 값으로 분포의 형태나 평균은 물론 분산에 영향을 미친다. Wilcox(2005)는 분포의 평균을 계산하기 전에 상하로 매우 극단적인 값은 제거하는 것도 바람직하다 하였다. 이를 가지치기(trimming)라 하며 Lee와 Fung(1985)은 자료의 15% 정도의 가지치기를 추천한다. 자료를 가지치기하는 것은 역시 주관적일 수 있어 이럴 경우는 이론적이든 경험적 배경이 단단하여야 연구의 타당성을 결여하지 않는다.

3.6.3 등분산가정

등분산가정(equal variance assumption)이란 분산분석에서 비교하여야 할 집단들의 모집단의 분산이 같아야 하고 회귀분석에서는 각 점들이 회귀선으로부터 흩어진 정도가 유사하여야 한다는 전제이다. 분산분석에서는 두 집단의 평균이 같더라도 분산이 다르면 서로 다른 집단이기 때문이다. 등분산가정을 충족하지 못한 경우는 [그림 3-4]와 같다.

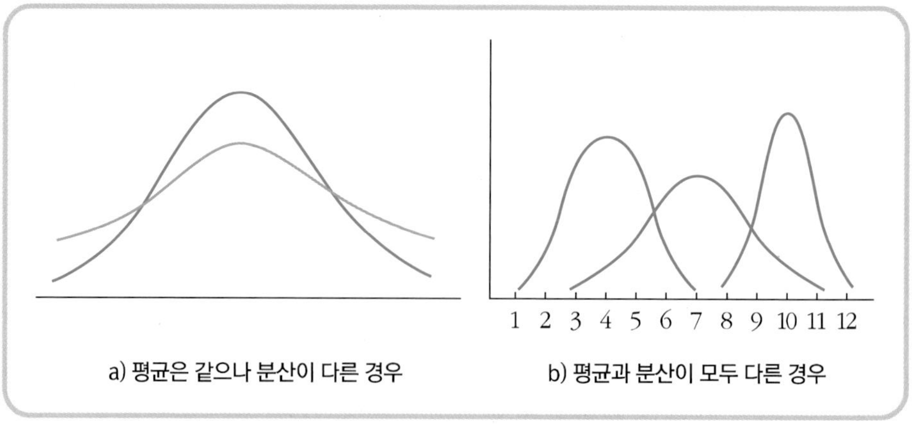

[그림 3-4] 등분산가정을 충족하지 못한 경우

a)의 경우는 평균은 같으나 분산이 다른 경우이고, b)는 평균과 분산이 모두 다른 경우이다.

등분산가정은 분산분석에서 정규분포가정과 같이 중요한 기본가정이며 이를 증명하기 위한 영가설은 다음과 같다.

$$H_0 : \sigma_1^2 = \sigma_2^2 = \cdots = \sigma_j^2$$

등분산가정을 검정하기 위한 고전적인 통계방법으로 Hartley(1940, 1950) 방법과 Cochran(1941) 방법이 있다. **Hartley 통계**는 다음과 같다.

$$F_{\max} = \frac{\hat{\sigma}^2_{j\ largest}}{\hat{\sigma}^2_{j\ smallest}}$$

연구집단 중에 가장 분산이 큰 집단의 분산을 분산이 가장 작은 집단의 분산으로 나눈 값이다. 계산된 F 통계값의 기각여부를 결정하기 위한 Hartley 방법의 수표는 [수표 3]과 같다. $F_{\max}$ 값이 수표의 기각값, $F_{\max,\ \alpha,\ j,\ n-1}$보다 크면 영가설을 기각한다.

Cochran(1941)은 Hartley 방법과 유사하나 분모를 각 집단의 분산의 합으로 대체하였으며 다음과 같다. 검정을 위한 수표는 [수표 4]와 같고, 기각값은 $C_{\alpha, j, n-1}$이다.

$$C = \frac{\hat{\sigma}^2_{j\ largest}}{\sum_{j=1}^{J} \hat{\sigma}^2_j}$$

등분산가정을 검정하는 통계로는 Levene 검정과 Brown-Forsythe 검정이 있다. **Levene(1960) 검정**은 집단별로 개인의 편차점수에 절대값을 취해 그 절대편차점수를 가지고 분석을 실시한다.

$$|z_{ij}| = |Y_{ij} - \overline{Y}._j|$$

Levene의 W는 $|z_{ij}|$값을 가지고 다음의 공식에 의하여 계산한다.

$$W = \frac{(N-J)\sum_{j=1}^{J} n_j(\overline{Z}._j - \overline{Z}..)^2}{(J-1)\sum_{i=1}^{n}\sum_{j=1}^{J}(Z_{ij} - \overline{Z}._j)^2}$$

$\overline{Z}$: z의 평균

W값이 $F_{\alpha, J-1, N-J}$ 보다 크면 등분산가정을 기각한다.

Brown–Forsythe(1974) 검정은 편차점수를 계산할 때 $\overline{Y}._j$ 대신에 중앙값(median), $\hat{Y}._j$를 사용한 후 절대값을 취하여 그 절대편차점수로 분산분석을 실시한다.

$$|z_{ij}| = |Y_{ij} - \hat{Y}._j|$$

여기서도 $|z_{ij}|$값을 가지고 분산분석을 실시하여 유의수준 α에서 집단 간의 차이가 있으면 등분산가정을 위배하는 것으로 판단한다. SPSS에 제공되는 Levene 검정은 Brown–Forsythe 검정보다 덜 강력하다(Kirk, 2013). 일반적으로 실험연구에서 각 집단의 연구대상의 수를 유사하게 하는 것이 바람직하다. 왜냐하면 각 집단의 사례수가 매우 다른 경우 등분산가정을 위배할 수 있기 때문이다.

정규분포가정과 등분산가정을 충족하였을 경우에는 두 독립표본 t 검정이나 분산분석과 같은 모수통계(parametric statistics)를 사용하나, 두 가정을 충족하지 못한 경우에는 비모수통계(non-parametric statistics)로, 두 집단 비교인 경우 Welch–Aspin 검정이나 세 집단 이상 비교인 경우는 Kruskal–Wallis 검정 등을 사용하여야 한다.

연습문제

1. 회귀분석과 관련하여 다음 용어를 설명하시오.

   1-1 회귀선과 최적선

   1-2 회귀계수

   1-3 총편차, 설명된 편차, 설명되지 않은 편차

   1-4 총편차제곱합, 설명된 편차제곱합, 설명되지 않은 편차제곱합

   1-5 결정계수 R^2

2. 분산분석과 관련하여 다음 용어를 설명하시오.

   2-1 분산분석의 의미

   2-2 총편차, 집단간 편차, 집단내 편차

   2-3 총편차제곱합, 집단간 편차제곱합, 집단내 편차제곱합

   2-4 η^2

3. 정규분포가정을 설명하시오.

4. 자료변환은 언제 필요한지 예를 들어 설명하시오.

5. 등분산가정을 설명하시오.

6. 등분산가정을 검정하는 방법을 설명하시오.

   6-1 Hartley 방법

   6-2 Cochran 방법

   6-3 Levene 방법

   6-4 Brown-Forsythe 방법

7. 회귀분석과 분산분석의 같은 점과 다른 점을 설명하시오.

8. 실험설계모형에 대하여 설명하시오.

   8-1 완전무선설계와 완전무선 요인설계

   8-2 무선구획설계와 무선구획 요인설계

   8-3 일반화 무선구획설계와 일반화 무선구획 요인설계

   8-4 반복설계

   8-5 공분산분석

9. 분산분석에서 고정효과모형, 무선효과모형, 혼합효과모형을 설명하시오.

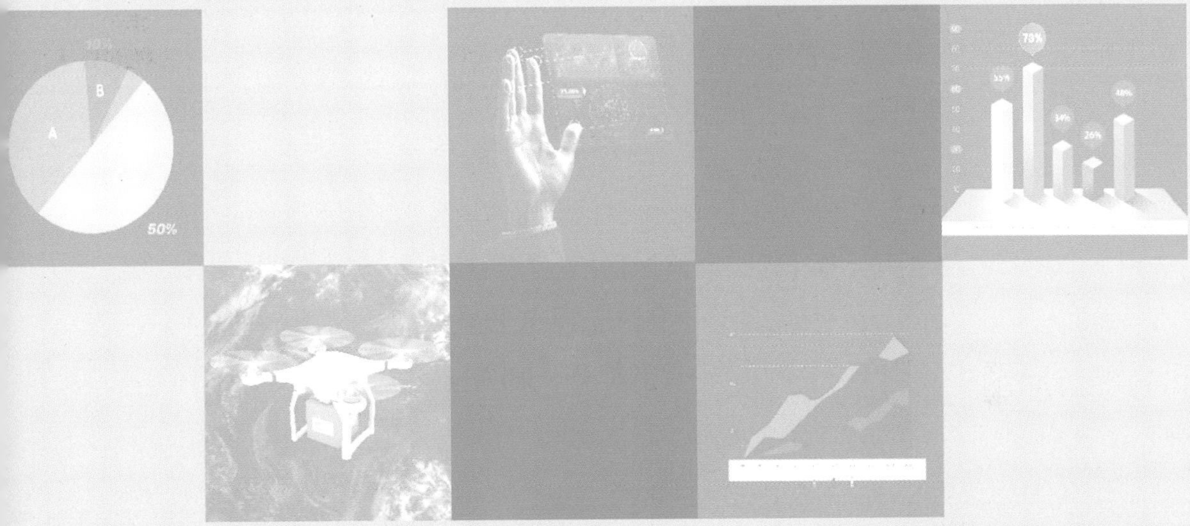

제4장 완전무선설계

완전무선설계 제4장

4.1 기본개념

조사연구는 현상에 대한 분석으로 'is'에 관심을 두지만 실험연구는 인과관계로 'does'에 관심을 둔다하였다. 그러므로 실험연구는 가능한 많은 상황을 통제하고 독립변수인 처치변수를 투입하여 투입된 처치변수의 효과를 검증하려고 한다. **완전무선설계**(Completely Randomized design: CR)란 독립변수로 처치변수의 집단의 수준이 3개 이상일 때 사용하는 설계로 처치변수가 종속변수에 미치는 영향을 분석하고자 함에 설계의 목적이 있으며 [그림 4-1]과 같다. 처치수준이 J개인 완전무선설계를 $CR-J$로 표기하며 [그림 4-1]의 경우 $CR-3$으로 표기한다. 완전무선설계에서는 연구대상을 무선할당방법인 단순무선표집, 대응집단, 균형집단의 방법으로 각 집단에 할당하며 이는 각 처치집단이 확률적으로 유사한 집단이 된다는 것을 가정한다. 독립변수가 하나이므로 일원분산분석(one-way ANOVA)이다.

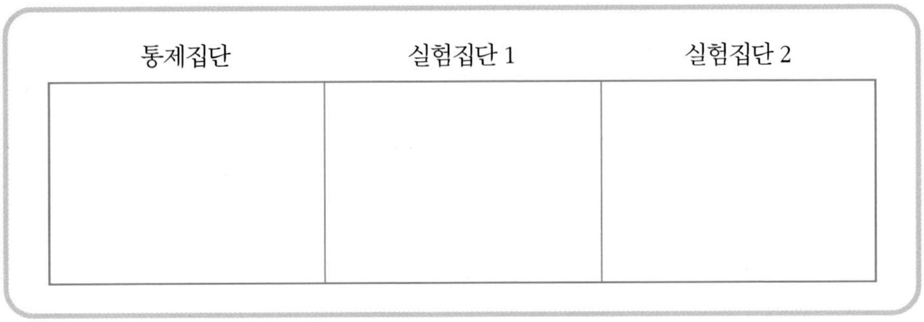

[그림 4-1] 완전무선설계

4.2 계산절차

4.2.1 F 통계값

완전무선설계의 계산절차는 제3장 2절에서 설명한 일원분산분석 절차와 동일하다.

다시 정리하면 총편차, 집단간 편차, 집단내 편차를 계산하고 편차의 합은 항상 0이 되므로 분석이 불가능하여 각 편차들을 제곱한 뒤 합한 총편차제곱합, 집단간 편차제곱합, 집단내 편차제곱합을 계산한다. 이때 집단간 편차제곱합이 클수록 독립변수인 처치변수의 효과가 큰 것임을 알 수 있다.

그리고 집단간 자유도인 $J-1$로 집단간 편차제곱합을 나누면 집단간 편차제곱평균이 된다. 집단내 편차제곱합을 집단내 자유도인 $N-J$로 나누면 집단내 편차제곱평균이 되고 이는 집단내 분산이 되며 오차분산이 된다. 집단간 편차제곱평균을 집단내 편차제곱평균으로 나눈 값이 F 통계값이 되며 F 통계값이 집단간 자유도, 집단내 자유도, 유의수준에 의한 F 기각값보다 크면 영가설을 기각한다. 만약 F 통계값이 F 기각값보다 작으면 영가설을 기각하지 못하며, 집단 간에 차이가 없다는 영가설을 인정하게 된다. 즉, 처치변수의 효과가 없다는 결론으로 연구는 종료된다.

완전무선설계에 의한 분산분석 절차를 교수법의 효과에 대한 예로 설명한다. 중학교 3학년 학생들의 교수법에 따른 학업성취도의 차이가 있는지를 검정하기 위하여 연구자가 세 가지 교수방법인 전통적 교수법, 컴퓨터 교수법, 개인 교수법에 의하여 일정기간 동안 각기 4명, 3명, 5명에게 학습을 실시한 후 학업성취도검사를 실시한 결과가 〈표 4-1〉과 같다.

❖〈표 4-1〉 교수법에 따른 학업성취도

전통적 교수법	컴퓨터 교수법	개인 교수법
1	3	4
4	5	6
4	7	8
1		8
		9

완전무선설계에 의한 실험연구 결과를 분석하기 위하여 설정한 서술적 영가설과 대립가설은 다음과 같다.

H_0: 교수법에 따른 학업성취도의 차이가 없다;
학업성취도에 교수법의 효과가 없다.
H_A: 교수법에 따른 학업성취도의 차이가 있다;
학업성취도에 교수법의 효과가 있다.

이를 통계적 가설로 진술하면,

$$H_0 : \mu_j = \mu_{j'} (\mu_{전} = \mu_{컴} = \mu_{개}); \alpha_j = 0$$

$$H_A : \mu_j \neq \mu_{j'}; \alpha_j \neq 0$$

이 된다. 집단간 편차제곱합과 집단내 편차제곱합을 계산하기 위하여 각 집단의 평균과 전체 평균은 〈표 4-2〉와 같다.

❖〈표 4-2〉 교수법에 따른 학업성취도, 사례수, 평균, 분산

	전통적 교수법	컴퓨터 교수법	개인 교수법	
	1	3	4	
	4	5	6	
	4	7	8	
	1		8	
			9	
n_j	4	3	5	
$\overline{Y}_j$	2.5	5	7	$\overline{Y}=5$
$s^2_{Y_j}$	3	4	4	

총편차제곱합, 집단간 편차제곱합, 집단내 편차제곱합을 계산하는 절차는 다음과 같다.

$$\begin{aligned} SS_T &= (1-5)^2+(4-5)^2+(4-5)^2+(1-5)^2 \\ &\quad +(3-5)^2+(5-5)^2+(7-5)^2 \\ &\quad +(4-5)^2+(6-5)^2+(8-5)^2+(8-5)^2+(9-5)^2 \\ &= 78 \end{aligned}$$

$$SS_B = 4(2.5-5)^2+3(5-5)^2+5(7-5)^2 = 45$$

$$\begin{aligned} SS_W &= (1-2.5)^2+(4-2.5)^2+(4-2.5)^2+(1-2.5)^2 \\ &\quad +(3-5)^2+(5-5)^2+(7-5)^2 \\ &\quad +(4-7)^2+(6-7)^2+(8-7)^2+(8-7)^2+(9-7)^2 \\ &= 33 \end{aligned}$$

총편차제곱합 78은 집단간 편차제곱합인 45와 집단내 편차제곱합인 33의 합이 된다. 집단간 편차제곱합과 집단내 편차제곱합을 그에 해당되는 자유도로 나눈 값은 집단간 편차제곱평균(MS_B)과 집단내 편차제곱평균(MS_W)이 된다. MS_B와 MS_W는 다음과 같다.

$$MS_B = \frac{45}{2} = 22.5$$

$$MS_W = \frac{33}{9} = 3.667$$

통계값은,

$$F = \frac{22.5}{3.667} = 6.136$$

유의검정을 위한 기각값은 유의수준을 .05로 설정하였을 때 집단간 자유도는 2이고 집단내 자유도는 9이므로 F 분포표 [수표 6]에 의하면 $F_{2,9,.05}$는 4.26이다. F통계값은 기각값보다 크므로 영가설을 기각하게 된다. 그러므로 연구자는 '유의수준 .05에서 교수법에 따른 학업성취도의 차이가 있다.' 또는 '유의수준 .05에서 학업성취도에 대한 교수법의 효과가 있다.'라고 결론을 내리게 된다.

지금까지 계산한 절차를 분산분석표로 정리하면 〈표 4-3〉과 같다.

❖〈표 4-3〉 교수법에 따른 학업성취도의 분산분석표

분산원	SS	df	MS	F	η^2
집단간(교수법)	45	2	22.5	6.136	.577
집단내(오차)	33	9	3.667		
총	78	11			

$F_{2, 9, .05} = 4.26$

집단간 분산은 교수법에 따라 변화되어 설명된 양이 되므로 집단간이라는 단어 대신에 처치변수의 내용을 나타낼 수 있는 교수법이라는 단어를 쓰는 것이 바람직하고 집단내 분산은 설명되지 않은 부분이므로 잔여분 혹은 오차로 쓰는 것이 연구의 이해를 돕는다.

4.2.2 등분산가정 검정

분산분석에서 **등분산가정**을 검정하기 위한 Hartley의 **통계값**과 기각값은 다음과 같다.

$$F_{\max} = \frac{\hat{\sigma}^2_{j\,largest}}{\hat{\sigma}^2_{j\,smallest}} = \frac{4}{3} = 1.333$$

$$F_{\max\,\alpha,\,j,\,n-1} = F_{\alpha=.05,\,3,\,4} = 15.5$$

$F_{\max}$ 값은 1.333이고 Hartley 통계의 기각값은 [수표 3]에서 찾으면 15.5로서 $F_{\max}$ 값이 기각값보다 작으므로 영가설을 기각하지 못한다. 따라서 등분산가정을 충족한다. 기각값을 찾을 때 사례수가 다르면 가장 큰 집단의 사례수를 사용한다.

등분산가정을 검정하기 위한 Cochran's C **통계값**과 [수표 4]의 기각값은 다음과 같다.

$$C = \frac{\hat{\sigma}^2_{j\,largest}}{\sum_{j=1}^{J} \hat{\sigma}^2_j} = \frac{4}{3+4+4} = .364$$

$$C_{\alpha, j, n-1} = C_{.05, 3, 4} = .746$$

Cochran's C 통계값은 기각값보다 크지 않으므로 등분산가정을 충족한다. Cochran's C 통계는 사례수가 많을 때 사용되며 F_{max} 보다 다소 검정력이 크다.

등분산가정을 검정하기 위한 Levene 방법에서 집단별로 개인의 편차점수에 절대값을 취한 $|z_{ij}|$ 값은 〈표 4-4〉와 같다.

❖〈표 4-4〉 Levene 통계 추정을 위한 $|z_{ij}|$ 값

전통적 교수법		컴퓨터 교수법		개인 교수법	
Y_{ij}	$\|z_{ij}\|$	Y_{ij}	$\|z_{ij}\|$	Y_{ij}	$\|z_{ij}\|$
1	1.5	3	2	4	3
4	1.5	5	0	6	1
4	1.5	7	2	8	1
1	1.5			8	1
				9	2

$|Y_{ij} - \overline{Y}_{\cdot j}| = |z_{ij}|$

$\overline{Z}_{\cdot j}$	1.5	1.333	1.6

$\overline{Z}_{\cdot\cdot} = 1.5$

Levene의 W는 $|z_{ij}|$ 값을 가지고 다음의 공식에 의하여 계산한다.

$$W = \frac{(N-J)\sum_{j=1}^{J} n_j (\overline{Z}_{\cdot j} - \overline{Z}_{\cdot\cdot})^2}{(J-1)\sum_{i=1}^{n}\sum_{j=1}^{J}(Z_{ij} - \overline{Z}_{\cdot j})^2}$$

$$= \frac{(12-3)}{(3-1)} \cdot \frac{4(1.5-1.5)^2 + 3(1.333-1.5)^2 + 5(1.6-1.5)^2}{[4(1.5-1.5)^2] + [2(2-1.333)^2 + (0-1.333)^2] + [(3-1.6)^2 + 3(1-1.6)^2 + (2-1.6)^2]}$$

$$= \frac{9(0+0.083+0.05)}{2(0+2.667+3.2)} = .102$$

Levene의 기각값은 $F_{2,9,.05} = 4.26$ 으로 W 값 .102는 기각값보다 크지 않으므로 영가설을 기각하지 못한다. 그러므로 등분산가정을 충족한다.

만약 일원분산분석에서 정규분포가정과 등분산가정을 충족시키지 못한다면 비모수통계의 하나인 Kruskal–Wallis 검정을 실시하여야 한다.

4.2.3 η^2 과 ω^2 값 추정

〈표 4-3〉에서 η^2 은 .577이라 보고 하였다. η^2 과 ω^2 은 집단 간의 차이를 의미하는 것이 아니라 독립변수와 종속변수의 관련성의 정도로 영향력을 설명한다. 통계적 유의성과 실제적 유의성을 설명하였듯이 F 통계값은 우연에 의하여 그 결과가 나타났는지를 밝히는 통계적 유의성을 말한다면, η^2 과 ω^2 은 처치변수가 종속변수와 얼마나 관계가 있느냐, 즉 종속변수의 변화량에 미치는 처치변수의 영향력을 설명하므로 **실제적 유의성**을 나타낸다. 회귀분석의 R^2 인 결정계수와 같은 의미를 갖는다.

두 변수의 연관성을 나타내기 위하여 이에 대응하는 보편적인 공식으로 η^2 이 사용된다. η^2 을 추정하는 공식은 다음과 같다.

$$\eta^2 = \frac{SS_B}{SS_T}$$

총편차제곱합 중 집단간 편차제곱합이 차지하는 비율을 의미한다. 실험을 실시하면 편치들, 즉 변화량이 늘어나는데 총변화량 중에 집단 간 차이로 발생하는 변화량이 얼마인가를 설명한다. 그러므로 η^2 은 실제적으로 의미가 있는가를 나타낸다.

η^2 이 .577이라 함은 학업성취도의 총편차제곱합 혹은 총변화량의 57.7%가 교수법에 기인한 것이라는 사실을 밝혀 주고 있다. 여기서 집단 간 차이가 있음은 물론 그에 덧붙여 교수법이 미치는 영향이 총변화량의 많은 부분에서 기여하였다는 실제적 의미를 알 수 있다.

η^2에 대한 유의검정은 다음 공식에 의하여 기각여부를 결정한다.

$$F = \frac{N-J}{J-1}\left(\frac{\hat{\eta}^2}{1-\hat{\eta}^2}\right)$$

F 통계값이 기각값인 $F_{\alpha, J-1, N-J}$ 값보다 크면 영가설($H_0 : \eta^2 = 0$)을 기각한다.

결론은 집단 간의 평균이 같다는 영가설에 대한 결론과 같게 된다. 교수법의 예에서 F 값은 다음과 같다.

$$F = \frac{12-3}{3-1}\left(\frac{.577}{1-.577}\right) = 6.138$$

기각값은 $F_{.05, 2, 9} = 4.26$으로서 $H_0 : \eta^2 = 0$이라는 영가설을 기각한다.

ω^2은 Hays(1994)에 의하여 제안되었으며 계산 공식은 다음과 같다.

$$\omega^2 = \frac{\sigma_\alpha^2}{\sigma_\epsilon^2 + \sigma_\alpha^2}$$

$\hat{\omega}^2$은 질적 혹은 양적 독립변수인 처치변수와 양적 종속변수 간의 관련성의 정도를 나타낸다. 그러므로 계수가 높을수록 두 변수의 관계가 밀접하다 할 수 있다. 위 공식에 분산분석 결과인 집단간 분산과 오차분산의 추정치를 대입하여 영향력 혹은 연관성을 추정하는 $\hat{\omega}^2$(omega squared)이나 $\hat{\rho}_I$(intraclass correlation)을 추정하는 공식은 다음과 같다.

$$\hat{\omega}^2 = \frac{SS_{BG} - (J-1)MS_{WG}}{SS_T + MS_{WG}}$$

$$\hat{\rho}_I = \frac{MS_{BG} - MS_{WG}}{MS_{BG} + (n-1)MS_{WG}}$$

Cohen(1988)은 영향력인 연관성을 다음의 기준에 의하여 분류할 수 있다고 하였다.

$.010 \le \hat{\omega}^2 < .059$: 약한 수준의 연관성

$.059 \le \hat{\omega}^2 < .138$: 중간 수준의 연관성

$.138 \le \hat{\omega}^2$: 높은 수준의 연관성

집단 간의 사례수가 다를 경우는 Vaughan과 Corballis(1969)가 다음과 같은 공식을 제안하였다.

$$\hat{\omega}^2 = \frac{SS_{BG} - (J-1)MS_{WG}}{SS_{BG} + J(\bar{n}-1)MS_{WG} + MS_{WG}}$$

$\bar{n}$: 집단 사례수의 평균

교수법과 학업성취도의 예에서 연관성을 추정하면 다음과 같다.

$$\hat{\omega}^2 = \frac{45-(3-1)3.667}{45+3(4-1)3.667+3.667} = \frac{37.666}{81.67} = .461$$

교수법과 학업성취도의 연관성 $\hat{\omega}^2$은 .461로서 매우 높은 연관성을 가지고 있다고 해석할 수 있다.

4.3 대비분석

분산분석에서 영가설이 기각되었을 경우, 이는 집단 간에 유의한 차이가 있음을 말한다.

$$H_0 : \mu_j = \mu_{j'}$$
$$H_A : \mu_j \neq \mu_{j'}$$

앞의 가설은 여러 집단 간의 차이 비교를 포함하는 가설로 이를 **전체가설**(omnibus hypothesis)이라 한다. 전체가설이 기각되었다면 집단 간에 유의한 차이가 있음을 말하고 이는 가능한 모든 집단 간의 비교 중에 하나 이상의 비교에서 유의한 차이가 있음을 의미한다. 어느 집단 간의 차이가 있는가를 밝히기 위하여 연구자는 집단의 평균 간의 비교를 만들고 이를 **비교**(comparison) 혹은 **대비**(contrast)라 한다. 대비는 전체가설이 기각된 뒤에 어느 집단 간의 차이가 있는가를 밝히는 **사후대비**(posteriori contrast)와 전체가설의 기각여부를 밝히지 않고 특별히 관심 있는 집단 간의 비교를 하는 **사전대비**(planned contrast)가 있다. 사후대비를 계획하지 않은 검정(unplanned tests), **사후검정**(posteriori tests) 혹은 **사후비교분석**(post hoc comparison analysis)이라고도 하며, 사전대비를 **사전검정**(planned tests) 혹은 **사전비교분석**(planned comparison analysis)이라고도 한다.

사후대비와 사전대비는 탐색적 자료분석이나 확인적 자료분석과 관련된다. **탐색적 자료분석**(exploratory data analysis)이란 영가설이 기각된 뒤에 어느 집단 간의 차이가 있는가를 탐색하기 때문에 사후대비를 탐색적 자료분석 방법이라 한다. 탐색적 자료분석은 연구자가 연구에 대한 많은 정보를 가지고 있지 않을 경우 초기 단계에 주로 사용하는 방법이다. 요인분석에서 연구자가 요인의 수가 몇 개인지를 알지 못할 경우 자료를 분석하여 요인 수를 결정하는 경우와 유사하다.

확인적 자료분석(confirmatory data analysis)이란 요인분석에서 이론적 배경에 의하여 요인과 요인 수를 설정하고 그 요인들이 있는가를 확인하는 방법과 같이 연구자가 연구에 많은 정보를 가지고 있을 때 사용한다. 그러므로 사전대비는 연구자가 특정 집단의 비교에 관심이 있기 때문에 전체가설의 기각여부에 관심이 없다. 연구에서 관심 있는 특정 집단 간의 차이가 있는가를 설정한 후 그 대비의 기각여부를 검정하기 때문에 사전대비를 확인적 방법이라 한다.

4.3.1 사후대비분석

세 수준의 집단이 있다면 $\mu_j \neq \mu_{j'}$ 이라는 대립가설에서는 세 수준의 집단 간 대비는 다음과 같이 6개의 대비가 존재한다.

1 vs 2

1 vs 3

2 vs 3

1 vs (2+3)

2 vs (1+3)

3 vs (1+2)

네 수준의 집단을 포함하는 완전무선설계의 경우 가능한 대비는 다음과 같다.

1 vs 2

1 vs 3

1 vs 4

2 vs 3

2 vs 4

3 vs 4

1 vs (2+3)	1 vs (2+4)	1 vs (3+4)
2 vs (1+3)	2 vs (1+4)	2 vs (3+4)
3 vs (1+2)	3 vs (1+4)	3 vs (2+4)
4 vs (1+2)	4 vs (1+3)	4 vs (2+3)

1 vs (2+3+4)

2 vs (1+3+4)

3 vs (1+2+4)

4 vs (1+2+3)

(1+2) vs (3+4)

(1+3) vs (2+4)

(1+4) vs (2+3)

세 수준에서 가능한 모든 대비수는 6개이며, 네 수준에서 가능한 모든 대비수는 25개이다. 대비 중에 1:1의 대비는 **단순대비**(simple contrast), **단순비교**(simple comparison) 혹은 **짝비교**(pair-wise comparison)라 하며, 두 개 이상 집단의 합성된 대비를 **복합대비**(complex contrast) 혹은 **복합비교**(complex comparison)라 한다.

유의수준 α에서 영가설이 기각되었다면 가능한 모든 대비 중 하나라도 유의한 차이가 있기 때문에 전체가설이 기각됨을 의미한다. 그러므로 각 대비가 차지하는 유의수준의 배분 비율은 다음과 같다.

α/ 모든 대비수

각 대비에 대한 영가설은 다음과 같다.

$$H_0 : \psi = 0$$

단순대비든 복합대비든 이는 두 집단의 평균비교로 간주된다. 복합대비의 경우라도 합성된 것은 종국적으로 1개의 집단으로 간주되므로 두 집단비교가 된다. 예를 들어, 1 vs (2+3)의 복합대비의 경우 첫 번째 집단의 평균과 두 번째 그리고 세 번째 집단의 합성된 평균이 비교되기 때문에 두 독립표본 t 검정과 유사한 형태를 취한다.

두 독립표본 t 검정을 위한 공식을 다시 제시하면 다음과 같다.

$$t = \frac{\overline{Y}_1 - \overline{Y}_2}{\sqrt{s_p^2\left(\frac{1}{n_1} + \frac{1}{n_2}\right)}}$$

$$= \frac{(1)\overline{Y}_1 + (-1)\overline{Y}_2}{\sqrt{s_p^2\left[\frac{(1)^2}{n_1} + \frac{(-1)^2}{n_2}\right]}}$$

t 통계값 계산에서 $\overline{Y}_1$ 앞에는 1이 생략되고 $\overline{Y}_2$ 앞에는 −1이 있는 것이므로 1과 −1이 되고 이를 **대비계수**(contrast coefficient)라 하며 c나 w로 표기한다. t 검정에서 통합분산 s_p^2은 분산분석에서 집단내 편차제곱평균인 MS_W와 동일하다 (성태제, 2014a, p. 385). 그러므로 대비를 위한 t 검정의 일반 공식은 다음과 같다.

$$t = \frac{\sum_{j=1}^{J} c_j \overline{Y}_{\cdot j}}{\sqrt{MS_W \sum_{j=1}^{J} \frac{c_j^2}{n_j}}} = \frac{\hat{\psi}}{SE_{\hat{\psi}}}$$

$\hat{\psi}$를 대비라 하고, $SE_{\hat{\psi}}$를 대비오차라 하며 각 대비에 대한 t 통계 검정은 다음과 같다.

$$t_{\hat{\psi}} = \frac{\hat{\psi}}{SE_{\hat{\psi}}} = \frac{\sum_{j=1}^{J} c_j \overline{Y}_{\cdot j}}{\sqrt{MS_W \sum_{j=1}^{J} \frac{c_j^2}{n_j}}}$$

세 수준의 집단 간의 비교를 위한 대비계수는 〈표 4-5〉와 같다.

❖〈표 4-5〉 세 수준의 집단 간 대비계수

	1	2	3
ψ_1	1	−1	0
ψ_2	1	0	−1
ψ_3	0	1	−1
ψ_4	1	$\frac{-n_2}{n_2+n_3}$	$\frac{-n_3}{n_2+n_3}$
ψ_5	$\frac{-n_1}{n_1+n_3}$	1	$\frac{-n_3}{n_1+n_3}$
ψ_6	$\frac{-n_1}{n_1+n_2}$	$\frac{-n_2}{n_1+n_2}$	1

첫 번째부터 세 번째까지 대비는 단순대비이기 때문에 대비계수는 1과 −1이다. 복합대비의 경우 한 집단의 대비계수는 1이고, 합성한 집단은 각 집단의 사례수를 고려하여 대비계수를 계산하고 합성된 두 집단의 대비계수의 합은 −1이 되어야 한다. 네 번째 대비에서 두 번째 집단의 사례수 n_2와 세 번째 집단의 사례수 n_3가 같으면 두 번째 집단과 세 번째 집단을 합성한 대비계수는 각각 $\frac{-1}{2}$이 된다. 그러나 일반적으로 사례수가 같지 않으므로 두 번째 집단의 대비계수는 $\frac{-n_2}{n_2+n_3}$가 되고, 세 번째 집단의 대비계수는 $\frac{-n_3}{n_2+n_3}$이 된다. 대비계수의 합은 0이 되어야 하고 이는 대비계수의 절대값의 합이 2가 됨을 말한다.

$$\sum_{j=1}^{J} c_j = 0$$

$$\sum_{j=1}^{J} |c_j| = 2$$

각 대비를 위한 t 통계값을 계산하고 대비를 검정하기 위한 기각값은 Scheffé나 Tukey에 의한 기각값이 있다. Scheffé는 가능한 모든 대비 중에 하나라도 기각되면 전체가설이 기각된다는 전제하에 모든 대비들은 유의수준을 나누어 갖는다고 보았다. 그러므로 각 대비는 전체가설이 기각될 때 F 통계값은 $F_{df_B,\, df_W,\, \alpha}$에서 유의수준 α를 나누어 가지므로 각 대비를 위한 기각값은 $F_{df_B,\, df_W,\, \alpha/\text{가능한 모든 대비수}}$가 된다.

여기서 F 통계는 분산분석을 위한 통계이지만, 각 대비는 두 집단 간 평균의 비교이다. 두 집단 간 평균 비교는 t통계를 사용하므로 대비를 위한 F 기각값에 제곱근을 취하면 기각값이 된다. 이를 Scheffé가 제안하였으며 기각값인 S 값은 다음과 같다.

$$S = \pm\sqrt{df_B F_{df_B,\, df_W,\, \alpha}}$$

대비에서 계산한 t 통계값이 S 값의 큰 값보다 크거나 작은 값보다 작으면, 다시 말해 S값의 절대값보다 t통계값의 절대값이 크면 대비를 위한 영가설이 기각된다. 이와 같이 전체가설의 기각여부를 판단하고 영가설이 기각되었을 때 어디에 차이가 있는가를 분석하는 사후검정(posteriori tests, post-hoc tests)을 Scheffé 방법이라고도 한다.

대비의 표준오차를 계산하는 공식은 두 독립표본 t 검정의 공식과 기호만 다르지 내용은 같다. 그러므로 사후분석은 t 검정의 일종으로 기각값 역시 t 통계값에 기인하여야 하기 때문에 Scheffé가 F 값을 구한 후 제곱근을 취한 이유를 이해할 수 있을 것이다.

사후분석의 예로 전통적 교수법과 컴퓨터 교수법에 의한 학업성취도 점수의 차이를 비교하는 대비를 검정하기 위한 대비 $\hat{\psi}_1$ 은 다음과 같다.

$$\hat{\psi}_1 = (1)\overline{Y}_{전} + (-1)\overline{Y}_{컴} = 2.5 - 5 = -2.5$$

대비의 표준오차를 계산하기 위해서는 MS_W 가 3.667인 것을 〈표 4-3〉의 분산분석표에서 찾고 비교집단으로 전통적 교수법과 컴퓨터 교수법에 의한 각 집단의 사례수와 대비계수를 이용하여야 한다. 전통적 교수법의 대비계수는 1이 되고, 컴퓨터 교수법의 대비계수는 −1이며, 각 집단의 사례수는 4명과 3명이다. 그러므로 $SE_{\hat{\psi}_1}$ 의 계산은 다음과 같다.

$$\begin{aligned} SE_{\psi_1} &= \sqrt{MS_W \sum_{j=1}^{J} \frac{c_j^2}{n_j}} \\ &= \sqrt{(3.667)\left(\frac{1^2}{4} + \frac{(-1)^2}{3}\right)} \\ &= \sqrt{2.139} \\ &= 1.463 \end{aligned}$$

t 통계값과 Scheffé 기각값은 다음과 같다.

$$t_{\hat{\psi}_1} = \frac{\hat{\psi}_1}{SE_{\hat{\psi}_1}} = \frac{-2.5}{1.463} = -1.709$$

$$S = \pm\sqrt{2(F_{2,9,.05})} = \pm\sqrt{2(4.26)} = \pm 2.919$$

Scheffé 기각값은 ±2.919로 $t_{\hat{\psi}}$ 통계값은 −1.709로서 절대값이 S 기각값의 절대값보다 크지 않으므로 $H_0 : \psi_1 = 0$을 기각할 수 없다. 따라서 전통적 교수법과 컴퓨터 교수법 간의 학업성취도에 유의한 차이가 없다고 결론 내린다.

복합대비로 연구자가 전통적 교수법과 컴퓨터 교수법, 개인 교수법의 합성을 비교하고자 할 때 복합대비계수(complex contrast coefficients)와 평균 사례수는 〈표 4-6〉과 같다.

❖〈표 4-6〉 복합대비를 위한 대비계수

	전통적 교수법	컴퓨터 교수법	개인 교수법
$\overline{Y}_j$	2.5	5	7
n_j	4	3	5
c_j	1	−3/8	−5/8

〈표 4-6〉에 있는 수치를 가지고 네 번째 대비에 대한 검정을 실시하기 위한 서술적 영가설과 대립가설은 다음과 같다.

H_0: 전통적 교수법에 의한 학업성취도 평균과 컴퓨터 교수법과 개인 교수법의 합성에 의한 학업성취도 평균의 차이가 없다.

H_A: 전통적 교수법에 의한 학업성취도 평균과 컴퓨터 교수법과 개인 교수법의 합성에 의한 학업성취도 평균의 차이가 있다.

이를 통계적 가설로 서술하면 다음과 같다.

$$H_0 : \psi_4 = 0$$
$$H_A : \psi_4 \neq 0$$

복합대비는 한 집단과 다른 두 집단의 합성값을 비교해야 하므로 한 집단에 대한 대비계수는 +1이고 다른 두 집단에 대한 대비계수는 합해서 −1이 되어야 하는데 컴퓨터 교수법과 개인 교수법에 의한 사례수가 다르므로 사례수를 고려한 컴퓨터 교수법에 의한 집단의 대비계수는 −3/8, 개인 교수법에 의한 집단의 대비계수는 −5/8가 된다.

$\hat{\psi}_4$를 계산하면 다음과 같다.

$$\hat{\psi}_4 = \sum_{j=1}^{J} c_j \overline{Y}_{\cdot j} = (1)2.5 + (-3/8)5 + (-5/8)7 = -3.75$$

$SE_{\hat{\psi}_4}$를 계산하면 다음과 같다.

$$\begin{aligned} SE_{\hat{\psi}_4} &= \sqrt{MS_W \sum_{j=1}^{J} \frac{c_j^2}{n_j}} \\ &= \sqrt{(3.667)\left(\frac{1^2}{4} + \frac{(-3/8)^2}{3} + \frac{(-5/8)^2}{5}\right)} \\ &= \sqrt{(3.667).375} \\ &= 1.173 \end{aligned}$$

t 통계값은,

$$t_{\hat{\psi}_4} = \frac{\hat{\psi}_4}{SE_{\hat{\psi}_4}} = \frac{-3.75}{1.173} = -3.197 \text{ 이다.}$$

사후검정인 네 번째 대비를 위한 t 통계값은 −3.197으로서 절대값이 기각값 $S=\pm 2.919$의 절대값보다 크므로 영가설을 기각하게 된다. 따라서 유의수준 .05에서 전통적 교수법에 의한 학업성취도와 컴퓨터 교수법과 개인 교수법을 합성한 평균점수에는 통계적으로 유의한 차이가 있다고 결론 내린다.

이해를 돕기 위하여 교수법에 따른 학업성취도의 분산분석에서 사후대비분석을 위한 모든 가능한 대비를 검정한 결과는 〈표 4-7〉과 같다.

❖〈표 4-7〉 교수법에 따른 학업성취도점수의 모든 사후대비분석

대비	c			$\hat{\psi}$	$SE_{\hat{\psi}}$	$t_{\hat{\psi}}$
	전통적	컴퓨터	개인			
1	1	−1	0	−2.5	1.463	−1.709
2	1	0	−1	−4.5	1.285	−3.503
3	0	1	−1	−2	1.398	−1.430
4	1	−3/8	−5/8	−3.75	1.173	−3.197
5	−4/9	1	−5/9	0	1.277	0
6	−4/7	−3/7	1	3.429	1.121	3.058

$S=\pm\sqrt{2(F_{2,9,.05})}=\pm 2.919$

〈표 4-7〉을 보면 두 번째와 네 번째 그리고 여섯 번째 대비만이 통계적으로 유의한 차이가 있음을 알 수 있다. 일반적으로 유의한 차이가 있으면 만족하는 것이 연구자들의 일반적 경향이다. 그러나 앞의 세 가지 유의한 대비가 어떠한 의미를 가지고 있느냐에 따라 대비로서의 연구의 가치를 결정하여 준다. 네 번째 대비와 여섯 번째 대비의 경우를 볼 때, 네 번째 대비는 의미를 부여할 수 있다. 이는 전통적 교수법과 새로운 두 교수법의 비교이기 때문이다. 그러나 여섯 번째 대비의 경우 전통적 교수법과 컴퓨터 교수법을 합성하여 개인 교수법과 비교하는 대비는 어떤 의미를 지니고 있는지 의미를 찾아야 한다. 통계적으로 유의한 차이를 나타낸다고 하여도 의미를 지니지 못하면 연구결과로서의 가치를 부여받지 못하게 된다.

사후대비분석을 위한 통계적 검정으로 Fisher의 LSD(Least Significant Difference) 방법이 있다. 일반적으로 대비가 짝비교(pair-wise comparison)일 때 주로 선호하는 방법이다. 복합대비가 있을 경우는 유의수준을 통제하는 데 문제가 따른다. 사후대비분석으로 각 집단의 사례수가 같으며 짝비교를 위한 검정으로 Tukey(1953)의 HSD(Honestly Significant Difference) 검정이 있다. Tukey 통계 qT는 다음과 같다.

$$qT=\frac{\hat{\psi}}{SE_{\hat{\psi}}}=\frac{c_j\overline{Y}_{\cdot j}+c_{j'}\overline{Y}_{\cdot j'}}{\sqrt{\frac{MS_W}{n_j}}}$$

qT 통계값이 Tukey가 제공한 [수표 7]의 기각값보다 크면 두 집단에 유의한 차이가 있다. Tukey 방법은 각 집단의 사례수가 같아야 하며 또 하나의 제한점은 양방적 검정일 때 사용한다는 점이다. 실험연구에서 각 집단의 사례수를 같게 하여 연구를 시작하였어도 연구 도중에 연구대상의 손실이나 다른 이유로 연구를 마쳤을 때 각 집단의 사례수가 같지 않을 경우가 있다. 이럴 경우는 **Tukey–Kramer 방법**을 사용한다.

4.3.2 사전대비분석

일반적으로 연구자들은 전체가설의 기각여부를 확인하고 영가설이 기각되었을 경우 어디에 차이가 있는지를 밝히려고 사후대비분석을 실시한다고 하였다. 그러나 이론적 배경이 강한 연구자는 실험에 임하기 전에 전체가설에 대한 검정보다 구체적인 대비에 관심을 가질 수 있다. 즉, 전체가설에 대한 관심보다 처치변수에서 어떤 특정 수준에서 차이가 있는지에 대한 특별한 관심을 갖는 경우로 이는 **사전검정**(planned tests), **사전비교분석**(planned comparison analysis) 혹은 **Dunn 방법**이라고 한다.

사전대비분석이 사후대비분석과 다른 점은 전체가설인 $H_0 : \mu_j = \mu_{j'}$에 대한 검정은 하지 않기 때문에 결과를 보고할 때 분산분석표에서 F 통계값을 기록하지 않는다. 더 차이가 나는 것은 유의수준을 모든 가능한 대비가 공유하는 것이 아니라 관심 있는 대비수만이 유의수준을 공유한다. 그러므로 대비에 대한 F 통계값은 $F_{df_B,\, df_W,\, \alpha/\text{흥미 있는 대비수}}$가 된다. 사전대비분석에서 흥미 있는 대비수는 사후대비분석에서 모든 가능한 대비수보다 적으므로 사전대비분석의 각 대비는 사후대비분석의 대비보다 높은 유의수준을 갖게 된다. 사후대비분석에서 유의수준이 .05이고 집단 수가 세 개일 때 가능한 대비수가 .05/6으로 각 대비가 차지하는 유의수준은 .0083이지만, 사전대비분석에서 관심 있는 대비가 4개일 경우 각 대비가 차지하는 유의수준은 .05/4로 .0125가 된다. 사후대비분석을 위한 기각값과 사전대비분석을 위한 기각값을 비교하면 [그림 4–2]와 같이 사전대비분석을 위한 기각값이 더 작다. 그러므로 사전대비분석이 대비에 대한 영가설을 기각하기가 용이하다. 사전대비분석은 사후대비분석보다 검정력이 높다.

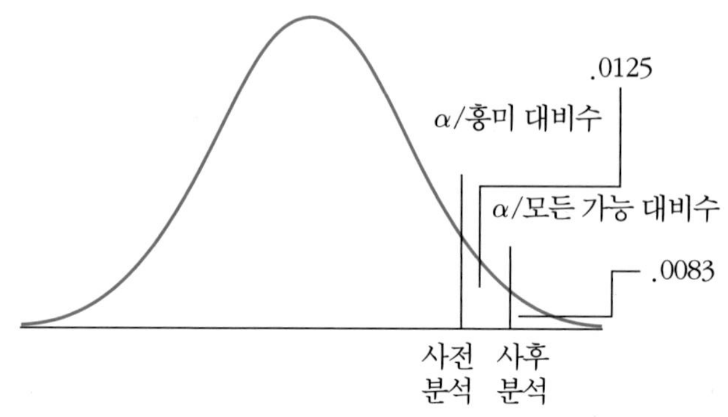

✪[그림 4-2] 사후대비분석과 사전대비분석에서 대비의 유의수준

사후대비분석과 같이 사전대비분석도 $\hat{\psi}$와 $SE_{\hat{\psi}}$를 계산하는 절차가 동일하고 다만 기각값만이 다르다. 사전대비분석 역시 사후대비분석과 같이 두 집단의 평균비교방법으로 분석되므로 기각값 역시 t 통계값이 제시된다. Dunn(1961)이 유의수준을 관심 있는 대비수로만 나누는 원리를 이용하며 이를 Dunn의 **다중비교방법**(Dunn's multiple comparison procedure)이라 한다. Bonferroni **방법**이라고도 하는데 이는 Bonferroni 혹은 Boole의 불균등(inequality)에 근거하기 때문이다.

일반적으로 사전대비분석에서 흥미 있는 대비는 사후대비분석과 같이 모든 가능한 대비와 같을 필요가 없으므로 사전대비분석에서는 의미 있는 대비에만 관심을 갖는 것이 바람직하고 해석도 용이하다. 사전대비분석 시 대비들은 연구의 의미를 지니고 있어야 한다. 사전대비분석 절차는 다음과 같다.

① 관심 있는 대비를 설정한다.
② 대비에 대응되는 $\hat{\psi}$와 분산분석의 MS_W를 이용한 $SE_{\hat{\psi}}$를 계산한다.
③ $t_{\hat{\psi}}$ 통계값을 계산한다.
④ Dunn 수표에 의하여 기각값을 찾는다.
⑤ $t_{\hat{\psi}}$이 큰 기각값보다 크거나, 작은 기각값보다 작으면 영가설을 기각한다.

교수법에 따른 학업성취도 연구에서 특정 2개의 대비로 전통적 교수법과 컴퓨터 교수법 비교, 전통적 교수법과 컴퓨터 교수법과 개인 교수법을 합성하여 학업 성취도를 비교하는 것에만 관심을 둔 사전대비분석을 실시하면 자유도는 9이며 유의수준은 .05/2가 된다. 일단 양방적 검정이고 사전대비가 2개이기에 각 사전대비에 해당되는 유의수준은 .025가 된다. t분포표([수표 5] 참조)에서 자유도가 9일 때 유의수준은 .025에 해당하는 기각값은 ±2.262와 ±2.821 사이의 값이다. $t_{df=9,\,\alpha=.025}$의 값은 선형변환에 의하여 ±2.685이 된다.

논리적으로 사전대비분석을 위한 기각값을 찾는 방법은 간단하나 절차가 귀찮게 여겨질지 모른다. 이를 위하여 Dunn이 1961년 사전분석을 실시할 때 자유도와 유의수준 그리고 대비수에 의한 기각값을 찾는 Dunn 수표를 제작하였다. Dunn 수표를 보면 유의수준을 관심 있는 대비수로 나누어 각 대비에 해당되는 유의수준을 계산할 필요 없이 유의수준과 대비수에 의하여 직접 기각값을 찾을 수 있다. Dunn 수표는 [수표 8]에 있다.

사전분석을 위한 기각값을 찾는 절차를 설명하면, [수표 8]에 의하여 자유도가 9이고 유의수준은 .05이며 대비가 두 개이므로 2를 보면 ±2.685임을 알 수 있다. 연구의 관심이 되는 두 개의 사전대비의 검정을 실시하면 첫 번째 관심 있는 대비와 두 번째 관심 있는 대비는 사후대비분석을 실시한 〈표 4-7〉에서와 같이 t통계값이 각각 −1.709와 −3.197이 된다. 사전대비분석을 위한 기각값 ±2.685에 비추어 첫 번째 대비인 전통적 교수법과 컴퓨터 교수법에 의한 학업성취도는 유의한 차이를 보이고 있지 않음을 알 수 있으나, 전통적 교수법과 새로운 교수법(컴퓨터 교수법+개인 교수법)에 의한 학업성취도는 유의한 차이가 있다는 결론을 내리게 된다.

사전대비분석을 위한 방법으로 **Dunn-Sidak 방법**이 있다. Dunn 방법은 유의수준을 균등분할한다면 Dunn-Sidak은 배수분할의 방법을 사용하고 있다. 만약에 대비수가 k 개가 있다고 하면 각 대비에 대한 Dunn 방법의 유의수준 배분은 α/k가 된다. 그러나 Dunn-Sidak은 배수분할 방법으로 각 대비에 해당하는 유의수준은 $1-(1-\alpha)^{1/k}$ 이다. 유의수준을 .05라하고 관심 있는 대비수를 5개로 하였다면 Dunn 방법에 의한 각 대비에 해당하는 유의수준과 Dunn-Sidak 방법에 의한 각 대비의 유의수준은 다음과 같다.

Dunn 방법의 유의수준 $\alpha' = \alpha/k = .05/5 = .01$

Dunn–Sidak 방법의 유의수준 $\alpha' = 1-(1-\alpha)^{1/k} = 1-(1-.05)^{1/5} = .0102$

두 사전대비분석 방법에 의한 유의수준을 비교할 때 각 대비에 대한 유의수준은 Dunn–Sidak 방법이 Dunn 방법보다 다소 크다. 그러므로 Dunn–Sidak 방법에 의한 기각값이 작아 대비에 대한 영가설을 기각하기가 용이하다. Dunn–Sidak 방법이 Dunn 방법보다 검정력이 높기 때문에 자주 사용된다. 두 개의 사전대비분석을 실시한 예에서 Dunn의 기각값은 2.685였으나 Dunn–Sidak의 기각값은 2.677로서 Dunn–Sidak 방법이 유의수준을 배수분할하므로 각 대비가 다소 높은 유의수준을 할당받기 때문이다. Dunn–Sidak 방법에 의한 기각값은 [수표 9]에 제시되어 있으며, Dunn–Sidak 방법은 양방적 검정뿐 아니라 일방적 검정에 대한 기각값도 제공한다. SPSS에 의한 사전대비분석 절차는 Dunn–Sidak 방법에 의한 분석 결과를 제공한다.

연구자가 사후대비분석을 실시할지 아니면 사전대비분석을 실시할지 나아가 어떤 대비를 설정할지는 전적으로 이론적 배경에 근거한 연구자의 관심에 기인한 것이지 통계적 게임에 근거하지 않는다. 다시 말하여 대비에 대한 영가설을 기각하기가 사전대비분석이 용이하므로 이를 택하거나 하는 것이 아니라 이론적 배경이 강하면 특정 대비에 관심을 두고 사전대비분석을 실시할 수 있으며, 종전에 많은 연구가 진행되지 않은 연구주제의 경우 전체가설을 검정하고 영가설이 기각되면 사후대비분석을 통하여 어느 수준에서 차이가 있는지를 밝히는 것이 바람직하다.

사후대비분석과 사전대비분석을 정리하면 〈표 4–8〉과 같다.

❖〈표 4-8〉 사후대비분석과 사전대비분석의 비교

	사후대비분석	사전대비분석
전체가설 검정	실시	미실시
F값	제시	미제시
$\hat{\psi}$	$\sum_{j=1}^{J} c_j \overline{Y}_{\cdot j}$	
$SE_{\hat{\psi}}$	$\sqrt{MS_W \sum_{j=1}^{J} \frac{c_j^2}{n_j}}$	
기각값	Scheffé, Tukey	Dunn, Dunn-Sidak

사전대비분석에서 관심 있는 대비가 많을수록 사후대비분석과 같은 결과를 가져오게 된다. 그러므로 사전대비분석의 경우에는 연구에서 의미 있는 대비만 설정하는 것이 바람직하다. 그 이유는 사후대비분석과 사전대비분석을 비교할 때 대비수가 작을수록 사후대비분석보다 각 대비가 차지하는 유의수준이 커지므로 사전대비분석의 대비를 검정하는 기각값이 작아지기 때문이다. 그러므로 대비에 대한 영가설을 기각하기가 용이하다. 이런 의미에서 사전대비분석이 사후대비분석보다 강력(powerful)하다. 제2장에서 설명한 검정력을 환기할 때 유의수준이 높아지면 검정력(power)인 $(1-\beta)$가 높아짐을 알 수 있다.

Kirk(2013)는 사전과 사후대비분석을 위하여 제안된 22가지의 검정방법을 소개하고 있으며 이 다양한 방법에 대하여 통계학자들 사이에서 논쟁이 되고 있다고 하였다. 연구자들은 어느 방법을 사용하든 제1종 오류를 초과하지 않으며 검정력을 높이는 통계방법을 사용하는 것이 바람직하다.

완전무선설계의 사전대비분석은 사후대비분석을 위한 SPSS 실행절차와 동일하고, 분석 결과로 나타난 t 통계값도 같다. 다만 기각값은 Dunn이나 Dunn-Sidak이 제공한 t 기각값과 비교하여 결론을 내린다.

4.3.3 $SS_{\hat{\psi}}$ 계산

사후대비분석이든 사전대비분석이든 분석 결과를 비교할 때 〈표 4-3〉과 같은 분산분석표와 각 대비에 대한 t 통계분석 결과를 〈표 4-7〉로 분리하여 두 개의 표로 보고한다. 분석 결과를 한눈에 쉽게 보기 위하여 분산분석표와 대비검정에 대한 분석 결과를 분산분석표 안에 보고하는 방법을 소개하고 이를 위하여 각 대비에 대한 제곱합 계산 방법을 설명한다.

각 대비에 대한 t 통계는 다음과 같이 계산한다고 하였다.

$$t_{\hat{\psi}} = \frac{\hat{\psi}}{SE_{\hat{\psi}}} = \frac{\sum_{j=1}^{J} c_j \overline{Y}_{\cdot j}}{\sqrt{MS_W \sum_{j=1}^{J} \frac{c_j^2}{n_j}}}$$

두 독립표본 t 검정에서 t 통계값을 제곱하면 F 통계값이 된다.

$$t_{\hat{\psi}}^2 = F_{\hat{\psi}} = \left(\frac{\hat{\psi}}{SE_{\hat{\psi}}} \right)^2 = \frac{\hat{\psi}^2}{MS_W \sum_{j=1}^{J} \frac{c_j^2}{n_j}}$$

대비에 대한 F 통계는 $MS_{\hat{\psi}}/MS_W$로 얻어질 수 있다. 위 공식에서 점선 부분은 $\boldsymbol{SS_{\hat{\psi}}}$가 된다. 그러면서 동시에 $MS_{\hat{\psi}}$가 된다. 왜냐하면 대비가 단순대비든 복합대비든 대비계수가 +1, −1로 구성되기에 결과적으로 두 집단비교로 축약이 되어 자유도는 1이 되기 때문이다.

점선 부분은 $SS_{\hat{\psi}}$이고 $MS_{\hat{\psi}}$이므로 $SS_{\hat{\psi}}$를 계산하여 분산분석표 안에 기록하면 전체가설에 대한 분석 결과와 대비에 대한 검정 결과를 동시에 파악할 수 있으며 $SS_{\hat{\psi}}$ 계산은 다음과 같다.

$$SS_{\hat{\psi}} = \frac{\hat{\psi}^2}{\sum_{j=1}^{J} \frac{c_j^2}{n_j}}$$

제4장 3절에서 예로 든 전통적 교수법과 컴퓨터 교수법에 의한 대비의 제곱합을 계산하면 다음과 같다.

$$SS_{\hat{\psi}_1} = \frac{(2.5-5)^2}{1^2/4+(-1)^2/3} = 10.714$$

자유도가 1이므로 $MS_{\hat{\psi}_1}$도 10.714이며 F 값은 다음과 같다.

$$F_{\hat{\psi}_1} = \frac{MS_{\hat{\psi}_1}}{MS_W} = \frac{10.714}{3.667} = 2.922$$

이때 2.922의 F 통계값을 Scheffé의 기각값에 비교하는 것이 아니라, Scheffé값의 제곱값에 비교하여 검정을 실시하여야 한다. 즉, 분산분석표에서는 기각값으로 S^2값을 기록하여야 한다. Scheffé의 기각값이 ±2.919이므로 제곱값은 8.520이 된다. F 통계값은 2.922이므로 기각값보다 작아 영가설을 기각할 수 없다. F 통계값은 2.922로 이 값의 제곱근은 1.709임을 알 수 있다. 이는 이 장 2절에서 계산한 t통계값과 같음을 알 수 있다.

사후분석을 실시한 결과인 〈표 4-7〉을 분산분석표 안에 기록하면 〈표 4-9〉와 같다.

❖〈표 4-9〉 교수법 효과에 대한 사후대비분석을 실시한 분산분석표

분산원	SS	df	MS	F
집단간(교수법)	45	2	22.5	6.136
ψ_1	10.714	1	10.714	2.922
ψ_2	45.000	1	45.000	12.272
ψ_3	7.500	1	7.500	2.045
ψ_4	37.500	1	37.500	10.226
ψ_5	.000	1	.000	.000
ψ_6	34.291	1	34.291	9.351
집단내(오차)	33	9	3.667	
총	78	11		

$F_{2,9,.05} = 4.26$ $S^2 = 8.520$

만약 사전대비분석 결과를 분산분석표에 기록한다면 〈표 4-9〉와 동일하나 F 검정을 실시한 F 통계값 칸이 비워져 있어야 하며, 〈표〉 하단에 F 기각값과 Scheffé 값을 명기할 필요가 없고, 오직 Dunn t값의 제곱값이 기각값으로 기록되어야 한다.

제4장 4절에서 전통적 교수법과 컴퓨터 교수법, 전통적 교수법과 컴퓨터 교수법과 개인 교수법을 합성하여 비교하는 두 개의 대비에 관심을 둔 사전대비분석의 분산분석표는 〈표 4-10〉과 같다.

❖〈표 4-10〉 전통적 vs. 컴퓨터, 전통적 vs. (컴퓨터+개인) 사전대비분석표

분산원	*SS*	*df*	*MS*	*F*
집단간(교수법)	45	2	22.5	−
전통적 vs 컴퓨터	10.714	1	10.714	2.922
전통적 vs (컴퓨터+개인)	37.5	1	37.5	10.226
집단내(오차)	33	9	3.667	
총	78	11		

$D^2 = (2.685)^2 = 7.209$

다시 한 번 언급하는데 사후대비분석을 실시할 경우는 처치변수의 효과에 대한 분석을 위하여 처치변수의 효과를 검정하는 F값을 기록하지만, 사전대비분석의 경우 전체가설에 대한 검정을 하지 않으므로 그 부분을 공백으로 남겨 둔다. 이것을 보고 사후대비분석인지 사전대비분석인지 알 수가 있다.

4.3.4 SPSS 실행

완전무선설계를 위하여 자료를 다음과 같은 형태로 입력한다.

	id	교수법	학업성취도
1	1	1	1
2	2	1	4
3	3	1	4
4	4	1	1
5	5	2	3
6	6	2	5
7	7	2	7
8	8	3	4
9	9	3	6
10	10	3	8
11	11	3	8
12	12	3	9

완전무선설계를 위한 분석은 SPSS 메뉴에서 분석(A) → 평균비교(M) → 일원배치 분산분석(o)을 눌러 일원분산분석 대화상자를 열어서 종속변수와 요인을 지정한 다음, 확인을 누르면 된다. Levene의 등분산검정은 옵션(O)...을 누르고 기술통계(D)와 분산 동질성 검정(H)에 체크를 표시하고 계속(C)을 누르면 된다. 〈표 4-1〉의 교수법에 따른 학업성취도를 이용하여 완전무선설계에 의한 분산분석을 실행하는 과정과 결과는 다음과 같다.

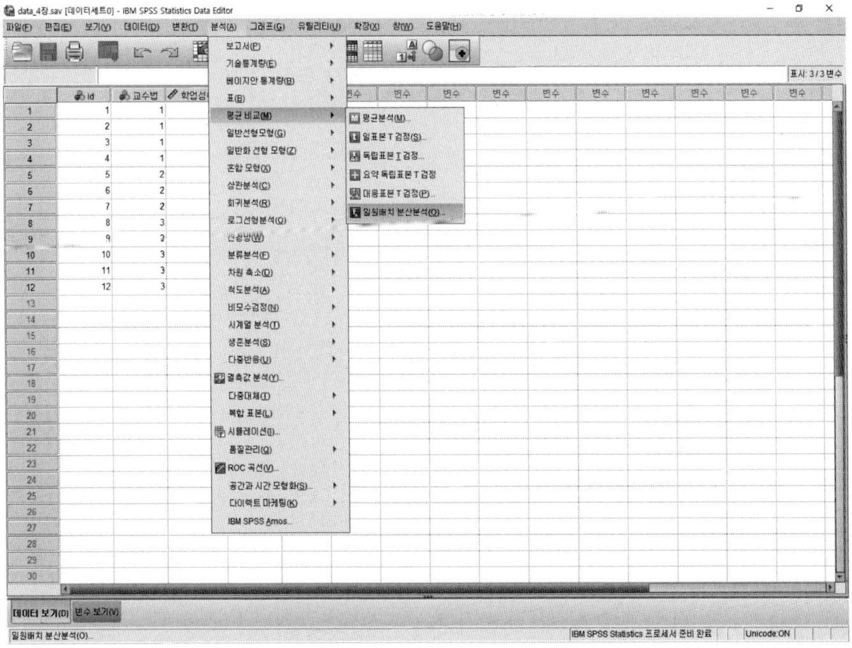

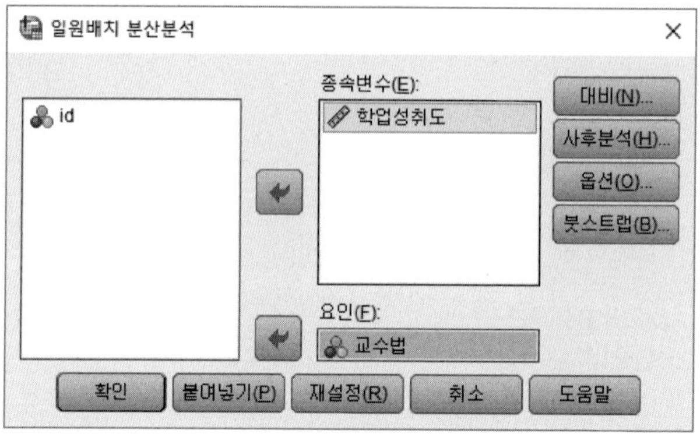

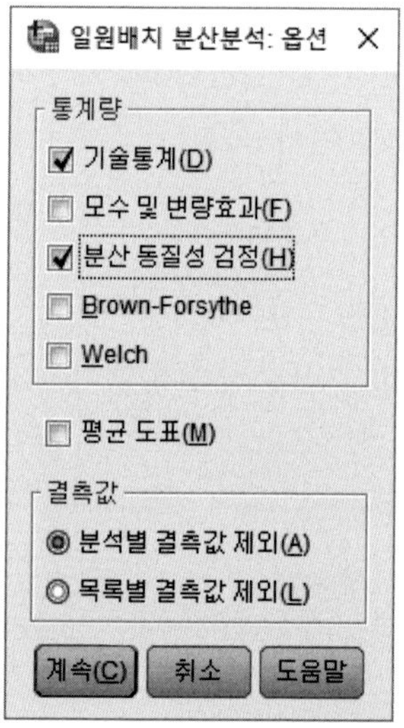

SPSS 실행 결과, 기술통계 결과는 다음과 같고 〈표 4-2〉의 분석 결과와 같다.

기술통계

학업성취도

	N	평균	표준화 편차	표준화 오류	평균에 대한 95% 신뢰구간 하한	평균에 대한 95% 신뢰구간 상한	최소값	최대값
전통적	4	2.50	1.732	.866	-.26	5.26	1	4
컴퓨터	3	5.00	2.000	1.155	.03	9.97	3	7
개인	5	7.00	2.000	.894	4.52	9.48	4	9
전체	12	5.00	2.663	.769	3.31	6.69	1	9

분산의 동질성 검정

		Levene 통계량	자유도1	자유도2	유의확률
학업성취도	평균을 기준으로 합니다.	.102	2	9	.904
	중위수를 기준으로 합니다.	.016	2	9	.984
	자유도를 수정한 상태에서 중위수를 기준으로 합니다.	.016	2	5.507	.984
	절삭평균을 기준으로 합니다.	.091	2	9	.914

ANOVA

학업성취도

	제곱합	자유도	평균제곱	F	유의확률
집단-간	45.000	2	22.500	6.136	.021
집단-내	33.000	9	3.667		
전체	78.000	11			

Levene의 등분산검정을 실시한 결과, 통계값은 .102, 유의확률은 .904로 '집단 간 분산은 같다.'라는 영가설을 기각하지 못하여 등분산가정이 만족된다. 완전무선설계에 의한 분산분석 결과로 제시된 분산분석표를 보면 F 통계값은 6.136이고 유의확률은 .021로, 유의수준 .05에서 교수법에 따른 학업성취도는 차이가 있다고 결론 내릴 수 있다. SPSS 실행 결과는 〈표 4-3〉과 동일하다.

완전무선설계의 사전대비분석과 사후대비분석을 검정하려면 일원분산분석 대화상자로 들어가 [사후분석(H)...]을 누른다. 사후대비분석을 위한 Scheffé와 사전대비분석을 위한 Sidak에 체크한 뒤 [계속(C)]을 누른다.

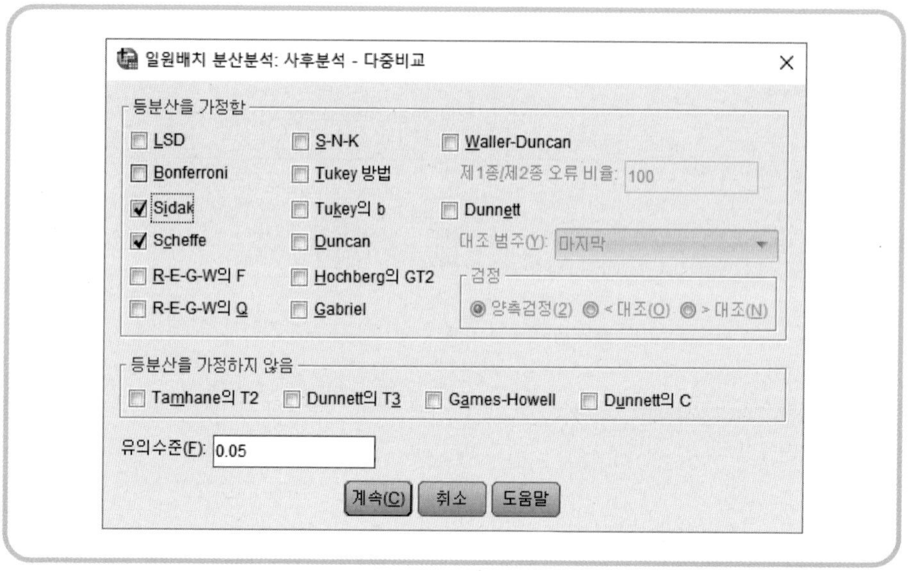

SPSS의 사후분석 메뉴는 가능한 모든 대비 중에서도 단순대비 결과만을 제공하므로 복합대비 결과를 구하기 위해서는 직접 대비계수를 입력하여야 한다. 복합대비를 위하여 계수를 입력하는 과정은 다음과 같다.

대비계수를 계수 부분에 입력하고 추가(A) 를 누르고 다음 대비에 대한 계수를 입력하기 위하여 다음(N) 을 누른다. 여기서 유의할 점은 계수의 합은 0이어야 한다는

것이다. 각 대비계수를 입력하고 [계속(C)]을 눌러 일원분산분석 대화상자로 돌아와 [확인]을 누르면 된다.

〈표 4-1〉의 교수법에 따른 학업성취도점수의 사후, 사전대비분석을 실시한 결과는 다음과 같으며 Scheffé와 Sidak에 의한 대비분석 결과 전통적 교수법과 개인 교수법의 대비만이 통계적으로 유의한 차이를 보였다. 분석 결과는 〈표 4-7〉과 동일하다.

사후검정

다중비교

종속변수: 학업성취도

	(I) 교수법	(J) 교수법	평균차이(I-J)	표준화 오류	유의확률	95% 신뢰구간 하한	95% 신뢰구간 상한
Scheffe	전통적	컴퓨터	-2.500	1.462	.282	-6.77	1.77
		개인	-4.500*	1.285	.021	-8.25	-.75
	컴퓨터	전통적	2.500	1.462	.282	-1.77	6.77
		개인	-2.000	1.398	.398	-6.08	2.08
	개인	전통적	4.500*	1.285	.021	.75	8.25
		컴퓨터	2.000	1.398	.398	-2.08	6.08
Sidak	전통적	컴퓨터	-2.500	1.462	.322	-6.77	1.77
		개인	-4.500*	1.285	.020	-8.25	-.75
	컴퓨터	전통적	2.500	1.462	.322	-1.77	6.77
		개인	-2.000	1.398	.462	-6.09	2.09
	개인	전통적	4.500*	1.285	.020	.75	8.25
		컴퓨터	2.000	1.398	.462	-2.09	6.09

*. 평균차이는 0.05 수준에서 유의합니다.

동질적 부분집합

학업성취도

	교수법	N	유의수준 = 0.05에 대한 부분집합 1	유의수준 = 0.05에 대한 부분집합 2
Scheffe[a,b]	전통적	4	2.50	
	컴퓨터	3	5.00	5.00
	개인	5		7.00
	유의확률		.248	.391

동질적 부분집합에 있는 집단에 대한 평균이 표시됩니다.

a. 조화평균 표본크기 3.830을(를) 사용합니다.

b. 집단 크기가 동일하지 않습니다. 집단 크기의 조화평균이 사용됩니다. I 유형 오차 수준은 보장되지 않습니다.

SPSS의 사후분석 메뉴는 가능한 모든 대비 중에서도 단순대비 결과만을 제공하므로 복합대비 결과를 구하기 위해 대비계수를 직접 입력하였으며, 대표적으로 전통적 교수법과 컴퓨터 교수법 그리고 개인 교수법을 합성한 복합대비를 실시한 결과는 다음과 같다.

대비 계수

	교수법		
대비	전통적	컴퓨터	개인
1	1	-.37	-.63

대비검정

		대비	대비 값	표준화 오류	t	자유도	유의확률 (양측)
학업성취도	등분산 가정	1	-3.76	1.173	-3.206	9	.011
	등분산을 가정하지 않습니다.	1	-3.76	1.118	-3.363	6.813	.013

분석 결과, 대비의 t통계값이 −3.206, 유의확률이 .011로서 유의수준 .05에서 전통적 교수법과 컴퓨터 교수법 및 개인 교수법의 합성에 대한 복합대비는 유의하였다.

4.3.5 직교, 사교대비

집단이 3개 이상일 경우 가능한 대비를 만들어 집단 간의 비교를 실시한다고 하였다. 대비는 일반적으로 선형적으로 구성하여 비교한다. 다수의 대비 중에 대비들 간 상호배타적이고 관계가 없는 대비들이 있는데 이런 대비를 **직교대비**(orthogonal contrast)라고 한다. 직교대비는 대비계수 간 곱의 합이 0이 될 때를 말한다.

$$\sum_{j=1}^{J} c_j c_{j'} = 0$$

세 집단에서 집단의 사례수가 같다면 가능한 모든 대비의 대비계수는 〈표 4-11〉과 같다.

❖〈표 4-11〉 세 수준의 집단 간 대비계수

	c_1	c_2	c_3
ψ_1	1	-1	0
ψ_2	1	0	-1
ψ_3	0	1	-1
ψ_4	1	$\frac{-1}{2}$	$\frac{-1}{2}$
ψ_5	$\frac{-1}{2}$	1	$\frac{-1}{2}$
ψ_6	$\frac{-1}{2}$	$\frac{-1}{2}$	1

여섯 개의 대비 중에 직교 대비가 되는 것은 첫 번째 대비와 여섯 번째 대비이고, 두 번째 대비와 다섯 번째 대비이며, 세 번째 대비와 네 번째 대비이다. 세 번째 대비와 네 번째 대비의 계수를 곱하면 0×1, $(1) \times (-\frac{1}{2})$, $(-1) \times (-\frac{1}{2})$이 되어 대비계수의 곱들을 모두 더하면 0이 된다. 직교대비가 아닌 대비를 **사교대비** (nonorthogonal contrast)라 한다.

4.4 검정력과 표본의 크기 결정

4.4.1 검정력

제3장에서 검정력이란 영가설이 진이 아닐 때, 영가설을 기각하는 확률이라 하였으며 연구자는 검정력을 높이려 한다고 하였다. 또한 검정력은 유의수준, 표본의 크기 n, 즉 연구대상의 수 그리고 영가설하에서의 평균과 대립가설하에서의 평균과의 차이에 의하여 영향을 받는다 하였다. F 통계는 MS_{BG} / MS_{WG}에 의하여 추정되며, 자유도는 집단간 자유도와 집단내 자유도에 의한 중심화분포(Central distribution)에 의존한다.

영가설이 기각되었을 때는 비중심화(noncentral) F 분포를 따른다. 이때 모수는 df_B, df_W 그리고 비중심화모수(noncentrality parameter)인 **λ(람다)**이며, λ를 추정하는 공식은 다음과 같다.

$$\lambda = \frac{\sum_{j=1}^{J} \alpha_j^2}{\sigma_\epsilon^2 / n}$$

λ모수는 영가설이 기각되는 정도를 나타내는데 처치효과 α_j가 클수록 그리고 σ_ϵ이 작을수록 그 정도는 크다.

Tang(1938)이 비중심화모수의 함수(a function of the noncentrality parameter)에 따른 Tang의 차트([수표 2])를 제시하였으며 이 차트는 $\hat{\phi}$ **모수**를 사용한다.

$$\hat{\phi} = \sqrt{\frac{\lambda}{J}} = \sqrt{\frac{\sum \hat{\alpha}_j^2 / J}{\hat{\sigma}_\epsilon^2 / n}}$$

$\hat{\phi}$의 자유도는 $\nu_1 = J-1$과 $\nu_2 = J(n-1)$이고, 유의수준은 .05 혹은 .01이다. 앞의 공식에서 α_j와 σ_ϵ의 모수는 알지 못하므로 이 모수들은 실험연구의 표본에서 얻은 추정치로 대체한다. 〈표 4-1〉의 자료와 이를 분석한 〈표 4-3〉의 추정치에 의해서 $\hat{\phi}$을 계산하면 다음과 같다. 집단간 사례수가 같지 않아 집단의 사례수의 평균인 4를 사용한다.

$$\sum_{j=1}^{J} \hat{\alpha}_j^2 / J = \frac{J-1}{nJ}(MS_{BG} - MS_{WG})$$

$$= \frac{3-1}{4 \times 3}(22.5 - 3.667) = 3.139$$

$$\hat{\sigma}_\epsilon^2 = MS_{WG} = 3.667$$

$$\hat{\phi} = \sqrt{\frac{\sum_{j=1}^{J} \hat{\alpha}_j^2 / J}{\hat{\sigma}_\epsilon^2 / n}} = \sqrt{\frac{3.139}{3.667/4}} = 1.850$$

집단간 자유도는 $\nu_1 = J-1 = 2$이고 집단내 자유도는 $\nu_2 = J(n-1) = 9$이며, 유의수준이 .05이고 $\hat{\phi}$가 1.85이므로 Tang의 차트에서 검정력은 .67 정도가 된다.

4.4.2 표본의 크기 결정

실험연구에서 대부분의 연구자들은 연구대상 수, 즉 피험자 수를 결정하는 데 어려움을 겪는다. 연구자들은 많은 대상들에게 처치를 가해서 통계적으로 유의한 결과를 얻기를 원하지만 그러려면 실험에 따르는 시간과 경비 그리고 처치와 통제 등에 많은 어려움이 따른다. 그렇다고 소수의 연구대상을 선택한다면 통계적으로 유의한 결과를 얻지 못할 뿐더러 때로는 연구대상의 손실로 난관에 봉착하게 된다. 연구대상 수는 검정력에 영향을 주는 큰 요인이기 때문에 연구대상 수를 결정하는 문제도 간단하지 않아 일반적으로 연구자들은 연구에서 참조하는 문헌에서 실험한 연구대상 수와 유사하게 하는 경향이 높다.

표본의 크기, 즉 연구대상 수를 결정하는 방법은 크게 세 가지가 있다. 첫 번째 방법은 유의수준 α, 검정력, σ_ϵ, 처치효과를 가지고 사례수를 계산하는 방법이다. 두 번째 방법은 처치집단 중 가장 높은 평균과 가장 낮은 평균의 차이와 관련된 효과의 크기를 가지고 추정하는 방법이고, 세 번째 방법은 처치효과 σ_ϵ나 효과크기를 모를 때 처치변수와 종속변수의 연관성인 ω^2이나 f를 가지고 추정하는 방법이다

4.4.2.1 유의수준, 검정력, σ_ϵ, 처치효과를 이용한 표본의 크기 결정

〈표 4-2〉의 교수법이 학업성취도에 미치는 효과에 대한 완전무선설계의 예에서 집단간 자유도 ν_1은 2이고 집단내 자유도 ν_2는 9이며, 즉 n이 4일 때, 유의수준은 .05가 된다. 만약 연구자가 자신의 연구가 갖는 검정력을 .8이상으로 설정한다면 $\hat{\phi}$은 Tang의 차트([수표 2])에서 2.1이상이어야 한다.

n을 4로 설정했을 때 $\hat{\phi}$ 값은 1.85이고 검정력이 .67이었다. 그러므로 검정력을 높이기 위해 n을 5로 재설정하고 공식을 이용하여 $\hat{\phi}$ 을 다시 계산하면 다음과 같다.

$$\hat{\phi} = \sqrt{n'}\sqrt{\frac{\sum_{j=1}^{J}\hat{\alpha}_j^2/J}{\hat{\sigma}_\epsilon^2}} = \sqrt{5}\sqrt{\frac{3.139}{3.667}} = 2.069$$

자유도는 $\nu_1 = J-1 = 2$이고, $\nu_2 = J(n'-1) = 3(5-1) = 12$가 된다. Tang의 차트에서 계산된 자유도를 가지고 $\hat{\phi}$ 값을 찾아보면, $\hat{\phi}$ 이 2.069일 때 검정력은 .76 정도가 된다. 아직 연구자가 설정한 검정력 .8에 못미치므로 n을 6으로 재설정하여 $\hat{\phi}$ 을 계산하면 다음과 같다.

$$\hat{\phi} = \sqrt{n'}\sqrt{\frac{\sum_{j=1}^{J}\hat{\alpha}_j^2/J}{\hat{\sigma}_\epsilon^2}} = \sqrt{6}\sqrt{\frac{3.139}{3.667}} = 2.266$$

n이 6일 경우 자유도는 $\nu_1 = J-1 = 2$이고, $\nu_2 = J(n'-1) = 3(6-1) = 15$가 된다. Tang의 차트에서 $\hat{\phi}$이 2.266일 때 검정력은 .88 정도가 된다. 즉, n을 6으로 설정할 때 검정력은 .88이 되어 연구자가 설정한 검정력 .8을 넘어서게 된다. 연구자의 전체 연구대상 N은 처치집단별 사례수인 n과 처치수준 수 J의 곱이다 ($n \times J = N$). 그러므로 예시에서는 $6 \times 3 = 18$이 전체 연구대상의 수가 되어야 연구자가 설정한 검정력 .8보다 큰 검정력을 갖게 됨을 알 수 있다.

4.4.2.2 효과크기를 이용한 표본의 크기

사전 연구에서 $\sum_{j=1}^{J}\alpha_j^2$와 σ_ϵ^2를 모를 경우 σ_ϵ^2를 대치하는 방법으로 효과크기를 사용한다. 효과크기는 실험연구에서 연구대상이 되는 모집단 중에 가장 평균이 높은 집단의 평균과 가장 낮은 집단의 평균의 차이가 σ_ϵ^2의 단위로 얼마정도 되는가이다.

$$\mu_{\max} - \mu_{\min} = d\sigma_\epsilon$$

연구자는 이론적 혹은 경험적 배경에 의하여 평균이 가장 큰 모집단의 평균과 평균이 가장 작은 모집단의 평균의 차이가 오차의 단위에 의하여 2배($d=2$), 1.5배 ($d=1.5$), 또는 1배($d=1$)로서 차이의 정도를 예측할 수 있다. 여기서 연구대상이 되는 모집단들의 전체 평균은 다음과 같다.

$$\bar{\mu} = (\mu_{\max} + \mu_{\min})/2 = d\sigma_\epsilon$$

평균이 가장 높은 모집단의 평균과 가장 낮은 모집단의 평균은 다음과 같다.

$$\mu_{\max} = \bar{\mu} + \frac{d\sigma_\epsilon}{2}$$

$$\mu_{\min} = \bar{\mu} - \frac{d\sigma_\epsilon}{2}$$

그러므로 알지 못하였던 $\sum_{j=1}^{J} \alpha_j^2$를 다음과 같이 추정하고 위 식에 대입하면 다음과 같다.

$$\sum_{j=1}^{J} \alpha_j^2 = \sum_{j=1}^{J} (\mu_j - \bar{\mu})^2 = (\mu_{\max} - \bar{\mu})^2 + \cdots + (\mu_{\min} - \bar{\mu})^2$$

$$= \frac{2d^2\sigma_\epsilon^2}{4} = \frac{d^2\sigma_\epsilon^2}{2}$$

$\hat{\phi}$ 은 다음과 같이 추정된다.

$$\hat{\phi} = \sqrt{n'}\sqrt{\frac{\sum_{j=1}^{J}\hat{\alpha}_j^2/J}{\hat{\sigma}_\epsilon^2}} = \sqrt{n'}\sqrt{\frac{(d^2\hat{\sigma}_\epsilon^2/2)/J}{\hat{\sigma}_\epsilon^2}} = \sqrt{n'}\sqrt{\frac{d^2}{2J}}$$

연구자가 d를 2배로 그리고 검정력을 .8로 설정하였다면 첫 번째 방법과 같이 n을 5로 할 때 자유도는 $\nu_1 = J-1 = 2$이고, $\nu_2 = J(n'-1) = 3(5-1) = 12$가 되어 $\hat{\phi}$ 은 다음과 같다.

$$\hat{\phi} = \sqrt{n'}\sqrt{\frac{\sum_{j=1}^{J}\hat{\alpha}_j^2/J}{\hat{\sigma}_\epsilon^2}} = \sqrt{n'}\sqrt{\frac{d^2}{2J}} = \sqrt{5}\sqrt{\frac{2^2}{2\times 3}} = 1.826$$

ν_1이 2, ν_2가 12이고 유의수준 .05일 때, Tang의 차트에서 $\hat{\phi}$ 이 1.826인 경우 검정력은 .74 정도가 된다.

n을 6으로 할 때 자유도는 $\nu_1 = J-1 = 2$이고, $\nu_2 = J(n'-1) = 3(6-1) = 15$이며, d는 동일하게 2이므로 $\hat{\phi}$는 다음과 같다.

$$\hat{\phi} = \sqrt{n'}\sqrt{\frac{\sum_{j=1}^{J}\hat{\alpha}_j^2/J}{\hat{\sigma}_\epsilon^2}} = \sqrt{n'}\sqrt{\frac{d^2}{2J}} = \sqrt{6}\sqrt{\frac{2^2}{2\times 3}} = 2.0$$

ν_1이 2이고 ν_2가 15이며 유의수준 .05일 때, $\hat{\phi}$이 2.0인 경우 Tang의 차트에서 검정력은 .82가 된다. 따라서 검정력이 연구자가 설정한 .80이상이 되므로 n을 6으로, 전체 사례수는 $6\times 3 = 18$로 하면 된다.

4.4.2.3 처치변수와 종속변수의 연관성을 고려한 표본의 크기

분산분석에서 처치변수와 종속변수의 연관성(관련성)을 ω^2이나 f로 추정한다 하였으며 ω^2은 Hays(1994)에 의하여 제안되었다고 하였다. 무선효과모형과 고정효과모형에서 ω^2을 추정하는 공식을 소개하였으며 ω^2의 크기에 따라 세 단계로

.01 이상에서 .059 미만까지는 낮은 연관성, .059 이상부터 .138 미만까지는 중간 수준의 연관성 그리고 .138 이상은 높은 연관성이라 하였다.

표본의 크기, 즉 연구의 대상 수를 결정하는 세 번째 방법으로 연관성 크기 w^2을 사용한다. 연구자가 w^2을 .40이라하고 집단 수는 3개 집단인 완전무선설계를 이용할 때 유의수준 .05에서 검정력을 .8로 설정한다면 [수표 10]을 보고 표본의 크기를 결정할 수 있다. $\nu_1 = 3-1 = 2$이고 $\nu_2 = 3(n-1)$이므로 이때 n은 6이 된다. 그러므로 처치집단 수 J가 3이고 w^2이 .4, 유의수준 α는 .05일 때, 검정력 $(1-\beta)$가 .8이 되기 위해서는 표본의 크기 n이 6이 되고 전체 연구의 대상은 $6 \times 3 = 18$이 된다.

마찬가지로 효과크기 f를 이용하여 표본의 크기를 결정할 때 역시 [수표 10]의 표를 참고한다. 제4장 〈표 4-1〉 자료의 효과크기는 다음과 같이 계산된다.

$$\hat{f} = \sqrt{\frac{\sum_{j=1}^{J} \alpha_j^2 / J}{\sigma_\epsilon^2}} = \sqrt{\frac{3.139}{3.667}} = .925$$

연구자가 높은 효과크기인 .925를 가정하고 위와 동일한 조건인 완전무선설계 처치집단 수 3개, 유의수준 .05, 검정력 .80이 되기 위한 표본의 크기를 찾는 것이다. 자유도 $\nu_1 = 3-1 = 2$, $\nu_2 = 3(n-1)$에서 효과크기 f가 .8 이상이고 1 미만인 n은 6이다. 처치집단 수 J가 3이고 f가 .9, 유의수준 α는 .05일 때, 검정력 $(1-\beta)$가 .8이 되기 위해서는 표본의 크기 n이 6이 되고 전체 연구의 대상 수는 $n \times J = 6 \times 3 = 18$이 된다.

실험연구에서 연구자는 연구의 통계적 타당성을 높이기 위하여 적절한 유의수준과 검정력을 확보하고자 하며 동시에 연구의 대상 수를 가능한 한 줄이고자 한다. 그러나 검정력을 높이기 위해서는 사례수를 증가시켜야 한다. 연구 절차가 복잡할수록 연구대상 수를 늘리는 데는 실험의 어려움이 따른다. 그러므로 연구자는 실험의 가능성과 매개변수의 통제 그리고 통계적 유의성을 동시에 고려하여 표본의 크기, 즉 연구대상 수를 결정할 수밖에 없다.

4.5 경향성분석

4.5.1 원리와 절차

실험연구에서 처치변수가 교수법처럼 질적변수일 수 있으나 때로는 양적변수가 사용될 경우가 있다고 하였다. 처치변수로서 처치하는 양이나 시간 정도 등을 달리 투입하여 실험하는 연구를 말한다. 예를 들어, 행동수정을 위하여 1주, 2주, 3주, 4주 등으로 치료를 하였다든가, 약물을 100mg, 200mg, 300mg 투여하였을 때 종속변수에 어떤 변화가 나타나는지를 연구하는 것이다.

물론 투입 횟수나 시간, 투입량에 따라 종속변수에 차이가 있는가를 검정할 수 있으나 그보다도 어떤 경향성을 나타내는지에 대한 관심이 있을 수 있으며 이를 위한 분석을 **경향성분석**(trend analysis)이라 한다. 경향성연구는 처치변수의 양을 변화시킬 때 종속변수가 변화되는 데 있어서 어떤 경향을 나타내는가에 관심이 있다. 특히 변화의 경향이 선형적으로 변화되는지 비선형으로 변화되는지를 알고자 한다. 비선형일 경우에 곡선형으로 변화하는지 아니면 큐빅인 3차 곡선형으로 나타나는지 등을 밝히는 데 관심이 있으며, 경향성분석을 통하여 독립변수 범위를 벗어나는 처치를 가할 경우 어떤 변화가 나타나는지를 예측할 수 있다. 또한 처치를 완전히 달리하는 연구에서 변화의 양상을 서로 비교하는 연구가 가능하다. 예를 들어, 기존에 암세포를 죽이는 항암제의 양을 달리 투입한 후 암세포의 감소에 대한 경향성과 새로 개발한 신약의 양을 달리 투입하면서 감소되는 암세포의 변화의 경향성을 서로 비교할 수 있다.

영가설이 기각되지 않으면 집단 간 차이가 없음을 말하므로, 경향성에 비추어 보면 이는 수평선의 형태를 말한다. 그러므로 경향성연구는 영가설이 기각된 후, 처치수준에 따른 변화가 어떤 경향을 보이는가를 탐색하는 것이다.

경향성분석은 집단의 처치수준이 J개이면 $J-1$개의 경향성을 분석할 수 있다. 집단 간의 평균을 연결하는 경향성에 적합한 다항방정식(polynomial equation)은 다음과 같다.

$$\beta_0 + \beta_1 X + \beta_2 X^2 + \beta_3 X^3 + \beta_4 X^4 + \cdots + \beta_{j-1} X^{j-1}$$

β_0 : 상수
$\beta_1 X$: 선형
$\beta_2 X^2$: 곡선형
$\beta_3 X^3$: 큐빅형
$\beta_4 X^4$: 4차 곡선형

만약 처치수준이 4수준인 경우 집단의 평균에 맞는 다항방정식은 다음과 같다.

$$\hat{\mu}_j = \hat{\beta}_0 + \hat{\beta}_1 X_j + \hat{\beta}_2 X_j^2 + \hat{\beta}_3 X_j^3$$

선형, **곡선형**, **큐빅형**이 모두 존재하면 앞의 등식이 성립되며 선형성만 존재하면 $\hat{\beta}_1 X_j$가 차지하는 양이 많게 된다. 경향성 연구를 위한 기본가정은 각 실험집단의 사례수가 같아야 하고, 독립변수로 투입되는 처치변수의 횟수, 시간, 양의 정도가 같은 정도의 차이를 두어야 한다. 1, 2, 3주라든가 100mg, 200mg, 300mg 그리고 20dB, 40dB, 60dB과 같이 동일한 간격을 유지해야 한다.

경향성분석은 선형, 곡선형, 큐빅형 곡선, 4차 곡선 경향을 말하며 [그림 4-3]과 같다.

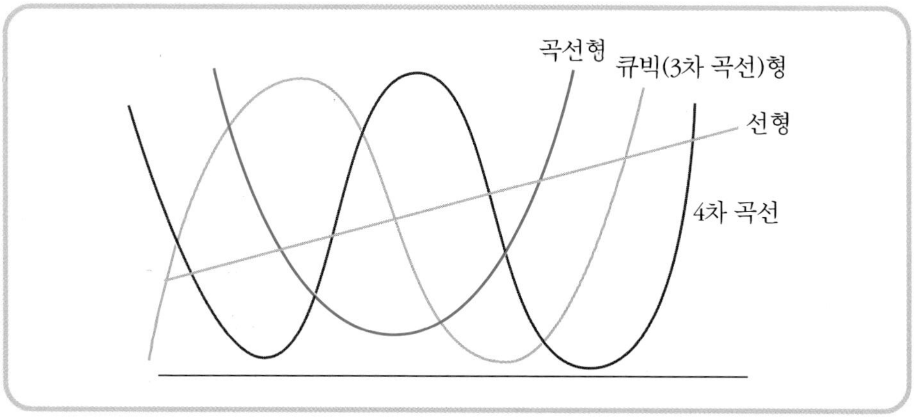

[그림 4-3] 경향성분석

집단이 4개일 때 경향성 연구를 위한 각 집단의 대비계수는 〈표 4-12〉 이다.

❖〈표 4-12〉 집단이 4개일 때 경향성분석 대비계수

	집단			
	1	2	3	4
선형	−3	−1	1	3
곡선형	1	−1	−1	1
큐빅형	−1	3	−3	1

집단이 두 개일 경우는 선형여부를 그리고 집단이 세 개일 경우는 선형인지 아니면 곡선형인지를 분석할 수 있다. 집단이 세 개이거나 그 이상 집단의 경향성 연구를 위한 대비계수는 [수표 11]과 같다. 처치수준이 J개인 실험연구에서 분석하고자 하는 경향성의 수는 $J-1$개가 되므로 처치수준이 3개 수준, 즉 집단이 3개인 경우는 선형과 곡선형의 분석이 가능하고, 처치수준이 4개일 경우는 〈표 4-12〉와 같이 경향성분석이 선형, 곡선형, 3차 곡선형으로 3개가 된다.

경향성연구를 위한 $\hat{\psi}$와 $SS_{\hat{\psi}}$는 대비분석과 동일하다.

$$\hat{\psi}_{lin} = \sum_{j=1}^{J} c_j \overline{Y}_{\cdot j}$$

$$SS_{\hat{\psi}_{lin}} = \frac{\hat{\psi}^2}{\sum_{j=1}^{J} \frac{c_j^2}{n_j}}$$

수면결핍과 반응시간에 관한 연구를 예로 들어 설명한다. 연구자는 수면결핍을 12시간, 18시간, 24시간, 30시간으로 설정하고, 종속변수는 연구대상이 컴퓨터를 이용한 자동차 모의운전연습에서 갑자기 물체가 나타났을 때 차를 정지시키기 위한 키를 누르는데 소요되는 시간을 측정하였다. 측정시간 단위는 초(second)이다. 수면결핍시간과 반응시간은 〈표 4-13〉과 같다.

❖〈표 4-13〉 수면결핍시간과 자동차 정지 소요시간

	12시간	18시간	24시간	30시간
	1	1	4	3
	2	4	4	5
	2	3	3	6
	3	3	4	5
	3	4	4	6
	3	3	7	6
	6	6	5	8
	4	4	5	9
$\overline{Y}_j$	3.00	3.50	4.50	6.00
s_j	1.51	1.41	1.20	1.85
n_j	8	8	8	8

네 개의 처치집단이므로 선형, 곡선형, 큐빅형이 있는가를 분석한다. 선형성에 대한 분석을 위한 영가설과 대립가설 그리고 대비와 편차제곱합은 다음과 같다.

$$H_0 : \ \psi_{lin} = 0$$

$$H_A : \psi_{lin} \neq 0$$

$$\hat{\psi}_{lin} = \sum_{j=1}^{J} c_j \overline{Y}._j = -3\mu_1 - 1\mu_2 + 1\mu_3 + 3\mu_4$$

$$SS_{\hat{\psi}_{lin}} = \frac{\hat{\psi}^2}{\sum_{j=1}^{J} \frac{c_j^2}{n_j}} = \frac{n_j \hat{\psi}^2}{\sum_{j=1}^{J} c_j^2}$$

앞의 수식에 대입하면 다음과 같다.

$$\hat{\psi}_{lin} = -3(3.00) - 1(3.50) + 1(4.50) + 3(6.00) = 10$$

$$SS_{\hat{\psi}_{lin}} = \frac{10^2}{20/8} = 40$$

곡선형과 큐빅형에 대한 대비와 편차제곱합의 계산은 다음과 같다.

$$\hat{\psi}_{quad} = (1)3.00 + (-1)3.50 + (-1)4.50 + (1)6.00 = 1.00$$

$$\hat{\psi}_{cub} = (-1)3.00 + (3)3.50 + (-3)4.50 + (1)6.00 = 0$$

$$SS_{\hat{\psi}_{quad}} = \frac{1^2}{4/8} = 2$$

$$SS_{\hat{\psi}_{cub}} = \frac{0^2}{20/8} = 0$$

위에서 계산한 값을 가지고 경향성분석을 한 분산분석 결과는 〈표 4-14〉와 같다.

❖〈표 4-14〉 수면결핍시간과 자동차 정지 소요시간에 대한 경향성분석

분산원	SS	df	MS	F	η^2
집단간(수면결핍)	42.00	3	14.00	6.125	–
경향성분석					
선형	40.00	1	40.00	17.498	.377
곡선형	2.00	1	2.00	.875	.019
큐빅형	.00	1	.00	.000	.000
집단내	64.00	28	2.286		
총	106.00	31			

$F_{1,28,.05} = 4.20$

〈표 4-14〉에서 선형성분석을 위한 F 통계값은 17.498로서 기각값인 4.20보다 크므로 유의수준 .05에서 수면결핍시간과 반응시간에는 유의한 선형성이 있다고 결론을 내린다. 곡선형과 큐빅형의 통계값은 각각 .875와 .000으로 기각값인 4.20보다 크지 않으므로 유의한 결과를 갖지 못하며 곡선형과 큐빅형은 존재하지 않는다고 결론 내린다. η^2은 반응시간에 대한 총변화량 중에 경향성이 차지하는 비율을 말하는데 이는 실제적 유의성을 의미한다. 앞의 예에서 선형성이 반응시간의 총변화량의 37.7%를 설명한다고 해석할 수 있다. 경향성분석을 위한 대비들은

직교대비로서 처치수준이 네 수준일 경우 SS_{BG}는 세 개의 경향성으로 구성되며 집단간 편차제곱합은 각 경향성의 편차제곱합의 합이 된다.

$$SS_{BG} = SS_{\hat{\psi}_{lin}} + SS_{\hat{\psi}_{quad}} + SS_{\hat{\psi}_{cubic}}$$

$$42.00 = 40.00 + 2.00 + .00$$

〈표 4-12〉에서 경향성분석을 위한 대비들의 곱의 합은 0이 됨을 알 수 있다. 예를 들어, 선형성의 대비계수와 곡선형성의 대비계수의 곱의 합은 0이 된다. 선형성 대비계수와 큐빅형의 대비계수와의 곱의 합도, 곡선형 대비계수와 큐빅형의 대비계수와의 곱의 합도 0이 된다. 선형 분석, 곡선형 분석, 큐빅형 분석을 위한 대비들은 서로 직교대비(orthogonal contrast)이기 때문에 상호배타적이므로 세 개의 경향성분석의 편차제곱합의 합이 집단간 편차제곱합과 같게 된다.

4.5.2 사후와 사전 경향성분석

사후경향성분석(a posteriori trend analysis)이란 선형성이 있는가를 분석하여 선형성이 존재하지 않는다는 결론을 얻게 되면 그 후에 곡선형이나 큐빅형 나아가 4차 곡선형이 있는가를 분석하는 방법이다. 여기서 선형성의 존재여부를 검정하는 방법과 선형성이 아닌 부분이 얼마인가를 검정하는 방법이 있는데 결론은 같다.

수면결핍시간과 반응시간의 예에서 경향성들은 직교대비로서 SS_{BG}는 $SS_{\hat{\psi}_{lin}}$, $SS_{\hat{\psi}_{quad}}$, $SS_{\hat{\psi}_{cub}}$의 합이 되므로 선형성으로 설명되고 남은 변화량은 $(SS_{BG} - SS_{\hat{\psi}_{lin}})$이 된다. 그 남은 변화량이 유의하다면 사후에 보다 높은 수준의 경향성분석을 실시할 수 있다.

사전경향성분석(a priori trend analysis)은 연구자가 선형성, 곡선형, 큐빅형 혹은 4차 곡선형성 중 특정한 어느 하나의 경향성이 있는가를 검정하므로 유의수준 전체를 갖게 된다. 연구자가 곡선형을 검정한다면 이는 바로 유의수준 α를 하나의 경향성이 차지하게 되며 곡선형의 경향성이 있는가를 분석하는 방법이다.

4.5.3 SPSS 실행

경향성분석의 SPSS 실행은 4.3.4절에서 설명한 완전무선설계의 실행과 동일한 과정으로 실행하되, 대비계수 입력 창에 일반적인 대비계수 대신 경향성분석을 위한 대비계수를 입력하는 점이 다르다.

집단이 총 4개이므로 선형성, 곡선형성, 3차 곡선형성에 대한 경향성분석을 실시할 수 있다. 경향성분석을 위한 자료는 다음과 같은 형태로 입력한다.

	id	수면결핍	반응시간
1	1	1	1
2	2	1	2
3	3	1	2
4	4	1	3
5	5	1	3
6	6	1	3
7	7	1	6
8	8	1	4
9	9	2	1
10	10	2	4
11	11	2	3
12	12	2	3
13	13	2	4
14	14	2	3
15	15	2	6
16	16	2	4
17	17	3	4
18	18	3	4
19	19	3	3
20	20	3	4
21	21	3	4
22	22	3	7
23	23	3	5
24	24	3	5
25	25	4	3
26	26	4	5
27	27	4	6
28	28	4	5
29	29	4	6
30	30	4	6
31	31	4	8
32	32	4	9

각 경향성에 대한 대비계수를 입력하여 분석을 실행하는 절차는 다음과 같다.

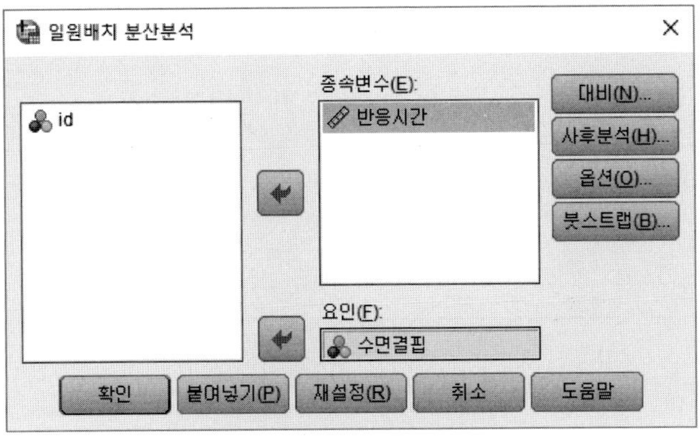

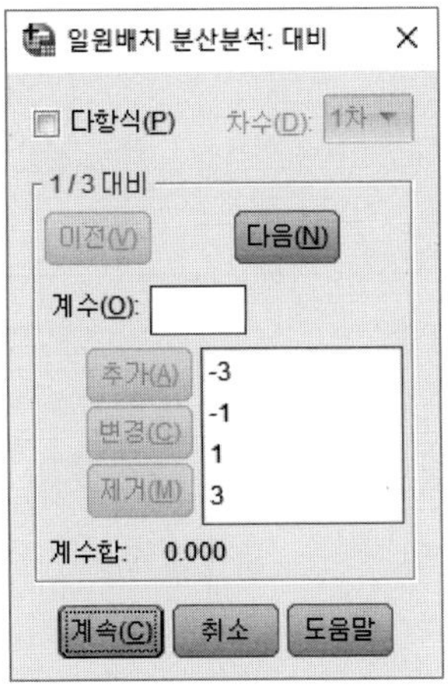

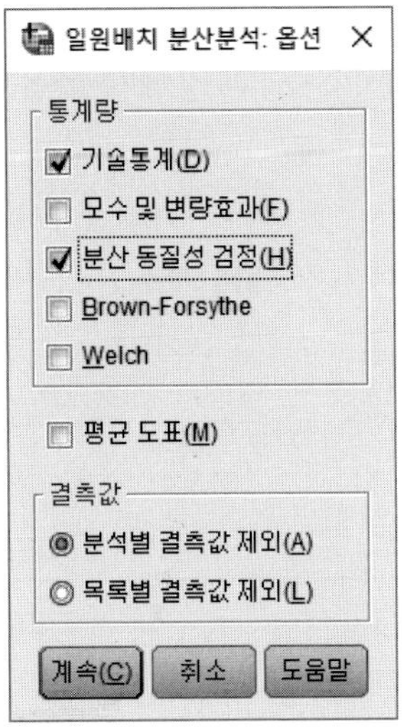

SPSS 실행 결과, 기술통계 결과는 다음과 같고, 〈표 4-13〉의 분석 결과와 같다.

기술통계

반응시간

	N	평균	표준화 편차	표준화 오류	평균에 대한 95% 신뢰구간 하한	평균에 대한 95% 신뢰구간 상한	최소값	최대값
12시간	8	3.00	1.512	.535	1.74	4.26	1	6
18시간	8	3.50	1.414	.500	2.32	4.68	1	6
24시간	8	4.50	1.195	.423	3.50	5.50	3	7
30시간	8	6.00	1.852	.655	4.45	7.55	3	9
전체	32	4.25	1.849	.327	3.58	4.92	1	9

분산의 동질성 검정

		Levene 통계량	자유도1	자유도2	유의확률
반응시간	평균을 기준으로 합니다.	.189	3	28	.903
	중위수를 기준으로 합니다.	.283	3	28	.837
	자유도를 수정한 상태에서 중위수를 기준으로 합니다.	.283	3	26.423	.837
	절삭평균을 기준으로 합니다.	.198	3	28	.897

분산의 동질성을 검정한 결과, Levene의 통계값은 .189, 유의확률은 .903으로서 '분산의 동질성 가정을 만족한다.'는 영가설을 기각하지 못하므로 등분산가정을 충족하였다.

분석 시 입력하였던 대비계수는 결과 창에서 다음과 같다.

대비 계수

대비	수면결핍 12시간	수면결핍 18시간	수면결핍 24시간	수면결핍 30시간
1	-3	-1	1	3
2	1	-1	-1	1
3	-1	3	-3	1

경향성분석 결과는 다음과 같다. 등분산가정을 만족했으므로 '등분산가정'에 해당하는 결과를 읽어 준다.

대비검정

		대비	대비 값	표준화 오류	t	자유도	유의확률 (양측)
반응시간	등분산 가정	1	10.00	2.390	4.183	28	.000
		2	1.00	1.069	.935	28	.358
		3	.00	2.390	.000	28	1.000
	등분산을 가정하지 않습니다.	1	10.00	2.619	3.819	15.249	.002
		2	1.00	1.069	.935	25.418	.358
		3	.00	2.138	.000	18.492	1.000

분석 결과, 선형성에 대한 t통계값은 4.183, 곡선형성에 대한 t 통계값은 .935, 3차 곡선형성에 대한 t통계값은 .000이고 유의확률은 .000, .358, 1.000이므로 SPSS 분석 결과인 t통계값들을 제곱하면 〈표 4-14〉에 있는 F통계값과 같다. 유의수준 .05에서 반응속도에 대한 수면시간에는 선형성만이 나타났다.

4.6 완전무선설계와 회귀분석

〈표 4-1〉의 자료를 가지고 회귀분석을 실시하면 회귀등식은 다음과 같다.

$$\hat{Y} = \beta_0 + \beta_1 X = .322 + 2.246X$$

$$\beta_1 = r_{XY} \cdot \frac{s_Y}{s_X} = .759 \times (2.663 / .900) = 2.246$$

$$\beta_0 = \overline{Y} - \beta_1 \overline{X} = 5 - 2.246 \times 2.083 = .322$$

회귀등식에 의한 예측값과 총편차, 설명된 편차, 설명되지 않은 편차는 〈표 4-15〉와 같다.

❖〈표 4-15〉 학업성취도의 예측값과 총편차, 설명된 편차, 설명되지 않은 편차

교수법(X)	학업성취도(Y)	$\hat{Y}$	$Y-\overline{Y}$	$\hat{Y}-\overline{Y}$	$Y-\hat{Y}$
1	1	2.57	−4.00	−2.43	−1.57
1	4	2.57	−1.00	−2.43	1.43
1	4	2.57	−1.00	−2.43	1.43
1	1	2.57	−4.00	−2.43	−1.57
2	3	4.81	−2.00	−.19	−1.81
2	5	4.81	.00	−.19	.19
2	7	4.81	2.00	−.19	2.19
3	4	7.06	−1.00	2.06	−3.06
3	6	7.06	1.00	2.06	−1.06
3	8	7.06	3.00	2.06	.94
3	8	7.06	3.00	2.06	.94
3	9	7.06	4.00	2.06	1.94

$\overline{X}=2.083$　$\overline{Y}=5$　$r_{XY}=.759$
$s_X=.900$　$s_Y=2.663$

총편차제곱합은 78이고 설명된 편차제곱합은 44.86, 그리고 설명되지 않은 편차제곱합은 33.14로서 분산분석표는 〈표 4-16〉과 같다.

❖〈표 4-16〉 회귀분석 결과 분산분석표

분산원	SS	df	MS	F	R^2
회귀선	44.86	1	44.86	13.536	.575
오차	33.14	10	3.314		
총	78	11			

제3장 3절에서 설명한 것과 같이 총편차제곱합은 같고, 분산분석의 집단간 편차제곱합은 회귀분석의 회귀선에 의해 설명된 편차제곱합과 같으며, 집단내 편차제곱합은 회귀선에 의하여 설명되지 않은 편차제곱합으로 잔여분, 즉 오차에 해

당한다. 실제적 유의성에서 설명한 분산분석의 η^2은 회귀분석의 결정계수 R^2과 같음을 알 수 있다.

4.7 장단점

완전무선설계의 장점은, 첫째, 설계가 간결하고 명확하다. 둘째, 통계분석과 결과 해석이 명료하다. 그러므로 원인과 결과를 쉽게 알 수 있어 처치변수에 대한 효과를 해석하기가 용이하다. 셋째, 집단 간 표본의 크기가 같을 필요가 없다. 연구를 시작하기 전에 각 집단의 사례수를 동일하게 하였다 하여도 연구 진행과정에서 연구대상이 손실되는 경우가 있다. 결과적으로 수집된 자료를 분석할 때 각 집단별로 연구대상의 수가 달라도 분석에 문제가 되지 않는다. 그렇다고 각 집단마다 연구대상의 수가 현격하게 차이가 나도 좋다는 의미는 아니고 유사한 정도의 사례수를 유지하는 것이 바람직하다. 다만 경향성 연구에서는 표본의 크기가 같아야 한다. 넷째, 연구대상이 하나의 처치만 받으면 된다. 처치를 받는 집단은 독립적이어야 하므로 한 연구대상에게 하나의 처치를 가하면 된다.

단점으로는, 첫째, 매개변수를 제대로 통제하지 못할 경우에는 처치변수의 효과가 왜곡될 수 있다. 다양한 매개변수가 존재할 경우 이를 모두 통제하지 못하면 매개변수의 영향을 처치변수의 영향으로 간주하는 경우가 있다. 이럴 경우는 연구의 내적 타당도를 결여하게 되어 연구의 결과가 타당하지 않을 수 있다. 둘째, 실험과정에서 연구대상이 손실될 경우 연구의 진행이 불가능할 뿐더러 연구결과를 얻기가 어렵다.

연습문제

1. 완전무선설계를 언제 사용하는지 예를 들어 설명하시오.

2. 완전무선설계(일원분산분석)의 통계적 원리를 설명하시오.

3. 완전무선설계에서 통계적 유의성과 실제적 유의성은 어떤 통계값으로 설명하는지 논하고 비교하시오.

4. 등분산가정을 검정하기 위한 방법에 대하여 다음 질문에 답하시오.
   - 4-1 Hartley 방법
   - 4-2 Cochran 방법
   - 4-3 Levene 방법

5. η^2과 ω^2의 추정방법을 설명하시오.

6. 사후대비분석과 사전대비분석에 대하여 다음의 질문에 답하시오.
   - 6-1 사후대비분석과 사전대비분석의 차이가 무엇인지 설명하시오.
   - 6-2 사후대비분석과 사전대비분석의 기각값은 어떤 차이가 있으며 어느 분석방법이 더 강력한지(powerful) 설명하시오.
   - 6-3 사후대비분석과 사전대비분석의 분산분석표상의 차이는 무엇으로 나타나는지 설명하시오.
   - 6-4 사후대비분석과 사전대비분석을 비교하는 통계적 방법을 열거하고 장단점을 논하시오. (Scheffé, Tukey, Dunn, Dunn-Sidak 등)

7. 대비계수의 합이 0이 되거나 절대값의 합이 2가 되게 하여야 하는 이유를 설명하시오.

8. 직교대비와 사교대비의 차이를 설명하시오.

9. $SS_{\hat{\psi}}$를 계산하는 절차를 설명하시오.

10. 표본의 크기 결정 방법에 대하여 다음 질문에 답하시오.
    10-1 α, 검정력(power), σ_{ϵ}에 의한 방법
    10-2 효과크기를 이용하는 방법
    10-3 처치변수와 종속변수의 상관성을 고려한 방법

11. 경향성분석이 왜 필요한지 그리고 경향성 연구를 위한 기본 조건이 무엇인지 설명하시오.

12. 완전무선설계의 장단점을 논하시오.

13. 완전무선설계를 이용하여 다음의 분석을 실시하시오.
    13-1 본인의 자료를 가지고 분산분석을 실시하시오.
    13-2 사후대비분석이나 사전대비분석을 실시하시오.
    13-3 경향성 연구를 위하여 기본가정을 충족한다고 가정하고 경향성분석을 하시오.
    13-4 SPSS를 이용하여 앞의 내용을 분석 실행하시오.
    13-5 분석한 결과를 보고서 작성 방법에 의하여 서술하시오.

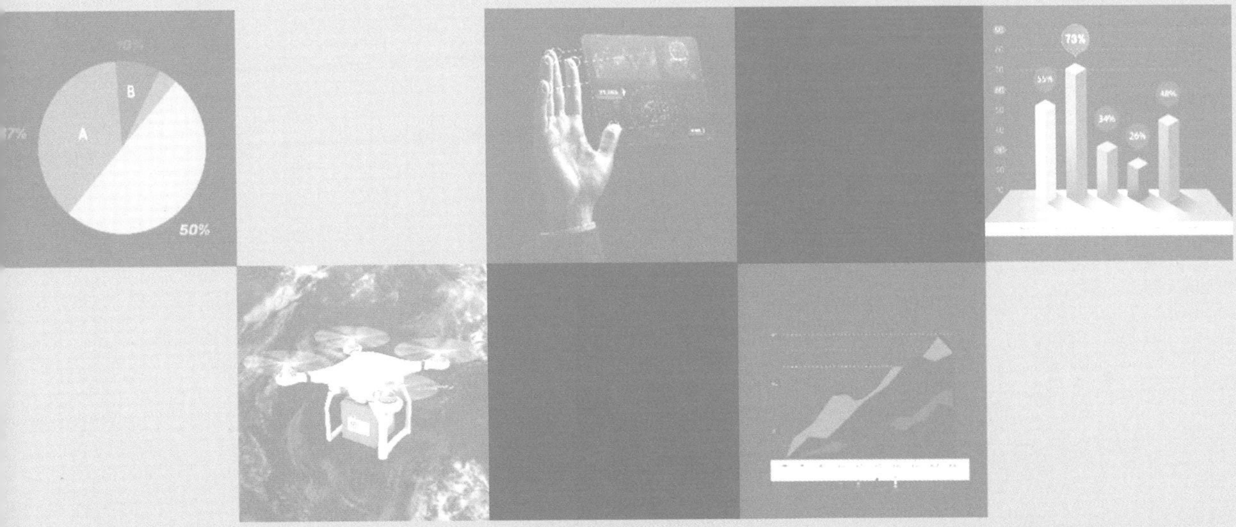

제5장
완전무선 2요인설계

완전무선 2요인설계 제5장

완전무선 2요인설계는 처치변수로 두 개의 독립변수를 투입하고 종속변수의 변화를 분석하는 모형으로 독립변수가 2개이므로 이원분산분석이 된다. 완전무선 2요인설계는 주효과와 상호작용효과를 분석하는 교차설계와 한 처치변수 수준에서 다른 처치변수의 효과를 검정하는 내재설계가 있다. 교차설계이든 내재설계이든 두 모형에서 사후대비분석과 사전대비분석을 할 수 있으며 경향성분석을 위한 기본가정이 충족되면 경향성분석도 가능하다. 교차설계와 내재설계를 설명한다.

5.1 교차설계

5.1.1 기본개념

완전무신 요인설계(Completely Randomized Factorial design: *CRF*)는 완전무선설계에 독립변수로 처치변수가 둘 이상 추가된 실험설계 모형이다. 완전무선 2요인설계는 처치변수가 2개 투입되는 실험설계 모형이다. 완전무선 요인설계의 예에서 교수법이란 처치변수에 보상여부의 처치변수가 투입되면 완전무선 2요인설계가 된다.

완전무선 2요인설계는 CRF로 표기되며 독립변수의 수준에 따라 $CRF-JK$로 표기한다. 예를 들어, 교수법이 3개 수준이고 보상여부가 2개 수준이면 $CRF-32$로 표기하며 [그림 5-1]과 같다.

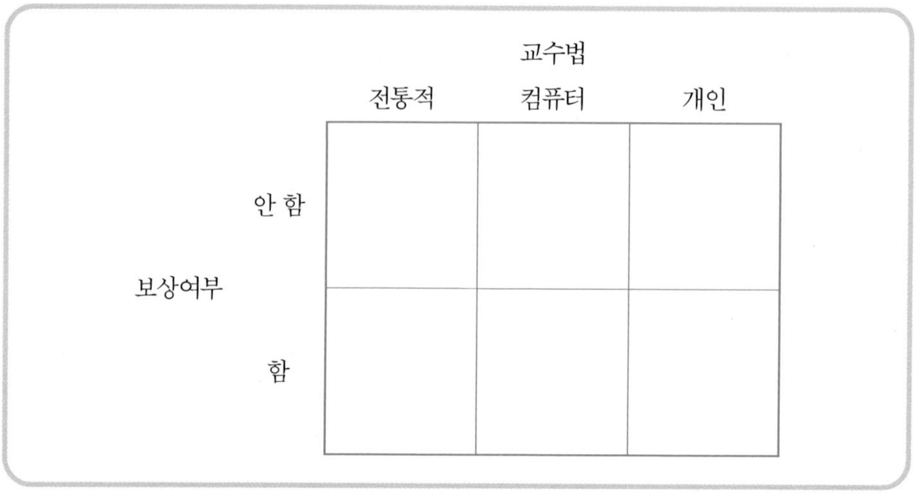

✪[그림 5-1] *CRF*-32설계 모형

완전무선 2요인설계는 각 처치변수의 **주효과**(main effect)에 대한 관심은 물론 2개 처치변수들의 **상호작용효과**(interaction effect)에도 관심이 있을 때 사용된다. [그림 5-1]의 예에서 교수법과 보상여부의 주효과에도 관심이 있지만 교수법과 보상의 상호작용효과에 대하여도 관심이 있다. 임상이나 약물효과에 관한 연구에서는 약이나 음료수와의 상호작용효과를 알아보기 위하여 완전무선 2요인설계를 사용한다.

완전무선 2요인설계의 서술적 그리고 통계적 영가설은 다음과 같다.

서술적 영가설

H_0 : 교수법 간에 학업성취도의 차이가 없다 ; 교수법의 효과는 없다.

H_0 : 보상을 받은 집단과 받지 않은 집단의 학업성취도의 차이가 없다 ; 보상의 효과는 없다.

H_0 : 교수법과 보상의 상호작용이 없다.

통계적 영가설

$H_0 : \mu_j = \mu_{j'}$; $\alpha_j = 0$ $(j = 1, \cdots, J)$

$H_0 : \mu_k = \mu_{k'}$; $\beta_k = 0$ $(k = 1, \cdots, K)$

$H_0 : \mu_{jk} - \mu_{j'k} = \mu_{jk'} - \mu_{j'k'}$; $\alpha\beta_{jk} = 0$

5.1.2 계산절차

완전무선 2요인설계는 2개의 주효과와 1개의 상호작용효과를 분석하는 데 일반적인 목적이 있으므로 교차설계에서 Y_{ijk}에 대한 선형모형은 다음과 같다.

$$Y_{ijk} = \mu + \alpha_j + \beta_k + \alpha\beta_{jk} + \epsilon_{ijk}$$
$$(i = 1, \cdots, n;\ j = 1, \cdots, J;\ k = 1, \cdots, K)$$

μ : 전체 평균
α_j : A 처치효과
β_k : B 처치효과
$\alpha\beta_{jk}$: AB 상호작용효과
ϵ_{ijk} : 개인효과(오차)

완전무선 2요인설계의 모형과 계산을 위한 요소는 [그림 5-2]와 같다.

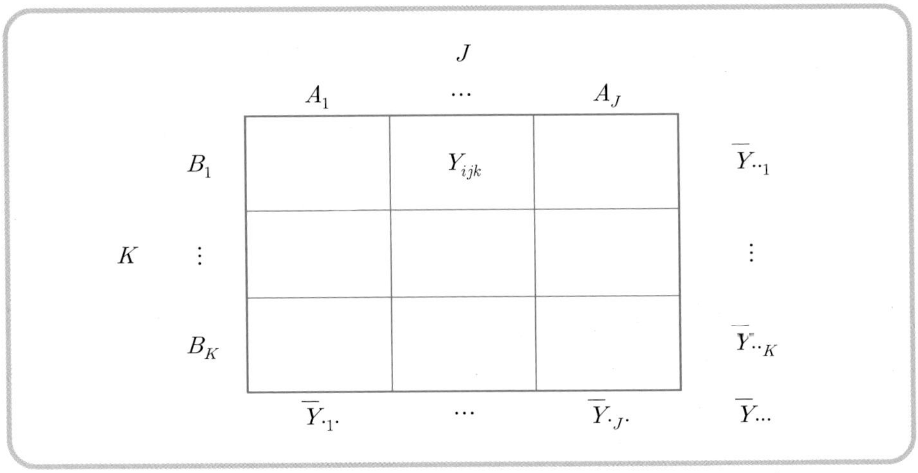

✪[그림 5-2] 완전무선 2요인설계의 계산요소

개인점수 Y_{ijk}를 구성하는 선형모형은 다음과 같다.

$$Y_{ijk} = \overline{Y}_{\cdots} + (\overline{Y}_{\cdot j \cdot} - \overline{Y}_{\cdots}) + (\overline{Y}_{\cdot\cdot k} - \overline{Y}_{\cdots})$$
$$+ (\overline{Y}_{\cdot jk} - \overline{Y}_{\cdot j \cdot} - \overline{Y}_{\cdot\cdot k} + \overline{Y}_{\cdots}) + (Y_{ijk} - \overline{Y}_{\cdot jk})$$

A 처치에서 A_1수준의 처치를 받은 집단의 전체평균은 $\overline{Y}_{\cdot 1 \cdot}$이 된다. 그러므로 A_1수준의 효과는 $(\overline{Y}_{\cdot 1 \cdot} - \overline{Y}_{\cdots})$가 된다. A_2수준의 효과는 $(\overline{Y}_{\cdot 2 \cdot} - \overline{Y}_{\cdots})$가 되며 A_j수준의 효과는 $(\overline{Y}_{\cdot j \cdot} - \overline{Y}_{\cdots})$가 된다. 마찬가지로 B 처치에서 B_1수준의 처치효과는 B_1수준의 처치를 받은 집단의 평균 $\overline{Y}_{\cdot\cdot 1}$에서 $\overline{Y}_{\cdots}$을 뺀 값이 된다. B_k수준의 처치를 받은 집단의 B_k처치효과는 $(\overline{Y}_{\cdot\cdot k} - \overline{Y}_{\cdots})$가 된다.

상호작용효과는 A 주효과와 B 주효과 이외에 두 효과가 서로 합성되어 나타난 효과를 말한다. 예를 들어, 약과 음료수를 복용한 후 수면시간을 분석할 수 있다.

		J	
		플라시보	수면제
K	물	μ_{jk} 9	$\mu_{j'k}$ 11
	술	$\mu_{jk'}$ 10	$\mu_{j'k'}$ 15

[그림 5-3] 약과 음료수의 상호작용효과

[그림 5-3]에서 수면시간에 주는 술의 효과는 $(\mu_{jk'} - \mu_{jk})$로 1시간이 된다. 수면제의 효과는 $(\mu_{j'k} - \mu_{jk})$로 2시간이 된다. 상호작용이 나타나지 않으면 술로 수면제를 복용한 집단의 수면시간 $\mu_{j'k'}$는 12시간이 될 것이다. 그런데 15시간의 수면을 취했으므로 12시간 외에 더 증가한 3시간이 상호작용에 의한 효과이다. 상호작용이 없을 경우 $\mu_{jk} - \mu_{j'k} = \mu_{jk'} - \mu_{j'k'}$이 되거나 $\mu_{jk} - \mu_{jk'} = \mu_{j'k} - \mu_{j'k'}$이 된다. 정리하면 $\mu_{jk} - \mu_{jk'} - \mu_{j'k} + \mu_{j'k'} = 0$ 이다.

앞의 수식은 $(\mu_{jk} - \mu_{jk'}) - (\mu_{j'k} - \mu_{j'k'}) = 0$과 같기 때문에 상호작용효과는 **차이의 차이**(difference of differences) **검정**이라고도 한다. 상호작용효과가 있다면 차이들의 차이는 0이 아니라는 의미이다. 그러므로 상호작용효과를 계산하는 부분은 $(\overline{Y}_{\cdot jk} - \overline{Y}_{\cdot j \cdot} - \overline{Y}_{\cdot\cdot k} + \overline{Y}_{\cdots})$이 된다.

개인의 오차는 개인의 점수에서 그 집단의 평균을 뺀 값이므로 $(Y_{ijk} - \overline{Y}_{\cdot jk})$가 된다. 선형모형에서 $\overline{Y}_{\dots}$를 왼편으로 옮기면 다음과 같다.

$$\underset{d_T}{(Y_{ijk} - \overline{Y}_{\dots})} = \underset{d_A(A\text{효과})}{(\overline{Y}_{\cdot j\cdot} - \overline{Y}_{\dots})} + \underset{d_B(B\text{효과})}{(\overline{Y}_{\cdot\cdot k} - \overline{Y}_{\dots})}$$

$$+ \underset{d_{AB}(\text{상호작용효과})}{(\overline{Y}_{\cdot jk} - \overline{Y}_{\cdot j\cdot} - \overline{Y}_{\cdot\cdot k} + \overline{Y}_{\dots})} + \underset{d_W(\text{오차})}{(Y_{ijk} - \overline{Y}_{\cdot jk})}$$

완전무선 2요인설계는 완전무선설계의 확장으로 총편차는 A 처치에 의한 편차, B 처치에 의한 편차, 상호작용에 의한 편차 그리고 오차로 합성되어 있다. 각 편차의 합은 0이 되므로 분석을 실시할 수가 없어 각 편차를 제곱하여 합하면 다음과 같다.

$$\underset{SS_T}{\sum_{i=1}^{n}\sum_{j=1}^{J}\sum_{k=1}^{K}(Y_{ijk} - \overline{Y}_{\dots})^2} = \underset{SS_A}{\sum_{i=1}^{n}\sum_{j=1}^{J}\sum_{k=1}^{K}(\overline{Y}_{\cdot j\cdot} - \overline{Y}_{\dots})^2} + \underset{SS_B}{\sum_{i=1}^{n}\sum_{j=1}^{J}\sum_{k=1}^{K}(\overline{Y}_{\cdot\cdot k} - \overline{Y}_{\dots})^2}$$

$$+ \underset{SS_{AB}}{\sum_{i=1}^{n}\sum_{j=1}^{J}\sum_{k=1}^{K}(\overline{Y}_{\cdot jk} - \overline{Y}_{\cdot j\cdot} - \overline{Y}_{\cdot\cdot k} + \overline{Y}_{\dots})^2}$$

$$+ \underset{SS_W}{\sum_{i=1}^{n}\sum_{j=1}^{J}\sum_{k=1}^{K}(Y_{ijk} - \overline{Y}_{\cdot jk})^2}$$

총편차제곱합은 A 처치변수에 의한 편차제곱합과 B 처치변수에 의한 편차제곱합, 상호작용에 의한 편차제곱합 그리고 오차 제곱합으로 구성되어 있다. 총편차제곱합을 그에 해당하는 총자유도로 나누면 편차제곱평균이 되며 각 처치변수에 대한 편차제곱합(SS)을 그에 해당하는 자유도인 $(J-1)$, $(K-1)$, $(J-1)(K-1)$로 나누면 각 처치변수와 상호작용의 편차제곱평균(MS)이 되고, 처치변수와 상호작용의 편차제곱평균을 오차 제곱평균으로 나누면 각 처치변수와 상호작용의 F 통계값이 된다. 또한 각 처치변수와 상호작용의 편차제곱합들을 총편차제곱합으로 나누면 η_A^2, η_B^2, η_{AB}^2가 되며 분산분석표는 〈표 5-1〉과 같다.

❖〈표 5-1〉 완전무선 2요인설계에 의한 분산분석표

분산원	SS	df	MS	F	η^2
A	SS_A	$J-1$	$SS_A/(J-1)=MS_A$	MS_A/MS_W	SS_A/SS_T
B	SS_B	$K-1$	$SS_B/(K-1)=MS_B$	MS_B/MS_W	SS_B/SS_T
AB	SS_{AB}	$(J-1)(K-1)$	$SS_{AB}/(J-1)(K-1)=MS_{AB}$	MS_{AB}/MS_W	SS_{AB}/SS_T
집단내(오차)	SS_W	$JK(n-1)$	$SS_W/JK(n-1)=MS_W$		
총	SS_T	$nJK-1$			

$F_{J-1,\, JK(n-1),\, \alpha}$; $F_{K-1,\, JK(n-1),\, \alpha}$; $F_{(J-1)(K-1),\, JK(n-1),\, \alpha}$

처치변수인 A, B 와 AB 상호작용효과를 분석하기 위한 F 통계값의 절대값이 각 기각값의 절대값보다 크면 영가설을 기각하게 된다. 영가설을 기각하게 되면 결론은 '유의수준 α 에서 처치변수에 따른 각 집단 간의 평균에 유의한 차이가 있다.' 혹은 '유의수준 α 에서 처치변수의 효과가 있다.'라고 결론 내린다. 현대통계학에서는 통계적 유의검정도 중요하지만 총변화량에서 A 처치변수가 만든 변화량, B 처치변수가 만든 변화량, 그리고 AB 의 상호작용효과의 영향력에 대한 의미 분석을 중요시한다. 그러므로 η^2 의 분석이 관심을 끌고 있다.

교수법에 따른 학업성취도의 차이가 있는지, 보상여부에 따라 차이가 있는지 그리고 교수법과 보상의 상호작용효과가 있는지를 검정하기 위하여 18명의 초등학교 3학년 학생들을 각 집단에 무선할당하여 교수법과 보상을 달리한 후 학업성취도검사를 실시하여 〈표 5-2〉와 같은 결과를 얻었다.

❖〈표 5-2〉 교수법과 보상여부에 따른 학업성취도 점수

		교수법			
		전통적	컴퓨터	개인	계
보상여부	칭찬 안 함	7 7 8 22	7 8 8 23	8 8 9 25	70
	칭찬	8 8 10 26	8 9 10 27	12 15 16 43	96
	계	48	50	68	166

각 효과를 검정하기 위한 서술적 그리고 통계적 영가설과 대립가설은 다음과 같다.

〈교수법효과〉

서술적 가설

H_0: 교수법에 따라 집단 간 학업성취도 차이가 없다 ;

교수법의 효과가 없다.

H_A: 교수법에 따라 집단 간 학업성취도 차이가 있다 ;

교수법의 효과가 있다.

통계적 가설

H_0: $\mu_j = \mu_{j'}$; $\alpha_j = 0$

H_A: $\mu_j \neq \mu_{j'}$; $\alpha_j \neq 0$

〈보상효과〉

서술적 가설

H_0: 보상여부에 따라 집단 간 학업성취도 차이가 없다 ;

보상의 효과가 없다.

H_A: 보상여부에 따라 집단 간 학업성취도 차이가 있다 ;

보상의 효과가 있다.

통계적 가설

H_0: $\mu_k = \mu_{k'}$; $\beta_k = 0$

H_A: $\mu_k \neq \mu_{k'}$; $\beta_k \neq 0$

〈상호작용효과〉

서술적 가설

H_0: 교수법과 보상여부의 상호작용효과가 없다.

H_A: 교수법과 보상여부의 상호작용효과가 있다.

통계적 가설

H_0 : $\alpha\beta_{jk} = 0$

H_A : $\alpha\beta_{jk} \neq 0$

교수법, 보상여부, 교수법과 보상 간의 상호작용 그리고 집단내 개인오차의 편차제곱합을 계산하기 위한 교수법 수준, 보상여부 수준, 각 집단의 평균 그리고 전체 평균은 〈표 5-3〉과 같다.

❖〈표 5-3〉 교수법과 보상여부, 각 수준별 평균과 전체 평균

		교수법			
		전통적	컴퓨터	개인	$\overline{Y}_{\cdot\cdot k}$
보상여부	칭찬 안 함	7 7 8 7.33	7 8 8 7.67	8 8 9 8.33	7.78
	칭찬	8 8 10 8.67	8 9 10 9	12 15 16 14.33	10.67
	$\overline{Y}_{\cdot j \cdot}$	8	8.33	11.33	$\overline{Y}_{\cdots}$=9.22

교수법, 보상여부, 교수법과 보상여부의 상호작용 그리고 집단내 개인오차의 편차제곱합을 계산하는 절차는 다음과 같다.

$$SS_T = \sum_{i=1}^{n}\sum_{j=1}^{J}\sum_{k=1}^{K}(Y_{ijk} - \overline{Y}...)^2$$
$$= (7-9.22)^2 + (7-9.22)^2 + (8-9.22)^2$$
$$+ (8-9.22)^2 + (8-9.22)^2 + (10-9.22)^2$$
$$+ (7-9.22)^2 + (8-9.22)^2 + (8-9.22)^2$$
$$+ (8-9.22)^2 + (9-9.22)^2 + (10-9.22)^2$$
$$+ (8-9.22)^2 + (8-9.22)^2 + (9-9.22)^2$$
$$+ (12-9.22)^2 + (15-9.22)^2 + (16-9.22)^2$$
$$= 115.111$$

$$SS_A = \sum_{i=1}^{n}\sum_{j=1}^{J}\sum_{k=1}^{K}(\overline{Y}._{j}. - \overline{Y}...)^2$$
$$= 6(8-9.22)^2 + 6(8.33-9.22)^2 + 6(11.33-9.22)^2$$
$$= 40.444$$

$$SS_B = \sum_{i=1}^{n}\sum_{j=1}^{J}\sum_{k=1}^{K}(\overline{Y}.._{k} - \overline{Y}...)^2$$
$$= 9(7.78-9.22)^2 + 9(10.67-9.22)^2$$
$$= 37.556$$

$$SS_{AB} = \sum_{i=1}^{n}\sum_{j=1}^{J}\sum_{k=1}^{K}(\overline{Y}._{jk} - \overline{Y}._{j}. - \overline{Y}.._{k} + \overline{Y}...)^2$$
$$= 3(7.33-8-7.78+9.22)^2 + 3(8.67-8-10.67+9.22)^2$$
$$+ 3(7.67-8.33-7.78+9.22)^2 + 3(9-8.33-10.67+9.22)^2$$
$$+ 3(8.33-11.33-7.78+9.22)^2 + 3(14.33-11.33-10.67+9.22)^2$$
$$= 21.778$$

$$SS_W = \sum_{i=1}^{n}\sum_{j=1}^{J}\sum_{k=1}^{K}(Y_{ijk} - \overline{Y}_{\cdot jk})^2$$

$$= (7-7.33)^2 + (7-7.33)^2 + (8-7.33)^2$$
$$+ (8-8.67)^2 + (8-8.67)^2 + (10-8.67)^2$$
$$+ (7-7.67)^2 + (8-7.67)^2 + (8-7.67)^2$$
$$+ (8-9)^2 + (9-9)^2 + (10-9)^2$$
$$+ (8-8.33)^2 + (8-8.33)^2 + (9-8.33)^2$$
$$+ (12-14.33)^2 + (15-14.33)^2 + (16-14.33)^2$$
$$= 15.333$$

계산된 편차제곱합(Sum of Squares: SS)을 해당되는 자유도로 나눈 것이 제곱평균(Mean Squares: MS)이 된다. 교수법에 해당되는 자유도는 교수법이 세 종류이므로 2가 되고, 보상여부에 대한 자유도는 1이며, 상호작용에 대한 자유도는 $(J-1)(K-1)$이므로 2가 된다. 그러므로 각 효과에 대한 제곱평균은 다음과 같다.

$$MS_A = 40.444/2 = 20.222$$
$$MS_B = 37.556/1 = 37.556$$
$$MS_{AB} = 21.778/2 = 10.889$$
$$MS_W = 15.333/12 = 1.278$$

F 통계값은 각 효과의 제곱평균을 집단내 제곱평균인 1.278로 나누므로 다음과 같다.

$$F_A = 20.222/1.278 = 15.826$$
$$F_B = 37.556/1.278 = 29.391$$
$$F_{AB} = 10.889/1.278 = 8.522$$

교수법과 보상여부에 의한 학업성취도의 실험결과에 대한 완전무선 2요인설계의 이원분산분석표는 <표 5-4>와 같다.

❖〈표 5-4〉 교수법과 보상여부에 따른 학업성취도의 분산분석표

분산원	*SS*	*df*	*MS*	*F*	η^2
교수법	40.444	2	20.222	15.826	.351
보상여부	37.556	1	37.556	29.391	.326
교수법×보상여부	21.778	2	10.889	8.522	.189
집단내	15.333	12	1.278		
총	115.111	17			

$F_{2,12,.05}=3.89$　　$F_{1,12,.05}=4.75$

〈표 5-4〉의 분산분석표에 의하면 교수법 효과에 대한 F 통계값 15.826은 [수표 6]의 F 분포표에 의한 유의수준 .05와 집단간 자유도 2, 집단내 자유도 12인 F 기각값 3.89보다 크므로 영가설을 기각한다. 그러므로 '유의수준 .05에서 교수법에 따라 학업성취도는 같지 않다.' 혹은 '유의수준 .05에서 학업성취도에 교수법의 효과가 있다.'라고 결론 내린다.

보상효과에 대해서도 F 통계값이 29.391로 이는 F 기각값 4.75보다 크므로 영가설을 기각한다. 그러므로 '유의수준 .05에서 보상여부에 따라 학업성취도는 다르다.' 혹은 '유의수준 .05에서 학업성취도에 보상여부의 효과가 있다.'라고 결론 내린다.

교수법과 보상여부의 상호작용에 대한 F 통계값은 8.522이며 F 기각값은 3.89이므로 영가설을 기각한다. 그러므로 '유의수준 .05에서 교수법과 보상의 상호작용이 있다.'라고 결론내린다. 이와 같이 완전무선 2요인설계에서는 교수법이나 보상여부와 같은 주효과에도 관심이 있을 뿐더러 상호작용에도 관심을 두고 있다.

η^2은 각 독립변수, 상호작용효과가 전체 변화량에서 어느 정도의 비율을 차지하느냐를 계산하므로 교수법은 학업성취도 변화량의 .351, 보상여부는 .326, 그리고 상호작용이 .189를 나타내고 있다. 즉, 교수법은 학업성취도 총변화량의 35.1%, 보상여부는 32.6%, 상호작용효과는 18.9%를 설명한다.

5.1.3 SPSS 실행

완전무선 2요인설계를 위한 자료는 다음과 같은 형태로 입력한다.

	id	교수법	보상여부	학업성취도
1	1	1	1	7
2	2	1	1	7
3	3	1	1	8
4	4	1	2	8
5	5	1	2	8
6	6	1	2	10
7	7	2	1	7
8	8	2	1	8
9	9	2	1	8
10	10	2	2	8
11	11	2	2	9
12	12	2	2	10
13	13	3	1	8
14	14	3	1	8
15	15	3	1	9
16	16	3	2	12
17	17	3	2	15
18	18	3	2	16

완전무선 2요인설계-교차설계를 하려면 메뉴에서 분석(A) → 일반선형모형(G) → 일변량(U)을 눌러 일변량 분석 대화상자를 열어서 종속변수는 '종속변수(D)'에 독립변수는 '고정요인(F)'에 지정한 다음 확인 을 누르면 된다. 〈표 5-2〉의 교수법과 보상여부에 따른 학업성취도 점수를 이용하여 이원분산분석-교차설계를 실행하는 과정은 다음과 같다.

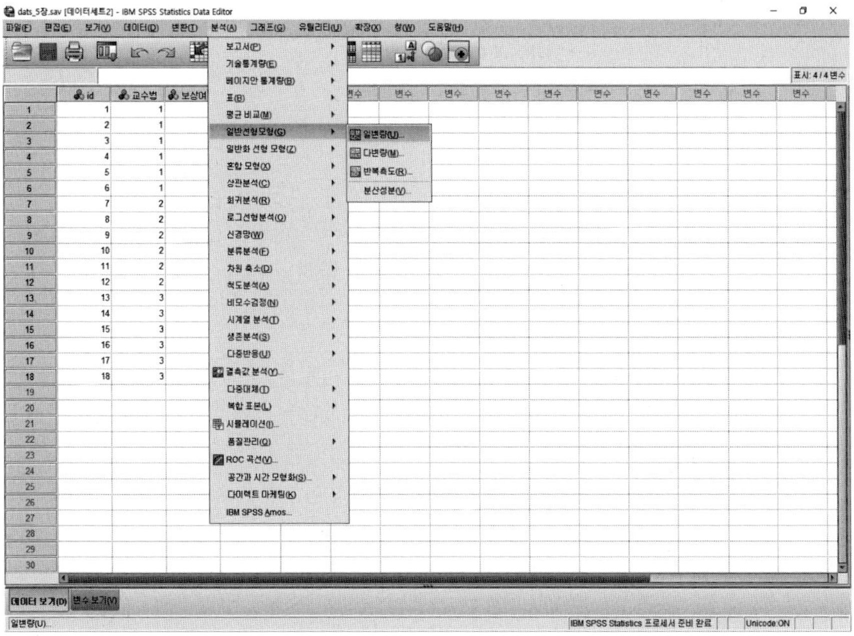

'종속변수(D)'에 '학업성취도'를 넣고, '고정요인(F)'에 독립변수인 '교수법'과 '보상여부'를 넣는다.

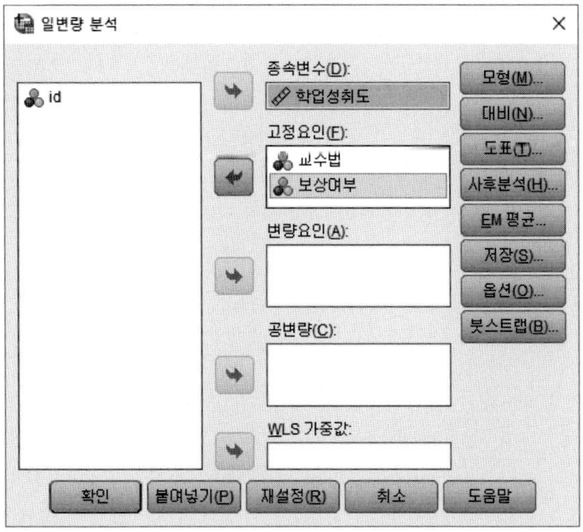

대화상자에서 모형(M)... 을 클릭하면 제곱합 유형을 선택할 수 있다. 디폴트인 제 III 유형 을 그대로 유지하고 계속(C) 을 클릭한다.

옵션(O)... 을 클릭한 뒤, 기술통계(D) 과 동질성 검정(H) 에 체크하고 계속(C) 을 누른다.

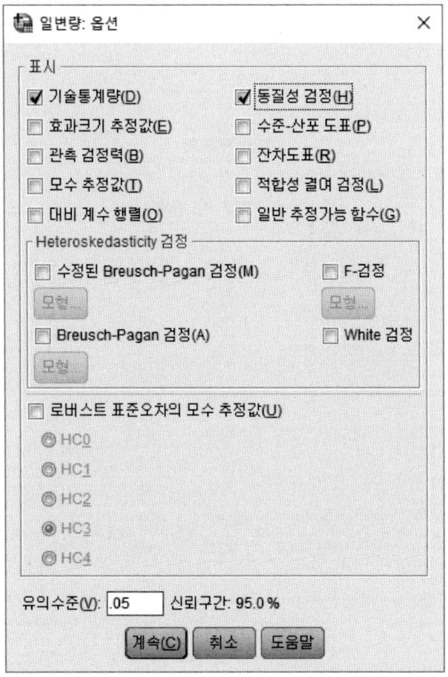

분석창으로 돌아와 확인 을 누르면 분석이 실행된다.

기술통계 결과는 다음과 같고, 〈표 5-3〉의 분석 결과와 같다.

개체-간 요인

		값 레이블	N
교수법	1	전통적	6
	2	컴퓨터	6
	3	개인	6
보상여부	1	칭찬함	9
	2	칭찬안함	9

기술통계량

종속변수: 학업성취도

교수법	보상여부	평균	표준편차	N
전통적	칭찬함	7.33	.577	3
	칭찬안함	8.67	1.155	3
	전체	8.00	1.095	6
컴퓨터	칭찬함	7.67	.577	3
	칭찬안함	9.00	1.000	3
	전체	8.33	1.033	6
개인	칭찬함	8.33	.577	3
	칭찬안함	14.33	2.082	3
	전체	11.33	3.559	6
전체	칭찬함	7.78	.667	9
	칭찬안함	10.67	3.041	9
	전체	9.22	2.602	18

등분산가정의 검정 결과는 다음과 같다.

오차 분산의 동일성에 대한 Levene의 검정[a,b]

		Levene 통계량	자유도1	자유도2	유의확률
학업성취도	평균을 기준으로 합니다.	2.651	5	12	.077
	중위수를 기준으로 합니다.	.547	5	12	.738
	자유도를 수정한 상태에서 중위수를 기준으로 합니다.	.547	5	6.522	.738
	절삭평균을 기준으로 합니다.	2.394	5	12	.100

여러 집단에서 종속변수의 오차 분산이 동일한 영가설을 검정합니다.

a. 종속변수: 학업성취도

b. Design: 절편 + 교수법 + 보상여부 + 교수법 * 보상여부

Levene의 통계값은 2.651, 유의확률은 .077로서 '등분산성을 만족한다.'는 영가설을 기각하지 못하여 등분산가정을 만족한다.

분산분석 결과는 다음과 같다. 분산분석표 중에서 교수법, 보상여부, 교수법*보

상여부의 상호작용과 오차, 수정 합계만을 이용하여 새로 분산분석표를 작성하면 〈표 5-4〉에 제시된 내용과 같은 결과를 얻을 수 있다.

개체-간 요인

		값 레이블	N
교수법	1	전통적	6
	2	컴퓨터	6
	3	개인	6
보상여부	1	칭찬함	9
	2	칭찬안함	9

개체-간 효과 검정

종속변수: 학업성취도

소스	제 III 유형 제곱합	자유도	평균제곱	F	유의확률
수정된 모형	99.778ª	5	19.956	15.617	.000
절편	1530.889	1	1530.889	1198.087	.000
교수법	40.444	2	20.222	15.826	.000
보상여부	37.556	1	37.556	29.391	.000
교수법 * 보상여부	21.778	2	10.889	8.522	.005
오차	15.333	12	1.278		
전체	1646.000	18			
수정된 합계	115.111	17			

a. R 제곱 = .867 (수정된 R 제곱 = .811)

※ 주의: 집단별 사례수가 다른 경우는, 제곱합을 계산할 때 가중치가 주어져 이론적 공식에 의한 계산값과 SPSS 분석 결과가 일치하지 않음.

5.1.4 사후대비분석

완전무선 2요인교차설계에서 영가설이 기각되면, 유의수준 α에서 A 효과, B 효과, AB 효과가 있다고 판단하고 각 처치변수 수준에서 차이가 있는지와 상호작용이 어디서 발생하는지에 대하여 사후분석을 실시할 수 있다. $CRF-32$ 설계의 경우 A 처치변수에서 대비는 완전무선설계와 같이 6개의 대비가 만들어진다. B 처치는 두 개의 수준이므로 대비를 만들 필요가 없다. $CRF-JK$ 에서 J 와 K 가 3개 수준 이상인 경우 가능한 대비수는 많아지며 상호작용에 대한 사후대비도 다소 복잡해지고 많아진다. 그러므로 상호작용에 대한 가능한 대비의 해석도 유념하여야 한다.

A 효과, B 효과에 대한 대비계수 $\hat{\psi}$, $SE_{\hat{\psi}}$, $t_{\hat{\psi}}$ 계산 절차는 완전무선설계의 방법

과 동일하며 Scheffé 기각값을 계산하는 절차도 동일하다. $SS_{\hat{\psi}}$를 계산하고 이에 대한 F 통계값을 계산하여 분석하는 절차도 같다.

상호작용의 경우 가능한 대비는 [그림 5-4]와 같이 3개의 대비가 만들어진다.

	A_1	A_2	A_3
B_1	A_1B_1	A_2B_1	A_3B_1
B_2	A_1B_2	A_2B_2	A_3B_2

[그림 5-4] A, B, AB 효과 사후대비

[그림 5-4]에서 상호작용과 관련된 대비는 첫째는 A_1B_1, A_1B_2, A_2B_1, A_2B_2이며, 두 번째는 A_2B_1, A_2B_2, A_3B_1, A_3B_2이고, 세 번째는 A_1B_1, A_1B_2, A_3B_1, A_3B_2이다. 상호작용 대비계수는 4개의 요소를 포함하므로 +1, −1, −1, +1이 된다. 그러므로 $\hat{\psi}_{AB}$와 $SE_{\hat{\psi}_{AB}}$와 $t_{\hat{\psi}_{AB}}$ 계산절차, Scheffé 기각값은 다음과 같다.

$$\hat{\psi}_{AB} = \sum_{j=1}^{J}\sum_{k=1}^{K} c_{jk}\overline{Y}_{\cdot jk} = (1)\overline{Y}_{\cdot jk} + (-1)\overline{Y}_{\cdot j'k} + (-1)\overline{Y}_{\cdot jk'} + (1)\overline{Y}_{\cdot j'k'}$$

$$SE_{\hat{\psi}_{AB}} = \sqrt{MS_W \sum_{j=1}^{J}\sum_{k=1}^{K}\frac{c_{jk}^2}{n_{jk}}}$$

$$t_{\hat{\psi}_{AB}} = \frac{\hat{\psi}_{AB}}{SE_{\hat{\psi}_{AB}}}$$

$$S = \pm\sqrt{df_{AB}F_{df_{AB},\, df_W,\, \alpha}}$$

t 통계값이 Scheffé 기각값의 큰 값보다 크거나 작은 값보다 작으면 해당하는 대비에 대한 가설은 기각된다.

완전무선 2요인설계의 사후대비분석 절차는 완전무선설계의 사후대비분석 절차와 동일하다. 완전무선설계인 일원분산분석의 사후대비분석 절차로서 집단간

차이인 대비와 그에 따른 표준오차를 계산하는 공식들은 완전무선 2요인설계인 이원분산분석의 사후대비분석에도 동일하게 쓰인다. 〈표 5-2〉의 교수법과 보상방법에 따른 학업성취도 연구에서 교수법의 효과에 대한 영가설이 기각되었으므로 사후대비분석을 실시할 수 있다. 전통적 교수법과 컴퓨터 교수법에 대한 대비와 그에 따른 표준오차 그리고 t 통계값은 다음과 같다.

$$\hat{\psi}_1 = \sum_{j=1}^{J} c_j \overline{Y}_{\cdot j \cdot} = (1)8 + (-1)8.33 = -.333$$

$$SE_{\hat{\psi}_1} = \sqrt{MS_W \sum_{j=1}^{J} \frac{c_j^2}{n_j}} = \sqrt{1.278\left(\frac{(1)^2}{6} + \frac{(-1)^2}{6}\right)} = .653$$

$$t_{\hat{\psi}_1} = \frac{\hat{\psi}_1}{SE_{\hat{\psi}_1}} = -.510$$

교수법에 대한 모든 대비의 사후대비분석을 검정하기 위한 기각값은 완전무선설계에서의 Scheffé 기각값 계산방법과 동일하다. 그러므로 Scheffé 기각값은,

$S = \pm\sqrt{2F_{2,12,.05}} = \pm 2.789$ 이다.

교수법 중 전통적 교수법과 컴퓨터 교수법의 대비를 위한 t 통계값은 $-.510$으로서 Scheffé 기각값의 절대값보다 작으므로 영가설을 기각하지 못한다. 교수법에 대한 다른 대비를 만들더라도 앞의 절차와 동일하다.

이어 보상방법에 대한 사후대비분석을 실시할 수 있다. 그러나 〈표 5-2〉의 자료는 보상방법이 2가지밖에 없으므로 보상방법에 대한 대비가 하나밖에 만들어지지 않는다. 이는 이미 〈표 5-4〉의 분산분석 결과에서 검정이 되었으므로 사후대비분석을 실시할 필요가 없다. 주효과의 자유도가 1이면 사후대비분석은 주효과에 대한 전체가설검정 결과와 동일하다.

완전무선 2요인설계의 결과 유의한 상호작용이 존재한다면 교수법과 보상의 상호작용에 대한 사후분석을 실시할 수 있다. 상호작용에 대한 사후분석의 절차도 주효과에 대한 사후분석과 동일한 원리와 절차를 따른다. 다만, 상호작용은 차이의 차이라는 의미에서 대비와 대비에 따른 표준오차를 계산하는 방법이 다소

복잡할 뿐이다. 〈표 5-4〉에서 유의한 상호작용이 있으므로 컴퓨터 교수법과 개인 교수법 그리고 보상여부에 유의한 상호작용이 있는지 사후대비분석을 실시하면 대비는 다음과 같다.

$$\hat{\psi}_2 = \sum_{j=1}^{J}\sum_{k=1}^{K} c_{jk}\overline{Y}_{\cdot jk} = (1)7.67 + (-1)9 + (-1)8.33 + (1)14.33$$

$$= 4.667$$

제5장 1절에서 설명한 것처럼 상호작용은 차이의 차이이므로 대비계수는 1, −1, −1, 1이 된다. 그리고 표준오차와 t 통계값은 다음과 같다.

$$SE_{\hat{\psi}_2} = \sqrt{MS_W \sum_{j=1}^{J}\sum_{k=1}^{K} \frac{c_{jk}^2}{n_{jk}}} = \sqrt{1.278\left[\frac{(1)^2}{3} + \frac{(-1)^2}{3} + \frac{(-1)^2}{3} + \frac{(1)^2}{3}\right]}$$

$$= 1.305$$

$$t_{\hat{\psi}_2} = \frac{\hat{\psi}_2}{SE_{\hat{\psi}_2}} = 3.576$$

상호작용의 대비를 검정하는 기각값은 분산분석에서 상호작용에 해당하는 자유도와 상호작용을 검정하는 F 기각값을 곱한 값의 제곱근으로

$$S = \pm\sqrt{2(F_{2,\,12,\,.05})} = \pm\sqrt{2(3.89)} = \pm 2.789 \text{ 이다.}$$

상호작용의 t 통계값은 3.576으로서 Scheffé 기각값 +2.789보다 크므로 영가설을 기각한다. 그러므로 '유의수준 .05에서 컴퓨터 교수법과 개인 교수법 그리고 보상여부에 통계적으로 유의한 상호작용이 있다.'고 결론을 내린다.

제4장 3절에서 사후대비분석의 방법으로 Fisher의 LSD 방법과 Tukey의 HSD 방법을 설명하였다. Fisher의 LSD 방법은 집단 간의 비교가 짝비교일 경우 사용하고, Tukey 방법은 집단 간 사례수가 동일할 때 사용하며 절차는 동일하다.

5.1.5 사전대비분석

완전무선 2요인설계인 이원분산분석에서 사전대비분석을 실시할 경우 전체가설에 대한 검정을 실시하지 않고 관심 있는 대비만을 검정하게 된다. 완전무선 2요인설계인 이원분산분석의 사전대비분석 역시 완전무선설계인 일원분산분석의 사전대비분석 방법과 동일하다. 각 주효과와 상호작용효과에서 관심 있는 대비를 만들고 대비에 따른 표준오차와 t 통계값을 계산한다. 대비수에 의하여 [수표 8]에 있는 Dunn t 값이나 Dunn-Sidak([수표 9]) 값을 찾아 대비에 대한 영가설 기각여부를 결정한다.

우선 교수법 효과에 대하여 관심 있는 대비로 2개의 대비를 만들었다고 가정하자. 첫 번째 대비는 컴퓨터 교수법과 개인 교수법의 대비, 두 번째 대비는 컴퓨터 교수법과 컴퓨터 교수법 이외의 두 교수법, 전통적 교수법과 컴퓨터 교수법을 합성한 대비와의 복합대비라면 두 대비값과 표준오차 그리고 t 통계값은 다음과 같다.

$$\hat{\psi}_1 = (1)8.33 + (-1)11.33 = -3$$

$$SE_{\hat{\psi}_1} = \sqrt{1.278[(1)^2/6 + (-1)^2/6]} = .653$$

$$t_{\hat{\psi}_1} = -3/.653 = -4.594$$

$$\hat{\psi}_2 = (1)8.33 + [(-6/12)8 + (-6/12)11.33] = -1.335$$

$$SE_{\hat{\psi}_2} = \sqrt{1.278[(1)^2/6 + (-6/12)^2/6 + (-6/12)^2/6]} = .565$$

$$t_{\hat{\psi}_2} = -1.335/.565 = -2.362$$

기각값은 관심있는 대비가 2개이고 유의수준이 .05이며, MS_W에 해당하는 자유도는 12이므로 Dunn 수표([수표 8])에서 기각값은 ±2.560이 된다. 그러므로 사전대비분석에서는 첫 번째 대비에서만 통계적으로 유의한 차이가 있음을 알 수 있다. Dunn-Sidak 방법에 의한 사전대비분석의 기각값은 [수표 9]에 의하여 ±2.553이 된다. Dunn 방법과 Dunn-Sidak 방법은 각 대비에 유의수준을 배분하는 방법이

다소 다른데, Dunn-Sidak 방법의 기각값이 작으므로 대비를 검정하는 데 있어서 Dunn 방법보다 검정력이 크다고 한 것을 확인할 수 있다.

보상효과에 대한 사전대비분석도 교수법에 대한 사전대비분석과 동일하다. 그러나 보상효과에 대한 자유도가 1이므로 사전대비분석이나 사후대비분석, 그리고 전체가설검정 모두 동일한 결과를 갖는다. 교수법과 보상의 상호작용효과에 대한 사전분석 역시 동일한 절차를 거친다.

사전대비분석 시 주의할 사항은 관심 있는 대비를 많이 만들수록 각 효과에 대한 유의수준은 대비수로 나누어지므로 유의수준이 낮아져서 기각값이 커지게 된다. 그러므로 대비를 많이 만든다면 이론적 · 경험적 배경이 약한 것으로, 사후대비분석과 같게 되어 이럴 경우 사후대비를 실시하는 것이 보다 바람직하다.

5.1.6 SPSS 실행

완전무선 2요인설계의 사후대비분석, 즉 모든 가능한 대비를 검정하려면 일변량 대화상자에서 [사후분석(H)...]을 눌러 대비 대화상자를 연다. 원하는 사후대비분석 방법을 지정할 수 있으며, 여기서는 예시로 사후대비분석은 LSD와 Scheffé 방법을, 사전대비분석은 Sidak 방법을 선택하고 [계속(C)]을 눌러 일변량 대화상자로 돌아와 [확인]을 누르면 된다. 보상여부는 수준이 2개이므로 사후대비분석을 실시하지 않아도 된다.

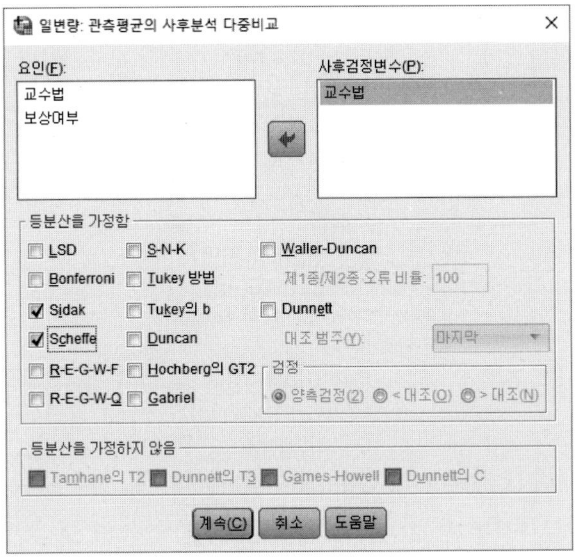

사후검정

교수법

다중비교

종속변수: 학업성취도

	(I) 교수법	(J) 교수법	평균차이(I-J)	표준오차	유의확률	95% 신뢰구간 하한	95% 신뢰구간 상한
Scheffe	전통적	컴퓨터	-.33	.653	.879	-2.15	1.49
		개인	-3.33*	.653	.001	-5.15	-1.51
	컴퓨터	전통적	.33	.653	.879	-1.49	2.15
		개인	-3.00*	.653	.002	-4.82	-1.18
	개인	전통적	3.33*	.653	.001	1.51	5.15
		컴퓨터	3.00*	.653	.002	1.18	4.82
Sidak	전통적	컴퓨터	-.33	.653	.945	-2.14	1.47
		개인	-3.33*	.653	.001	-5.14	-1.53
	컴퓨터	전통적	.33	.653	.945	-1.47	2.14
		개인	-3.00*	.653	.002	-4.81	-1.19
	개인	전통적	3.33*	.653	.001	1.53	5.14
		컴퓨터	3.00*	.653	.002	1.19	4.81

관측평균을 기준으로 합니다.
오차항은 평균제곱(오차) = 1.278입니다.
*. 평균차이는 0.05 수준에서 유의합니다.

동질적 부분집합

학업성취도

			부분집합	
	교수법	N	1	2
Scheffe[a,b]	전통적	6	8.00	
	컴퓨터	6	8.33	
	개인	6		11.33
	유의확률		.879	1.000

동질적 부분집합에 있는 집단에 대한 평균이 표시됩니다.
관측평균을 기준으로 합니다.
오차항은 평균제곱(오차) = 1.278입니다.

a. 조화평균 표본크기 6.000을(를) 사용합니다.

b. 유의수준 = 0.05.

SPSS는 단순대비인 짝비교의 검정 결과를 제시한다. 사후대비분석 실시 결과, Scheffé 방법에서는 전통적 교수법과 개인 교수법, 컴퓨터 교수법과 개인 교수법에 유의수준 .05에서 유의한 차이가 있었고, Sidak 방법에서는 전통적 교수법과 개인 교수법, 컴퓨터 교수법과 개인 교수법에 유의한 차이가 있는 것으로 나타났다.

5.2 내재설계

5.2.1 기본개념

교차설계에서는 A 변수와 B 변수, 그리고 A 와 B 변수의 상호작용을 분석하였다. 그러나 경우에 따라 주효과와 상호작용효과를 분석하기보다는 한 처치변수의 수준에서 다른 변수의 효과가 있는지를 검정하고자 하는 목적이 있을 수 있다. **내재설계**(nested design)란 한 변수의 각 수준에서 다른 처치변수의 효과가 있는지를 밝히는 설계를 말한다. 즉, 어떤 변수의 각 수준에서 다른 변수에 따른 집단간 차이가 있는지를 검정한다. 그러므로 연구목적에 따라서 A 변수가 B 변수에 내재될 수도 있고 B 변수가 A 변수에 내재될 수 있다.

교수법과 보상여부에 의한 학업성취도 연구에서 어떤 연구자는 각 보상여부에서 교수법에 따라 학업성취도의 차이가 있는지를 검정할 수 있다. 이 경우 교수법이라는 변수가 보상여부에 내재되었다 한다. 그러므로 보상여부에 내재되어 교수법의 효과를 알아보는 서술적 가설과 통계적 가설의 영가설과 대립가설은 다음과 같다.

서술적 가설

H_0: 칭찬을 하지 않은 집단에서 교수법에 따라 학업성취도의 차이가 없다.

H_A: 칭찬을 하지 않은 집단에서 교수법에 따라 학업성취도의 차이가 있다.

H_0: 칭찬을 한 집단에서 교수법에 따라 학업성취도의 차이가 없다.

H_A: 칭찬을 한 집단에서 교수법에 따라 학업성취도의 차이가 있다.

통계적 가설

$H_0: \mu_{j(B_1)} = \mu_{j'(B_1)}$ $\qquad H_A: \mu_{j(B_1)} \neq \mu_{j'(B_1)}$

$H_0: \mu_{j(B_2)} = \mu_{j'(B_2)}$ $\qquad H_A: \mu_{j(B_2)} \neq \mu_{j'(B_2)}$

교차설계에서는 교수법, 보상여부 그리고 상호작용의 효과를 분석하였으나 내재설계에서는 상호작용에 대한 관심은 없음을 알 수 있다. B 독립변수(보상여부)에 내재된 A 독립변수(교수법)의 효과를 분석하는 완전무선 2요인설계의 분산분석표는 〈표 5-5〉와 같다.

❖〈표 5-5〉 내재된 완전무선 2요인설계의 분산분석표

분산원	SS	df	MS	F	η^2
B	SS_B	$K-1$	$SS_B/(K-1)=MS_B$	MS_B/MS_W	SS_B/SS_T
$A_{\text{in}}B_k$	$SS_{A_{\text{in}}B_k}$	$K(J-1)$			
$A_{\text{in}}B_1$	$SS_{A_{\text{in}}B_1}$	$J-1$	$SS_{A_{\text{in}}B_1}/(J-1)=MS_{A_{\text{in}}B_1}$	$MS_{A_{\text{in}}B_1}/MS_W$	$SS_{A_{\text{in}}B_1}/SS_T$
$A_{\text{in}}B_2$	$SS_{A_{\text{in}}B_2}$	$J-1$	$SS_{A_{\text{in}}B_2}/(J-1)=MS_{A_{\text{in}}B_2}$	$MS_{A_{\text{in}}B_2}/MS_W$	$SS_{A_{\text{in}}B_2}/SS_T$
$A_{\text{in}}B_K$	$SS_{A_{\text{in}}B_K}$	$J-1$	$SS_{A_{\text{in}}B_K}/(J-1)=MS_{A_{\text{in}}B_K}$	$MS_{A_{\text{in}}B_K}/MS_W$	$SS_{A_{\text{in}}B_K}/SS_T$
집단내	SS_W	$nJK-JK$	$SS_W/(nJK-JK)=MS_W$		
총	SS_T	$nJK-1$			

교차설계에 의한 이원분산분석표인 〈표 5-4〉와 비교할 때 B 변수에 의한 효과, 집단내 그리고 총편차의 제곱합 부분은 동일하며 교차설계에서의 A 변수 효과와 상호작용효과에 의한 편차제곱합이 B 변수의 각 수준에 있는 A 변수 효과와 대치되었음을 알 수 있다. 자유도를 보았을 때 A 변수의 자유도 $(J-1)$과 상호작용의 자유도$(J-1)(K-1)$의 합은 $JK-K$로서 이는 내재설계의 A in B_k의 자유도 $K(J-1)$과 동일하다.

5.2.2 계산절차

B 처치변수와 개인에 의한 집단내 편차제곱합과 총편차제곱합을 계산하는 절차는 교차설계에서 계산하는 절차와 동일하다. 단지 B 처치변수의 각 수준에서 A 변수에 의한 편차제곱합을 계산하는 공식이 상이하며 다음과 같다.

$$SS_{A\ \text{in}\ B_k} = \sum_{j=1}^{J} n_{jk}(\overline{Y}_{\cdot jk} - \overline{Y}_{\cdot\cdot k})^2$$

B 처치변수의 k 수준에서 A 처치변수의 j 처치를 받은 피험자 집단의 평균에서 B 처치변수의 k 수준의 평균을 뺀 값을 제곱한 후 집단의 사례수를 곱한 다음 A_1부터 A_J까지 더한 값이다.

〈표 5-5〉에 의한 교수법과 보상여부에 따른 학업성취의 수준에 대한 자료를 가지고 보상여부 수준에서 교수법에 따라 학업성취도에 차이가 있는가를 검정하고자 할 때 내재설계를 위한 각 편차의 제곱합은 다음과 같다.

$$SS_B = \sum_{i=1}^{n}\sum_{j=1}^{J}\sum_{k=1}^{K}(\overline{Y}_{\cdot\cdot k} - \overline{Y}_{\cdots})^2$$

$$= 9(7.78 - 9.22)^2 + 9(10.67 - 9.22)^2$$

$$= 37.556$$

$$SS_{A_{in}B_1} = \sum_{j=1}^{J} n_{j1}(\overline{Y}_{\cdot j1} - \overline{Y}_{\cdot\cdot 1})^2$$

$$= 3(7.33 - 7.78)^2 + 3(7.67 - 7.78)^2 + 3(8.33 - 7.78)^2$$

$$= 1.556$$

$$SS_{A_{in}B_2} = \sum_{j=1}^{J} n_{j2}(\overline{Y}_{\cdot j2} - \overline{Y}_{\cdot\cdot 2})^2$$

$$= 3(8.67 - 10.67)^2 + 3(9 - 10.67)^2 + 3(14.33 - 10.67)^2$$

$$= 60.667$$

$$SS_W = \sum_{i=1}^{n}\sum_{j=1}^{J}\sum_{k=1}^{K}(Y_{ijk} - \overline{Y}_{\cdot jk})^2$$

$$= (7 - 7.33)^2 + (7 - 7.33)^2 + (8 - 7.33)^2 + \cdots$$

$$+ (12 - 14.33)^2 + (15 - 14.33)^2 + (16 - 14.33)^2$$

$$= 15.333$$

$$SS_T = \sum_{i=1}^{n}\sum_{j=1}^{J}\sum_{k=1}^{K}(Y_{ijk} - \overline{Y}_{\cdots})^2$$

$$= (7 - 9.22)^2 + (7 - 9.22)^2 + (8 - 9.22)^2 + \cdots$$

$$+ (12 - 9.22)^2 + (15 - 9.22)^2 + (16 - 9.22)^2$$

$$= 115.111$$

보상여부에 내재된 교수법이 효과가 있는지를 분석한 분산분석표는 〈표 5-6〉과 같다.

❖〈표 5-6〉 보상여부에 내재된 교수법이 학업성취도에 주는 영향에 대한 분산분석표

분산원	*SS*	*df*	*MS*	*F*	η^2
보상여부	37.556	1	37.555	29.386	.326
교수법 in 보상여부	62.223	4			
교수법 in 칭찬 안 함	1.556	2	.778	.609	.014
교수법 in 칭찬	60.667	2	30.334	23.736	.527
집단내	15.333	12	1.278		
총	115.111	17			

$F_{1,12.05}=4.75$, $F_{2,12,.10/2}=3.89$

교수법과 보상여부의 교차설계에 의한 이원분산분석표 〈표 5-5〉와 내재설계에 의한 분산분석표 〈표 5-6〉을 비교할 때 보상과 집단내 그리고 총편차의 제곱합은 동일하고 보상에 내재된 교수법의 편차제곱합은 62.223으로 교차설계의 교수법에 의한 편차제곱합 40.444와 상호작용에 의한 편차제곱합 21.778의 합이 된다.

$$SS_{A\ \text{in}\ B}=SS_A+SS_{AB}$$

또한 보상에 내재된 교수법의 편차제곱합에 해당하는 자유도는 교차설계에서 교수법에 해당하는 자유도와 상호작용에 해당하는 자유도의 합임을 알 수 있다.

교차설계에서는 교수법효과, 보상효과 그리고 상호작용효과가 유의수준을 각각 .05로 지니고 있으므로 주효과와 상호작용효과에 해당되는 기각값을 [수표 6]에서 찾아 그 값이 기각값이 되었다. 그러나 내재설계에서 B 변수 각 수준에서의 A 변수의 효과에 대한 편차제곱합은 A 변수에 의한 편차제곱합과 상호작용에 의한 편차제곱합의 합성이므로 A 효과 검정을 위한 유의수준 .05와 상호작용 검정을 위한 유의수준 .05를 공유하게 된다. 그러므로 .10을 내재설계 안에서 B 독립변수의 K 수준 수로 나누어야 한다. 각 보상수준에서 교수법의 효과검정을 위한 기각값은 $F_{2,12,.10/2}$로 3.89가 된다. 만약 보상의 수준이 4개이면 $F_{2,12,.10/4}$가 기

각값이 된다.

〈표 5-6〉에 나타난 분산분석 결과를 서술하면 다음과 같다. 내재설계로 '칭찬을 하지 않은 집단에서는 교수법에 따라 학업성취도의 유의한 차이가 없다.'라고 결론내리며, '유의수준 .05에서 칭찬을 한 집단에서 교수법에 따라 학업성취도의 차이가 있다.'라고 결론짓는다.

η^2은 교차설계 방법에서의 해석과 동일하며 칭찬을 하는 경우에서 교수법이 학업성취도 전체 변화량의 52.7%를 설명하여 준다고 분석한다.

5.2.3 SPSS 실행

완전무선 2요인설계-내재설계를 분석하려면 명령문 편집기를 이용해야 한다. 〈표 5-3〉의 자료를 이용하여 보상여부에 내재된 교수법이 성취도에 미치는 영향을 분석하려면 메뉴에서 파일(F) → 새파일(N) → 명령문(S) 을 눌러 명령문 편집기를 연 다음, 다음과 같이 명령문을 입력한다. 그리고 나서 메뉴에서 실행(R) → 모두(A) 를 누르면 명령문이 실행된다.

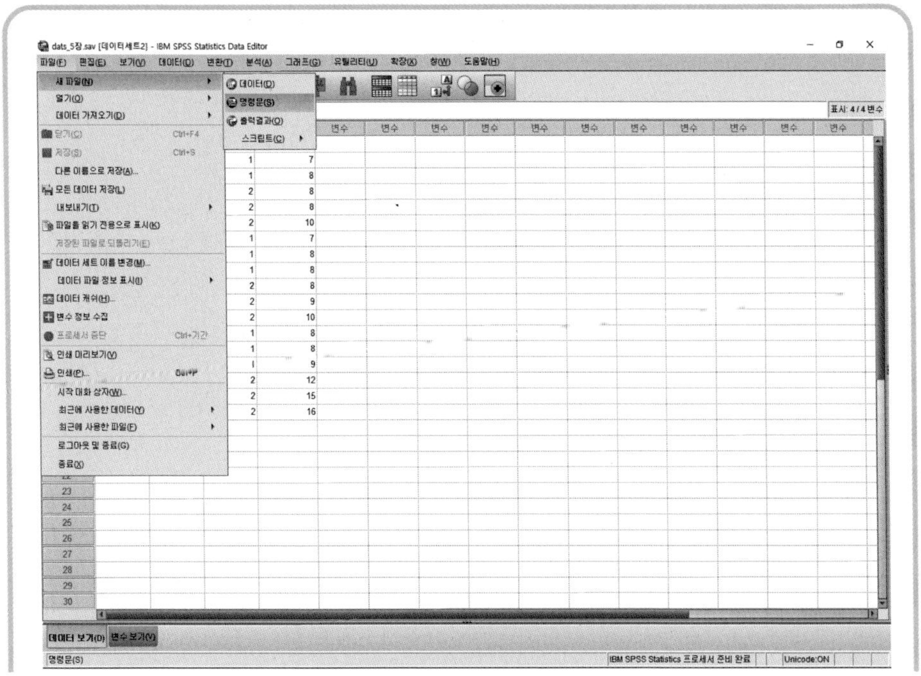

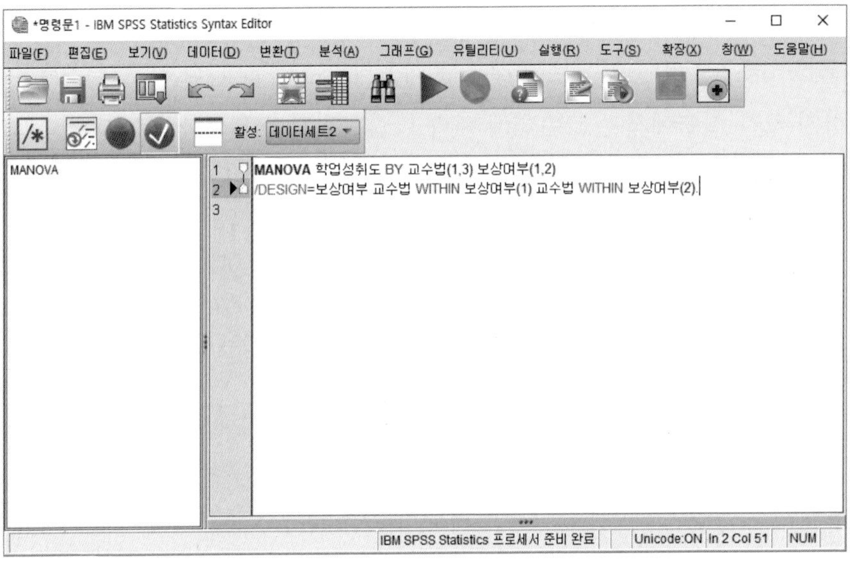

보상여부에 내재된 교수법이 성취도에 주는 영향에 대한 완전무선 2요인설계-내재설계의 분석 결과는 다음과 같다. 이를 〈표 5-6〉과 비교하면 결과가 동일하므로, 5.2.2절과 같은 결론을 내릴 수 있다.

```
MANOVA의 기본값 오차항이 WITHIN CELLS에서 WITHIN+RESIDUAL로 변경되었습니다 .  모든 완전요인계획에서 동일합니다.

* * * * * * * * * * * * * * * * * A n a l y s i s   o f   V a r i a n c e * * * * * * * * * * * * * * * * *

       18 cases accepted.
        0 cases rejected because of out-of-range factor values.
        0 cases rejected because of missing data.
        6 non-empty cells.

        1 design will be processed.

 - - - - - - - - - - - - - - - - - - - - - - - - - - - - - - - - - - - - - - - - - - - - - - - - - - - - - - -

* * * * * * * * * * * * * * * * * A n a l y s i s   o f   V a r i a n c e -- Design   1 * * * * * * * * * * * * * * * * *

 Tests of Significance for 학업성취도 using UNIQUE sums of squares
 Source of Variation               SS      DF        MS         F  Sig of F

 WITHIN+RESIDUAL                 15.33     12      1.28
 보상여부                        37.56      1     37.56     29.39      .000
 교수법 WITHIN 보상여부(1)         1.56      2       .78       .61      .560
 교수법 WITHIN 보상여부(2)        60.67      2     30.33     23.74      .000

 (Model)                         99.78      5     19.96     15.62      .000
 (Total)                        115.11     17      6.77

 R-Squared =           .867
 Adjusted R-Squared =  .811

 - - - - - - - - - - - - - - - - - - - - - - - - - - - - - - - - - - - - - - - - - - - - - - - - - - - - - - -
```

5.2.4 사후대비분석

내재설계를 실시하여 한 독립변수의 각 수준에서 다른 독립변수에 의한 집단 간 차이가 있는지를 검정하여 유의한 차이가 있는 검정 결과가 나오면 사후대비분석을 실시한다. 〈표 5-6〉과 같이 칭찬을 하지 않은 집단에서 교수법의 효과와 칭찬을 한 집단에서 교수법의 효과를 볼 때, 칭찬을 하지 않은 집단에서 교수법에 의한 학업성취도에는 통계적으로 유의한 차이가 없고, 칭찬을 한 집단에서 교수법에 의한 학업성취도에 유의한 차이가 있음을 알았다. 그러므로 칭찬을 하는 집단 내에서 어떤 교수법 간에 학업성취도의 차이가 있는지 사후대비분석을 실시할 수 있다. 대비와 표준오차 그리고 t 통계값을 계산하는 절차는 동일하다. 다만 평균을 계산할 때 그리고 집단의 사례수를 계산할 때, 보상여부의 각 수준에 한정된다는 것이다. 예를 들어, 칭찬을 하는 집단에서 컴퓨터 교수법과 개인 교수법의 대비에 대하여 사후대비분석을 실시한다면 대비, 표준오차, t 통계값은 다음과 같다.

$$\hat{\psi} = (1)9 + (-1)14.33 = -5.333$$

$$SE_{\hat{\psi}} = \sqrt{1.278[(1)^2/3 + (-1)^2/3]} = .923$$

$$t_{\hat{\psi}} = -5.333/.923 = -5.778$$

내재설계에서 어떤 주효과에 의하여 내재되든 상호작용효과를 포함하므로 내재된 설계에서의 관심된 분석은 하나의 주효과와 상호작용효과에 부여된 두 개의 유의수준을 공유한다. 각 효과에 대한 유의수준을 .05로 하였을 때 상호작용효과에 대한 유의수준 .05를 포함하는 .10을 내재된 처치변수의 수준의 수로 나눈다.

〈표 5-6〉의 경우 내재된 변수는 보상여부이고 그 수준 혹은 종류는 2개이므로 각 수준이 차지하는 유의수준은 .10/2로서 .05가 된다. 만약에 보상의 수준이 3개의 수준이 있는 연구라면 유의수준은 .10/3이 된다. 칭찬을 하지 않은 집단에서의 교수법 효과가 유의수준 .05를, 칭찬을 하는 집단에서의 교수법 효과가 유의수준 .05를 갖게 되고 사후대비분석은 칭찬을 하는 집단에서 교수법의 효과에 대하여 실시하였으므로 Scheffé 기각값은 다음과 같다.

$$S = \pm\sqrt{2(F_{2,12,.05})} = \pm 2.789$$

컴퓨터 교수법과 개인 교수법의 사후대비분석의 통계값은 −5.778로서 기각값 −2.789보다 작으므로 영가설을 기각한다. 그러므로 '유의수준 .05에서 칭찬을 하는 집단에서 컴퓨터 교수법과 개인 교수법에 따른 학업성취도에 유의한 차이가 있다.'라고 결론짓는다. 칭찬을 하는 집단에서의 사후대비는 여기서도 6개가 된다. 그러므로 완전무선설계에서의 6개의 대비와 동일하며 기각값만 차이가 있다.

〈표 5−6〉과 같이 B 변수에 내재된 A 효과에 대한 사후대비분석을 위한 Scheffé 기각값은 다음과 같다. df_A는 A 독립변수의 자유도이며, K는 B 독립변수의 수준 수, 즉 집단 수를 말한다.

$$S = \pm\sqrt{df_A(F_{df_A, df_W, 2\alpha/K})}$$

A 변수에 내재된 B 효과에 대한 사후대비분석을 위한 기각값은 다음과 같다.

$$S = \pm\sqrt{df_B(F_{df_B, df_W, 2\alpha/J})}$$

5.2.5 사전대비분석

〈표 5−6〉은 B 변수에 내재되어 A 변수의 효과를 검정하는 설계이다. 그러므로 B 변수의 수준에서 A 변수의 효과 혹은 A 변수의 집단 간 차이를 검정하기 위해서는 상호작용에 따른 유의수준도 포함하므로 2α를 B 변수의 수준으로 나누어야 한다고 하였다. 그러므로 칭찬을 하지 않은 집단에서 교수법에 따른 학업성취도의 차이도 유의수준 .05에서 검정된다. 만약 B 변수의 수준이 4개라면 B 변수의 각 수준에 따른 A 변수의 효과 검정은 각각 $2\alpha/4$의 유의수준을 갖는다.

내재설계의 사전대비분석은 각 보상여부 수준에 입각하여 교수법에 따른 집단 간 학업성취도를 비교하게 되며 관심 있는 대비를 만들 수 있다. 예를 들어, 칭찬을 하지 않은 집단에서 전통적 교수법과 개인 교수법에 차이가 있는지 그리고 컴퓨터 교수법과 개인 교수법에 차이가 있는지를 검정할 수 있다. 칭찬을 하는 집단에서도 교수법에 따른 집단간 차이 비교를 할 수 있다.

대비와 그에 따른 표준오차 그리고 t 통계값을 계산하는 절차는 교차설계의 사후대비분석과 동일하며, 다만 기각값만 다르다. K 수준을 지닌 B 변수에 내재된 A 변수 효과를 검정하는 완전무선 2요인설계에서 사전대비분석을 위한 기각값은 다음과 같다.

$$\pm t_{df_W,\ 2\alpha/\ K\ /\ \text{대비수}}$$

J 수준을 지닌 A 변수에 내재되어 B 변수 효과를 검정하는 완전무선 2요인설계에서의 사전대비분석을 위한 기각값은 다음과 같다.

$$\pm t_{df_W,\ 2\alpha\ /\ J\ /\ \text{대비수}}$$

연구목적에 따라 교차설계와 내재설계가 선택되며, 두 설계방법 모두에 사후대비분석과 사전대비분석이 실시될 수 있다. 이론적 배경이 강할수록 내재설계의 사전대비분석을 실시할 수 있다.

5.3 경향성분석

완전무선 2요인설계도 완전무선설계와 같이 양적 처치변수가 일정 간격을 유지하였을 경우, 경향성분석을 실시할 수 있다. 주효과인 A, B 처치변수에 대한 경향성과 AB 상호작용에 대한 경향성을 분석할 수 있으며 A 처치변수와 B 처치변수의 수준이 각각 3개라면 경향성분석을 위한 분산분석표는 〈표 5-7〉과 같다.

❖〈표 5-7〉 완전무선 요인설계의 경향성분석 ($J=3$, $K=3$)

분산원	SS	df	MS	F
A처치(3)				
선형성				
곡선형성				
B 처치(3)				
선형성				
곡선형성				
AB 상호작용				
선형성×선형성				
선형성×곡선형성				
곡선형성×선형성				
곡선형성×곡선형성				
집단내(오차)				
총				

경향성분석에 있어 처치변수의 집단이나 수준이 3개이면 선형성과 곡선형성을, 4개이면 3차 곡선형성까지 검증할 수 있으므로 경향성에 대한 분석은 처치변수의 집단이나 수준 수에 의하여 결정된다.

A와 B 처치변수의 경향성에 대한 분석과 해석은 완전무선설계의 경향성분석 방법과 동일하다. A 처치변수에 대한 경향성은 B 처치변수를 무시하고 A 처치변수의 집단이나 수준의 평균값과 경향성분석 대비계수를 대입하여 추정한다. B 처치변수의 경향성 역시 A 처치변수의 집단이나 수준을 무시하고 B 처치변수의 집단이나 수준별 평균과 경향성분석 대비계수로 경향성을 분석한다.

AB 두 처치변수의 상호작용에 대한 경향성분석은 평면에서 분석되는 것이 아니라 3차원 공간에서의 경향성을 분석하게 된다. A 처치변수와 B 처치변수가 선형성과 선형성이라면 [그림 5-5]와 같다.

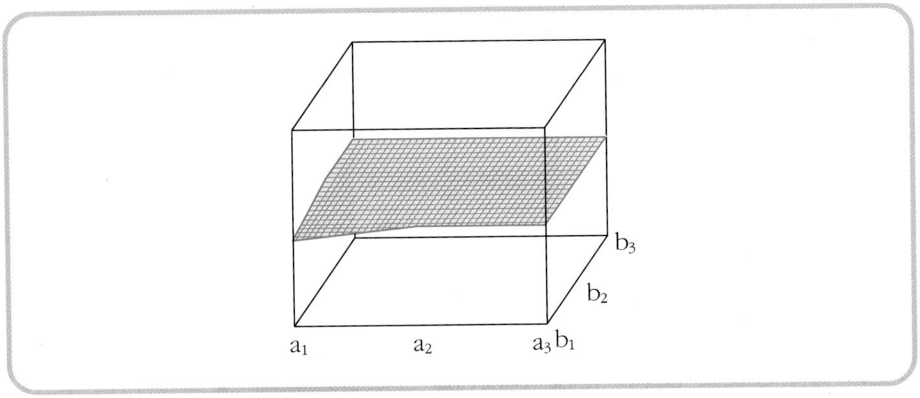

[그림 5-5] A, B 처치변수 모두 선형성

A, B 두 처치변수에서 동시에 선형성의 경향이 있다면 직육면체를 대각선으로 절단하였을 때의 평면의 모습이다. 두 처치변수가 상호작용이 나타난다면 공간에서 평면의 형태가 아니라 들쭉날쭉한 모양이 될 것이다.

한 처치변수에서 선형성을 나타내고 다른 처치변수에서 곡선형성을 나타낸다면 [그림 5-6]과 같다.

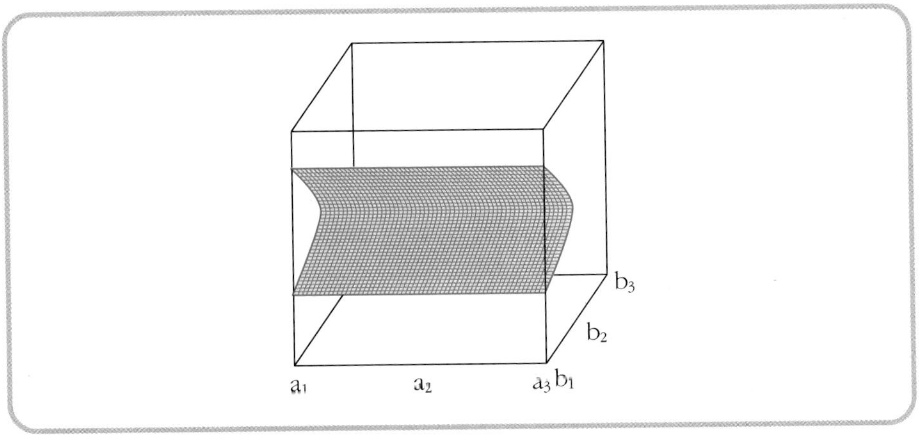

[그림 5-6] A 처치변수는 선형성, B 처치변수는 곡선형성인 경우

A 처치변수는 a_1, a_2, a_3수준에서 선형성을 유지하고 B 처치변수는 b_1수준에서 높다가 b_2에서 낮아지고 다시 b_3수준에서 종속변수가 높아지는 경향성을 보인다.

두 처치변수가 모두 곡선형성을 가질 때는 [그림 5-7]과 같다. 이 경우는 3차원의 공간에서 종(Bell)의 형태를 갖는다.

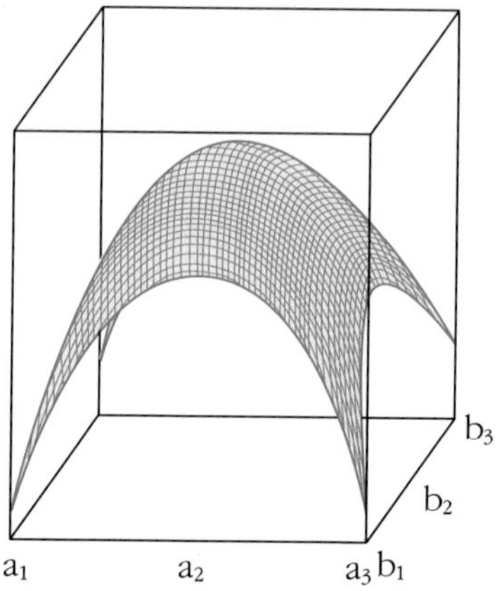

[그림 5-7] A, B 처치변수 모두 곡선형성

완전무선 2요인설계에서 두 처치변수의 경향성분석은 A 처치변수와 B 처치변수의 상호작용에서 분석할 수 있으므로 두 처치변수의 경향성분석은 〈표 5-7〉에서와 같이 4개의 경향성분석이 되며 가설은 다음과 같다.

$$H_0: \psi_{lin(A)}\psi_{lin(B)} = 0 \qquad H_0: \psi_{lin(A)}\psi_{quad(B)} = 0$$

$$H_0: \psi_{quad(A)}\psi_{lin(B)} = 0 \qquad H_0: \psi_{quad(A)}\psi_{quad(B)} = 0$$

각 처치변수의 경향성분석을 위한 경향성의 대비계수는 〈표 5-8〉과 같다.

❖〈표 5-8〉 경향성분석을 위한 대비계수

	A 처치변수	B 처치변수
선형성	−1 0 1	−1 0 1
곡선형성	1 −2 1	1 −2 1

두 처치변수의 경향성의 조합은 4가지 유형으로서 이 유형을 분석하기 위한 대비계수들은 A 처치변수의 경향성의 대비계수와 B 처치변수의 경향성의 대비계수를 합성하여야 한다. [그림 5-5]의 A 처치변수와 B 처치변수가 모두 선형성일 때 이 평면을 구성하는 점은 $a_1b_1, a_1b_2, a_1b_3, a_2b_1, a_2b_2, a_2b_3, a_3b_1, a_3b_2, a_3b_3$의 총 9개 점에 대한 대비계수를 구해야 한다. 두 처치변수의 선형성을 검정하기 위한 대비계수는 〈표 5-9〉와 같다.

❖〈표 5-9〉 두 처치변수의 경향성분석을 위한 대비계수

점	대비계수
a_1b_1	$c_{11} = (-1)\times(-1) = 1$
a_1b_2	$c_{12} = (-1)\times(0) = 0$
a_1b_3	$c_{13} = (-1)\times(1) = -1$
a_2b_1	$c_{21} = (0)\times(-1) = 0$
a_2b_2	$c_{22} = (0)\times(0) = 0$
a_2b_3	$c_{23} = (0)\times(1) = 0$
a_3b_1	$c_{31} = (1)\times(-1) = -1$
a_3b_2	$c_{32} = (1)\times(0) = 0$
a_3b_3	$c_{33} = (1)\times(1) = 1$

이 원리에 의하여 A 처치변수가 선형성이고 B 처치변수가 곡선형성일 때, A 처치변수가 곡선형이고 B 처치변수가 선형성일 때, A 처치변수와 B 처치변수가 모두 곡선형성일 때, 이를 분석하기 위한 대비계수는 〈표 5-10〉과 같다.

❖〈표 5-10〉 두 처치변수의 경향성분석을 위한 대비계수

점 대비	경향성 유형의 대비계수		
	A 선형× B 곡선형	A 곡선형× B 선형	A 곡선형× B 곡선형
$a_1b_1 : c_{11}$	$(-1)\times(1) = -1$	$(1)\times(-1) = -1$	$(1)\times(1) = 1$
$a_1b_2 : c_{12}$	$(-1)\times(-2) = 2$	$(1)\times(0) = 0$	$(1)\times(-2) = -2$
$a_1b_3 : c_{13}$	$(-1)\times(1) = -1$	$(1)\times(1) = 1$	$(1)\times(1) = 1$
$a_2b_1 : c_{21}$	$(0)\times(1) = 0$	$(-2)\times(-1) = 2$	$(-2)\times(1) = -2$
$a_2b_2 : c_{22}$	$(0)\times(-2) = 0$	$(-2)\times(0) = 0$	$(-2)\times(-2) = 4$
$a_2b_3 : c_{23}$	$(0)\times(1) = 0$	$(-2)\times(1) = -2$	$(-2)\times(1) = -2$
$a_3b_1 : c_{31}$	$(1)\times(1) = 1$	$(1)\times(-1) = -1$	$(1)\times(1) = 1$
$a_3b_2 : c_{32}$	$(1)\times(-2) = -2$	$(1)\times(0) = 0$	$(1)\times(-2) = -2$
$a_3b_3 : c_{33}$	$(1)\times(1) = 1$	$(1)\times(1) = 1$	$(1)\times(1) = 1$

경향성분석을 위한 $\hat{\psi}$, $SE_{\hat{\psi}}$, $t_{\hat{\psi}}$는 다음과 같다.

$$\hat{\psi} = \sum_{j=1}^{J}\sum_{k=1}^{K} c_{jk}\overline{Y}_{\cdot jk}$$

$$SE_{\hat{\psi}} = \sqrt{MS_W \sum_{j=1}^{J}\sum_{k=1}^{K} \frac{c_{jk}^2}{n_{jk}}}$$

$$t_{\hat{\psi}} = \frac{\hat{\psi}}{SE_{\hat{\psi}}}$$

AB상호작용에서의 경향성분석은 사후분석의 원리를 따르지만 각 대비가 서로 직교대비이기 때문에 Scheffé 기각값을 사용하지 않는다. 전체가설 검정에서 AB 상호작용효과가 통계적으로 유의하였다면 어느 대비에서 유의한 상호작용효과가 나타났는지 사후분석을 통해 찾을 수 있다. 이때 가능한 모든 대비인 a_jb_k, $a_{j'}b_k$, $a_jb_{k'}$, $a_{j'}b_{k'}$의 검정을 위하여 다음과 같은 Scheffé 기각값을 사용한다.

$$S = \pm\sqrt{(J-1)(K-1)F_{(J-1)(K-1),\, df_W,\, \alpha}}$$

그러나 경향성분석에서는 경향성분석을 위한 대비계수가 직교대비이듯이 AB 두 처치변수의 상호작용에 대한 경향성분석 역시 직교대비이기 때문에 t 분포표([수표 5])에서 자유도와 유의수준에 의한 t 기각값을 사용하게 된다. 그러므로 기각값은 $t_{df_{W},\alpha}$가 된다. 추정한 t 통계값이 t 기각값의 절대값보다 크면 영가설을 기각한다.

직교대비를 다시 설명하면 대비계수의 곱의 합이 0이 됨을 말한다. 〈표 5-10〉에서 각 점에서 선형과 곡선형의 대비계수와 곡선형과 선형의 대비계수를 곱하고 모두 더하면 0이 된다. 곡선형과 선형의 대비계수와 곡선형과 곡선형의 대비계수를 곱하고 다 더해도 0이 된다. 물론 선형과 곡선형 그리고 곡선형과 곡선형의 대비계수의 곱의 합 또한 0이 된다. 즉, 경향성분석을 위한 네 개의 대비가 모두 직교대비임을 알 수 있다. 직교대비는 하나의 대비가 다른 대비와 독립적이어서 서로 중첩되지 않는다는 의미가 있으므로 기각값을 적용할 경우 Scheffé 기각값을 사용하지 않는다.

수면결핍으로 인한 반응시간의 연구에서 잠 안오는 약을 복용한 경우의 예는 〈표 5-11〉과 같다. 수면결핍시간은 12시간, 18시간, 24시간으로 설정하고 잠 안오는 약의 복용은 약을 먹지 않을 때와 10mg 그리고 20mg으로 하였다. 연구대상 36명은 무선할당하였고 반응시간은 모의운전연습에서 물체가 나타났을 때 키를 눌러 자동차를 정지시키는 데 소요되는 시간으로 단위는 초였다.

❖〈표 5-11〉 수면결핍시간과 잠 안오는 약의 복용량에 따른 정지반응시간

복용량 \ 수면결핍	12시간		18시간		24시간	
0mg	8		9		12	
	6		9		11	
	7		10		11	
	9	7.50	10	9.50	12	11.50
10mg	5		4		6	
	4		5		5	
	3		5		6	
	4	4.00	6	5.00	7	6.00
20mg	5		7		10	
	6		8		11	
	4		5		12	
	5	5.00	8	7.00	9	10.50

수면결핍시간에 따른 반응시간과 잠 안오는 약 복용량에 따른 반응시간의 상호작용에 대한 경향성인 선형, 곡선형 검정은 네 가지 형태가 가능하며, 절차는 다음과 같다.

첫 번째, 선형과 선형성 검정의 $\hat{\psi}_{lin(A)}\hat{\psi}_{lin(B)}$, $SE_{\hat{\psi}_{lin(A)}\hat{\psi}_{lin(B)}}$, $t_{\hat{\psi}_{lin(A)}\hat{\psi}_{lin(B)}}$는 다음과 같다.

$$\begin{aligned}\hat{\psi}_{lin(A)}\hat{\psi}_{lin(B)} &= \sum_{j=1}^{J}\sum_{k=1}^{K} c_{jk}\overline{Y}_{\cdot jk} \\ &= (1)7.50+(0)4.00+(-1)5.00 \\ &\quad +(0)9.50+(0)5.00+(0)7.00 \\ &\quad +(-1)11.50+(0)6.00+(1)10.50 \\ &= 1.500\end{aligned}$$

$$SE_{\hat{\psi}_{lin(A)}\hat{\psi}_{lin(B)}} = \sqrt{MS_W \sum_{j=1}^{J}\sum_{k=1}^{K}\frac{c_{jk}^2}{n_{jk}}}$$

$$= \sqrt{(.963)\left[\frac{(1)^2+(0)^2+(-1)^2+(0)^2+(0)^2+(0)^2+(-1)^2+(0)^2+(1)^2}{4}\right]}$$

$$= .981$$

$$\because MS_W = \sum_{i=1}^{n}\sum_{j=1}^{J}\sum_{k=1}^{K}(Y_{ijk}-\overline{Y}_{\cdot jk})^2/JK(n-1)$$

$$= [(8-7.50)^2+\cdots+(9-10.50)^2]/3\cdot 3\cdot (4-1) = .963$$

$$t_{\hat{\psi}_{lin(A)}\hat{\psi}_{lin(B)}} = \frac{\hat{\psi}_{lin(A)}\hat{\psi}_{lin(B)}}{SE_{\hat{\psi}_{lin(A)}\hat{\psi}_{lin(B)}}} = \frac{1.500}{.981} = 1.529$$

두 번째, 선형과 곡선형성 검정의 $\hat{\psi}_{lin(A)}\hat{\psi}_{quad(B)}$, $SE_{\hat{\psi}_{lin(A)}\hat{\psi}_{quad(B)}}$, $t_{\hat{\psi}_{lin(A)}\hat{\psi}_{quad(B)}}$는 다음과 같다.

$$\hat{\psi}_{lin(A)}\hat{\psi}_{quad(B)} = \sum_{j=1}^{J}\sum_{k=1}^{K} c_{jk}\overline{Y}_{\cdot jk}$$

$$= (-1)7.50+(2)4.00+(-1)5.00$$

$$+(0)9.50+(0)5.00+(0)7.00$$

$$+(1)11.50+(-2)6.00+(1)10.50$$

$$= 5.500$$

$$SE_{\hat{\psi}_{lin(A)}\hat{\psi}_{quad(B)}} = \sqrt{MS_W \sum_{j=1}^{J}\sum_{k=1}^{K}\frac{c_{jk}^2}{n_{jk}}}$$

$$= \sqrt{(.963)\left[\frac{(-1)^2+(2)^2+(-1)^2+(0)^2+(0)^2+(0)^2+(1)^2+(-2)^2+(1)^2}{4}\right]}$$

$$= 1.700$$

$$t_{\hat{\psi}_{lin(A)}\hat{\psi}_{quad(B)}} = \frac{\hat{\psi}_{lin(A)}\hat{\psi}_{quad(B)}}{SE_{\hat{\psi}_{lin(A)}\hat{\psi}_{quad(B)}}} = \frac{5.500}{1.700} = 3.235$$

세 번째, 곡선과 선형성 검정의 $\hat{\psi}_{quad(A)}\hat{\psi}_{lin(B)}$, $SE_{\hat{\psi}_{quad(A)}\hat{\psi}_{lin(B)}}$, $t_{\hat{\psi}_{quad(A)}\hat{\psi}_{lin(B)}}$ 는 다음과 같다.

$$\begin{aligned}\hat{\psi}_{quad(A)}\hat{\psi}_{lin(B)} &= \sum_{j=1}^{J}\sum_{k=1}^{K} c_{jk}\overline{Y}._{jk} \\ &= (-1)7.50 + (0)4.00 + (1)5.00 \\ &\quad + (2)9.50 + (0)5.00 + (-2)7.00 \\ &\quad + (-1)11.50 + (0)6.00 + (1)10.50 \\ &= 1.500\end{aligned}$$

$$\begin{aligned}SE_{\hat{\psi}_{quad(A)}\hat{\psi}_{lin(B)}} &= \sqrt{MS_W \sum_{j=1}^{J}\sum_{k=1}^{K}\frac{c_{jk}^2}{n_{jk}}} \\ &= \sqrt{(.963)\left(\frac{(-1)^2 + (0)^2 + (1)^2 + \cdots + (-1)^2 + (0)^2 + (1)^2}{4}\right)} \\ &= 1.700\end{aligned}$$

$$t_{\hat{\psi}_{quad(A)}\hat{\psi}_{lin(B)}} = \frac{\hat{\psi}_{quad(A)}\hat{\psi}_{lin(B)}}{SE_{\hat{\psi}_{quad(A)}\hat{\psi}_{lin(B)}}} = \frac{1.500}{1.700} = .882$$

네 번째, 곡선과 곡선형성 검정의 $\hat{\psi}_{quad(A)}\hat{\psi}_{quad(B)}$, $SE_{\hat{\psi}_{quad(A)}\hat{\psi}_{quad(B)}}$, $t_{\hat{\psi}_{quad(A)}\hat{\psi}_{quad(B)}}$ 는 다음과 같다.

$$\begin{aligned}\hat{\psi}_{quad(A)}\hat{\psi}_{quad(B)} &= \sum_{j=1}^{J}\sum_{k=1}^{K} c_{jk}\overline{Y}._{jk} \\ &= (1)7.50 + (-2)4.00 + (1)5.00 \\ &\quad + (-2)9.50 + (4)5.00 + (-2)7.00 \\ &\quad + (1)11.50 + (-2)6.00 + (1)10.50 \\ &= 1.500\end{aligned}$$

$$SE_{\hat{\psi}_{quad(A)}\hat{\psi}_{quad(B)}} = \sqrt{MS_W \sum_{j=1}^{J}\sum_{k=1}^{K} \frac{c_{jk}^2}{n_{jk}}}$$

$$= \sqrt{(.963)\left[\frac{(1)^2 + (-2)^2 + (1)^2 + \cdots + (1)^2 + (-2)^2 + (1)^2}{4}\right]}$$

$$= 2.944$$

$$t_{\hat{\psi}_{quad(A)}\hat{\psi}_{quad(B)}} = \frac{\hat{\psi}_{quad(A)}\hat{\psi}_{quad(B)}}{SE_{\hat{\psi}_{quad(A)}\hat{\psi}_{quad(B)}}} = \frac{1.500}{2.944} = .510$$

경향성분석은 직교대비이므로 기각값은 $t_{df_W = 27, \alpha = .05}$ 이며 [수표 5]에서 확인하면 2.052이다. 네 가지 유형의 경향성분석 중 두 번째 경향성인 선형성×곡선형성 검정의 분석 결과인 $t_{\hat{\psi}_{lin(A)}\hat{\psi}_{quad(B)}}$ 가 3.235로 t 기각값인 ± 2.052 보다 절대값이 크므로 영가설을 기각한다.

A, B 두 처치변수에 대한 경향성분석 결과를 정리하면 〈표 5-12〉와 같다.

❖〈표 5-12〉 A, B 두 처치변수의 경향성분석 결과

A, B 처치변수	$\hat{\psi}_{(A)}\hat{\psi}_{(B)}$	$SE_{\hat{\psi}_{(A)}\hat{\psi}_{(B)}}$	$t_{\hat{\psi}_{(A)}\hat{\psi}_{(B)}}$
선형×선형성	1.500	.981	1.529
선형×곡선형성	5.500	1.700	3.235
곡선형×선형성	1.500	1.700	.882
곡선형×곡선형성	1.500	2.944	.510

$t_{27, .05} = \pm 2.052$

네 유형의 경향성분석 중에 수면결핍시간에 따른 반응시간의 선형과 약복용량에 따른 반응시간의 곡선형성의 상호작용만이 통계적으로 유의한 결과를 나타내어 [그림 5-6]과 같은 경향성을 보였다고 해석할 수 있다.

A, B 두 처치변수에 대한 경향성분석 결과를 분산분석표에 보고하는 것은 A 처치변수와 B 처치변수의 주효과나 경향성 그리고 AB 처치변수들의 상호작용효과와 경향성분석을 한눈에 이해할 수 있는 장점이 있다. 이를 위하여 $\hat{\psi}_{(A)}\hat{\psi}_{(B)}$,

$SS_{\hat{\psi}_{(A)}\hat{\psi}_{(B)}}$, $MS_{\hat{\psi}_{(A)}\hat{\psi}_{(B)}}$, MS_W, $F_{\hat{\psi}_{(A)}\hat{\psi}_{(B)}}$의 값을 계산하여 F검정을 하는 것이 바람직하다. 경향성분석을 위한 $\hat{\psi}_{(A)}\hat{\psi}_{(B)}$, $SS_{\hat{\psi}_{(A)}\hat{\psi}_{(B)}}$, $MS_{\hat{\psi}_{(A)}\hat{\psi}_{(B)}}$, MS_W, $F_{\hat{\psi}_{(A)}\hat{\psi}_{(B)}}$는 다음과 같다.

$$\hat{\psi}_{(A)}\hat{\psi}_{(B)} = \sum_{j=1}^{J}\sum_{k=1}^{K} c_{jk}\overline{Y}_{\cdot jk}$$

$$SS_{\hat{\psi}_{(A)}\hat{\psi}_{(B)}} = (\hat{\psi}_{(A)}\hat{\psi}_{(B)})^2 / \sum_{j=1}^{J}\sum_{k=1}^{K}\frac{c_{jk}^2}{n_{jk}}$$

$$F_{\hat{\psi}_{(A)}\hat{\psi}_{(B)}} = \frac{MS_{\hat{\psi}_{(A)}\hat{\psi}_{(B)}}}{MS_W}$$

수면결핍시간에 따른 반응시간과 잠 안오는 약 복용량에 따른 반응시간의 상호작용에 대한 선형성, 곡선형성 검정의 $\hat{\psi}_{(A)}\hat{\psi}_{(B)}$, $SS_{\hat{\psi}_{(A)}\hat{\psi}_{(B)}}$, $MS_{\hat{\psi}_{(A)}\hat{\psi}_{(B)}}$, MS_W, $F_{\hat{\psi}_{(A)}\hat{\psi}_{(B)}}$는 다음과 같다.

첫 번째, 선형과 선형성 검정을 위한 $\hat{\psi}_{lin(A)}\hat{\psi}_{lin(B)}$, $SS_{\hat{\psi}_{lin(A)}\hat{\psi}_{lin(B)}}$, MS_W, $MS_{\hat{\psi}_{lin(A)}\hat{\psi}_{lin(B)}}$, $F_{\hat{\psi}_{lin(A)}\hat{\psi}_{lin(B)}}$는 다음과 같다.

$$\begin{aligned}\hat{\psi}_{lin(A)}\hat{\psi}_{lin(B)} &= \sum_{j=1}^{J}\sum_{k=1}^{K} c_{jk}\overline{Y}_{\cdot jk} \\ &= (1)7.50 + (0)4.00 + (-1)5.00 \\ &\quad + (0)9.50 + (0)5.00 + (0)7.00 \\ &\quad + (-1)11.50 + (0)6.00 + (1)10.50 \\ &= 1.500\end{aligned}$$

$$\begin{aligned}SS_{\hat{\psi}_{lin(A)}\hat{\psi}_{lin(B)}} &= (\hat{\psi}_{lin(A)}\hat{\psi}_{lin(B)})^2 / \sum_{j=1}^{J}\sum_{k=1}^{K}\frac{c_{jk}^2}{n_{jk}} \\ &= \frac{(1.500)^2}{\frac{(1)^2+(0)^2+(-1)^2+(0)^2+(0)^2+(0)^2+(-1)^2+(0)^2+(1)^2}{4}} \\ &= 2.250\end{aligned}$$

$MS_W = .963$

$MS_{\hat{\psi}_{lin(A)}\hat{\psi}_{lin(B)}} = 2.250$

($\because$ 경향성분석은 자유도가 1이므로 $SS_{\hat{\psi}_{lin(A)}\hat{\psi}_{lin(B)}}$는 $MS_{\hat{\psi}_{lin(A)}\hat{\psi}_{lin(B)}}$와 같다.)

$$F_{\hat{\psi}_{lin(A)}\hat{\psi}_{lin(B)}} = \frac{MS_{\hat{\psi}_{lin(A)}\hat{\psi}_{lin(B)}}}{MS_W} = \frac{2.250}{.963} = 2.336$$

두 번째, 선형과 곡선형성 검정을 위한 $\hat{\psi}_{lin(A)}\hat{\psi}_{quad(B)}$, $SS_{\hat{\psi}_{lin(A)}\hat{\psi}_{quad(B)}}$, MS_W, $MS_{\hat{\psi}_{lin(A)}\hat{\psi}_{quad(B)}}$, $F_{\hat{\psi}_{lin(A)}\hat{\psi}_{quad(B)}}$는 다음과 같다.

$$\begin{aligned}\hat{\psi}_{lin(A)}\hat{\psi}_{quad(B)} &= \sum_{j=1}^{J}\sum_{k=1}^{K} c_{jk}\overline{Y}_{\cdot jk} \\ &= (-1)7.50 + (2)4.00 + (-1)5.00 \\ &\quad + (0)9.50 + (0)5.00 + (0)7.00 \\ &\quad + (1)11.50 + (-2)6.00 + (1)10.50 \\ &= 5.500\end{aligned}$$

$$\begin{aligned}SS_{\hat{\psi}_{lin(A)}\hat{\psi}_{quad(B)}} &= (\hat{\psi}_{lin(A)}\hat{\psi}_{quad(B)})^2 / \sum_{j=1}^{J}\sum_{k=1}^{K}\frac{c_{jk}^2}{n_{jk}} \\ &= \frac{(5.500)^2}{\frac{(-1)^2 + (2)^2 + (-1)^2 + (0)^2 + (0)^2 + (0)^2 + (1)^2 + (-2)^2 + (1)^2}{4}} \\ &= 10.083\end{aligned}$$

$MS_W = .963$

$MS_{\hat{\psi}_{lin(A)}\hat{\psi}_{quad(B)}} = 10.083$

$$F_{\hat{\psi}_{lin(A)}\hat{\psi}_{quad(B)}} = \frac{MS_{\hat{\psi}_{lin(A)}\hat{\psi}_{quad(B)}}}{MS_W} = \frac{10.083}{.963} = 10.471$$

세 번째, 곡선형과 선형성을 검정하기 위한 $\hat{\psi}_{quad(A)}\hat{\psi}_{lin(B)}$, $SS_{\hat{\psi}_{quad(A)}\hat{\psi}_{lin(B)}}$, MS_W, $MS_{\hat{\psi}_{quad(A)}\hat{\psi}_{lin(B)}}$, $F_{\hat{\psi}_{quad(A)}\hat{\psi}_{lin(B)}}$는 다음과 같다.

$$\begin{aligned}\hat{\psi}_{quad(A)}\hat{\psi}_{lin(B)} &= \sum_{j=1}^{J}\sum_{k=1}^{K} c_{jk}\overline{Y}_{\cdot jk} \\ &= (-1)7.500+(0)4.000+(1)5.000 \\ &\quad +(2)9.500+(0)5.000+(-2)7.000 \\ &\quad +(-1)11.500+(0)6.000+(1)10.500 \\ &= 1.500\end{aligned}$$

$$\begin{aligned}SS_{\hat{\psi}_{quad(A)}\hat{\psi}_{lin(B)}} &= (\hat{\psi}_{quad(A)}\hat{\psi}_{lin(B)})^2 / \sum_{j=1}^{J}\sum_{k=1}^{K}\frac{c_{jk}^2}{n_{jk}} \\ &= \frac{(1.500)^2}{\frac{(-1)^2+(0)^2+(1)^2+(2)^2+(0)^2+(-2)^2+(-1)^2+(0)^2+(1)^2}{4}} \\ &= .750\end{aligned}$$

$$F_{\hat{\psi}_{quad(A)}\hat{\psi}_{lin(B)}} = \frac{.750}{.963} = .779$$

네 번째, 곡선형과 곡선형성 검정을 위한 $\hat{\psi}_{quad(A)}\hat{\psi}_{quad(B)}$, $SS_{\hat{\psi}_{quad(A)}\hat{\psi}_{quad(B)}}$, MS_W, $MS_{\hat{\psi}_{quad(A)}\hat{\psi}_{quad(B)}}$, $F_{\hat{\psi}_{quad(A)}\hat{\psi}_{quad(B)}}$는 다음과 같다.

$$\begin{aligned}\hat{\psi}_{quad(A)}\hat{\psi}_{quad(B)} &= \sum_{j=1}^{J}\sum_{k=1}^{K} c_{jk}\overline{Y}_{\cdot jk} \\ &= (1)7.500+(-2)4.000+(1)5.000 \\ &\quad +(-2)9.500+(4)5.000+(-2)7.000 \\ &\quad +(1)11.500+(-2)6.000+(1)10.500\end{aligned}$$

$$= 1.500$$

$$SS_{\hat{\psi}_{quad(A)}\hat{\psi}_{quad(B)}} = (\hat{\psi}_{quad(A)}\hat{\psi}_{quad(B)})^2 / \sum_{j=1}^{J}\sum_{k=1}^{K}\frac{c_{jk}^2}{n_{jk}}$$

$$= \frac{(1.500)^2}{\frac{(1)^2+(-2)^2+(1)^2+(-2)^2+(4)^2+(-2)^2+(1)^2+(-2)^2+(1)^2}{4}}$$

$$= .250$$

$$F_{\hat{\psi}_{quad(A)}\hat{\psi}_{quad(B)}} = \frac{.250}{.963} = .260$$

F검정을 위하여 계산한 $\hat{\psi}_{(A)}\hat{\psi}_{(B)}$, $SS_{\hat{\psi}_{(A)}\hat{\psi}_{(B)}}$, $MS_{\hat{\psi}_{(A)}\hat{\psi}_{(B)}}$, MS_W, $F_{\hat{\psi}_{(A)}\hat{\psi}_{(B)}}$를 포함한 완전무선 2요인설계의 경향성분석 결과는 〈표 5-13〉과 같다.

❖〈표 5-13〉 완전무선 요인설계의 경향성분석 (J=3, K=3)

분산원	*SS*	*df*	*MS*	*F*
A 처치(수면결핍)(3)	88.667	2	44.333	46.083
선형	29.384	1	29.384	30.513
곡선형	.167	1	.167	.173
B 처치(복용량)(3)	122.000	2	61.000	63.346
선형	8.000	1	8.000	8.307
곡선형	32.667	1	32.667	33.922
AB 상호작용	13.333	4	3.333	3.462
선형×선형성	2.250	1	2.250	2.336
선형×곡선형성	10.083	1	10.083	10.471
곡선형×선형성	.750	1	.750	.779
곡선형×곡선형성	.250	1	.250	.260
집단내(오차)	26.000	27	.963	
총	250.000	35		

$F_{1,27,.05} = 4.215$, $F_{2,27,.05} = 3.355$, $F_{4,27,.05} = 2.725$

경향성분석은 직교대비이고 F 분포에 의한 기각값을 사용한다. F 기각값은 $F_{1,27,.05}$인 4.215이다. 네 가지 유형의 경향성분석 중 두 번째 경향성인 선형과 곡선형성 검정의 분석 결과인 $F_{\hat{\psi}_{lin(A)}\hat{\psi}_{quad(B)}}$가 10.471로서 4.215보다 크므로 영가설을 기각한다.

A, B 두 처치변수가 등간성을 지닌 양적변수일지라도 처치변수의 수준들이 3수준이상이어야 한다. 만약 어떤 처치변수가 2수준이라면 경향성분석을 위한 대비계수를 설정할 수 없기 때문에 경향성분석을 할 수 없다.

또한, A 처치변수는 질적변수이고, B 처치변수는 등간성을 유지한 양적변수이면서 수준이 3수준 이상이라면 B 처치변수에 대한 경향성분석을 할 수 있으며 분산분석표는 〈표 5-14〉와 같다.

❖〈표 5-14〉 A 처치변수가 질적변수이고 B 처치변수가 양적변수인 경우 경향성분석

분산원	SS	df	MS	F
A				
B				
선형성				
곡선형성				
3차 곡선형성				
오차				
총				

5.4 SPSS 실행

상호작용의 경향성분석 실행은 4.3.5절에서 설명한 경향성분석 SPSS 실행과 동일한 과정이나 데이터에서 수면결핍과 복용량의 상호작용변수를 집단변수로 만들어 주어야 한다. 즉, 36개의 자료가 어디에 포함되는지를 모두 집단변수로 명시

해 주어야 한다. 상호작용의 경향성분석 실시를 위한 자료는 다음과 같은 형태로 입력한다. '수면결핍과 복용량' 변수가 집단변수로서, '11'은 수면결핍이 12시간, 복용량은 0mg인 경우이며 '33'은 수면결핍이 24시간, 복용량은 20mg인 경우를 뜻한다.

	id	수면결핍	복용량	수면결핍과 복용량	반응시간
1	1	1	1	11	8
2	2	1	1	11	6
3	3	1	1	11	7
4	4	1	1	11	9
5	5	1	2	12	5
6	6	1	2	12	4
7	7	1	2	12	3
8	8	1	2	12	4
9	9	1	3	13	5
10	10	1	3	13	6
11	11	1	3	13	4
12	12	1	3	13	5
13	13	2	1	21	9
14	14	2	1	21	9
15	15	2	1	21	10
16	16	2	1	21	10
17	17	2	2	22	4
18	18	2	2	22	5
19	19	2	2	22	5
20	20	2	2	22	6
21	21	2	3	23	7
22	22	2	3	23	8
23	23	2	3	23	5
24	24	2	3	23	8
25	25	3	1	31	12
26	26	3	1	31	11
27	27	3	1	31	11
28	28	3	1	31	12
29	29	3	2	32	6
30	30	3	2	32	5
31	31	3	2	32	6
32	32	3	2	32	7
33	33	3	3	33	10
34	34	3	3	33	11
35	35	3	3	33	12
36	36	3	3	33	9

분석(A) → 평균비교(M) → 일원배치 분산분석(O)에서 대비계수를 직접 입력하여 경향성분석을 실시할 수 있다.

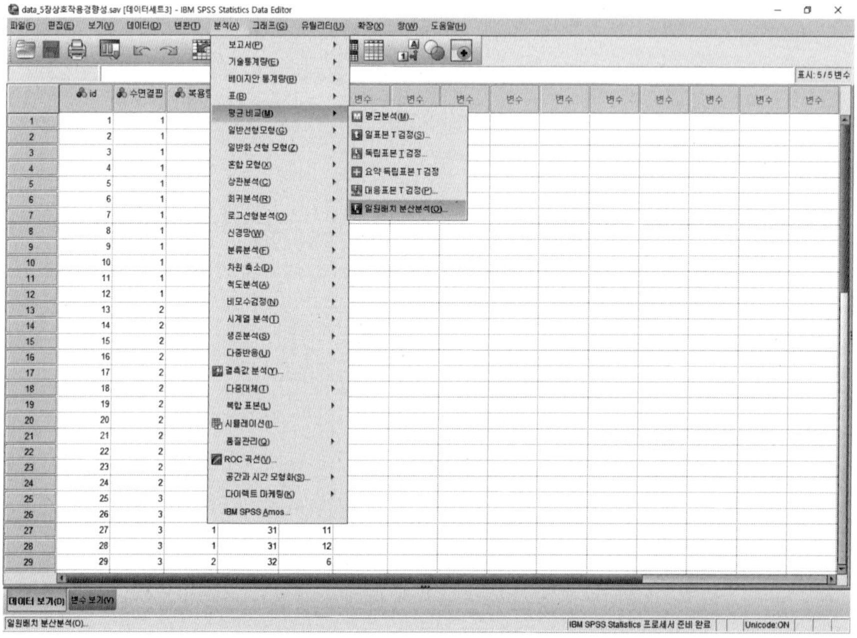

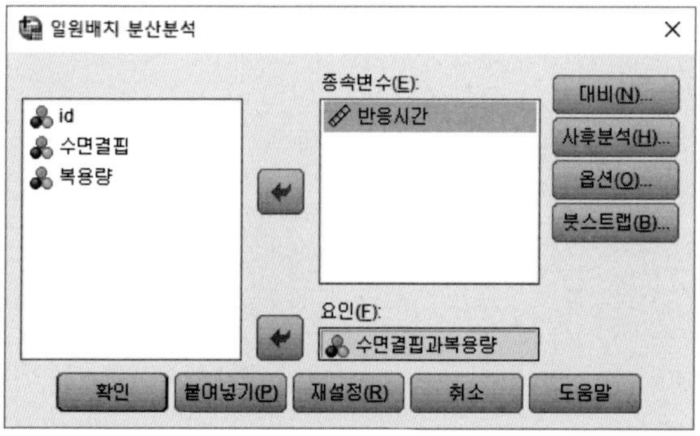

대화상자의 [대비(N)...]를 선택한다. 첫 번째로 선형성(수면결핍)과 선형성(복용량)의 대비계수 1, 0, −1, 0, 0, 0, −1, 0, 1을 입력하고 [다음(N)]을 클릭한다. 같은 방식으로 마지막 네 번째 곡선형성(수면결핍)과 곡선형성(복용량)의 대비계수까지 모두 입력하고 [계속(C)]을 클릭한다.

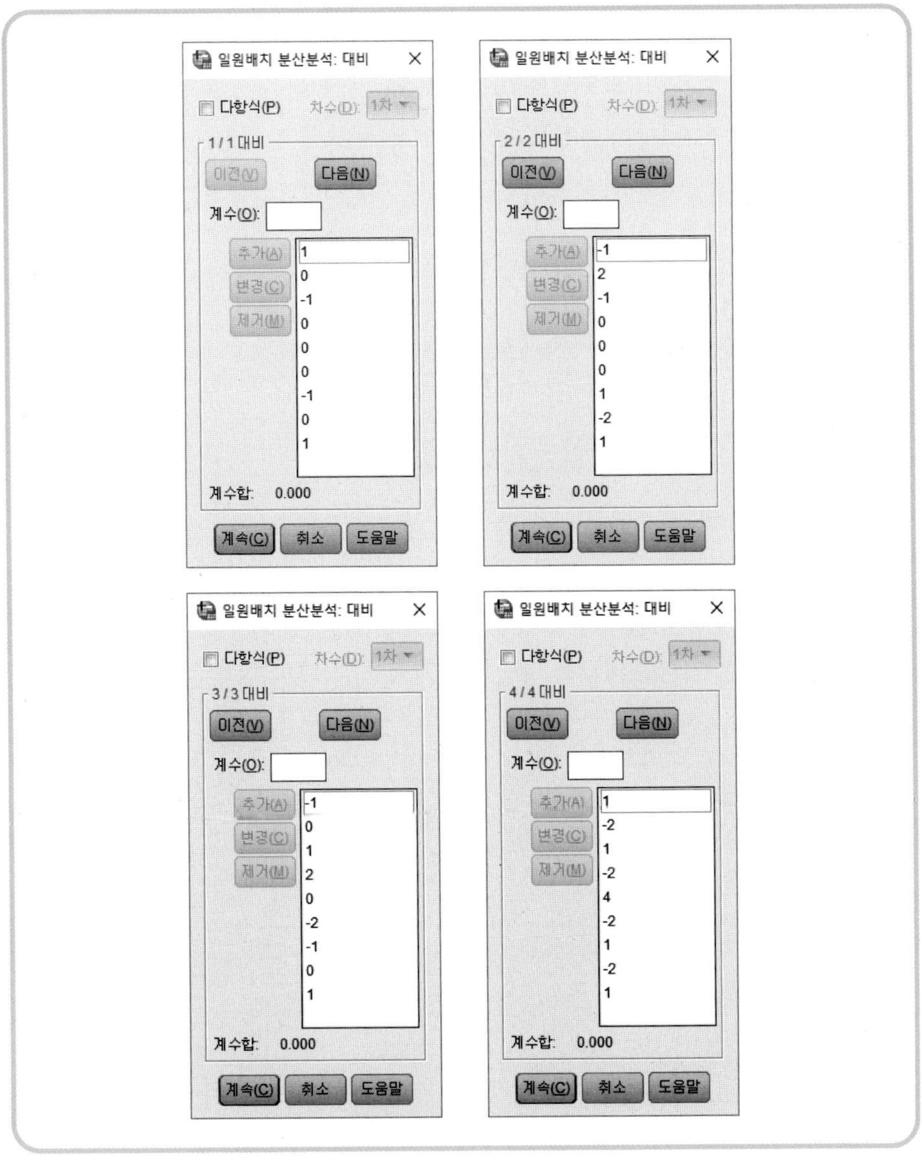

옵션(O)... 을 클릭하여 기술통계(D) 와 분산 동질성 검정(H) 에 체크한 뒤 계속(C) 을 클릭한다.

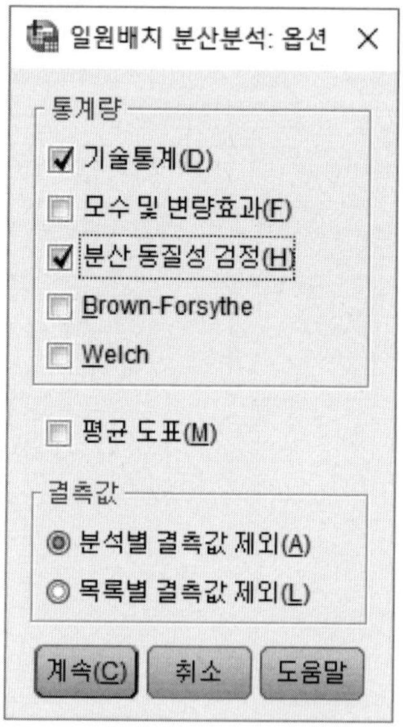

분석창으로 돌아온 뒤 확인 을 누르면 분석이 실행된다.

SPSS 실행 결과, 기술통계값은 다음과 같고 〈표 5−11〉의 분석 결과와 같다.

기술통계

반응시간

	N	평균	표준화 편차	표준화 오류	평균에 대한 95% 신뢰구간 하한	평균에 대한 95% 신뢰구간 상한	최소값	최대값
11	4	7.50	1.291	.645	5.45	9.55	6	9
12	4	4.00	.816	.408	2.70	5.30	3	5
13	4	5.00	.816	.408	3.70	6.30	4	6
21	4	9.50	.577	.289	8.58	10.42	9	10
22	4	5.00	.816	.408	3.70	6.30	4	6
23	4	7.00	1.414	.707	4.75	9.25	5	8
31	4	11.50	.577	.289	10.58	12.42	11	12
32	4	6.00	.816	.408	4.70	7.30	5	7
33	4	10.50	1.291	.645	8.45	12.55	9	12
전체	36	7.33	2.673	.445	6.43	8.24	3	12

분산의 동질성검정을 실시한 결과는 다음과 같다.

분산의 동질성 검정

		Levene 통계량	자유도1	자유도2	유의확률
반응시간	평균을 기준으로 합니다.	.844	8	27	.573
	중위수를 기준으로 합니다.	.750	8	27	.648
	자유도를 수정한 상태에서 중위수를 기준으로 합니다.	.750	8	16.200	.649
	절삭평균을 기준으로 합니다.	.842	8	27	.574

분산의 동질성을 검정한 결과, Levene의 통계값은 .844, 유의확률은 .573으로서 '분산의 동질성 가정을 만족한다.'는 영가설을 기각하지 못하므로 등분산성 가정을 충족하였다. 분산분석 결과는 다음과 같다.

ANOVA

반응시간

	제곱합	자유도	평균제곱	F	유의확률
집단-간	224.000	8	28.000	29.077	.000
집단-내	26.000	27	.963		
전체	250.000	35			

분산분석표를 통해 자유도와 MS_W값, F 통계값의 유의성을 확인할 수 있다. 분석 시 입력하였던 대비계수는 결과 창에서 다음과 같이 나타난다.

대비 계수

	수면결핍과복용량								
대비	11	12	13	21	22	23	31	32	33
1	1	0	-1	0	0	0	-1	0	1
2	-1	2	-1	0	0	0	1	-2	1
3	-1	0	1	2	0	-2	-1	0	1
4	1	-2	1	-2	4	-2	1	-2	1

대비 1은 선형과 선형, 대비 2는 선형과 곡선형, 대비 3은 곡선형과 선형, 대비 4는 곡선형과 곡선형에 대한 대비이다.

다음은 경향성분석의 결과이다.

대비검정

		대비	대비 값	표준화 오류	t	자유도	유의확률 (양측)
반응시간	등분산 가정	1	1.50	.981	1.529	27	.138
		2	5.50	1.700	3.236	27	.003
		3	1.50	1.700	.883	27	.385
		4	1.50	2.944	.510	27	.615
	등분산을 가정하지 않습니다.	1	1.50	1.041	1.441	9.218	.183
		2	5.50	1.555	3.538	13.787	.003
		3	1.50	1.848	.812	7.794	.441
		4	1.50	2.723	.551	13.209	.591

분산의 동질성검정에서 등분산가정을 만족하였으므로 '등분산 가정' 줄을 읽으며, 〈표 5-12〉의 결과와 같다. 선형과 선형에 대한 t 통계값은 1.529로 유의하지 않았다. 선형과 곡선형성의 상호작용에 대한 대비의 t 통계값은 3.235로 유의수준 .05에서 수면결핍과 약 복용량의 상호작용에서 선형과 곡선형성이 나타났다. 곡선형성과 선형성에 대한 t 통계값은 .883으로 유의하지 않았다. 곡선형성과 곡선형성의 t 통계값은 .510으로 이 또한 유의하지 않았다. 따라서 수면결핍과 약 복용량의 상호작용에 대해서는 선형과 곡선형성만이 유의수준 .05에서 나타났다.

5.5 완전무선 2요인설계와 회귀분석

완전무선 2요인설계의 선형모형은 다음과 같다고 하였다.

$$Y_{ijk} = \mu + \alpha_j + \beta_k + \alpha\beta_{jk} + \epsilon_{ijk}$$

완전무선 2요인설계를 중다회귀분석모형으로 전환한 선형모형은 다음과 같다.

$$Y_{ijk} = \beta_0 + \beta_1 X_1 + \beta_2 X_2 + \beta_3 X_1 X_2 + \epsilon_{ijk}$$

단순회귀분석은 평면에 의하여 설명되지만 두 개의 독립변수가 있는 중다회귀분석은 2차원 공간이므로 행렬에 의해 계산절차를 설명하여야 하나 개념적으로 설명하면 1차원에 의한 단순회귀분석과 동일하다. 두 개의 통계적 모형이 접근하는 방법은 다르나 원리는 유사하고 다만 수식 전개가 다소 다를 뿐이다. 분산분석에서는 A 처치효과를 α_j로 표기한 반면 회귀분석에서는 X_1 변수로 선형모형에 설정하였기에 회귀계수인 β_1로 표기한다. 분산분석에서 B 처치변수의 효과는 β_k로, 상호작용은 $\alpha\beta_{jk}$로 표기하나 회귀분석에서는 β_2와 β_3로 표기하며 동일한 의미를 갖는다. 처치변수 효과가 없다면 분산분석에서 α_j나 β_k는 0이 될 것이고, 회귀분석에서는 β_1과 β_2가 0이 된다. A 변수와 B 변수의 상호작용인 AB 효과는 회귀분석의 선형모형에서 $X_1 X_2$로 설정되어 분석된다. 분산분석에서 $\alpha\beta_{jk}$인 상호작용효과가 없다면 회귀분석에서 회귀계수 β_3가 0이 된다. 분산분석에서는 독립변수가 일반적으로 질적인 집단변수이고 회귀분석에서는 독립변수가 양적변수와 질적변수 모두가 되어 그 종류가 다르기에 분석방법이 다를 뿐이지 분석 결과는 같다고 할 수 있다.

분산분석은 특정한 처치변수를 설정하여 처치변수의 영향을 분석하는 목적을 가지고 있으므로 가능한 매개변수를 통제하고 처치변수의 원인과 결과를 분석하는 데 주요 목적이 있는 반면, 회귀분석은 통제의 개념보다는 많은 독립변수를 투입하여 어떤 변수가 종속변수에 영향을 가장 많이 주는지 그리고 어떤 독립변수들의 조합이 종속변수를 잘 설명하는지에 대한 최적 모형(best fitting model)을 찾는 데 목적이 있다.

5.6 장단점

실험연구에서 설계가 복잡해지면 처치변수의 영향을 분석하고 특히 상호작용효과를 분석할 수 있는 장점이 있으나 이에 따라 실험 연구과정에서 어려움이 따를 수 있다.

장점으로는, 첫째, 처치변수들의 주효과를 분석할 수 있다. 둘째, 처치변수들의 상호작용효과를 분석할 수 있다. 셋째, 처치변수가 2개이기 때문에 설계가 간단하다.

단점으로는, 첫째, 처치변수만 연구에서 활용하므로 매개변수를 통제하기가 어렵다. 둘째, 사례수가 많을 경우 실험이 용이하지 않을 수 있다. 사례수가 많을 경우 실험분석에서 오차가 작아져 실제적으로는 유의하지 않아도 통계적으로는 유의한 결과를 가져올 수 있다.

연습문제

1. 완전무선설계와 완전무선 2요인설계의 같은 점과 다른 점을 설명하시오.

2. 교차설계와 내재설계의 차이가 무엇인지 설명하시오.

3. 주효과와 상호작용효과에서 상호작용효과는 무엇이며 어떤 대비로 이루어지는지 설명하시오.

4. 완전무선 2요인설계의 기본개념에 대하여 다음 질문에 답하시오.
   - 4-1 선형모형
   - 4-2 총편차, A 처치효과에 의한 편차, B 처치효과에 의한 편차, AB 상호작용효과에 의한 편차, 오차
   - 4-3 총편차제곱합, A 효과에 의한 편차제곱합, B 효과에 의한 편차제곱합, AB 상호작용에 의한 편차제곱합, 오차제곱합
   - 4-4 A, B, AB 의 편차제곱평균
   - 4-5 F_A, $F_{B,}$, F_{AB}
   - 4-6 η_A^2, η_B^2, η_{AB}^2
   - 4-7 분산분석표

5. 교차설계에 대하여 다음 질문에 답하시오.
   - 5-1 사후대비분석 절차
   - 5-2 사전대비분석 절차
   - 5-3 사후와 사전대비분석에서 각 대비에 해당하는 유의수준의 차이

6. 내재설계에 대하여 다음 질문에 답하시오.

6-1 사후대비분석 절차

6-2 사전대비분석 절차

6-3 사후와 사전대비분석에서 각 대비에 해당하는 유의수준의 차이

7. 완전무선 2요인설계에서 $SS_T = SS_A + SS_B + SS_{AB} + SS_W$ 이다. 다음의 질문에 답하시오.

7-1 A 효과에 내재되었을 경우 편차제곱합의 구성이 어떻게 되는지 설명하시오.

7-2 B 효과에 내재되었을 경우 편차제곱합의 구성이 어떻게 되는지 설명하시오.

8. 완전무선 2요인설계에서 경향성분석에 대하여 다음 질문에 답하시오.

8-1 A 처치변수의 경향성분석의 절차와 방법

8-2 B 처치변수의 경향성분석의 절차와 방법

8-3 AB 상호작용에 대한 경향성분석의 절차와 방법

9. 완전무선 2요인설계와 회귀분석의 같은 점과 다른 점을 설명하시오.

10. 완전무선 2요인설계의 장단점을 논하시오.

11. 연구자 본인의 자료를 이용하여 다음 지시에 따라 분석하시오.

11-1 교차설계 그리고 사후대비분석과 사전대비분석을 하시오.

11-2 내재설계 그리고 사후대비분석과 사전대비분석을 하시오.

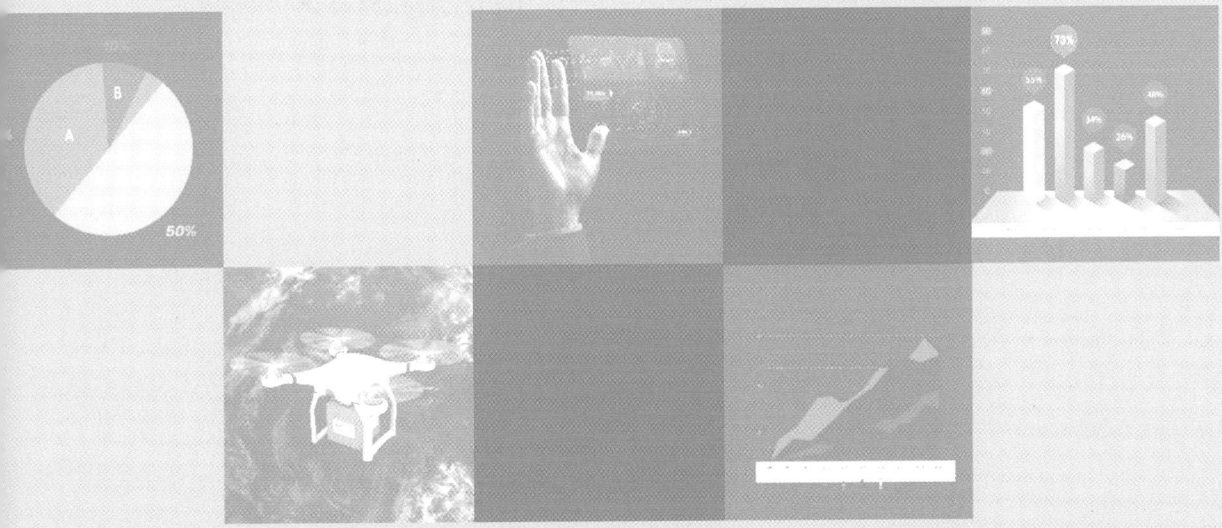

제6장 완전무선 3요인설계

완전무선 3요인설계 제6장

6.1 교차설계

6.1.1 기본개념

완전무선 3요인설계(Completely Randomized 3-Factorial design)는 완전무선 요인설계에서 독립변수인 처치변수가 3개인 실험연구의 모형이다. 그러므로 이는 **3원 분산분석**(three-way ANOVA)이다. 처치변수인 A, B, C의 각 주효과와 AB, AC, BC, ABC 상호작용효과를 분석하기 위한 연구이다. 일반적으로 실험연구에서 두 처치변수의 상호작용은 해석이 가능하나 ABC와 같은 세 개의 처치변수 간의 상호작용을 해석하기가 용이하지 않다. 완전무선 3요인설계의 모형은 [그림 6-1]과 같으며 $\boldsymbol{CRF-JKL}$이다.

A_1			$\cdots$			A_J		
B_1	$\cdots$	B_K	B_1	$\cdots$	B_K	B_1	$\cdots$	B_K
$C_1 \cdots C_L$	$C_1 \cdots C_L$	$C_1 \cdots C_L$	$C_1 \cdots C_L$	$C_1 \cdots C_L$	$C_1 \cdots C_L$	$C_1 \cdots C_L$	$C_1 \cdots C_L$	$C_1 \cdots C_L$

혹은

A / B / C	A_1			$\cdots$			A_J		
	B_1	$\cdots$	B_K	B_1	$\cdots$	B_K	B_1	$\cdots$	B_K
C_1									
$\vdots$									
C_L									

✪[그림 6-1] 완전무선 3요인설계

6.1.2 계산절차

완전무선 3요인설계의 선형모형은 다음과 같다.

$$Y_{ijkl} = \mu + \alpha_j + \beta_k + \gamma_l + \alpha\beta_{jk} + \alpha\gamma_{jl} + \beta\gamma_{kl} + \alpha\beta\gamma_{jkl} + \epsilon_{ijkl}$$

$$(i = 1, \cdots, n\,;\ j = 1, \cdots, J;\ k = 1, \cdots, K\,;\ l = 1, \cdots, L)$$

α_j : A 처치효과
β_k : B 처치효과
γ_l : C 처치효과
$\alpha\beta_{jk}$: AB 상호작용효과
$\alpha\gamma_{jl}$: AC 상호작용효과
$\beta\gamma_{kl}$: BC 상호작용효과
$\alpha\beta\gamma_{jkl}$: ABC 상호작용효과
ϵ_{ijkl} : 개인효과(오차)

Y_{ijkl}의 통계값에 의한 선형모형은 다음과 같다.

$$
\begin{aligned}
Y_{ijkl} = \overline{Y}_{....} &+ \underbrace{(\overline{Y}_{\cdot j \cdot\cdot} - \overline{Y}_{....})}_{d_A} + \underbrace{(\overline{Y}_{\cdot\cdot k \cdot} - \overline{Y}_{....})}_{d_B} + \underbrace{(\overline{Y}_{\cdot\cdot\cdot l} - \overline{Y}_{....})}_{d_C} \\
&+ \underbrace{(\overline{Y}_{\cdot jk \cdot} - \overline{Y}_{\cdot j \cdot\cdot} - \overline{Y}_{\cdot\cdot k \cdot} + \overline{Y}_{....})}_{d_{AB}} + \underbrace{(\overline{Y}_{\cdot j \cdot l} - \overline{Y}_{\cdot j \cdot\cdot} - \overline{Y}_{\cdot\cdot\cdot l} + \overline{Y}_{....})}_{d_{AC}} \\
&+ \underbrace{(\overline{Y}_{\cdot\cdot kl} - \overline{Y}_{\cdot\cdot k \cdot} - \overline{Y}_{\cdot\cdot\cdot l} + \overline{Y}_{....})}_{d_{BC}} \\
&+ \underbrace{(\overline{Y}_{\cdot jkl} - \overline{Y}_{\cdot jk \cdot} - \overline{Y}_{\cdot j \cdot l} - \overline{Y}_{\cdot\cdot kl} + \overline{Y}_{\cdot j \cdot\cdot} + \overline{Y}_{\cdot\cdot k \cdot} + \overline{Y}_{\cdot\cdot\cdot l} - \overline{Y}_{....})}_{d_{ABC}} \\
&+ \underbrace{(Y_{ijkl} - \overline{Y}_{\cdot jkl})}_{d_W}
\end{aligned}
$$

$\overline{Y}_{....}$를 좌변으로 옮기면 편차의 합은 0이므로 각 편차를 제곱하여 더하면 각 편차제곱합을 구하는 이론적 공식이 된다.

$$
\begin{aligned}
&\underbrace{\sum_{i=1}^{n}\sum_{j=1}^{J}\sum_{k=1}^{K}\sum_{l=1}^{L}(Y_{ijkl} - \overline{Y}_{....})^2}_{SS_T} \\
&= \underbrace{\sum_{i=1}^{n}\sum_{j=1}^{J}\sum_{k=1}^{K}\sum_{l=1}^{L}(\overline{Y}_{\cdot j \cdot\cdot} - \overline{Y}_{....})^2}_{SS_A} + \underbrace{\sum_{i=1}^{n}\sum_{j=1}^{J}\sum_{k=1}^{K}\sum_{l=1}^{L}(\overline{Y}_{\cdot\cdot k \cdot} - \overline{Y}_{....})^2}_{SS_B} \\
&\quad + \underbrace{\sum_{i=1}^{n}\sum_{j=1}^{J}\sum_{k=1}^{K}\sum_{l=1}^{L}(\overline{Y}_{\cdot\cdot\cdot l} - \overline{Y}_{....})^2}_{SS_C} \\
&\quad + \underbrace{\sum_{i=1}^{n}\sum_{j=1}^{J}\sum_{k=1}^{K}\sum_{l=1}^{L}(\overline{Y}_{\cdot jk \cdot} - \overline{Y}_{\cdot j \cdot\cdot} - \overline{Y}_{\cdot\cdot k \cdot} + \overline{Y}_{....})^2}_{SS_{AB}} \\
&\quad + \underbrace{\sum_{i=1}^{n}\sum_{j=1}^{J}\sum_{k=1}^{K}\sum_{l=1}^{L}(\overline{Y}_{\cdot j \cdot l} - \overline{Y}_{\cdot j \cdot\cdot} - \overline{Y}_{\cdot\cdot\cdot l} + \overline{Y}_{....})^2}_{SS_{AC}} \\
&\quad + \underbrace{\sum_{i=1}^{n}\sum_{j=1}^{J}\sum_{k=1}^{K}\sum_{l=1}^{L}(\overline{Y}_{\cdot\cdot kl} - \overline{Y}_{\cdot\cdot k \cdot} - \overline{Y}_{\cdot\cdot\cdot l} + \overline{Y}_{....})^2}_{SS_{BC}}
\end{aligned}
$$

$$+\underbrace{\sum_{i=1}^{n}\sum_{j=1}^{J}\sum_{k=1}^{K}\sum_{l=1}^{L}(\overline{Y}_{\cdot jkl}-\overline{Y}_{\cdot jk\cdot}-\overline{Y}_{\cdot j\cdot l}-\overline{Y}_{\cdot\cdot kl}+\overline{Y}_{\cdot j\cdot\cdot}+\overline{Y}_{\cdot\cdot k\cdot}+\overline{Y}_{\cdot\cdot\cdot l}-\overline{Y}_{\cdot\cdot\cdot\cdot})^2}_{SS_{ABC}}$$

$$+\underbrace{\sum_{i=1}^{n}\sum_{j=1}^{J}\sum_{k=1}^{K}\sum_{l=1}^{L}(Y_{ijkl}-\overline{Y}_{\cdot jkl})^2}_{SS_W}$$

공식에 의한 편차제곱합, 자유도, 편차제곱평균, F 통계값 추정에 의한 분산분석표는 〈표 6-1〉과 같다.

❖〈표 6-1〉 $CRF-JKL$의 분산분석표

분산원	SS	df	MS	F	η^2
A	SS_A	$J-1$	$SS_A/(J-1)$	MS_A/MS_W	SS_A/SS_T
B	SS_B	$K-1$	$SS_B/(K-1)$	MS_B/MS_W	SS_B/SS_T
C	SS_C	$L-1$	$SS_C/(L-1)$	MS_C/MS_W	SS_C/SS_T
AB	SS_{AB}	$(J-1)(K-1)$	$SS_{AB}/(J-1)(K-1)$	MS_{AB}/MS_W	SS_{AB}/SS_T
AC	SS_{AC}	$(J-1)(L-1)$	$SS_{AC}/(J-1)(L-1)$	MS_{AC}/MS_W	SS_{AC}/SS_T
BC	SS_{BC}	$(K-1)(L-1)$	$SS_{BC}/(K-1)(L-1)$	MS_{BC}/MS_W	SS_{BC}/SS_T
ABC	SS_{ABC}	$(J-1)(K-1)(L-1)$	$SS_{ABC}/(J-1)(K-1)(L-1)$	MS_{ABC}/MS_W	SS_{ABC}/SS_T
오차	SS_W	$JKL(n-1)$	$SS_W/JKL(n-1)$		
총	SS_T	$nJKL-1$			

6.1.3 교차설계의 예

교수법과 보상여부에 대한 완전무선 2요인설계에 다른 처치변수로 학습을 촉진하는 약을 복용하게 한다면 이는 완전무선 3요인설계가 되며 교수법효과, 보상효과, 약효과 그리고 교수법과 보상의 상호작용효과, 교수법과 약의 상호작용효과, 보상과 약의 상호작용효과 그리고 교수법, 보상여부, 약의 상호작용효과를 분석할 수 있다. 교수법이 3개 수준이고 보상은 하는 집단과 하지 않는 집단 그리고 약은 플라시보와 총명탕을 복용하게 하므로 $CRF-322$가 된다.

36명의 피험자를 교수법, 보상, 약 복용에 무선할당하여 처치를 가한 후 얻은 학업성취도는 〈표 6-2〉와 같다.

❖〈표 6-2〉 교수법, 보상방법, 약에 따른 학업성취도

약 \ 교수법 / 보상	전통적		컴퓨터		개인	
	×	○	×	○	×	○
플라시보	7	8	7	8	8	12
	7	8	8	9	8	15
	8	10	8	10	9	16
$\overline{Y}_{\cdot jkl}$	7.333	8.667	7.667	9	8.333	14.333
총명당	6	8	8	9	9	13
	7	8	9	10	9	15
	8	9	8	10	11	16
	7	8.333	8.333	9.667	9.667	14.667

$\overline{Y}_{\cdot jk\cdot}$	7.167	8.5	8.0	9.333	9.0	14.5
$\overline{Y}_{\cdot j\cdot l}$	8.0	7.667	8.333	9.0	11.333	12.167
$\overline{Y}_{\cdot\cdot kl}$	7.778	8.333	10.667	10.889		
$\overline{Y}_{\cdot j\cdot\cdot}$	7.833	8.667	11.75			
$\overline{Y}_{\cdot\cdot k\cdot}$	8.056	10.778				
$\overline{Y}_{\cdot\cdot\cdot l}$	9.222	9.611				
$\overline{Y}_{\cdot\cdot\cdot\cdot}$	9.417					

$\overline{Y}_{\cdot jkl}$, $\overline{Y}_{\cdot jk\cdot}$, $\overline{Y}_{\cdot j\cdot l}$, $\overline{Y}_{\cdot\cdot kl}$, $\overline{Y}_{\cdot j\cdot\cdot}$, $\overline{Y}_{\cdot\cdot k\cdot}$, $\overline{Y}_{\cdot\cdot\cdot l}$, $\overline{Y}_{\cdot\cdot\cdot\cdot}$를 가지고 SS_T, SS_A, SS_B, SS_C, SS_{AB}, SS_{AC}, SS_{BC}, SS_{ABC}, SS_W를 구한 결과는 다음과 같다.

$$SS_T = \sum_{i=1}^{n}\sum_{j=1}^{J}\sum_{k=1}^{K}\sum_{l=1}^{L}(Y_{ijkl} - \overline{Y}_{\cdot\cdot\cdot\cdot})^2$$

$$= (7-9.417)^2 + (7-9.417)^2 + (8-9.417)^2 + (6-9.417)^2 + (7-9.417)^2 + (8-9.417)^2$$

$$+ (8-9.417)^2 + (8-9.417)^2 + (10-9.417)^2 + (8-9.417)^2 + (8-9.417)^2 + (9-9.417)^2$$

$$+ (7-9.417)^2 + (8-9.417)^2 + (8-9.417)^2 + (8-9.417)^2 + (9-9.417)^2 + (8-9.417)^2$$

$$+(8-9.417)^2+(9-9.417)^2+(10-9.417)^2+(9-9.417)^2+(10-9.417)^2+(10-9.417)^2$$
$$+(8-9.417)^2+(8-9.417)^2+(9-9.417)^2+(9-9.417)^2+(9-9.417)^2+(11-9.417)^2$$
$$+(12-9.417)^2+(15-9.417)^2+(16-9.417)^2+(13-9.417)^2+(15-9.417)^2+(16-9.417)^2$$
$$=234.75$$

$$SS_A=\sum_{i=1}^{n}\sum_{j=1}^{J}\sum_{k=1}^{K}\sum_{l=1}^{L}(\overline{Y}_{\cdot j\cdot\cdot}-\overline{Y}_{\cdot\cdot\cdot\cdot})^2$$
$$=12(7.833-9.417)^2+12(8.667-9.417)^2+12(11.75-9.417)^2$$
$$=102.167$$

$$SS_B=\sum_{i=1}^{n}\sum_{j=1}^{J}\sum_{k=1}^{K}\sum_{l=1}^{L}(\overline{Y}_{\cdot\cdot k\cdot}-\overline{Y}_{\cdot\cdot\cdot\cdot})^2$$
$$=18(8.056-9.417)^2+18(10.778-9.417)^2$$
$$=66.694$$

$$SS_C=\sum_{i=1}^{n}\sum_{j=1}^{J}\sum_{k=1}^{K}\sum_{l=1}^{L}(\overline{Y}_{\cdot\cdot\cdot l}-\overline{Y}_{\cdot\cdot\cdot\cdot})^2$$
$$=18(9.222-9.417)^2+18(9.611-9.417)^2$$
$$=1.361$$

$$SS_{AB}=\sum_{i=1}^{n}\sum_{j=1}^{J}\sum_{k=1}^{K}\sum_{l=1}^{L}(\overline{Y}_{\cdot jk\cdot}-\overline{Y}_{\cdot j\cdot\cdot}-\overline{Y}_{\cdot\cdot k\cdot}+\overline{Y}_{\cdot\cdot\cdot\cdot})^2$$
$$=6(7.167-7.833-8.056+9.417)^2+6(8.5-7.833-10.778+9.417)^2$$
$$+6(8-8.667-8.056+9.417)^2+6(9.333-8.667-10.778+9.417)^2$$
$$+6(9-11.75-8.056+9.417)^2+6(14.5-11.75-10.778+9.417)^2$$
$$=34.722$$

$$SS_{AC}=\sum_{i=1}^{n}\sum_{j=1}^{J}\sum_{k=1}^{K}\sum_{l=1}^{L}(\overline{Y}_{\cdot j\cdot l}-\overline{Y}_{\cdot j\cdot\cdot}-\overline{Y}_{\cdot\cdot\cdot l}+\overline{Y}_{\cdot\cdot\cdot\cdot})^2$$
$$=6(8-7.833-9.222+9.417)^2+6(7.667-7.833-9.611+9.417)^2$$

$$+6(8.333-8.667-9.222+9.417)^2+6(9-8.667-9.611+9.417)^2$$

$$+6(11.333-11.75-9.222+9.417)^2+6(12.167-11.75-9.611+9.417)^2$$

$$=2.389$$

$$SS_{BC}=\sum_{i=1}^{n}\sum_{j=1}^{J}\sum_{k=1}^{K}\sum_{l=1}^{L}(\overline{Y}_{\cdot\cdot kl}-\overline{Y}_{\cdot\cdot k\cdot}-\overline{Y}_{\cdot\cdot\cdot l}+\overline{Y}_{\cdot\cdot\cdot\cdot})^2$$

$$=9(7.778-8.056-9.222+9.417)^2+9(8.333-8.056-9.611+9.417)^2$$

$$+9(10.667-10.778-9.222+9.417)^2+9(10.889-10.778-9.611+9.417)^2$$

$$=.25$$

$$SS_{ABC}=\sum_{i=1}^{n}\sum_{j=1}^{J}\sum_{k=1}^{K}\sum_{l=1}^{L}(\overline{Y}_{\cdot jkl}-\overline{Y}_{\cdot jk\cdot}-\overline{Y}_{\cdot j\cdot l}-\overline{Y}_{\cdot\cdot kl}+\overline{Y}_{\cdot j\cdot\cdot}+\overline{Y}_{\cdot\cdot k\cdot}+\overline{Y}_{\cdot\cdot\cdot l}-\overline{Y}_{\cdot\cdot\cdot\cdot})^2$$

$$=3(7.333-7.167-8-7.778+7.833+8.056+9.222-9.417)^2$$

$$+3(7-7.167-7.667-8.333+7.833+8.056+9.611-9.417)^2$$

$$+3(8.667-8.5-8-10.667+7.833+10.778+9.222-9.417)^2$$

$$+3(8.333-8.5-7.667-10.889+7.833+10.778+9.611-9.417)^2$$

$$+3(7.667-8-8.333-7.778+8.667+8.056+9.222-9.417)^2$$

$$+3(8.333-8-9-8.333+8.667+8.056+9.611-9.417)^2$$

$$+3(9-9.333-8.333-10.667+8.667+10.778+9.222-9.417)^2$$

$$+3(9.667-9.333-9-10.889+8.667+10.778+9.611-9.417)^2$$

$$+3(8.333-9-11.333-7.778+11.75+8.056+9.222-9.417)^2$$

$$+3(9.667-9-12.167-8.333+11.75+8.056+9.611-9.417)^2$$

$$+3(14.333-14.5-11.333-10.667+11.75+10.778+9.222-9.417)^2$$

$$+3(14.667-14.5-12.167-10.889+11.75+10.778+9.611-9.417)^2$$

$$=.5$$

$$SS_W=\sum_{i=1}^{n}\sum_{j=1}^{J}\sum_{k=1}^{K}\sum_{l=1}^{L}(Y_{ijkl}-\overline{Y}_{\cdot jkl})^2$$

$$=(7-7.333)^2+(7-7.333)^2+(8-7.333)^2+(6-7)^2+(7-7)^2+(8-7)^2$$

$$+(8-8.667)^2+(8-8.667)^2+(10-8.667)^2+(8-8.333)^2+(8-8.333)$$
$$+(9-8.333)^2+(7-7.667)^2+(8-7.667)^2+(8-7.667)^2+(8-8.333)^2$$
$$+(9-8.333)^2+(8-8.333)^2+(8-9)^2+(9-9)^2+(10-9)^2$$
$$+(9-9.667)^2+(10-9.667)^2+(10-9.667)^2+(8-8.333)^2$$
$$+(8-8.333)^2+(9-8.333)^2+(9-9.667)^2+(9-9.667)^2$$
$$+(11-9.667)^2+(12-14.333)^2+(15-14.333)^2+(16-14.333)^2$$
$$+(13-14.667)^2+(15-14.667)^2+(16-14.667)^2$$
$$=26.667$$

편차제곱합의 계산절차에 의한 완전무선 3요인설계의 분산분석 결과는 〈표 6-3〉과 같다.

❖〈표 6-3〉 교수법, 보상, 약이 학업성취도에 미치는 영향에 대한 분산분석표

분산원	*SS*	*df*	*MS*	*F*
교수법	102.167	2	51.083	45.975
보상	66.694	1	66.694	60.025
약	1.361	1	1.361	1.225
교수법 × 보상	34.722	2	17.361	15.625
교수법 × 약	2.389	2	1.194	1.075
보상 × 약	.250	1	.250	.225
교수법 × 보상 × 약	.500	2	.250	.225
오차	26.667	24	1.111	
총	234.750	35		

$F_{2,\,24,\,.05}=3.40$, $F_{1,\,24,\,.05}=4.26$

분석 결과, 교수법에 의한 효과에 대한 분석은 F 통계값이 45.975로서 유의수준 .05에서 $F_{2,24,.05}$인 기각값 3.40보다 크므로 영가설을 기각한다. 그러므로 '유의수준 .05에서 교수법에 따른 학업성취도에 유의한 차이가 있다.' 또는 '유의수준 .05에서 교수법의 효과가 있다.'라고 결론을 내린다.

보상여부에 대한 분석으로 F 통계값이 60.025로 $F_{1,24,.05}$인 기각값 4.26보다

크므로 영가설을 기각한다. 그러므로 '유의수준 .05에서 보상여부에 따라 학업성취도에 유의한 차이가 있다.' 혹은 '유의수준 .05에서 보상의 효과가 있다.'고 결론을 내린다. 약에 대한 분석은 통계값이 1.225로서 F 기각값인 4.26보다 작으므로 영가설을 기각하지 못한다. 그러므로 '플라시보 집단과 총명탕을 먹은 집단 간의 학업성취도에 차이가 없다.' 혹은 '약의 효과는 없다.'고 결론 내린다.

상호작용효과에 대한 분석에서는 유의수준 .05에서 교수법과 보상의 상호작용효과가 나타났고 다른 상호작용효과는 유의하지 않았음을 발견하였다. 완전무선 3요인설계의 교차설계에서는 이와 같이 주효과와 상호작용효과를 분석한다.

6.1.4 교차설계에서 유의수준

완전무선 3요인설계에서 교차설계의 경우 유의수준은 다음과 같다.

$$\alpha_{Total} = \alpha_A + \alpha_B + \alpha_C + \alpha_{AB} + \alpha_{AC} + \alpha_{BC} + \alpha_{ABC}$$

주효과의 유의수준과 상호작용의 유의수준을 합하여 완전무선 3요인설계의 교차설계가 갖는 연구의 전체 유의수준은 각 효과의 유의수준을 .05로 설정할 때 .05×7=.35이다. 교차설계에서는 각 주효과와 상호작용효과를 분석하기 때문에 각 효과가 독립적으로 유의수준을 갖게 된다.

6.1.5 사후대비분석

교차설계에 의한 분산분석 결과 A, B, C 의 주효과, AB, AC, BC, ABC 의 상호작용효과에 유의한 효과가 있었다면 대비를 만들 수 있다. A, B, C 주효과에서 독립적으로 단순대비나 복합대비를 만들어 검정할 수 있으며 $\hat{\psi}$ 와 $SE_{\hat{\psi}}$ 그리고 $t_{\hat{\psi}}$ 계산절차는 완전무선설계에서의 계산절차와 동일하며 기각값도 동일한 원리를 적용한다.

주효과에 대한 검정에서 주효과가 있다면, 즉 교수법에 의한 학업성취도에 차이가 있고, 보상여부에 따라 학업성취도에 차이가 있으며, 약 복용여부에 따라 학업성취도에 유의한 차이가 있다면 어디에서 차이가 있는지를 검정하는 사후대비분석을 할 수 있다. 완전무선 3요인설계의 사후대비분석은 완전무선 2요인설계의 확장이기 때문에 일단 처치변수 A, B, C 에서 수준별 비교가 가능한 단순 짝비교와 각 처치변수에서 한 수준과 두 수준 이상을 합성한 복합비교가 가능하다. 〈표 6-3〉에 의하면 교수법과 보상여부에 대한 사후대비분석이 가능하고 영양제는 유의한 효과를 발견하지 못하였기에 사후분석을 할 수 없다. 또한 보상여부에서는 유의한 차이를 발견하였으나 수준이 2개이므로 사후대비분석을 할 필요가 없다.

상호작용효과의 대비는 A 와 B 의 상호작용, A 와 C 의 상호작용, 그리고 B 와 C 의 상호작용과 관련한 상호작용효과 대비 중 특정 수준에서의 상호작용효과 대비를 만들 수 있으며, A, B, C 의 세 처치변수에서 특정 수준의 상호작용효과 대비가 가능하다. 대비계수와 대비, 대비계수의 표준오차 그리고 t 통계값, Scheffé 기각값을 계산하는 절차도 동일하며 그에 따라 영가설 기각여부를 결정한다.

〈표 6-3〉의 교수법, 보상, 약의 연구에서 사후비교는 교수법의 수준에 따라 가능하다. 보상여부에서 유의한 차이가 있었으나 수준이 2수준이므로 사후비교를 할 필요가 없으며, 영양제는 학업성취도에 유의한 영향을 주지 않았기 때문이다. 교수법의 수준에 따라 차이가 있는가에 대한 사후대비는 완전무선설계의 교수법 연구와 동일한 절차를 밟는다. 다만, 사례수가 늘어난 것으로 인한 평균의 변화와 분산분석에 의한 MS_W 에 변화가 있을 뿐이다. 사후대비분석으로 여섯 개의 대비가 가능하다.

여섯 대비 중 컴퓨터 교수법과 개인 교수법에 의한 학업성취도에 차이가 있는가와 컴퓨터 교수법과 전통적 교수법 그리고 개인 교수법을 합성한 학업성취도에 차이가 있는가를 검정하기 위한 집단간 평균과 사례수 그리고 대비계수는 〈표 6-4〉와 같다.

❖〈표 6-4〉 교수법에 따른 학업성취도의 사후대비

	전통적 교수법	컴퓨터 교수법	개인 교수법
$\overline{Y}_j$	7.833	8.667	11.75
n_j	6	6	6
c_j	0	1	−1
c_j	−1/2	1	−1/2

컴퓨터 교수법과 개인 교수법에 의한 학업성취도의 짝비교를 위한 $\hat{\psi}$, $SE_{\hat{\psi}}$, $t_{\hat{\psi}}$는 다음과 같다.

$$\hat{\psi} = \sum_{j=1}^{J} c_j \overline{Y}_{\cdot j \cdot \cdot} = (1)8.667 + (-1)11.750 = -3.083$$

$$SE_{\hat{\psi}} = \sqrt{MS_W \sum_{j=1}^{J} \frac{c_j^2}{n_j}}$$

$$= \sqrt{(1.111)\left[\frac{(1)^2}{12} + \frac{(-1)^2}{12}\right]} = .430$$

$$t_{\hat{\psi}} = \frac{\hat{\psi}}{SE_{\hat{\psi}}} = \frac{-3.083}{.430} = -7.169$$

컴퓨터 교수법에 의한 학업성취도와 전통적 교수법과 개인 교수법을 합성한 학업성취도의 복합비교를 위한 $\hat{\psi}$, $SE_{\hat{\psi}}$, $t_{\hat{\psi}}$는 다음과 같다.

$$\hat{\psi} = \sum_{j=1}^{J} c_j \overline{Y}_{\cdot j \cdot \cdot} = (-1/2)7.833 + (1)8.667 + (-1/2)11.750 = -1.125$$

$$SE_{\hat{\psi}} = \sqrt{MS_W \sum_{j=1}^{J} \frac{c_j^2}{n_j}}$$

$$= \sqrt{(1.111)\left[\frac{(-1/2)^2}{12} + \frac{(1)^2}{12} + \frac{(-1/2)^2}{12}\right]} = .373$$

$$t_{\hat{\psi}} = \frac{\hat{\psi}}{SE_{\hat{\psi}}} = \frac{-1.125}{.373} = -3.016 \text{ 이다.}$$

$$S = \pm\sqrt{2F_{2,24,.05}} = \pm\sqrt{2 \times 3.40} = \pm 2.608$$

단순대비와 복합대비의 t 통계값은 −7.169와 −3.016이며 $S=\pm 2.608$이다. 그러므로 컴퓨터 교수법에 의한 학업성취도와 개인 교수법에 의한 학업성취도, 그리고 컴퓨터 교수법과 전통적 교수법과 개인 교수법을 합성한 평균점수에는 유의수준 .05에서 통계적으로 유의한 차이가 있다고 결론 내린다.

상호작용에 대한 대비도 대비계수와 해당하는 집단의 평균값을 대입하여 $\hat{\psi}$, $SE_{\hat{\psi}}$, $t_{\hat{\psi}}$를 계산하고 Scheffé 기각값에 의하여 결론을 내린다. 방법과 절차는 앞에서 계산한 것과 동일하다.

교수법, 보상방법, 영양제와 두 처치변수나 세 처치변수의 상호작용에 대한 사후대비분석을 위한 Scheffé 기각값은 다음과 같다.

$$S_{\text{교수법}} = \pm\sqrt{2F_{2,\,24,\,\alpha=.05}}$$

$$S_{\text{보상}} = \pm\sqrt{1F_{1,24,\alpha=.05}}$$

$$S_{\text{영양제}} = \pm\sqrt{1F_{1,24,\alpha=.05}}$$

$$S_{\text{교수법}\times\text{보상}} = \pm\sqrt{2F_{2,\,24,\,\alpha=.05}}$$

$$S_{\text{교수법}\times\text{영양제}} = \pm\sqrt{2F_{2,\,24,\,\alpha=.05}}$$

$$S_{\text{보상}\times\text{영양제}} = \pm\sqrt{1F_{1,\,24,\,\alpha=.05}}$$

$$S_{\text{교수법}\times\text{보상}\times\text{영양제}} = \pm\sqrt{2F_{2,24,\alpha=.05}}$$

대비에 대한 t 통계값의 절대값이 Scheffé의 기각값인 S 의 절대값보다 크면 대비에 대한 영가설을 기각한다.

사후대비분석으로 Fisher의 LSD나 Tukey의 HSD 방법을 사용할 수 있다. Fisher의 LSD는 짝비교일 경우 사용하고, Tukey의 HSD는 집단 간의 사례수가 같을 경우 사용한다.

6.1.6 사전대비분석

완전무선 3요인설계의 경우도 완전무선설계와 완전무선 2요인설계와 같이 전체가설에 대한 검정을 하지 않고 처치변수에서 특정 수준에 대한 사전대비를 만들어 비교 분석이 가능하다. 교수법에 대한 사전대비분석은 제4장의 완전무선설계의 계산 절차와 검정 방법이 동일하다. B 와 C 처치변수가 수준이 셋 이상이라면 이 역시 교수법과 같이 사전대비 설정이 가능하며, 상호작용 역시 가능하다. 교수법과 보상, 약의 연구에서는 보상 수준은 2개의 수준이므로 사전대비를 만들 필요가 없으나, 약의 경우 수준이 세 수준이라면 관심 있는 사전대비를 만들 수 있다.

기각값을 찾는 절차와 검정방법 그리고 결론을 유도함은 완전무선설계나 완전무선 2요인설계와 동일하다. 다만, 각 주효과와 상호작용효과에서 대비를 만들어 분석하고자 할 경우 각 처치변수와 상호작용효과에서 차지하고 있는 유의수준 .05 혹은 .01을 관심 있는 대비수로 나눈 t통계의 기각값을 Dunn 수표에서 찾아야 한다. 그 기각값의 절대값보다 크면 영가설을 기각한다. 가능하면 관심 있는 대비만을 만들어 분석하는 것이 바람직하다. 만약에 많은 대비를 만들어 분석을 한다면 이는 사후대비분석이나 다를 바 없기 때문에 바람직하지 않다. 사전대비분석을 위하여 Dunn–Sidak 방법을 사용할 수도 있다.

6.2 내재설계

6.2.1 기본개념

내재설계 역시 완전무선설계와 완전무선 2요인설계와 같이 A 처치변수, B 처치변수, C 처치변수, 즉 각 변수에 내재된 설계를 할 수 있다. 예를 들어, A 처치변수에 내재된 설계로 A 처치변수 수준에서 B, C 처치변수의 효과와 BC 변수의 상호작용효과를 분석하는 내재설계와 A 처치변수와 B 처치변수에 내재되어 C 처치변수의 효과를 분석하는 내재설계가 있다. 전자는 A 처치변수에 내재된, 즉 A 처치변수의 수준에서만 내재된 설계라면, 후자는 A 처치변수 수준 그리고 B 처치변수 수준, 두 변수의 수준에서, 즉 2단계로 내재된 설계이다.

A 처치변수의 각 수준에서, B와 C 처치변수들의 주효과와 BC 처치변수들의 상호작용을 분석하는 모형의 분산분석표는 〈표 6–5〉와 같다.

❖〈표 6-5〉 A 처치변수에 내재된 B와 C 처치변수의 주효과와 BC 변수의 상호작용효과를 분석하는 분산분석표

분산원	df
A	$J-1$
A_1 수준	$KL-1$
B	$K-1$
C	$L-1$
BC	$(K-1)(L-1)$
A_2 수준	$KL-1$
B	$K-1$
C	$L-1$
BC	$(K-1)(L-1)$
A_J 수준	$KL-1$
B	$K-1$
C	$L-1$
BC	$(K-1)(L-1)$
오차	$JKL(n-1)$
총	$nJKL-1$

A에 내재되고 그리고 다시 B에 내재된 C 변수의 효과를 알아보기 위한, 즉 A 처치변수 수준 안에 또 B 처치변수 수준 안에서의 C 처치변수 효과를 분석하는 분산분석표는 〈표 6-6〉과 같다.

❖〈표 6-6〉 A처치변수와 B처치변수 수준 안에 내재된 C 처치변수의 효과를 분석하는 분산분석표

분산원	df
A	$J-1$
A_1	$KL-1$
B	$K-1$
C in B	$K(L-1)$
C in B_1	$L-1$
C in B_k	$L-1$
C in B_K	$L-1$
A_2	$KL-1$
B	$K-1$
C in B	$K(L-1)$
C in B_1	$L-1$
C in B_k	$L-1$
C in B_K	$L-1$
A_J	$KL-1$
B	$K-1$
C in B	$K(L-1)$
C in B_1	$L-1$
C in B_k	$L-1$
C in B_K	$L-1$
오차	$JKL(n-1)$
총	$nJKL-1$

〈표 6-6〉과 유사하게 A 변수에 내재되고 또 C 변수에 내재된 B 처치변수의 효과를 분석할 수 있으며, B 변수에 내재되고 다시 C 변수에 내재된 A 처치변수의 효과도 분석할 수 있다.

6.2.2 내재설계의 유의수준

교차설계에서는 각 주효과와 상호작용효과가 각각 해당하는 유의수준을 보유한다고 하였다. 그러나 완전무선 2요인설계에서 내재설계의 경우는 내재된 주효과는 그 효과에 해당하는 유의수준만 보유하고 내재되어 분석하고자 하는 다른 주효과는 해당 주효과와 상호작용효과에 해당하는 두 개의 유의수준의 합을 보유한다고 하였다. 즉, 유의수준은 2α를 갖게 된다. 그리고 그 2α의 유의수준을 내재된 수준이 공유하게 되어 각 수준은 (2α/수준 수)를 갖게 된다. 완전무선 3요인설계는 설계에 따라 다양하다.

완전무선 3요인설계의 경우 A, B, C의 주효과와 AB, AC, BC, ABC의 상호작용효과에 대하여 각각 유의수준을 α로 부여한다면 이 설계의 총 유의수준은 7α가 된다고 하였으며 유의수준 α를 .05로 한다면 전체 유의수준은 .35가 된다고 하였다. 〈표 6-4〉에서와 같이 처치변수 A의 각 수준에 내재된 B, C 처치변수 효과와 BC 상호작용효과를 분석하는 내재설계의 경우는 A 처치변수가 유의수준 .05를 차지하며 나머지 유의수준 .30이 A 처치변수 수준에 따라 내재되어 있으므로 A 처치변수의 수준 수인 J로 나눈다. 만약에 A의 수준이 3개라면 각 수준별로 .10을 갖게 된다. 그리고 그 수준에서 B 효과, C 효과, 그리고 BC 상호작용효과를 분석하기 때문에 .10/3이 유의수준이 된다. 만약 A 처치변수의 수준이 4개이면 .30/4로서 A 변수에 있는 각 수준 j는 .075의 유의수준을 가지며 각 수준 안에서 B 효과, C 효과, 그리고 BC 상호작용효과를 검정하기 위한 유의수준은 .075/3이 된다.

6.2.3 사후대비분석

내재설계에서 유의수준의 배분에 대하여 설명하였듯이 내재설계의 경우 사후대비분석을 위한 유의수준의 배분은 다양하게 된다. 예를 들어, 〈표 6-4〉에서와 같이 A 변수의 각 수준에 내재되어 B 와 C 처치변수의 주효과와 BC 처치변수의 상호작용의 효과를 분석하는 모형에서는 A 처치변수가 유의수준 α를 갖고, 나머지 유의수준은 A 처치변수의 수준인 J개가 공유하게 된다. 완전무선 3요인설계에서 총 유의수준은 7α이며 A 처치변수가 α를 차지하였으므로 J개의 수준이 유의수준 6α를 나누어 갖게 되어 A 처치변수의 각 수준은 $6\alpha/J$를 갖는다 하였다. 그러므로 A 처치변수의 J 수준에서 B, C의 주효과 그리고 BC의 상호작용효과는 각 수준에서 할당 받은 유의수준을 공유하므로 3으로 나눈 것이 J 수준에서 B 효과, C 효과, BC 상호작용효과에 해당하는 유의수준이 된다. 즉, $6\alpha/J/3$이 되므로 A 처치변수의 J 수준에서 B, C 주효과와 BC 상호작용효과를 검정하기 위한 Scheffé 기각값은 다음과 같다.

$$B \text{ 효과 기각값 : } S = \pm\sqrt{(K-1)F_{K-1,\,KL(n-1),6\alpha/J/3}}$$

$$C \text{ 효과 기각값 : } S = \pm\sqrt{(L-1)F_{L-1,\,KL(n-1),6\alpha/J/3}}$$

$$BC \text{ 효과 기각값: } S = \pm\sqrt{(K-1)(L-1)F_{(K-1)(L-1),\,KL(n-1),6\alpha/J/3}}$$

6.2.4 사전대비분석

사전대비분석은 사후대비분석에서 $\hat{\psi}$, $SE_{\hat{\psi}}$, $t_{\hat{\psi}}$를 계산하는 절차와 동일하다. 다만 각 대비에 대한 유의수준을 사후대비분석과 같이 모든 가능한 대비수로 나누는 것이 아니라 관심 있는 대비수로 유의수준을 나눈다. 교수법, 보상, 약의 연구에서 보상과 약의 처치변수는 수준이 2개이므로 대비를 만들 필요가 없다. 만약 보상방법이 3개 수준이라면 관심 있는 대비를 만들 수 있다. 보상방법이 3수준일 때, 연구자가 각 교수법의 수준에서 관심 있는 대비를 다르게 만들 수 있다. 예를 들어 전통적 교수법 수준에서 관심 있는 대비는 2개, 컴퓨터 교수법에서는 3개, 개인 교수법에서는 4개를 만든다면 대비계수는 〈표 6-7〉과 같다.

❖〈표 6-7〉 교수법에 내재된 설계에서 사전대비분석

	보상없음	칭찬	현금	대비
전통적 교수법	1	−1	0	$\hat{\psi}_1$
	0	1	−1	$\hat{\psi}_2$
컴퓨터 교수법	0	1	−1	$\hat{\psi}_3$
	1	−1	0	$\hat{\psi}_4$
	1	−1/2	−1/2	$\hat{\psi}_5$
개인 교수법	1	−1	0	$\hat{\psi}_6$
	1	0	−1	$\hat{\psi}_7$
	0	1	−1	$\hat{\psi}_8$
	1	−1/2	−1/2	$\hat{\psi}_9$

교수법 수준에서 사전대비에 대한 각각의 유의수준은 $(6\alpha/J/3/$관심있는 대비수$)$가 되므로 전통적 교수법 수준에서 각 대비에 할당되는 유의수준은 $6(.05)/3/3/2$로 .017이 되며, 컴퓨터 교수법에서는 각 대비에 할당되는 유의수준은 $6(.05)/3/3/3$으로 .011이 되고, 개인 교수법 수준에서의 각 대비는 $6(.05)/3/3/4$로 .0083이 된다. 그러므로 각 대비에 대한 Dunn t기각값을 찾을 때 [수표 8]에서 오차와 관련된 자유도와 유의수준 6α의 값 그리고 대비수를 보고 기각값을 찾아야 한다.

6.3 SPSS 실행

완전무선 3요인설계를 위해 자료를 다음과 같은 형태로 입력한다.

	id	교수법	보상	약	학업성취
1	1	1	1	1	7
2	2	1	1	1	7
3	3	1	1	1	8
4	4	1	1	2	6
5	5	1	1	2	7
6	6	1	1	2	8
7	7	1	2	1	8
8	8	1	2	1	8
9	9	1	2	1	10
10	10	1	2	2	8
11	11	1	2	2	8
12	12	1	2	2	9
13	13	2	1	1	7
14	14	2	1	1	8
15	15	2	1	1	8
16	16	2	1	2	8
17	17	2	1	2	9
18	18	2	1	2	8
19	19	2	2	1	8
20	20	2	2	1	9
21	21	2	2	1	10
22	22	2	2	2	9
23	23	2	2	2	10
24	24	2	2	2	10
25	25	3	1	1	8
26	26	3	1	1	8
27	27	3	1	1	9
28	28	3	1	2	9
29	29	3	1	2	9
30	30	3	1	2	11
31	31	3	2	1	12
32	32	3	2	1	15
33	33	3	2	1	16

완전무선 3요인설계(3원분산분석)의 교차설계 및 내재설계에 의한 분석을 실시하는 방법은 다음과 같다. 사용한 자료는 〈표 6-2〉와 같다. 분석(A) 의 일반선형모형(G) 에서 일변량(U) 을 클릭한다.

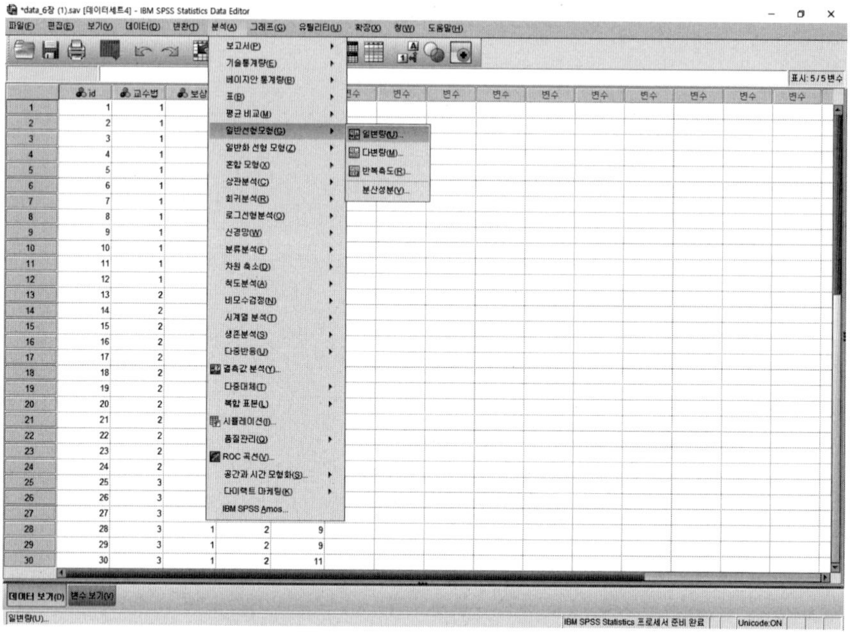

‘종속변수(D)’에 ‘학업성취도’를 넣고, ‘고정요인(F)’에 독립변수인 ‘교수법’, ‘보상’, ‘약’을 넣는다.

사후분석(H)... 을 클릭하여 사후대비분석을 실시할 변수를 넣고 검정 방법을 선택한 뒤, 계속(C) 을 누른다.

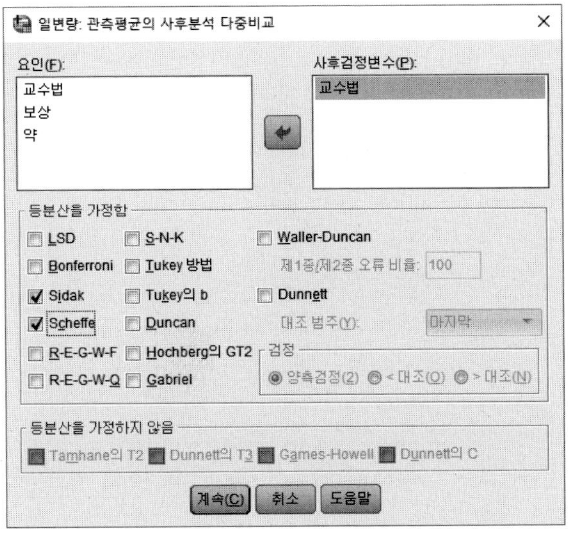

옵션(O)... 을 클릭하여 기술통계량(D) 과 동질성 검정(H) 을 선택한다.

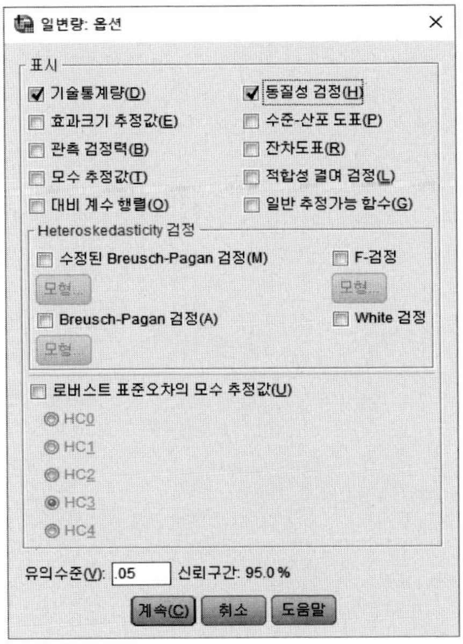

SPSS 실행 결과는 다음과 같다.

독립변수인 교수법, 보상여부, 영양제에 대한 빈도분석, 기술통계 결과이고 〈표 6-2〉의 분석 결과와 같다.

개체-간 요인

		값 레이블	N
교수법	1	전통적	12
	2	컴퓨터	12
	3	개인	12
보상	1	보상없음	18
	2	보상있음	18
약	1	플라시보	18
	2	총명탕	18

기술통계량

종속변수: 학업성취

교수법	보상	약	평균	표준편차	N
전통적	보상없음	플라시보	7.33	.577	3
		총명탕	7.00	1.000	3
		전체	7.17	.753	6
	보상있음	플라시보	8.67	1.155	3
		총명탕	8.33	.577	3
		전체	8.50	.837	6
	전체	플라시보	8.00	1.095	6
		총명탕	7.67	1.033	6
		전체	7.83	1.030	12
컴퓨터	보상없음	플라시보	7.67	.577	3
		총명탕	8.33	.577	3
		전체	8.00	.632	6
	보상있음	플라시보	9.00	1.000	3
		총명탕	9.67	.577	3
		전체	9.33	.816	6
	전체	플라시보	8.33	1.033	6
		총명탕	9.00	.894	6
		전체	8.67	.985	12
개인	보상없음	플라시보	8.33	.577	3
		총명탕	9.67	1.155	3
		전체	9.00	1.095	6
	보상있음	플라시보	14.33	2.082	3
		총명탕	14.67	1.528	3
		전체	14.50	1.643	6
	전체	플라시보	11.33	3.559	6
		총명탕	12.17	2.994	6
		전체	11.75	3.166	12
전체	보상없음	플라시보	7.78	.667	9
		총명탕	8.33	1.414	9
		전체	8.06	1.110	18
	보상있음	플라시보	10.67	3.041	9
		총명탕	10.89	3.018	9
		전체	10.78	2.942	18
	전체	플라시보	9.22	2.602	18
		총명탕	9.61	2.638	18
		전체	9.42	2.590	36

집단간 동질성검정을 실시한 결과이다. Levene의 통계값은 1.886, 유의확률은 .094로 '분산의 동질성을 만족한다.'는 영가설을 기각하지 못한다.

오차 분산의 동일성에 대한 Levene의 검정[a,b]

		Levene 통계량	자유도1	자유도2	유의확률
학업성취	평균을 기준으로 합니다.	1.886	11	24	.094
	중위수를 기준으로 합니다.	.430	11	24	.927
	자유도를 수정한 상태에서 중위수를 기준으로 합니다.	.430	11	13.796	.917
	절삭평균을 기준으로 합니다.	1.718	11	24	.129

여러 집단에서 종속변수의 오차 분산이 동일한 영가설을 검정합니다.

a. 종속변수: 학업성취

b. Design: 절편 + 교수법 + 보상 + 약 + 교수법 * 보상 + 교수법 * 약 + 보상 * 약 + 교수법 * 보상 * 약

학업성취도에 대한 교수법, 보상, 영양제의 효과를 분석한 분산분석표이다. 독립변수의 각 주효과뿐만 아니라 상호작용효과 또한 확인할 수 있다.

개체-간 효과 검정

종속변수: 학업성취

소스	제 III 유형 제곱합	자유도	평균제곱	F	유의확률
수정된 모형	208.083[a]	11	18.917	17.025	.000
절편	3192.250	1	3192.250	2873.025	.000
교수법	102.167	2	51.083	45.975	.000
보상	66.694	1	66.694	60.025	.000
약	1.361	1	1.361	1.225	.279
교수법 * 보상	34.722	2	17.361	15.625	.000
교수법 * 약	2.389	2	1.194	1.075	.357
보상 * 약	.250	1	.250	.225	.640
교수법 * 보상 * 약	.500	2	.250	.225	.800
오차	26.667	24	1.111		
전체	3427.000	36			
수정된 합계	234.750	35			

a. R 제곱 = .886 (수정된 R 제곱 = .834)

교수법에 대한 F 통계값은 45.975로서 유의수준 .05에서 교수법에 따라 유의한 학업성취도 차이가 있었다. 보상에 대한 F 통계값은 60.025로서 유의수준 .05에서 보상의 효과는 유의하였다. 약에 대한 F 통계값은 1.225로 약이 학업성취도에 미치는 영향은 유의하지 않았다.

상호작용효과 가운데 교수법과 보상의 상호작용에 대한 F 통계값은 15.625로 유의수준 .05에서 교수법과 보상의 상호작용효과는 유의하였다. 교수법과 약의 상호작용에 대한 F 통계값은 1.075로 유의하지 않았다. 보상과 약의 상호작용에 대한 F 통계값은 .225로 유의한 효과가 나타나지 않았다. 교수법과 보상, 약의 상호작용에 대한 F 통계값은 .225로서 역시 학업성취도에 유의한 효과를 미치지 않았다.

교수법과 보상에 따라 학업성취도의 유의한 차이가 있었으므로, 사후검정을 실시한다. 보상여부는 범주가 두 개이므로 사후대비분석을 실시하지 않으며, 교수법에 대한 사후대비분석만 실시한다. 교수법에 대한 사후대비분석 실시 결과는 다음과 같다.

분석 결과, 전통적 교수법과 개인 교수법 그리고 컴퓨터 교수법과 개인 교수법 간의 차이가 유의한 것으로 나타났다.

사후검정

교수법

다중비교

종속변수: 학업성취

	(I) 교수법	(J) 교수법	평균차이(I-J)	표준오차	유의확률	95% 신뢰구간 하한	95% 신뢰구간 상한
Scheffe	전통적	컴퓨터	-.83	.430	.175	-1.96	.29
		개인	-3.92*	.430	.000	-5.04	-2.79
	컴퓨터	전통적	.83	.430	.175	-.29	1.96
		개인	-3.08*	.430	.000	-4.21	-1.96
	개인	전통적	3.92*	.430	.000	2.79	5.04
		컴퓨터	3.08*	.430	.000	1.96	4.21
Sidak	전통적	컴퓨터	-.83	.430	.182	-1.94	.27
		개인	-3.92*	.430	.000	-5.02	-2.81
	컴퓨터	전통적	.83	.430	.182	-.27	1.94
		개인	-3.08*	.430	.000	-4.19	-1.98
	개인	전통적	3.92*	.430	.000	2.81	5.02
		컴퓨터	3.08*	.430	.000	1.98	4.19

관측평균을 기준으로 합니다.
오차항은 평균제곱(오차) = 1.111입니다.
*. 평균차이는 .05 수준에서 유의합니다.

동질적 부분집합

학업성취

	교수법	N	부분집합 1	부분집합 2
Scheffe[a,b]	전통적	12	7.83	
	컴퓨터	12	8.67	
	개인	12		11.75
	유의확률		.175	1.000

동질적 부분집합에 있는 집단에 대한 평균이 표시됩니다.
관측평균을 기준으로 합니다.
오차항은 평균제곱(오차) = 1.111입니다.
a. 조화평균 표본크기 12.000을(를) 사용합니다.
b. 유의수준 = .05.

3원분산분석의 내재설계는 SPSS 메뉴로 분석이 불가능하여 명령문 편집기를 이용하여 분석한다.

파일(F) 의 새파일(N), 명령문(S) 을 차례로 클릭하여 명령문 편집기를 연다.

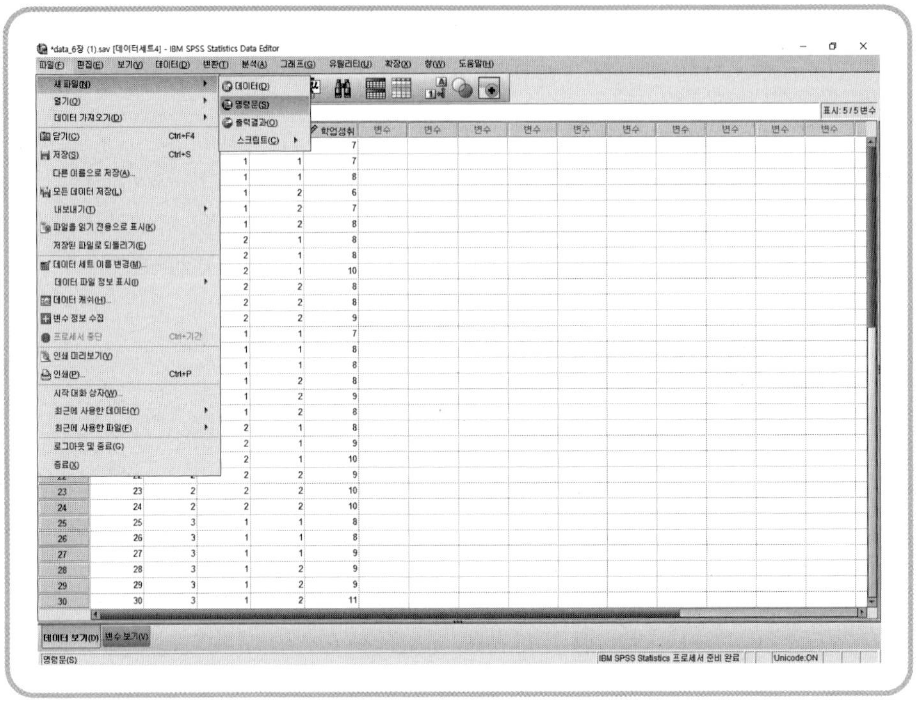

보상 안에 내재된 교수법 효과, 약의 효과, 교수법과 약의 상호작용효과를 분석하기 위하여 다음과 같이 명령문을 작성한다. 그리고 실행(R) 의 모두(A) 를 누르면 명령문이 실행된다.

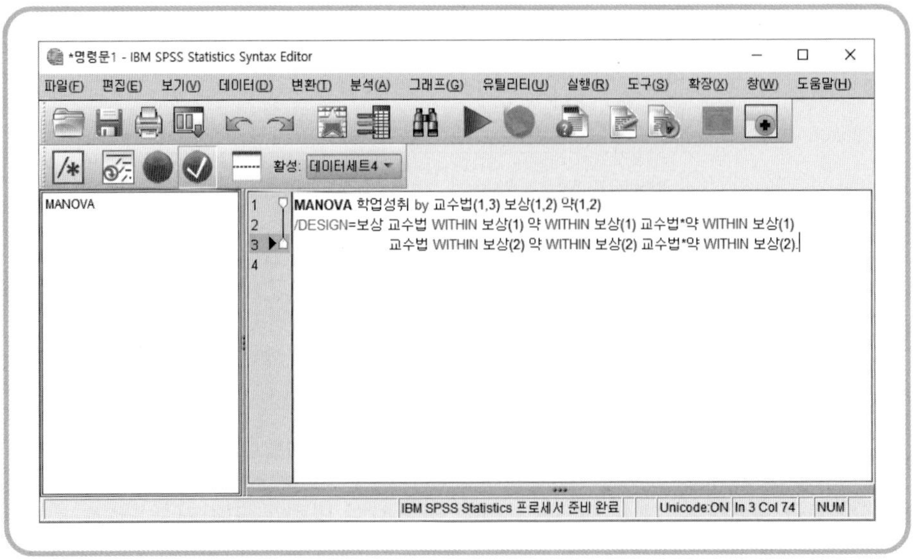

명령문 편집기를 통해 3원분산분석의 내재설계에 의한 분석을 실시한 결과와 분산분석표는 다음과 같다.

```
MANOVA의 기본값 오차항이 WITHIN CELLS에서 WITHIN+RESIDUAL로 변경되었습니다 .  모든 완전요인계획에서 동일합니다.

* * * * * * * * * * * * * * * * * A n a l y s i s   o f   V a r i a n c e * * * * * * * * * * * * * * * * *

        36 cases accepted.
         0 cases rejected because of out-of-range factor values.
         0 cases rejected because of missing data.
        12 non-empty cells.

         1 design will be processed.
 - - - - - - - - - - - - - - - - - - - - - - - - - - - - - - - - - - - - - - - - - - - - - - - - - - - - - -

* * * * * * * * * * * * * * * * * A n a l y s i s   o f   V a r i a n c e -- Design   1 * * * * * * * * * * * * * * * * *

 Tests of Significance for 학업성취 using UNIQUE sums of squares
 Source of Variation              SS      DF      MS        F    Sig of F

 WITHIN+RESIDUAL               26.67      24    1.11
 보상                          66.69       1   66.69    60.03      .000
 교수법 WITHIN 보상(1)         10.11       2    5.06     4.55      .021
 약 WITHIN 보상(1)              1.39       1    1.39     1.25      .275
 교수법 * 약 WITHIN 보상(1)     2.11       2    1.06      .95      .401
 교수법 WITHIN 보상(2)        126.78       2   63.39    57.05      .000
 약 WITHIN 보상(2)               .22       1     .22      .20      .659
 교수법 * 약 WITHIN 보상(2)      .78       2     .39      .35      .708

 (Model)                      208.08      11   18.92    17.03      .000
 (Total)                      234.75      35    6.71

 R-Squared =           .886
 Adjusted R-Squared =  .834
 - - - - - - - - - - - - - - - - - - - - - - - - - - - - - - - - - - - - - - - - - - - - - - - - - - - - - -
```

보상을 하지 않을 때 교수법의 F 통계값은 4.55, 약에 대한 F 통계값은 1.25, 교수법과 약의 상호작용에 대한 F 통계값은 .95로서, 유의수준 .05에서 보상을 하지 않는 수준에서 교수법의 효과만이 유의하였다. 보상을 할 때 교수법의 F 통계값은 57.05, 약의 F 통계값는 .20, 교수법과 약의 상호작용에 대한 F 통계값은 .35였다. 따라서 보상을 할 때도 유의수준 .05에서 교수법의 효과만이 유의하였다.

보상 안에 내재된 약의 효과에 다시 교수법 효과가 내재된 설계를 분석하기 위하여 다음과 같이 명령문을 작성한다. 그리고 실행(R) 의 모두(A) 를 누르면 명령문이 실행된다.

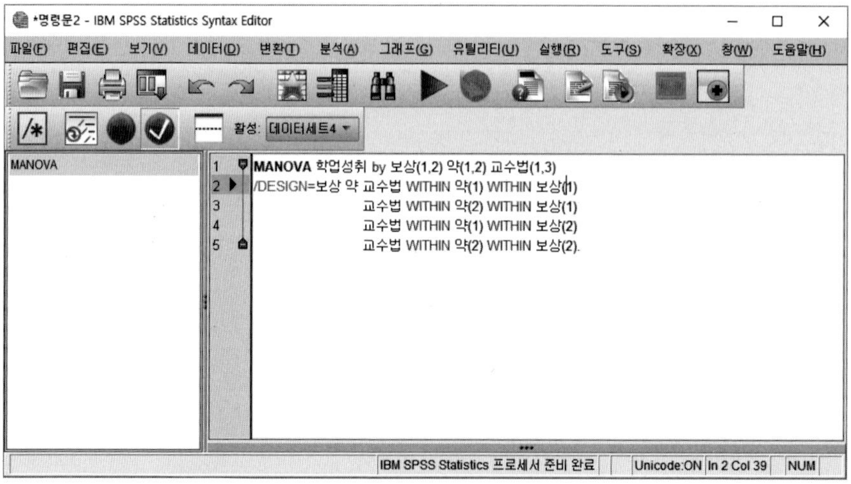

명령문 편집기를 통해 3원분산분석의 내재설계에 의한 분석을 실시한 결과와 분산분석표는 다음과 같다.

MANOVA의 기본값 오차항이 WITHIN CELLS에서 WITHIN+RESIDUAL로 변경되었습니다 . 모든 완전요인계획에서 동일합니다.

* * * * * * * * * * * * * * * * * * A n a l y s i s   o f   V a r i a n c e * * * * * * * * * * * * * * * * *

36 cases accepted.
0 cases rejected because of out-of-range factor values.
0 cases rejected because of missing data.
12 non-empty cells.

1 design will be processed.

- -

* * * * * * * * * * * * * * * * * * A n a l y s i s   o f   V a r i a n c e -- Design 1 * * * * * * * * * * * * * * * * *

Tests of Significance for 학업성취 using UNIQUE sums of squares

Source of Variation	SS	DF	MS	F	Sig of F
WITHIN+RESIDUAL	26.92	25	1.08		
보상	66.69	1	66.69	61.95	.000
약	1.36	1	1.36	1.26	.272
교수법 WITHIN 약(1) WITHIN 보상(1)	1.56	2	.78	.72	.495
교수법 WITHIN 약(2) WITHIN 보상(1)	10.67	2	5.33	4.95	.015
교수법 WITHIN 약(1) WITHIN 보상(2)	60.67	2	30.33	28.17	.000
교수법 WITHIN 약(2) WITHIN 보상(2)	66.89	2	33.44	31.06	.000
(Model)	207.83	10	20.78	19.30	.000
(Total)	234.75	35	6.71		

R-Squared = .885
Adjusted R-Squared = .839

- -

보상을 하지 않고 플라시보를 먹을 때 교수법의 효과에 대한 F 통계값은 .72로 통계적으로 유의하지 않았다. 그러므로 보상을 하지 않고 플라시보를 먹는 수준에서 교수법의 효과는 없었다. 보상을 하지 않고 총명탕을 먹을 때 교수법의 효과의 F 통계값은 4.95로서 유의수준 .05에서 보상을 하지 않고 총명탕을 먹는 수준에서 교수법의 효과는 유의하였다.

보상을 하고 플라시보를 먹을 때 교수법의 효과에 대한 F 통계값은 28.17로 유의수준 .05에서 보상을 하고 플라시보를 먹는 수준에서 교수법 효과는 유의하였다. 보상을 하고 총명탕을 먹을 때 교수법의 효과에 대한 F 통계값은 31.06으로 유의수준 .05에서 보상을 하고 총명탕을 먹을 때 교수법은 유의한 효과가 있었다.

6.4 완전무선 3요인설계와 회귀분석

완전무선 2요인설계의 선형모형은 다음과 같다고 하였다.

$$Y_{ijkl} = \mu + \alpha_j + \beta_k + \gamma_l + \alpha\beta_{jk} + \alpha\gamma_{jl} + \beta\gamma_{kl} + \alpha\beta\gamma_{jkl} + \epsilon_{ijkl}$$

완전무선 3요인설계를 다중회귀분석모형으로 전환한 선형모형은 다음과 같다.

$$\begin{aligned} Y_{ijkl} = &\beta_0 + \beta_1 X_1 + \beta_2 X_2 + \beta_3 X_3 + \beta_4 X_1 X_2 + \beta_5 X_1 X_3 + \beta_6 X_2 X_3 \\ &+ \beta_7 X_1 X_2 X_3 + \epsilon_{ijkl} \end{aligned}$$

완전무선 2요인설계에서 설명하였듯이 분산분석과 회귀분석의 통계적 모형이 접근하는 방법은 다르나 원리는 유사하고 다만 수식 전개가 다소 다를 뿐이다. 분산분석에서는 A 처치효과를 α_j로 표기한 반면 회귀분석에서는 X_1 변수로 선형모형에 설정하였기에 회귀계수인 β_1로 표기한다. 분산분석에서 B 처치변수의 효과는 β_k로, C 처치변수 효과를 γ_l로 표기하나 회귀분석에서는 β_2와 β_3로 표기하며 동일한 의미를 갖는다. 처치변수 효과가 없다면 분산분석에서 α_j나 β_k, γ_l는 0이 될 것이고, 회귀분석에서는 β_1, β_2와 β_3가 0이 된다. A 변수와 B 변수의 상호작용인 AB 효과는 회귀분석의 선형모형에서 X_1X_2로 설정되어 분석된다. 분산분석에서 $\alpha\beta_{jk}$인 상호작용효과가 없다면 회귀분석에서 β_4의 회귀계수가 0이 된다. 또한 세 처치변수의 상호작용인 $\alpha\beta\gamma_{jkl}$ 효과가 없다면 회귀계수 β_7이 0이 된다. 분산분석에서는 독립변수가 일반적으로 질적인 집단변수이고 회귀분석에서는 독립변수가 양적변수와 질적변수 모두가 되어 그 종류가 다르기에 분석방법이 다를 뿐이지 분석 결과는 같다고 할 수 있다.

6.5 장단점

완전무선 3요인설계는 완전무선설계의 확장이고 완전무선 2요인설계에 처치변수가 하나 더 추가된 설계로서 다음과 같은 장점이 있다. 첫째, 처치변수의 주효과와 상호작용효과를 분석할 수 있다. 둘째, 각 처치변수의 수준에서 내재하여 다른 처치변수의 효과도 분석이 가능하다. 셋째, 상호작용에 관심을 갖는 연구에서 상호작용효과를 자세히 분석할 수 있으며 특히 어디서 상호작용이 발생하는지 알 수 있다. 넷째, 해석이 간단 명료하다.

이에 비하여 단점으로는, 첫째, 처치변수가 3개이므로 실험 시 처치와 통제가 간단하지 않다. 둘째, 실험에 따라 시간과 비용이 많이 소요될 수 있다. 셋째, 상호작용효과 해석 시 3원의 상호작용에 대한 해석이 용이하지 않다. 넷째, 다수의 연구대상이 필요하다.

연습문제

1. 완전무선 3요인설계가 무엇이고 어느 경우에 사용하는지 예를 들어 설명하시오.

2. 완전무선 3요인설계에 대하여 다음 질문에 답하시오.

   2-1 선형모형을 설명하시오.

   2-2 그 모형에 의한 통계값으로 모형을 만드시오.

   2-3 총편차, 각 주효과에 의한 편차, 상호작용에 의한 편차, 오차 편차를 구하시오.

   2-4 각 편차의 제곱합을 설명하시오.

   2-5 각 주효과와 상호작용에 해당하는 F 통계값을 설명하시오.

   2-6 분산분석표를 작성하시오.

3. 교차설계에 대하여 다음 질문에 답하시오.

   3-1 교차설계에서 사후대비분석 절차를 설명하시오.

   3-2 교차설계에서 사전대비분석 절차를 설명하시오.

   3-3 사후대비분석과 사전대비분석에서 유의수준 배분을 설명하시오.

   3-4 사후와 사전대비분석의 기각값을 설명하시오.

4. 내재설계에서 다음의 질문에 답하시오.

   4-1 B 수준에 내재되어 A, C 처치변수의 주효과와 AC 상호작용효과를 분석하는 설계

   4-1-1. 분산분석표를 작성하시오.

   4-1-2. 앞의 설계에서 사후대비분석 절차를 설명하시오.

   4-1-3. 사전대비분석 절차를 설명하시오.

   4-1-4. 사후와 사전대비분석의 유의수준을 비교하여 설명하시오.

   4-1-5. 사후와 사전대비분석의 기각값을 설명하시오.

4-2 A와 B 처치변수의 수준에 내재되어 C 변수의 처치효과를 분석하는 설계

4-2-1. 분산분석표를 작성하시오.

4-2-2. 사후대비분석 절차를 설명하시오.

4-2-3. 사전대비분석 절차를 설명하시오.

4-2-4. 사후와 사전대비분석의 유의수준을 비교하여 설명하시오.

4-2-5. 사후와 사전대비분석의 기각값을 설명하시오.

4-3 한 변수에 내재된 설계와 두 변수에 내재된 설계에서 사전대비분석의 경우 어느 설계가 더 검정력이 높은지(powerful) 설명하시오.

5. 교차설계, 내재설계 중 한 변수 수준에 내재된 설계, 두 처치변수에 내재된 설계가 어떻게 다른지 그리고 유의수준 배분은 어떻게 되는지 그리고 검정력(power)은 어느 설계가 더 큰지를 설명하시오.

6. 완전무선 3요인설계와 다중회귀분석의 선형모형을 설명하고 유사점과 차이점을 논하시오.

7. 연구자 본인의 자료를 가지고 교차설계와 내재설계 그리고 사후, 사전대비분석을 실시하시오.

8. 완전무선 3요인설계의 장단점을 논하시오.

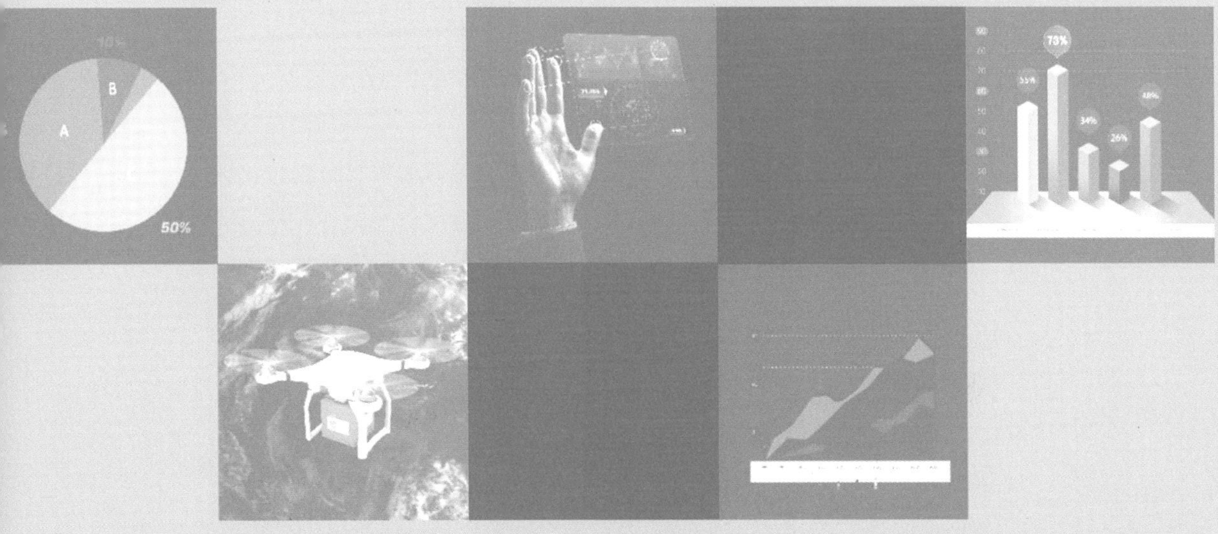

제7장

무선구획설계 및 반복설계

무선구획설계 및 반복설계 제7장

실험설계에서 처치변수의 영향을 온전히 분석하기 위하여 매개변수를 통제하여야 한다고 하였다. 매개변수는 지능점수나 선수학습 정도 같은 양적변수일 수 있으며 성별이나 인종 그리고 사회계층 같은 질적변수일 수 있다. 매개변수가 질적이든 양적이든 이 변수를 통제하기 위하여 구획(block)이나 집단(group)을 사용한다. 구획변수(blocking variable)나 집단변수(grouping variable)는 처치의 목적이 아니라 매개변수를 통제하기 위하여 구획이나 집단으로 이용되는 변수다.

Kirk(2013)는 구획변수를 사용함에 있어 연구대상들을 구획에 할당할 때 구획 안에 있는 대상들은 유사하여야 하고, 다른 구획에 있는 대상들과는 이질적이어야 한다고 주장하며 연구대상을 구획에 할당하는 네 가지 방법을 제안하였다.

첫째, 종속변수와 관련된 매개변수의 특징이 같은 유사한 대상을 할당하는 것으로 유사대상(subject matching) 방법이다. 예를 들어, 나이가 똑같고 체중이 동일한 대상을 예로 들 수 있다. 둘째, 쌍둥이나 동물의 경우 한 배에서 태어난 동물들을 실험집단에 무선할당하는 방법이다. 셋째, 상호선택에 의하여 연결된 대상을 할당하는 방법으로 부부나 사업파트너를 할당하는 방법이다. 넷째, 동일한 대상에게 반복 실험을 하는 반복측정(repeated measure) 방법이다. 네 가지 방법이 모두 매개변수를 통제하기 위한 방법이나 첫 번째와 두 번째 그리고 세 번째 방법은 유사한 연구대상을 무선할당하여 실험을 하는 절차이고 네 번째 방법은 동일 대상에게 다른 처치를 가하는 방법이다. 그러므로 전자는 무선구획설계법을 적용하고 후자, 즉 네 번째의 경우 반복설계 방법을 사용한다. 무선구획설계에서는 구획 안에 있는 연구대상이 동일대상은 아니지만 매우 유사한 대상이고 반복설계는 동일한 대상이 처치를 반복적으로 받게 된다. 무선구획설계는 공통적 특성에 의해 짝들이 되는 대상들에게 다른 처치를 가하는 설계이고, 반복설계는 사전검사와 사후검사의 패러다임이다. 반복설계도 각각의 연구대상을 하나씩 구획으로 설정하므로 무선구획설계에 포함하고 분석방법도 동일하다. 그러므로 반복설계는 처치효과의 잔존효과나 반복측정으로 인한 영향이 적은 체육학 분야나 약학, 의학 분야, 또는 동물들을 가지고 실험을 하는 연구에서 자주 사용되는 설계 방법이다.

7.1 무선구획설계

교수법에 의한 학업성취도 연구에서 교수법의 효과를 분석하고자 할 때, 처치를 가하기 이전에 유사한 연구대상들을 각 처치집단에 할당하여야 할 것이다. 그러므로 연구자는 연구대상의 성별을 같게 하거나, 사전능력점수가 동일한 연구대상을 구획으로 선정하여 각 처치집단에 배정하여야 한다. 연구자는 사전능력점수가 같은 연구대상을 무선할당하기 위하여 사전능력점수를 구획변수(blocking variable)로 설정하여 각 처치집단에 할당된 연구대상들이 유사하도록 [그림 7-1]과 같이 설계하여 연구를 수행할 수 있으며 이를 **무선구획설계**(Randomized Block design)라 한다. 매개변수를 통제하기 위하여 구획을 설정하여 실험을 함으로써 매개변수의 영향을 제거하여 처치변수의 영향력을 분석하고자 하는 설계이다.

	A_1	$\cdots$	A_j	$\cdots$	A_J
$Block_1$					
$Block_2$					
$\vdots$					
$Block_i$					
$\vdots$					
$Block_n$					

✪[그림 7-1] 무선구획설계모형

무선구획설계는 $RB-J$로 표기하며 처치변수의 수준이 3개이면 $RB-3$으로 표기한다. 제4장에서 예를 든 교수법의 연구를 적용한다면 처치변수인 교수법의 전통적 교수법, 컴퓨터 교수법, 개인 교수법에 할당되는 연구대상은 유사한 연구대상이어야 하므로 구획변수를 사전능력점수가 같은 학생들을 처치집단에 할당할 수 있다. 예를 들어, 사전능력점수가 40점인 3명의 학생을 무작위로 각 처치집단에 할당하고, 또 50점인 학생을, 60점, 70점, 80점, 90점, 100점인 학생들을 각 교수법에 무선할당하는 것이다. 여기서 사전능력점수 50점, 60점, 70점, 80점, 90점, 100점이 구획변수가 된다.

7.2 반복설계

통제하여야 할 매개변수가 적을 경우와 처치를 반복함으로써 발생하는 처치의 잔존효과가 있을 경우는 구획을 설정하여 매개변수를 통제하는 무선구획설계를 사용한다 하였다. 그러나 통제하여야 할 매개변수가 많을 경우에는 무선구획설계에서 여러 종류의 구획변수를 고려하여야 한다. 예를 들어, 달리기 거리가 혈압에 미치는 영향에 대한 연구를 할 때, 달리는 거리는 처치변수로 독립변수이고 혈압은 종속변수가 된다. 이때 혈압에 영향을 주는 일반적 변수는 성별, 나이, 체중, 혈압 그리고 건강상태 등 많은 메개변수가 존재한다. 이럴 경우는 많은 구획변수를 설정해야 하므로 무선구획설계로 실험이 가능하지 않다. 이럴 경우 동일한 대상에게 처치를 반복적으로 하여 그 처치에 따른 종속변수의 변화를 분석할 수 있다. 이를 반복설계라 한다.

정리하면, **반복설계**(repeated design)란 통제하여야 할 매개변수가 많을 경우 동일 대상(subject)에게 다른 처치를 반복적으로 가하여 처치효과를 분석하는 설계이며 [그림 7-2]와 같다.

	A_1	A_2	$\cdots$	A_J
S_1				
S_2				
$\vdots$				
S_n				

[그림 7-2] 반복설계모형

[그림 7-2]에서와 같이 동일 대상이 다른 처치를 받게 되므로 반복설계에서는 첫 번째 받은 처치효과가 누적될 수 있다. 그러므로 처치가 누적되어 다음 처치까지 소멸되지 않는 잔존효과가 있는 교수·학습과 같은 실험연구에서는 반복설계를 사용할 수 없다.

반복설계에서 유의할 점은 잔존효과가 있는 실험의 경우 잔존효과가 완전히 제거된 후에 다음 처치를 가하여야만 처치효과를 검정할 수 있다는 것이다. 달리는 거리가 혈압에 미치는 영향을 검정하고자 할 때 평소의 혈압을 측정하고, 500m를 달리고 난 후 혈압을 측정한 뒤, 정상혈압이 돌아오는 일정시간이나 하루 혹은 이틀이 지난 후 다시 1,000m를 달리게 하고 혈압을 측정하는 형태로 실험을 설계하여야 한다.

반복설계에서는 기억효과도 통제되어야 한다. 기억효과는 일반적으로 학습에 의한 결과이므로 기억이 완전히 소멸된 후에 다른 처치를 가할 수 있게 설계하여야 하나 인간의 기억이 완전히 없어지는 것은 가능하지 않기 때문에 학습과 관련된 연구에서는 반복설계를 사용하지 않는다고 하였다. 또한 종속변수를 측정할 때 검사라는 도구를 사용하면 피험자들이 검사를 반복해서 치르는 과정에서 이전에 치른 검사에 대한 기억이 다음 검사를 치르는 데 영향을 줄 수 있기 때문에 이 또한 통제를 하여야 한다. 기억의 효과를 배제하기 위하여 검사에 대한 기억이 사라지는 시간을 고려하여야 하며, 동일한 검사가 아닌 동형검사를 사용할 수 있다. 동형검사를 사용할 경우 완벽하게 동일한 검사를 제작할 수 있도록 하여야 하나, 그렇지 못할 경우나 두 검사가 유사하더라도 척도를 동일하게 하기 위하여 검사 동등화(test equating) 방법을 사용하여야 한다.

반복설계에서 고려할 또 한 가지는 연구 대상들이 처치를 받은 후에 검사를 반복해서 치름으로 인해서 시험에 대한 지혜가 쌓여 보다 높은 성취도를 이루는 경우가 있다. 이럴 경우 시험의 지혜가 주는 영향도 통제하여야 한다.

t검정에서 사전검사점수와 사후검사점수의 차이를 비교하는 방법은 두 종속표본 t검정으로 반복설계의 일종이다. 다시 말해서 반복설계는 두 종속표본 t검정의 확장이다. 사전검사를 실시하여 종속변수를 측정한 후 처치를 가하고 사후검사를 실시하여 차이가 있는가를 검정하는 경우 동일 대상의 특성을 반복하여 측정하므로 반복설계가 된다. 그러므로 사전 · 사후검사를 실시하여 추정한 t통계값과 반복설계를 이용하여 추정한 F 통계값은 다음과 같은 관계가 있다.

$$F = (\pm t)^2$$

7.3 계산절차

무선구획설계에서의 개인의 점수는 다음과 같이 구성되어 있다.

$$Y_{ij} = \mu + \alpha_j + \pi_i + \epsilon_{ij}$$
$$(i - 1, \cdots, n;\ j = 1, \cdots, J)$$

α_j : 처치효과
π_i : 구획효과
ϵ_{ij} : 오차

반복설계에서의 연구대상(subject)인 피험자의 점수는 다음과 같이 구성되어 있다.

$$Y_{ij} = \mu + \alpha_j + s_i + \epsilon_{ij}$$
$$(i = 1, \cdots, n\,;\, j = 1, \cdots, J)$$

α_j : 처치효과
s_i : 연구대상인 피험자의 효과
ϵ_{ij} : 오차

무선구획설계와 반복설계의 선형모형의 형태는 동일하다. 다만 무선구획설계에서는 구획을 사용하였기에 구획효과를 π_i로 표기하였고, 반복설계에서는 개인의 피험자가 반복적으로 처치를 받으므로 무선구획설계에서의 구획과 대등하게 연구대상 s_i로 표기한 것만이 다를 뿐이다. 무선구획설계나 반복설계에서는 각 칸에 자료가 하나만 있으므로 상호작용효과는 존재하지 않는다.

선형모형에 의하여 Y_{ij}는 다음과 같이 구성된다.

$$Y_{ij} = \overline{Y}.. + (\overline{Y}._j - \overline{Y}..) + (\overline{Y}_i. - \overline{Y}..) + (Y_{ij} - \overline{Y}._j - \overline{Y}_i. + \overline{Y}..)$$

무선구획설계나 반복설계를 위한 선형모형에서 편차를 계산하기 위한 공식은 다음과 같다.

$$\underset{d_T}{Y_{ij} - \overline{Y}..} = \underset{d_A}{(\overline{Y}._j - \overline{Y}..)} + \underset{d_{Block}}{(\overline{Y}_i. - \overline{Y}..)} + \underset{error}{(Y_{ij} - \overline{Y}._j - \overline{Y}_i. + \overline{Y}..)}$$

총편차는 처치변수에 의한 편차와 구획 또는 연구대상 간의 편차 그리고 오차로 구성된다. 편차의 합은 항상 0이 되므로 편차를 제곱하고 합산을 하면 다음과 같이 계산된다.

$$\underbrace{\sum_{i=1}^{n}\sum_{j=1}^{J}(Y_{ij}-\overline{Y}..)^2}_{SS_T}$$

$$=\underbrace{\sum_{i=1}^{n}\sum_{j=1}^{J}(\overline{Y}._j-\overline{Y}..)^2}_{SS_A}+\underbrace{\sum_{i=1}^{n}\sum_{j=1}^{J}(\overline{Y}_i.-\overline{Y}..)^2}_{SS_{Block}}+\underbrace{\sum_{i=1}^{n}\sum_{j=1}^{J}(Y_{ij}-\overline{Y}._j-\overline{Y}_i.+\overline{Y}..)^2}_{SS_{error}}$$

혹은

$$=n\sum_{j=1}^{J}(\overline{Y}._j-\overline{Y}..)^2+J\sum_{i=1}^{n}(\overline{Y}_i.-\overline{Y}..)^2+\sum_{i=1}^{n}\sum_{j=1}^{J}(Y_{ij}-\overline{Y}._j-\overline{Y}_i.+\overline{Y}..)^2$$

총편차제곱합은 처치변수에 의한 편차제곱합과 구획간 편차의 제곱합 그리고 오차제곱합으로 구성된다. 총편차제곱합을 구성하는 세 개의 편차제곱합 중에서 처치변수의 편차제곱합이 크면 처치의 효과가 있음을 나타내고, 구획간 편차제곱합의 값이 크면 구획으로 인한 매개변수의 통제가 잘 이루어진 것으로 볼 수 있다.

선형모형과 편차제곱합 계산 공식에 의한 무선구획설계나 반복설계의 분산분석표는 〈표 7-1〉과 같다.

❖〈표 7-1〉 무선구획설계 혹은 반복설계의 분산분석표

분산원	SS	df	MS	F
구획(연구대상)간	$SS_{Between\ BL}$	$n-1$	$MS_{Between\ BL}$	$MS_{Between\ BL}/MS_e$
구획(연구대상)내	$SS_{Within\ BL}$	$n(J-1)$	$MS_{Within\ BL}$	$MS_{Within\ BL}/MS_e$
처치	SS_A	$J-1$	MS_A	MS_A/MS_e
오차	SS_e	$(n-1)(J-1)$	MS_e	
총	SS_T	$nJ-1$		

분산원으로서 구획 간의 차이인 구획 간의 효과와 구획 내의 효과로 구분되고 구획 내의 효과는 처치변수 효과와 오차로 구성된다. 구획간 편차제곱합은 매개변수를 제대로 통제하였는가를 말해 주는 것으로 매개변수의 통제여부를 알려주는 것이지 구획 간의 차이가 있는지는 사실적으로 관심이 없는 부분이다. 만약 구획간 편차제곱합이 매우 작거나 없다면 연구에서 그 변수를 구획으로 설정할 필

요가 없음을 말한다. 앞에서 언급한 것처럼 구획설계는 구획 간의 차이가 있는 것에 관심을 갖지 않으므로 구획 간에 대한 F 통계값을 일반적으로 기록하지 않는다.

편차제곱합을 자유도로 나누면 편차제곱평균이 되며 처치변수에 대한 F 통계값을 계산하여 유의수준과 자유도에 의한 기각값보다 크면 처치효과가 유의하다는 결론을 내린다. 완전무선설계와 비교할 때 무선구획설계 또는 반복설계의 경우 피험자 간에 나타나는 효과를 배제하므로 처치효과를 보다 정확히 분석할 수 있어 무선구획설계 또는 반복설계가 완전무선설계보다 검정력이 크다고 할 수 있다.

세 가지 교수법을 사용하고 각 집단에 10명씩을 무선할당한 $CR-3$ 과 구획 10개를 구획으로 설정하고 세 가지 교수법을 사용한 $RB-3$ 의 분산원에 따른 자유도를 비교하면 [그림 7-2]와 같다.

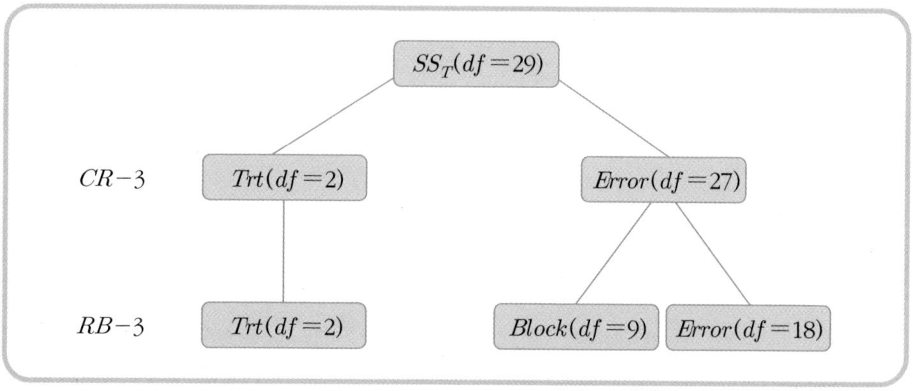

[그림 7-2] $CR-3$와 $RB-3$의 분산원에 따른 자유도

총편차와 처치변수에 대한 자유도는 29와 2로 동일하나 완전무선설계에 의한 오차의 자유도는 무선구획설계에서는 구획과 오차에 대한 자유도로 분할된다. 완전무선설계에서 오차에 의한 자유도는 27이었으나 무선구획설계에서는 이 자유도가 구획과 오차로 분리되어 구획에 의한 자유도는 9, 오차에 의한 자유도는 18이 된다.

총편차제곱합 중에 매개변수인 구획변수에 의한 구획 혹은 연구대상간 편차제곱합이 제거되고 순수한 처치변수의 효과를 분석하므로 오차에 의한 편차제곱합이 작아져서 편차제곱평균인 MS_e 가 작아지므로 처치에 의한 F 통계값인 MS_A/MS_e

가 크게 된다. 그러므로 영가설을 기각하기가 용이하여 검정력이 높다할 수 있다.

만약 매개변수로 설정한 구획간 혹은 연구대상간 편차제곱합이 매우 작다면 완전무선설계의 SS_A나 SS_e가 무선구획설계에 의한 SS_A나 SS_e가 유사할 것이다. 이럴 경우 완전무선설계에서 MS_e는 SS_e를 [그림 7-2]에서 자유도 27로 나누는 반면 무선구획설계에서는 SS_e를 자유도 18로 나누게 된다. 그러므로 무선구획설계의 MS_e가 완전무선설계에 의한 MS_e보다 크게 된다. 그러므로 무선구획설계에 의한 처치효과를 검정하는 F 통계값이 오히려 작아지므로 영가설을 기각하기가 쉽지 않게 된다.

뿐만 아니라 [그림 7-2]의 예에서 완전무선설계에서 F 기각값은 $F_{2,27,.05}$로서 3.355인데 비하여 무선구획설계에서의 F 기각값은 $F_{2,18,.05}$인 3.55가 되어 무선구획설계의 기각값이 완전무선설계의 기각값보다 커져서 오히려 영가설을 기각하기가 더 어려워진다. 결론적으로 매개변수로서 구획변수를 잘못 설정하면 처치변수의 효과를 정확하게 분석하지 못할 수 있다는 것을 알려준다.

7.4 사후와 사전대비분석

무선구획설계나 반복설계도 완전무선설계와 같이 비교분석이 가능하며 사후대비분석과 사전대비분석이 유사하다.

사후대비를 위하여 검정하는 절차는 완전무선설계의 사후분석절차와 동일하며 t 통계값을 계산하여 각 대비에 대한 검정을 실시한다. 여기서도 단순대비와 복합대비를 만드는 절차는 동일하며 $\hat{\psi}$와 $SE_{\hat{\psi}}$를 계산하고 $t_{\hat{\psi}}$를 추정한 후 Scheffé 기각값과 비교하여 집단 간의 차이여부를 검정한다. $\hat{\psi}$와 $SE_{\hat{\psi}}$ 그리고 $t_{\hat{\psi}}$를 계산하는 공식은 다음과 같다.

$$\hat{\psi} = \sum_{j=1}^{J} c_j \overline{Y}_{\cdot j}$$

$$SE_{\hat{\psi}} = \sqrt{MS_e \sum_{j=1}^{J} \frac{c_j^2}{n_j}}$$

$$t_{\hat{\psi}} = \frac{\hat{\psi}}{SE_{\hat{\psi}}} = \frac{\sum_{j=1}^{J} c_j \overline{Y}_{\cdot j}}{\sqrt{MS_e \sum_{j=1}^{J} \frac{c_j^2}{n_j}}}$$

$$S = \pm \sqrt{df_A F_{df_A, df_e, \alpha}}$$

$\hat{\psi}$, $SE_{\hat{\psi}}$, $t_{\hat{\psi}}$ 에 의한 〈표〉를 별도로 만들지 않고 분산분석표 안에 각 대비에 대한 통계값을 포함하고자 할 때는 다음과 같이 $SS_{\hat{\psi}}$를 계산할 수 있다.

$$SS_{\hat{\psi}} = \frac{\hat{\psi}^2}{\sum_{j=1}^{J} \frac{c_j^2}{n_j}}$$

$$F = \frac{SS_{\hat{\psi}} / df_{\hat{\psi}}}{MS_e} = \frac{MS_{\hat{\psi}}}{MS_e}$$

$SS_{\hat{\psi}}$를 계산하고, $MS_{\hat{\psi}}$는 자유도가 1이므로 $SS_{\hat{\psi}}$와 같고, $MS_{\hat{\psi}}$를 MS_e로 나누면, $F_{\hat{\psi}}$ 통계값이 된다. 이에 대한 기각값은 $F_{1, df_e, \alpha}$가 된다.

사전분석은 처치변수에 대한 전체가설검정을 실시하지 않고 흥미 있는 처치집단 간의 대비를 만들어 대비값과 표준오차를 계산하여 t 통계값을 계산하고 Dunn t 기각값과 비교하여 결론을 유도한다.

7.5 경향성분석

반복설계에서 경향성분석이 자주 사용된다. 특히 약물에 대한 효과를 검정하는 연구에서 투약하는 약의 양에 따른 증상의 변화에 대한 경향성에 관심이 높다. 일반적으로 약물을 투입할 경우 나타나는 현상들은 직선형으로 증상이 증가하거나 감소하는 것이 아니라 곡선형으로 증가하거나 감소하는 경향을 보인다. 예를 들어, 헤모글로빈 수치를 증가시키는 신약을 개발하였다고 가정할 때 신약의 복용량을 증가시키면서 헤모글로빈 수치가 증가하는 경향성을 분석할 수 있다. 약물을 투입하지 않았을 때와 10mg, 20mg, 30mg, 40mg, 50mg을 투입하는 반복설계 실험을 실시하였을 때 30mg을 투입할 때까지는 선형으로 헤모글로빈 수치가 증가하다가 40mg에서는 미세하게 증가하고 50mg을 투입했을 때는 40mg을 투입하였을 때와 거의 유사하였다면, 신약의 적정 투약량을 30mg으로 권유할 수 있다.

해열제나 신체에 영향을 주는 약품 사용설명서를 보게 되면 얼마 이상을 복용하지 말라고 하는 권유들이 일반적으로 경향성 연구를 통하여 얻은 결과에 따른다. 해열제 복용의 경우 고열의 환자들에게 해열제를 투입할 때 적정량의 해열제를 투입할 때까지는 체온이 내려가서 정상 체온으로 돌아가지만 만약 더 많은 양의 해열제를 투입하면 부작용으로 다시 열이 올라갈 수도 있다. 그렇기 때문에 이런 경우 경향성분석은 집단간 차이 분석보다 더 중요한 정보를 제공한다.

반복설계에서 경향성분석 역시 완전무선설계에서 설명한 경향성분석과 방법 그리고 절차가 동일하다. 구형성 조건이 지켜지면 선형성에 대한 검정은 다음과 같다. **구형성**(sphericity)이란 공분산의 동질성을 의미하며 반복측정에서 요구되는 구형성 가정은 처치집단별 종속변수의 분산이 동일하여야 함을 의미한다.

선형성 검정을 위한 $SS_{\hat{\psi}_{lin}}$ 과 $F_{\hat{\psi}_{lin}}$ 통계값 계산은 다음과 같다.

$$SS_{\hat{\psi}_{lin}} = \frac{\hat{\psi}_{lin}^2}{\sum_{j=1}^{J} \frac{c_j^2}{n_j}}$$

$$F_{\hat{\psi}_{lin}} = \frac{SS_{\hat{\psi}_{lin}} / (df_{\hat{\psi}_{lin}} = 1)}{MS_e} = \frac{MS_{\hat{\psi}_{lin}}}{MS_e}$$

기각값은 $F_{1, df_e, \alpha}$가 된다.

곡선형성에 대한 검정을 위한 $SS_{\hat{\psi}_{quad}}$과 $F_{\hat{\psi}_{quad}}$ 통계값은 다음과 같다.

$$SS_{\hat{\psi}_{quad}} = \frac{\hat{\psi}^2_{quad}}{\sum_{j=1}^{J} \frac{c_j^2}{n_j}}$$

$$F_{\hat{\psi}_{quad}} = \frac{SS_{\hat{\psi}_{quad}} / (df_{\hat{\psi}_{quad}} = 1)}{MS_e} = \frac{MS_{\hat{\psi}_{quad}}}{MS_e}$$

기각값은 $F_{1, df_e, \alpha}$가 된다.

7.6 SPSS 실행

7.6.1 예와 계산절차

예를 들어, 우울증 환자들에게 서로 다른 제약회사에서 개발한 신약들이 효과가 있는지를 검정하고자 한다. 우울증 환자들의 개인변수가 다양하므로 동일대상에게 반복적으로 처치를 하는데, 처음은 어떤 약도 투여하지 않고 환자들의 행복지수를 측정하였고, 그 다음 P 제약회사에서 개발한 "명랑"이라는 약을 복용하게 한 후 행복지수를 측정하였다. 첫 번째 약의 효과가 없어진 1주일 후 Q 제약회사에서 개발한 "기쁨"이란 약을 복용한 후 행복지수를 측정하였다. 행복지수를 측정하는 도구는 10개의 문항으로 '예'와 '아니요'로 응답하며 한 문항을 1점으로 하여 측정하였다. 약을 복용하지 않았을 때, "명랑"을 복용한 후, "기쁨"을 복용한 후 행복지수는 〈표 7-2〉와 같다.

❖〈표 7-2〉 신약 복용에 따른 행복한 느낌의 정도

	평상시	명랑	기쁨	$\overline{Y}_{i\cdot}$
S_1	3	4	5	4.000
S_2	2	4	5	3.667
S_3	2	5	6	4.333
S_4	3	4	5	4.000
S_5	1	3	4	2.667
S_6	3	4	5	4.000
S_7	4	5	6	5.000
S_8	6	7	7	6.667
$\overline{Y}_{\cdot j}$	3.000	4.500	5.375	$\overline{Y}_{\cdot\cdot} = 4.292$

〈표 7-2〉는 구획변수를 동일 대상으로 하는 반복설계이나 무선구획설계로 가정한다면 구획 간에는 이질적인 연구대상을, 구획 안에는 동질적인 연구대상을 선정하여 연구대상들이 무선적으로 다른 처치를 받게 하며, 약의 효과는 복용 후 1주일의 시간이 흐르면 없어진다는 것을 가정하여야 한다.

〈표 7-2〉의 자료를 가지고 행복지수의 총편차제곱합과 구획(피험자)간 편차제곱합, 약에 의한 편차제곱합, 오차 편차제곱합을 계산하면 다음과 같다.

$$
\begin{aligned}
SS_T &= \sum_{i=1}^{n}\sum_{j=1}^{J}(Y_{ij} - \overline{Y}_{\cdot\cdot})^2 \\
&= (3-4.292)^2 + (4-4.292)^2 + (5-4.292)^2 \\
&\quad + (2-4.292)^2 + (4-4.292)^2 + (5-4.292)^2 \\
&\quad + (2-4.292)^2 + (5-4.292)^2 + (6-4.292)^2 \\
&\quad + (3-4.292)^2 + (4-4.292)^2 + (5-4.292)^2 \\
&\quad + (1-4.292)^2 + (3-4.292)^2 + (4-4.292)^2 \\
&\quad + (3-4.292)^2 + (4-4.292)^2 + (5-4.292)^2
\end{aligned}
$$

$$+(4-4.292)^2+(5-4.292)^2+(6-4.292)^2$$
$$+(6-4.292)^2+(7-4.292)^2+(7-4.292)^2$$
$$=54.958$$

$$SS_A = n\sum_{j=1}^{J}(\overline{Y}_{\cdot j} - \overline{Y}_{\cdot\cdot})^2$$
$$=8(3.0-4.292)^2+8(4.5-4.292)^2+8(5.375-4.292)^2$$
$$=23.083$$

$$SS_{Blocks} = J\sum_{i=1}^{n}(\overline{Y}_{i\cdot} - \overline{Y}_{\cdot\cdot})^2$$
$$=3(4.0-4.292)^2+3(3.667-4.292)^2$$
$$+3(4.333-4.292)^2+3(4.0-4.292)^2$$
$$+3(2.667-4.292)^2+3(4.0-4.292)^2$$
$$+3(5.0-4.292)^2+3(6.667-4.292)^2$$
$$=28.292$$

$$SS_e = \sum_{i=1}^{n}\sum_{j=1}^{J}(Y_{ij} - \overline{Y}_{\cdot j} - \overline{Y}_{i\cdot} + \overline{Y}_{\cdot\cdot})^2$$
$$=(3-3.0-4.0+4.292)^2+(2-3.0-3.667+4.292)^2$$
$$+(2-3.0-4.333+4.292)^2+(3-3.0-4.0+4.292)^2$$
$$+(1-3.0-4+4.292)^2+(3-3.0-4+4.292)^2$$
$$+(4-3.0-4+4.292)^2+(6-3.0-4+4.292)^2$$
$$+(4-4.5-4.0+4.292)^2+(4-4.5-3.667+4.292)^2$$
$$+(5-4.5-4.333+4.292)^2+(4-4.5-4.0+4.292)^2$$
$$+(3-4.5-2.667+4.292)^2+(4-4.5-4.0+4.292)^2$$
$$+(5-4.5-5.0+4.292)^2+(7-4.5-4+6.667)^2$$
$$+(5-5.375-4.0+4.292)^2+(5-5.375-3.667+4.292)^2$$
$$+(5-5.375-3.667+4.292)^2+(6-5.375-4.333+4.292)^2$$

$$+(5-5.375-4.0+4.292)^2+(4-5.375-2.667+4.292)^2$$
$$+(5-5.375-4.0+4.292)^2+(6-5.375-5.0+4.292)^2$$
$$+(7-5.375-6.667+4.292)^2$$
$$=3.583$$

계산한 SS_T, SS_A, SS_{Blocks}, SS_e를 가지고 작성한 분산분석 결과는 〈표 7-3〉과 같다.

❖〈표 7-3〉 신약 복용에 따른 행복 정도의 분산분석표

분산원	SS	df	MS	F
구획(피험자)간	28.292	7	4.042	15.788
구획(피험자)내				
처치(신약)	23.083	2	11.542	45.093
오차	3.583	14	.256	
총	54.958	23		

$F_{7,14,.05}=2.76$　$F_{2,14,.05}=3.74$

분산분석 결과 약을 복용하지 않았을 때와 "명랑"을 복용하였을 때 그리고 "기쁨"을 복용하였을 때 행복 정도의 차이에 대한 F 통계값은 45.093으로서 $F_{2,14,.05}$인 기각값 3.74보다 크므로 영가설을 기각한다. 유의수준 .05에서 세 집단의 행복 정도에 유의한 차이가 있다고 결론 내린다. 다시 말해서 유의수준 .05에서 행복에 대한 약의 효과가 있다고 결론 내린다. 앞의 무선구획설계에서 구획간, 즉 구획에 의한 편차제곱합이 크므로 매개변수를 잘 통제하였다고 볼 수 있다. 구획 간의 차이가 있는가에 대한 F 통계값이 15.788로 $F_{7,14,.05}$인 기각값 2.76보다 크므로 통계적으로 구획 간, 즉 피험자 간에는 유의한 차이가 있음을 알 수 있다. 다시 말해, 〈표 7-2〉에서 구획 간, 즉 피험자 간 행복의 정도에는 통계적으로 유의한 차이가 있다.

평상시와 약을 복용했을 때 행복의 정도에 유의한 차이가 있으므로 어떤 처치

수준에서 차이가 있는가를 확인하는 사후비교분석을 실시할 수 있다. 처치집단이 3개이므로 3개의 단순대비와 3개의 복합대비로 6개의 대비가 있으며, 평상시와 "명랑"을 복용했을 때의 단순대비에 대한 $\hat{\psi}$, $SE_{\hat{\psi}}$, $t_{\hat{\psi}}$, $SS_{\hat{\psi}}$, $F_{\hat{\psi}}$는 다음과 같다.

$$\hat{\psi}_1 = (1)3.0 + (-1)4.5 = -1.5$$

$$SE_{\hat{\psi}_1} = \sqrt{.256\left[\frac{(1)^2}{8} + \frac{(-1)^2}{8}\right]} = .253$$

$$t_{\hat{\psi}_1} = \frac{\hat{\psi}_1}{SE_{\hat{\psi}_1}} = \frac{-1.5}{.253} = -5.929$$

$$S = \pm\sqrt{2F_{2,14,.05}} = \pm\sqrt{2(3.74)} = \pm 2.735$$

$$SS_{\hat{\psi}_1} = \frac{[(1)3.0 + (-1)4.5]^2}{[(1)^2/8 + (-1)^2/8]} = 9$$

$$MS_{\hat{\psi}_1} = 9$$

$$F_{\hat{\psi}_1} = \frac{MS_{\hat{\psi}_1}}{MS_e} = \frac{9}{.256} = 35.156$$

$$F_{2,14,.05} = 3.74$$

단순대비로 약을 복용하지 않았을 때와 "명랑"을 복용하였을 때 유의수준 .05에서 행복의 정도에 유의한 차이가 있다고 결론 내린다. 약을 복용하지 않았을 때와 "기쁨"을 복용하였을 때 행복지수에 대한 단순 짝비교나 "명랑"과 "기쁨"을 복용하였을 때 행복의 차이비교는 모두 동일한 절차를 따른다.

약을 복용하지 않을 때와 "명랑"이나 "기쁨"을 복용할 때의 복합대비를 위한 $\hat{\psi}$, $SE_{\hat{\psi}}$, $t_{\hat{\psi}}$,$SS_{\hat{\psi}}$, $F_{\hat{\psi}}$는 다음과 같다.

$$\hat{\psi}_4 = (1)3.0 + (-1/2)4.5 + (-1/2)5.375 = -1.938$$

$$SE_{\hat{\psi}_4} = \sqrt{.256\left[\frac{(1)^2}{8}+\frac{(-1/2)^2}{8}+\frac{(-1/2)^2}{8}\right]} = .219$$

$$t_{\hat{\psi}_4} = \frac{-1.938}{.219} = -8.847$$

$$S = \pm\sqrt{2F_{2,14,.05}} = \pm\sqrt{2(3.74)} = \pm 2.735$$

$$SS_{\hat{\psi}_4} = \frac{[(1)3.0+(-1/2)4.5+(-1/2)5.375]^2}{[(1)^2/8+(-1/2)^2/8+(-1/2)^2/8]} = 20.021$$

$$MS_{\hat{\psi}_4} = 20.021$$

$$F_{\hat{\psi}_4} = \frac{MS_{\hat{\psi}_4}}{MS_e} = \frac{20.021}{.256} = 78.206$$

$$F_{2,14,.05} = 3.74$$

복합대비로 명랑을 복용하지 않은 집단과 “명랑”과 “기쁨”을 복용한 집단과는 행복의 정도에 유의한 통계적 차이가 있다고 결론 내린다.

연구자는 “명랑”이란 신약의 복용량에 따라 행복지수의 변화에 어떤 경향성이 있는지를 분석할 수 있다. 이때는 약을 복용하지 않고 10mg을 투약하고 일정시간이 지난 후 20mg을 투약하는 것과 같이 동일한 차이의 약을 투여해야한다. 〈표 7-2〉의 자료가 약을 먹지 않았을 때, 신약을 10mg 그리고 20mg을 복용했을 때의 자료라 가정하고 행복지수의 변화에 대한 경향성분석으로 선형성이 존재하는지에 대한 분석은 다음과 같다. 세 집단의 선형성을 검정하기 위한 대비계수는 −1, 0, 1이다.

$$SS_{\hat{\psi}_{lin}} = \frac{\hat{\psi}^2_{lin}}{\sum_{j=1}^{J}\frac{c_j^2}{n_j}} = \frac{[(-1)3.0+(0)4.5+(1)5.375]^2}{[(-1)^2+(0)^2+(1)^2]/8} = 22.563$$

$$F_{\hat{\psi}_{lin}} = \frac{MS_{\hat{\psi}_{lin}}}{MS_e} = \frac{SS_{\hat{\psi}_{lin}}/(df_{\hat{\psi}_{lin}}=1)}{MS_e} = \frac{22.563}{.256} = 88.135$$

기각값은 $F_{1,14,.05}$로서 4.60이다. 그러므로 선형성에 대한 F 통계값이 기각값보다 크므로 유의수준 .05에서 "명랑"의 복용량과 행복의 정도에는 통계적으로 유의한 선형성이 존재한다고 결론 내린다.

곡선형성에 대한 대비계수는 1, −2, 1로서 곡선형에 대한 검정은 다음과 같다.

$$SS_{\hat{\psi}_{quad}} = \frac{\hat{\psi}^2_{quad}}{\sum_{j=1}^{J} \frac{c_j^2}{n_j}} = \frac{[(1)3.0 + (-2)4.5 + (1)5.375]^2}{[(1)^2 + (-2)^2 + (1)^2]/8} = .521$$

$$F_{\hat{\psi}_{quad}} = \frac{MS_{\hat{\psi}_{quad}}}{MS_e} = \frac{SS_{\hat{\psi}_{quad}}/(df_{\hat{\psi}_{quad}} = 1)}{MS_e} = \frac{.521}{.256} = 2.035$$

기각값은 $F_{1,14,.05}$은 4.60이므로 곡선형성의 영가설을 기각하지 못한다. 그러므로 "명랑" 복용량과 행복의 정도에는 통계적으로 유의한 곡선형성이 존재하지 않는다고 결론을 내린다.

7.6.2 SPSS 실행

SPSS로 분석하기 위하여 자료를 입력할 때는 완전무선설계를 위한 자료 입력방법과는 달리 〈표 7-2〉에 있는 형태로 자료를 입력한다.

	id	평상시	명랑	기쁨
1	1	3	4	5
2	2	2	4	5
3	3	2	5	6
4	4	3	4	5
5	5	1	3	4
6	6	3	4	5
7	7	4	5	6
8	8	6	7	7

그리고 분석(A) → 일반선형모형(G) → 반복측도(R) 를 클릭하여 분석창을 연다.

반복측도 요인 정의 상자에서 '개체-내 요인이름(W)'과 '수준 수(L)'를 지정하고

추가(A)를 클릭한 후 정의(F)를 클릭하면 반복측도 대화상자가 열린다.

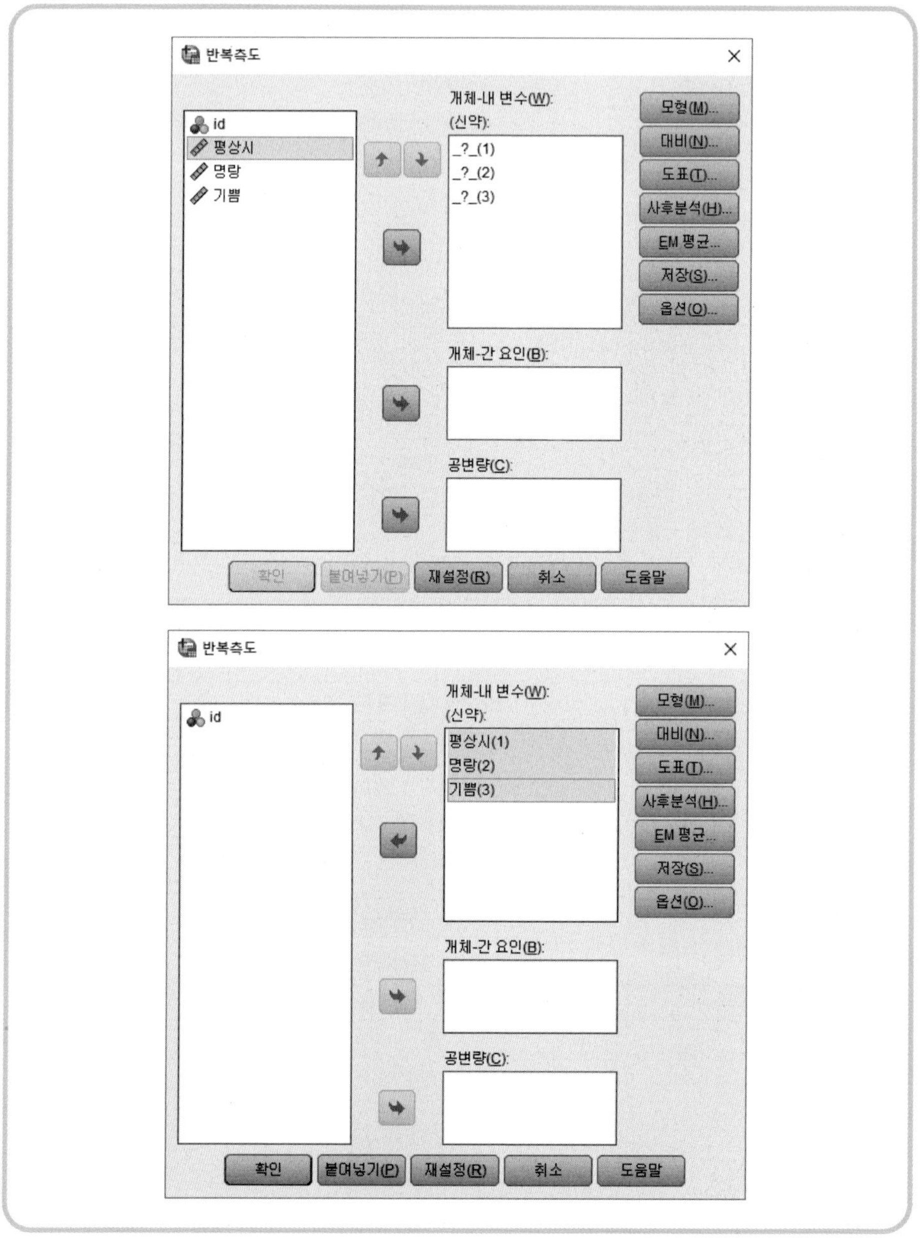

변수 목록 중 '개체-내 변수(W)'에 반복측정된 종속변수를 선택한다.

반복측정 대화상자에서 옵션(O)... 을 클릭한다.

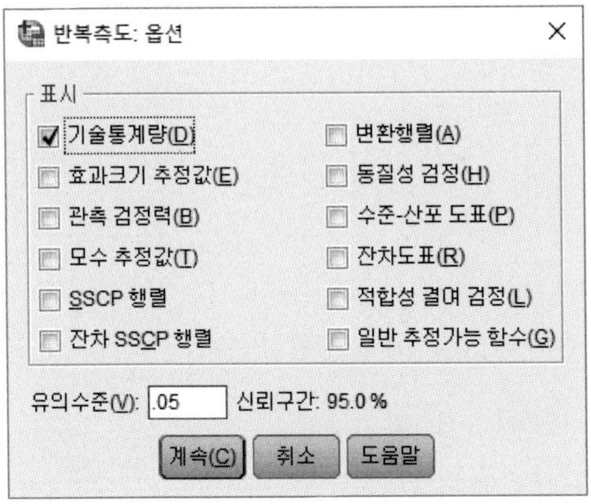

'표시' 부분에서 기술통계량(D) 을 선택하고 계속(C) 을 클릭한 다음, 반복측정 대화상자에서 확인 을 클릭하면 분석 결과가 출력된다.

자료에 대한 기술통계 결과는 〈표 7-2〉의 결과와 같다.

기술통계량

	평균	표준편차	N
평상시	3.00	1.512	8
명랑	4.50	1.195	8
기쁨	5.38	.916	8

다변량 검정[a]

효과		값	F	가설 자유도	오차 자유도	유의확률
신약	Pillai의 트레이스	.902	27.462[b]	2.000	6.000	.001
	Wilks의 람다	.098	27.462[b]	2.000	6.000	.001
	Hotelling의 트레이스	9.154	27.462[b]	2.000	6.000	.001
	Roy의 최대근	9.154	27.462[b]	2.000	6.000	.001

a. Design: 절편
개체-내 계획: 신약

b. 정확한 통계량

다변량 통계값들은 근사적으로 *F*분포를 따르므로 이를 이용하여 가설검정을 하게 된다. 가장 보편적으로 사용되는 다변량 통계치는 Wilks의 람다이다(성태제, 2014b). 신약에 대한 Wilks의 람다값은 .098, 유의확률은 .001로 유의수준 .05에서 신약 복용에 따른 행복의 정도가 같지 않음을 말해 준다.

다음은 구획내 효과에 대한 검정 결과이다.

개체-내 효과 검정

측도: MEASURE_1

소스		제 III 유형 제곱합	자유도	평균제곱	F	유의확률
신약	구형성 가정	23.083	2	11.542	45.093	.000
	Greenhouse-Geisser	23.083	1.203	19.188	45.093	.000
	Huynh-Feldt	23.083	1.315	17.552	45.093	.000
	하한	23.083	1.000	23.083	45.093	.000
오차(신약)	구형성 가정	3.583	14	.256		
	Greenhouse-Geisser	3.583	8.421	.426		
	Huynh-Feldt	3.583	9.206	.389		
	하한	3.583	7.000	.512		

이 결과는 구획 내에 나타나는 처치효과와 오차에 대한 것이다. 여기서 '신약'과 관련된 분산원이 연구에서 처치효과로 신약인 처치변수가 된다. 이 부분은 〈표 7-3〉의 분산분석표에서 구획 내의 처치(신약)에 대한 값들과 같다. 그리고 '오차(신약)'가 〈표 7-3〉 분산분석표의 오차에 해당하는 결과이다. '신약' 분산원의 Greenhouse-Geisser의 *F* 값은 45.093, 유의확률은 .000으로 유의수준 .05에서 신약에 따른 행복지수의 유의한 차이가 있다.

다음은 구획간 효과에 대한 검정 결과이다.

개체-간 효과 검정

측도: MEASURE_1
변환된 변수: 평균

소스	제 III 유형 제곱합	자유도	평균제곱	F	유의확률
절편	442.042	1	442.042	109.371	.000
오차	28.292	7	4.042		

이 결과는 무선구획설계에서 구획 간에 대한 분석 결과이다. 매개변수로서 설정한 구획변수로 인한 구획간 편차제곱합, 자유도, 편차제곱평균 그리고 F 통계값을 제공하므로 〈표 7-3〉의 분산분석표에서 구획간 효과에 해당하는 결과이다.

SPSS 분석 결과는 총편차제곱합에 대한 값을 제시하지 않는다. 그러므로 연구자는 SPSS output에서 '개체-내 효과검정'의 처치변수의 구형성 가정과 오차의 구형성 가정에 해당하는 편차제곱합과 '개체-간 효과검정'에서 오차에 해당하는 편차제곱합을 합하여 계산하여야 한다. SS_T 에 해당하는 자유도도 '개체-내 효과검정'의 처치와 오차의 자유도와 '개체-간 효과검정'의 오차에 해당하는 자유도를 찾아 합하여야 한다.

구획내에서 신앙에 따른 행복의 차이가 유의하였으므로, 이에 대한 사후대비분석 및 사전대비분석을 실시한다. 사후대비분석 및 사전대비분석은 앞의 반복측도 분석 창에서 EM 평균... 버튼을 눌러 '요인 및 요인 상호작용(F)'의 '신앙'을 오른쪽 창으로 옮긴 뒤, 다음의 주효과 비교(O) 버튼을 누른다. 디폴트는 Fisher의 LSD 방법이며, '신뢰구간 수정(N)'에서 LSD 이외의 Sidak 방법 등을 선택할 수 있다.

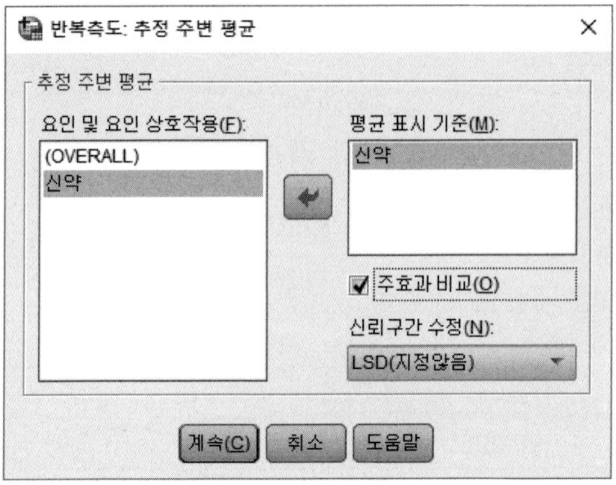

LSD 방법으로 사후대비분석을 실시한 결과는 다음과 같다.

추정 주변 평균

신약

추정값

측도: MEASURE_1

신약	평균	표준오차	95% 신뢰구간 하한	95% 신뢰구간 상한
1	3.000	.535	1.736	4.264
2	4.500	.423	3.501	5.499
3	5.375	.324	4.609	6.141

대응별 비교

측도: MEASURE_1

(I) 신약	(J) 신약	평균차이(I-J)	표준오차	유의확률[b]	차이에 대한 95% 신뢰구간[b] 하한	차이에 대한 95% 신뢰구간[b] 상한
1	2	-1.500*	.267	.001	-2.132	-.868
	3	-2.375*	.324	.000	-3.141	-1.609
2	1	1.500*	.267	.001	.868	2.132
	3	-.875*	.125	.000	-1.171	-.579
3	1	2.375*	.324	.000	1.609	3.141
	2	.875*	.125	.000	.579	1.171

추정 주변 평균을 기준으로

*. 평균차이는 .05 수준에서 유의합니다.

b. 다중비교를 위한 수정: 최소유의차 (수정하지 않은 상태와 동일합니다.)

분석 결과, 신약 1(=평상시)과 2(=명랑복용), 1(=평상시)과 3(=기쁨복용)의 대비에 유의수준 .05에서 유의한 차이가 있었다. 또한 2(=명랑복용), 3(=기쁨복용)의 대비에도 유의수준 .05에서 유의한 차이가 있었다.

Sidak 방법으로 사전대비분석을 실시한 결과는 다음과 같다.

대응별 비교

측도: MEASURE_1

(I) 신약	(J) 신약	평균차이(I-J)	표준오차	유의확률[b]	차이에 대한 95% 신뢰구간[b]	
					하한	상한
1	2	-1.500*	.267	.002	-2.333	-.667
	3	-2.375*	.324	.000	-3.384	-1.366
2	1	1.500*	.267	.002	.667	2.333
	3	-.875*	.125	.001	-1.264	-.486
3	1	2.375*	.324	.000	1.366	3.384
	2	.875*	.125	.001	.486	1.264

추정 주변 평균을 기준으로

*. 평균차이는 .05 수준에서 유의합니다.

b. 다중비교를 위한 수정: Sidak

분석 결과, 신약 1(=평상시)과 2(=명랑복용), 1(=평상시)과 3(=기쁨복용)의 대비에 유의수준 .05에서 유의한 차이가 있었다. 또한 2(=명랑복용), 3(=기쁨복용)의 대비에도 유의수준 .05에서 유의한 차이가 있었다.

7.7 장단점

무선구획설계의 장점은, 첫째, 오차의 원인이 될 수 있는 매개변수를 통제하므로 처치변수의 효과를 정확히 분석할 수 있다. 둘째, 오차의 원인을 배제하므로 검정력(power)을 높일 수 있다. 셋째, 다수의 처치변수와 구획변수를 사용할 수 있다. 넷째, 설계가 단순하다.

단점으로는, 첫째, 매개변수로 구획변수를 잘못 설정하였을 경우 오차의 분산이 줄어들지 않는다. 둘째, 다수의 구획변수를 설정할 경우에는 실험과 설계가 어려울 뿐만 아니라 분석도 모호할 수 있다. 셋째, 이럴 경우는 반복설계가 바람직하나 누적되는 처치효과와 시험효과를 제거하여야 한다.

연습문제

1. 실험연구에서 연구대상을 연구집단에 할당하는 방법에 대하여 논하시오.

2. 매개변수를 통제하는 방법에 대하여 설명하시오.

3. 매개변수를 구획변수로 설정하여 연구집단에 할당하는 방법을 예를 들어 설명하시오.

4. 무선구획설계와 반복설계의 같은 점과 차이점이 무엇인지 설명하시오.

5. 무선구획설계와 반복설계의 장단점을 논하시오.

6. 처치변수가 하나인 무선구획설계에 대한 다음 질문에 답하시오.
   - 6-1 선형모형
   - 6-2 통계값에 의한 선형모형
   - 6-3 편차
   - 6-4 편차제곱합
   - 6-5 분산분석표를 작성하시오.
   - 6-6 사후대비분석의 절차를 설명하시오.
   - 6-7 사전대비분석의 절차를 설명하시오.
   - 6-8 경향성분석의 절차를 설명하시오.

7. 반복실험에서 나타나는 다음의 효과가 무엇인지 그리고 이 효과를 없애기 위하여 어떻게 하여야 하는지 설명하시오.

   7-1 잔존효과

   7-2 기억효과

   7-3 연습효과

   7-4 순서효과

   7-5 이월효과

8. 반복설계 시 종속변수를 측정하기 위하여 검사를 사용할 때 검사의 난이도가 다를 경우, 이를 해결하는 방안을 논하시오.

9. 무선구획설계와 반복설계를 사용하는 경우를 예를 들어 설명하시오.

10. $RB-J$와 $CR-J$의 비교에 대하여 다음 질문에 답하시오.

   10-1 자유도에 어떤 변화가 있는지 논하시오.

   10-2 두 설계에서 SS_e값에 어떤 차이가 있는지 논하시오.

   10-3 A 처치에 대한 F 통계값은 어떤 차이가 있는지 논하시오.

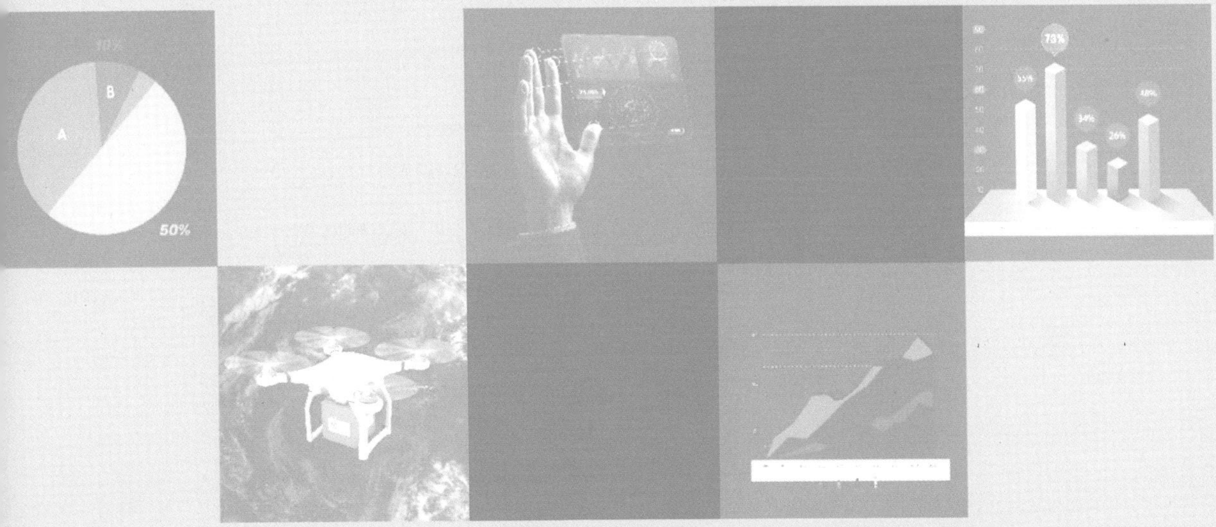

제8장

무선구획 요인설계

무선구획 요인설계 제8장

8.1 기본개념

무선구획설계나 반복설계에서도 두 개 이상의 처치변수를 사용할 수 있으며 유사하거나 동일한 대상이 A 처치변수와 B 처치변수를 받게 되며 이에 대한 설계는 [그림 8-1]과 같다. 이같은 설계를 **무선구획 요인설계**(Randomized Block Factorial design)이라 하고 $\boldsymbol{RBF-JK}$라 하며 J와 K는 처치변수의 수준 수를 말한다. [그림 8-1]은 A 처치변수의 수준이 3수준이고 K는 2수준이며 $RBF-32$로 표기한다.

	A_1	....	A_J
	$B_1 \cdots B_k \cdots B_K$	$B_1 \cdots B_k \cdots B_K$	$B_1 \cdots B_k \cdots B_K$
$Block_1(S_1)$			
$Block_2(S_2)$			
$\vdots$			
$Block_i(S_i)$			
$\vdots$			
$Block_n(S_n)$			

[그림 8-1] 두 처치변수를 이용한 무선구획 요인(반복)설계의 모형

이 모형은 처치변수를 하나 사용한 무선구획설계나 반복설계의 확장으로 A처치효과, B처치효과 그리고 AB의 상호작용효과를 알기 위한 분석방법이다. 무선구획 요인설계로서 3개의 처치변수와 그에 따른 상호작용을 분석하기 위한 설계로 확장할 수 있다. 이 경우는 $RBF-JKL$로 표기하며 논리적 전개와 계산 절차는 유사하다.

8.2 계산절차

두 처치변수를 사용한 무선구획설계나 반복설계에서의 개인의 점수는 다음과 같이 구성되어 있다.

$$Y_{ijk} = \mu + \alpha_j + \beta_k + \alpha\beta_{jk} + \alpha\beta\pi_{ijk} + \pi_i(s_i) + \epsilon_{ijk}$$
$$(i = 1, \cdots, n;\ j = 1, \cdots, J;\ k = 1, \cdots, K)$$

α_j : A 처치변수 효과
β_k : B 처치변수 효과
$\alpha\beta_{jk}$: AB 처치변수의 상호작용효과
$\alpha\beta\pi_{ijk}$: AB와 구획변수의 상호작용효과
π_i : 구획변수 효과 (혹은 s_i: 피험자 효과)
ϵ_{ijk} : 오차

두 종류의 처치변수가 투입되므로 상호작용효과가 선형모형에 존재하며 통계값으로 표현하면 다음과 같다.

$$\begin{aligned} Y_{ijk} = {} & \overline{Y}_{\cdots} + (\overline{Y}_{\cdot j \cdot} - \overline{Y}_{\cdots}) + (\overline{Y}_{\cdot\cdot k} - \overline{Y}_{\cdots}) + (\overline{Y}_{\cdot jk} - \overline{Y}_{\cdot j \cdot} - \overline{Y}_{\cdot\cdot k} + \overline{Y}_{\cdots}) \\ & + (\overline{Y}_{i\cdot\cdot} - \overline{Y}_{\cdots}) + (\overline{Y}_{\cdot jk} - \overline{Y}_{\cdot j \cdot} - \overline{Y}_{\cdot\cdot k} + \overline{Y}_{\cdots})(\overline{Y}_{i\cdot\cdot} - \overline{Y}_{\cdots}) + (Y_{ijk} - \overline{Y}_{\cdot jk}) \end{aligned}$$

Y_{ijk}는 A 처치변수의 효과, B 처치변수의 효과, AB 처치변수의 상호작용효과, 구획변수효과, AB 처치변수와 구획변수의 상호작용효과 그리고 오차로 구성된다. 무선구획 2요인설계를 위한 선형모형에서 편차를 계산하기 위한 공식은 다음과 같다.

$$\underset{d_T}{(Y_{ijk}-\overline{Y}_{\cdots})}=\underset{d_A}{(\overline{Y}_{\cdot j\cdot}-\overline{Y}_{\cdots})}+\underset{d_B}{(\overline{Y}_{\cdot\cdot k}-\overline{Y}_{\cdots})}+\underset{d_{AB}}{(\overline{Y}_{\cdot jk}-\overline{Y}_{\cdot j\cdot}-\overline{Y}_{\cdot\cdot k}+\overline{Y}_{\cdots})}$$

$$+\underset{d_{Blocks}}{(\overline{Y}_{i\cdot\cdot}-\overline{Y}_{\cdots})}+\underset{d_{AB\cdot Blocks}}{(\overline{Y}_{\cdot jk}-\overline{Y}_{\cdot j\cdot}-\overline{Y}_{\cdot\cdot k}+\overline{Y}_{\cdots})(\overline{Y}_{i\cdot\cdot}-\overline{Y}_{\cdots})}+\underset{error}{(Y_{ijk}-\overline{Y}_{\cdot jk})}$$

총편차는 A 처치변수에 의한 편차, B 처치변수에 의한 편차, AB 상호작용에 의한 편차, 구획에 의한 편차 그리고 오차로 구성된다. 여기서 $(\overline{Y}_{i\cdot\cdot}-\overline{Y}_{\cdots})$는 구획변수 효과로 구획 안에 하나의 대상이 있으므로 구획 수준에서 점수들의 평균값이 결국 전체 사례의 평균값과 같기 때문에 $(\overline{Y}_{i\cdot\cdot}-\overline{Y}_{\cdots})$는 0이 된다. 그러므로 두 처치변수 AB 의 상호작용과 구획의 상호작용효과에 의한 편차인 $(\overline{Y}_{\cdot jk}-\overline{Y}_{\cdot j\cdot}-\overline{Y}_{\cdot\cdot k}+\overline{Y}_{\cdots})$ $(\overline{Y}_{i\cdot\cdot}-\overline{Y}_{\cdots})$에서 $(\overline{Y}_{i\cdot\cdot}-\overline{Y}_{\cdots})$는 앞에서 설명하였듯이 0이 되므로 이 부분은 없어진다. 총편차는 다음과 같이 구성된다.

$$\underset{d_T}{(Y_{ijk}-\overline{Y}_{\cdots})}=\underset{d_A}{(\overline{Y}_{\cdot j\cdot}-\overline{Y}_{\cdots})}+\underset{d_B}{(\overline{Y}_{\cdot\cdot k}-\overline{Y}_{\cdots})}+\underset{d_{AB}}{(\overline{Y}_{\cdot jk}-\overline{Y}_{\cdot j\cdot}-\overline{Y}_{\cdot\cdot k}+\overline{Y}_{\cdots})}$$

$$+\underset{d_{Blocks}}{(\overline{Y}_{i\cdot\cdot}-\overline{Y}_{\cdots})}+\underset{error}{(Y_{ijk}-\overline{Y}_{\cdot jk})}$$

편차의 합은 항상 0이 되므로 편차를 제곱하고 합산을 하면 다음과 같이 계산된다.

$$\underbrace{\sum_{i=1}^{n}\sum_{j=1}^{J}\sum_{k=1}^{K}(Y_{ijk}-\overline{Y}...)^2}_{SS_T}$$

$$=\underbrace{\sum_{i=1}^{n}\sum_{j=1}^{J}\sum_{k=1}^{K}(\overline{Y}_{\cdot j \cdot}-\overline{Y}...)^2}_{SS_A}+\underbrace{\sum_{i=1}^{n}\sum_{j=1}^{J}\sum_{k=1}^{K}(\overline{Y}_{\cdot\cdot k}-\overline{Y}...)^2}_{SS_B}$$

$$+\underbrace{\sum_{i=1}^{n}\sum_{j=1}^{J}\sum_{k=1}^{K}(\overline{Y}_{\cdot jk}-\overline{Y}_{\cdot j \cdot}-\overline{Y}_{\cdot\cdot k}+\overline{Y}...)^2}_{SS_{AB}}$$

$$+\underbrace{\sum_{i=1}^{n}\sum_{j=1}^{J}\sum_{k=1}^{K}(\overline{Y}_{i\cdot\cdot}-\overline{Y}...)^2}_{SS_{Blocks}}+\underbrace{\sum_{i=1}^{n}\sum_{j=1}^{J}\sum_{k=1}^{K}(Y_{ijk}-\overline{Y}_{\cdot jk})}_{SS_{error}}$$

총편차제곱합은 A 처치변수에 의한 편차제곱합, B 처치변수에 의한 편차제곱합, AB 상호작용에 의한 편차제곱합, 구획 혹은 피험자에 의한 편차제곱합, 오차로 인한 편차제곱합으로 구성된다. 총편차제곱합을 구성하는 다섯 개의 편차제곱합 중에서 A와 B 처치변수의 편차제곱합이 각각 크면 처치변수의 주효과가 있음을 알 수 있고, AB 두 처치변수의 상호작용에 의한 편차제곱합이 크면 두 처치변수의 상호작용이 존재한다는 것을 알 수 있다. 구획 간의 편차제곱합의 값이 크면 매개변수의 통제가 잘 이루어진 것으로 볼 수 있다.

선형모형과 편차제곱합 계산 공식에 의한 무선구획 요인설계(반복설계)의 분산분석표는 〈표 8-1〉과 같다.

❖〈표 8-1〉 두 개의 처치변수를 사용한 $RBF-JK$의 분산분석표

분산원	SS	df	MS	F
구획(피험자)간	$SS_{Between\,BL}$	$n-1$	$MS_{Between\,BL}$	$MS_{Between\,BL}/MS_e$
구획(피험자)내	$SS_{Within\,BL}$			
A 효과	SS_A	$J-1$	MS_A	MS_A/MS_e
B 효과	SS_B	$K-1$	MS_B	MS_B/MS_e
AB 효과	SS_{AB}	$(J-1)(K-1)$	MS_{AB}	MS_{AB}/MS_e
오차	SS_e	$(n-1)(JK-1)$	MS_e	
총	SS_T	$nJK-1$		

편차제곱합을 자유도로 나누면 편차제곱평균이 되며 무선구획 요인설계에서도 처치변수에 대한 F 통계값과 상호작용에 대한 F 통계값을 계산하여 기각값보다 크면 처치효과와 상호작용효과가 유의하다는 결론을 내린다.

각 처치집단의 사례수가 10이며 A 처치변수 J 수준이 세 수준이며 B 처치변수 K 수준이 두 수준인 두 처치변수를 사용한 완전무선 2요인설계와 10개의 구획을 설정하고 처치수준이 같은 무선구획 2요인설계의 자유도를 비교하면 [그림 8-2]와 같다.

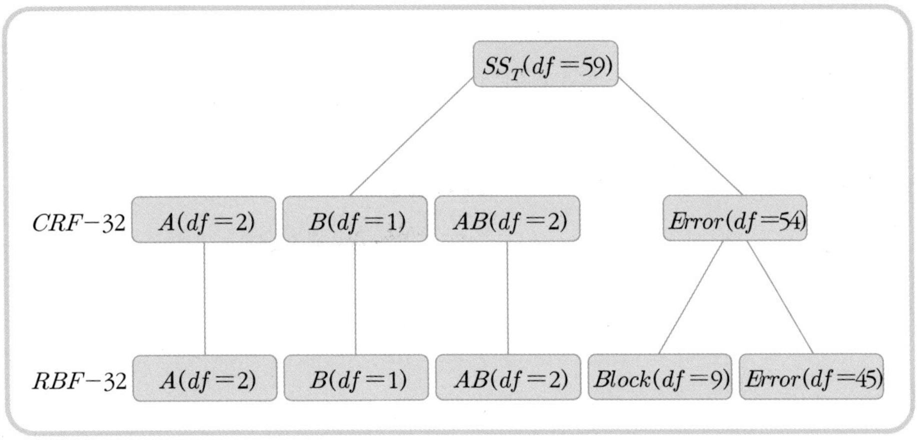

[그림 8-2] CRF-32와 RBF-32의 분산원에 따른 자유도

총자유도는 59이고, A 처치변수의 자유도 2, B 처치변수의 자유도 1, AB 상호작용의 자유도 2는 두 설계모형에서 같다. 그러나 오차와 관련한 완전무선 2요인설계의 자유도는 54인데 반하여 무선구획 2요인설계에서 구획간 자유도 9와 오차에 의한 구획내 자유도 45로 분리되어 오차에 대한 자유도는 적어지게 된다. $RBF-JK$에서의 오차와 관련된 자유도는 $CRF-JK$에서의 오차에 대한 자유도보다 작게 된다는 것이다.

무선구획 2요인설계도 무선구획설계와 같이 총편차제곱합에서 구획간 편차제곱합이 제거되므로 매개변수가 통제되어 A, B, AB 효과를 보다 정확히 추정할 수 있다. 그러나 무선구획 2요인설계도 매개변수를 제대로 통제하지 못하면, 다시 말해서 매개변수를 잘못 설정하면 구획변수에 의한 편차제곱합이 미미하므로 오차에 의한 편차제곱합이 줄어들지 않게 된다. 또한 오차변수에 의한 자유도는 작아져서 오차에 의한 편차제곱평균, MS_e는 오히려 커져서 영가설을 기각하기가 쉽지가 않게 된다. 매개변수를 제대로 설정하지 못하면 무선구획 2요인설계는 완전무선 2요인설계보다 검정력이 높다는 사실과 반대되는 결과를 가져오게 된다.

8.3 사후대비분석

무선구획 2요인설계에서 주효과와 상호작용효과 검정 결과 통계적으로 유의한 주효과와 상호작용효과가 있다는 결론에 도달하면 어느 처치수준에서 차이가 있으며 어디에 상호작용이 있는가를 검정할 수 있다. A, B 처치효과, AB 상호작용효과에 대한 비교 분석은 완전무선 2요인설계 방법에서 사후대비분석절차와 동일하다.

$\hat{\psi}$와 $SE_{\hat{\psi}}$를 계산하고 $t_{\hat{\psi}}$를 추정한 후 Scheffé 기각값과 비교하여 집단 간의 차이여부를 검정한다. $\hat{\psi}$와 $SE_{\hat{\psi}}$ 그리고 $t_{\hat{\psi}}$를 계산하는 공식은 다음과 같다.

A 주효과에서 사후대비분석

$$\hat{\psi}_A = \sum_{j=1}^{J} c_j \overline{Y}_{\cdot j \cdot}$$

$$SE_{\hat{\psi}_A} = \sqrt{MS_e \sum_{j=1}^{J} \frac{c_j^2}{n_j}}$$

$$t_{\hat{\psi}_A} = \frac{\hat{\psi}_A}{SE_{\hat{\psi}_A}} = \frac{\sum_{j=1}^{J} c_j \overline{Y}_{\cdot j \cdot}}{\sqrt{MS_e \sum_{j=1}^{J} \frac{c_j^2}{n_j}}}$$

$$S = \pm \sqrt{df_A F_{df_A, df_e, \alpha}}$$

B 주효과에서 사후대비분석

$$\hat{\psi}_B = \sum_{k=1}^{K} c_k \overline{Y}_{\cdot\cdot k}$$

$$SE_{\hat{\psi}_B} = \sqrt{MS_e \sum_{k=1}^{K} \frac{c_k^2}{n_k}}$$

$$t_{\hat{\psi}_B} = \frac{\hat{\psi}_B}{SE_{\hat{\psi}_B}} = \frac{\sum_{k=1}^{K} c_k \overline{Y}_{\cdot\cdot k}}{\sqrt{MS_e \sum_{k=1}^{K} \frac{c_k^2}{n_k}}}$$

$$S = \pm \sqrt{df_B F_{df_B,\, df_e,\, \alpha}}$$

AB 상호작용효과에서 사후대비분석

$$\hat{\psi}_{AB} = \sum_{j=1}^{J} \sum_{k=1}^{K} c_{jk} \overline{Y}_{\cdot jk}$$

$$SE_{\hat{\psi}_{AB}} = \sqrt{MS_e \sum_{j=1}^{J} \sum_{k=1}^{K} \frac{c_{jk}^2}{n_{jk}}}$$

$$t_{\hat{\psi}_{AB}} = \frac{\hat{\psi}_{AB}}{SE_{\hat{\psi}_{AB}}}$$

$$S = \pm \sqrt{df_{AB} F_{df_{AB},\, df_e,\, \alpha}}$$

8.4 사전대비분석

사전대비분석도 역시 $\hat{\psi}$와 $SE_{\hat{\psi}}$ 그리고 $t_{\hat{\psi}}$의 계산 절차는 사후분석과 동일하며 다만 기각값이 다르다. 기각값으로 Dunn t 나 Dunn-Sidak 기각값을 사용한다. Dunn t 기각값은 [수표 8]에서 찾으며 오차와 관련한 자유도, 유의수준 그리고 사전대비수를 고려한다.

8.5 경향성분석

완전무선 요인설계에서의 경향성분석과 동일하다. 무선구획 2요인설계에서는 처치변수가 2개이므로 A 처치변수 효과에 대한 경향성분석과 B 처치변수 효과에 대한 경향성분석을 독립적으로 실시할 수 있으며 AB 상호작용효과에 대한 경향성분석도 실시할 수 있다.

8.6 SPSS 실행

8.6.1 예

제7장의 예와 같이 신약을 복용하면서, 여기에 추가로 솔향기를 맡으면 더 행복해지는지에 연구자가 관심이 있다고 하자. 최근의 미세먼지와 황사 현상과 더불어 에코문화가 확산되면서 맑은 공기와 맑은 물에 관심이 높아져 연구를 하고자 하였다. 그래서 연구자는 연구대상들에게 신약을 복용한 후 솔향기를 한 시간 동

안 맡게 하였다. 그런 후에 행복지수를 측정하였다. 신약은 〈표 7-2〉와 같이 복용하지 않은 경우, "명랑"을 복용한 경우, "기쁨"을 복용한 경우이며 솔향기를 맡지 않은 집단과 1시간 동안 맡은 집단이다. 본 연구에서 신약도 복용하지 않고 솔향기도 맡지 않은 집단을 통제집단(control group)이라 하고 다른 집단을 실험집단(experimental group)이라 한다. 신약을 복용하지 않거나 "명랑"이나 "기쁨"을 먹고, 솔향기를 맡은 집단과 그렇지 않은 집단의 행복 정도는 〈표 8-2〉와 같다.

❖〈표 8-2〉 "명랑", "기쁨" 신약의 복용과 솔향기 흡입에 따른 행복 정도

신약	$0mg$		명랑		기쁨		$\overline{Y}_{i\cdot\cdot}$
솔향기	×	○	×	○	×	○	
S_1	3	4	4	6	5	7	4.833
S_2	2	3	4	6	5	7	4.500
S_3	2	4	5	7	6	8	5.333
S_4	3	4	4	6	5	6	4.667
S_5	1	3	3	7	4	6	4.000
S_6	3	4	4	7	5	7	5.000
S_7	4	5	5	8	6	8	6.000
S_8	6	7	7	9	7	9	7.500
$\overline{Y}_{\cdot jk}$	3.0	4.25	4.5	7.0	5.375	7.25	
$\overline{Y}_{\cdot j\cdot}$	3.625		5.75		6.313		$\overline{Y}_{\cdots} = 5.229$
$\overline{Y}_{\cdot\cdot k}$			4.292	6.167			

〈표 8-2〉의 자료를 가지고 SS_T, SS_A, SS_B, SS_{AB}, SS_{BL}, SS_e를 계산하는 절차와 값은 다음과 같다.

$$SS_T = \sum_{i=1}^{n}\sum_{j=1}^{J}\sum_{k=1}^{K}(Y_{ijk} - \overline{Y}_{\cdots})^2$$

$$= (3-5.229)^2 + (2-5.229)^2 + (2-5.229)^2 + \cdots$$

$$+ (7-5.229)^2 + (8-5.229)^2 + (9-5.229)^2 = 168.479$$

$$SS_A = \sum_{i=1}^{n}\sum_{j=1}^{J}\sum_{k=1}^{K}(\overline{Y}_{\cdot j\cdot} - \overline{Y}_{\cdots})^2 = nK\sum_{j=1}^{J}(\overline{Y}_{\cdot j\cdot} - \overline{Y}_{\cdots})^2$$

$$= 16(3.625 - 5.229)^2 + 16(5.75 - 5.229)^2 + 16(6.313 - 5.229)^2 = 64.292$$

$$SS_B = \sum_{i=1}^{n}\sum_{j=1}^{J}\sum_{k=1}^{K}(\overline{Y}_{\cdot\cdot k} - \overline{Y}_{\cdots})^2 = nJ\sum_{k=1}^{K}(\overline{Y}_{\cdot\cdot k} - \overline{Y}_{\cdots})^2$$

$$= 24(4.292 - 5.229)^2 + 24(6.167 - 5.229)^2 = 42.188$$

$$SS_{AB} = \sum_{i=1}^{n}\sum_{j=1}^{J}\sum_{k=1}^{K}(\overline{Y}_{\cdot jk} - \overline{Y}_{\cdot j\cdot} - \overline{Y}_{\cdot\cdot k} + \overline{Y}_{\cdots})^2$$

$$= n\sum_{j=1}^{J}\sum_{k=1}^{K}(\overline{Y}_{\cdot jk} - \overline{Y}_{\cdot j\cdot} - \overline{Y}_{\cdot\cdot k} + \overline{Y}_{\cdots})^2$$

$$= 8(3.0 - 3.625 - 4.292 + 5.229)^2 + 8(4.25 - 3.625 - 6.167 + 5.229)^2$$

$$+ 8(4.5 - 5.75 - 4.292 + 5.229)^2 + 8(7 - 5.75 - 6.167 + 5.229)^2$$

$$+ 8(5.375 - 6.313 - 4.292 + 5.229)^2 + 8(7.25 - 6.313 - 6.167 + 5.229)^2$$

$$= 3.125$$

$$SS_{BL} = \sum_{i=1}^{n}\sum_{j=1}^{J}\sum_{k=1}^{K}(\overline{Y}_{i\cdot\cdot} - \overline{Y}_{\cdots})^2 = JK\sum_{i=1}^{n}(\overline{Y}_{i\cdot\cdot} - \overline{Y}_{\cdots})^2$$

$$= 6(4.833 - 5.229)^2 + 6(4.5 - 5.229)^2 + \cdots$$

$$+ 6(6.0 - 5.229)^2 + 6(7.5 - 5.229)^2 = 49.979$$

$$SS_e = \sum_{i=1}^{n}\sum_{j=1}^{J}\sum_{k=1}^{K}(Y_{ijk} - \overline{Y}_{\cdot jk})^2$$

$$= (3 - 3.0)^2 + (2 - 3.0)^2 + (2 - 3.0)^2 + (3 - 3.0)^2 + \cdots$$

$$+ (6 - 7.25)^2 + (7 - 7.25)^2 + (8 - 7.25)^2 + (9 - 7.25)^2 = 8.896$$

앞에서 계산한 총편차제곱합, 구획간 편차제곱합, 구획 내의 효과로서 A 처치변수 효과에 의한 편차제곱합, B 처치변수 효과에 의한 편차제곱합, AB 상호작용효과에 의한 편차제곱합, 오차에 의한 편차제곱합을 가지고 작성한 분산분석표는 〈표 8-3〉과 같다.

❖〈표 8-3〉 신약과 솔향기의 처치변수를 사용한 *RBF*-32의 분산분석표

분산원	*SS*	*df*	*MS*	*F*
구획(피험자)간	49.979	7	7.140	28.110
구획(피험자)내				
A 효과(신약)	64.292	2	32.146	126.559
B 효과(솔향기)	42.188	1	42.188	166.095
AB 효과(신약×솔향기)	3.125	2	1.563	6.154
오차	8.896	35	.254	
총	168.479	47		

$F_{7,35,.05}=2.29$, $F_{2,35,.05}=3.275$, $F_{1,35,.05}=4.125$

총편차제곱합 168.479 중 피험자 간에 의한 편차제곱합이 49.979로서 적지 않은 양이 매개변수로 통제 혹은 제거되었으며 피험자 내 편차제곱합이 신약의 효과인지, 솔향기의 효과인지, 두 처치변수의 상호작용효과인지를 분석한다. 신약의 효과 검정은 F 통계값은 126.559로서 기각값 $F_{2,35,.05}$인 3.275보다 크므로 영가설을 기각한다. 그러므로 유의수준 .05에서 신약에 따른 행복의 정도에는 유의한 차이가 있다고, 혹은 유의수준 .05에서 신약이 행복의 정도에 영향을 준다고 결론 내린다.

솔향기의 영향을 분석하기 위한 F 통계값은 166.095로서 기각값 $F_{1,35,.05}$인 4.125보다 크므로 유의수준 .05에서 솔향기를 맡은 연구대상과 맡지 않은 연구대상 사이에는 행복의 정도에 유의한 차이가 있다고, 다시 말해 유의수준 .05에서 솔향기는 행복의 정도에 영향을 준다고 결론을 내린다.

신약과 솔향기의 상호작용을 분석한 결과 F 통계값은 6.154로서 기각값 $F_{2,35,.05}$인 3.275보다 크므로 영가설을 기각한다. 그러므로 유의수준 .05에서 행복의 정도에 신약과 솔향기 흡입의 상호작용효과가 나타난다고 결론 내린다.

신약, 솔향기 흡입여부 그리고 신약과 솔향기의 상호작용이 통계적으로 유의한 차이 혹은 효과가 나타나므로 신약 중에서 차이가 있는지, 상호작용은 어디서 발

생하는지 사후대비를 할 수 있다. 솔향기 흡입여부는 두 집단이므로 사후대비를 할 필요가 없다. 무선구획 2요인설계에서도 무선구획설계와 동일하게 $\hat{\psi}$ 와 $SE_{\hat{\psi}}$ 그리고 $t_{\hat{\psi}}$ 를 계산하고 Scheffé 기각값을 찾아 사후대비분석을 실시할 수 있다. 여섯 개의 대비에 대한 $\hat{\psi}$와 $SE_{\hat{\psi}}$ 그리고 $t_{\hat{\psi}}$ 계산 절차는 다음과 같다.

$$\hat{\psi}_1 = (1)3.625 + (-1)5.75 = -2.125$$

$$\hat{\psi}_2 = (1)3.625 + (-1)6.313 = -2.688$$

$$\hat{\psi}_3 = (1)5.75 + (-1)6.313 = -.563$$

$$\hat{\psi}_4 = (1)3.625 + (-1/2)5.75 + (-1/2)6.313 = -2.406$$

$$\hat{\psi}_5 = (1)5.75 + (-1/2)3.625 + (-1/2)6.313 = .781$$

$$\hat{\psi}_6 = (1)6.313 + (-1/2)3.625 + (-1/2)5.75 = 1.625$$

첫 번째 대비부터 세 번째 대비의 단순대비에 대한 표준오차 $SE_{\hat{\psi}_1}$와 네 번째 대비부터 여섯 번째 복합대비를 위한 표준오차 $SE_{\hat{\psi}_4}$는 다음과 같다.

$$SE_{\hat{\psi}_1} = \sqrt{.254\left[\frac{(1)^2}{16} + \frac{(-1)^2}{16}\right]} = .178$$

$$SE_{\hat{\psi}_4} = \sqrt{.254\left[\frac{(1)^2}{16} + \frac{(-1/2)^2}{16} + \frac{(-1/2)^2}{16}\right]} = .488$$

$\hat{\psi}$ 와 $SE_{\hat{\psi}}$ 에 의한 $t_{\hat{\psi}}$ 값은 다음과 같다.

$$t_{\hat{\psi}_1} = -2.125/.178 = -11.938$$

$$t_{\hat{\psi}_2} = -2.688/.178 = -15.098$$

$$t_{\hat{\psi}_3} = -.5625/.178 = -3.160$$

$$t_{\hat{\psi}_4} = -2.406/.488 = -4.931$$

$$t_{\hat{\psi}_5} = .781/.488 = 1.601$$

$$t_{\hat{\psi}_6} = 1.625/.488 = 3.330$$

$S = \pm\sqrt{2F_{2,\,35,\,.05}} = \pm\sqrt{2\times 3.275} = \pm 2.559$이므로 다섯 번째 대비를 제외한 모든 대비는 통계적으로 유의한 차이가 나타났다.

상호작용효과에 대한 대비는 다음과 같다.

$$\hat{\psi}_1 = (1)3.0 + (-1)4.25 + (-1)4.5 + (1)7.0 = 1.25$$

$$\hat{\psi}_2 = (1)3.0 + (-1)4.25 - (-1)5.375 + (1)7.25 = .625$$

$$\hat{\psi}_3 = (1)4.5 + (-1)7.0 + (-1)5.375 + (1)7.25 = -.625$$

$$\hat{\psi}_4 = (1/2)(3.0 + 4.25) + (-1/2)(4.25 + 7.0) + (-1)5.375 + (1)7.25 = -.125$$

$$\hat{\psi}_5 = (1/2)(3.0 + 5.375) + (-1/2)(4.25 + 7.25) + (-1)4.5 + (1)7.0 = .938$$

$$\hat{\psi}_6 = (1/2)(4.5 + 5.375) + (-1/2)(7.0 + 7.25) + (-1)3.0 + (1)4.25 = -.938$$

상호작용의 첫 번째 대비부터 세 번째 대비의 단순대비에 대한 $SE_{\hat{\psi}}$와 네 번째 대비부터 여섯 번째 복합대비를 위한 표준오차는 다음과 같다.

$$SE_{\hat{\psi}_1} = \sqrt{.254[(1)^2/8 + (-1)^2/8 + (-1)^2/8 + (1)^2/8]} = 1.127$$

$$SE_{\hat{\psi}_4} = \sqrt{.254[(1/2)^2/8 + (1/2)^2/8 + (-1/2)^2/8 + (-1/2)^2/8 + (-1)^2/8 + (1)^2/8]} = .309$$

상호작용의 사후분석을 위한 $\hat{\psi}$와 $SE_{\hat{\psi}}$에 의한 $t_{\hat{\psi}}$ 값은 다음과 같다.

$$t_{\hat{\psi}_1} = 1.25/1.127 = 1.109$$

$$t_{\hat{\psi}_2} = .625/1.127 = .555$$

$$t_{\hat{\psi}_3} = -.625/1.127 = -.555$$

$$t_{\hat{\psi}_4} = -.125/.309 = -.405$$

$$t_{\hat{\psi}_5} = .938/.309 = 3.034$$

$$t_{\hat{\psi}_6} = -.938/.309 = -3.034$$

상호작용의 사후분석을 위한 대비의 기각값은 $S = \pm\sqrt{2F_{2,35,.05}} = \pm\sqrt{2\times 3.275} = \pm 2.559$이다. 그러므로 다섯 번째, 여섯 번째 대비에서 통계적으로 유의한 상호작용이 나타났다. 다섯 번째 상호작용의 대비는 신약을 먹지 않은 집단과 "기쁨"을 복용한 집단을 합성하고 "명랑"을 복용한 집단 그리고 솔향기를 맡지 않은 집단과 맡은 집단의 상호작용이다. 여섯 번째 상호작용은 신약을 먹지 않은 집단과 신약을 먹은 집단 그리고 솔향기를 맡지 않은 집단과 솔향기를 맡은 집단에서의 상호작용에 대한 대비이다.

사전대비분석은 연구자가 관심 있고 의미 있는 대비를 결정한 후 $\hat{\psi}$와 $SE_{\hat{\psi}}$ 그리고 $t_{\hat{\psi}}$를 계산하고 Dunn t값을 [수표 8]에서 찾아 비교한다. 이때 Dunn t통계값이 기각값인 $t_{대비수\ C,\ df_e,\ \alpha}$보다 절대값이 크면 대비에 유의한 차이가 있다고 결론 내린다.

경향성분석의 경우 〈표 8-2〉의 자료에서는 "명랑"이나 "기쁨"의 복용량에 대한 경향성분석이 가능하며 제7장에서 설명한 절차와 동일하다.

8.6.2 SPSS 실행

무선구획 2요인설계를 위해서는 SPSS 데이터를 다음과 같은 형태로 코딩하여야 한다. 신약을 'a', 솔향기 흡입여부를 'b'라 하고, a와 b의 조합에 대한 종속변수를 입력하는 형태로 자료를 코딩한다.

	a1b1	a1b2	a2b1	a2b2	a3b1	a3b2
1	3	4	4	6	5	7
2	2	3	4	6	5	7
3	2	4	5	7	6	8
4	3	4	4	6	5	6
5	1	3	3	7	4	6
6	3	4	4	7	5	7
7	4	5	5	8	6	8
8	6	7	7	9	7	9

〈표 8-2〉의 자료로 무선구획 요인설계 분석을 실시하기 위하여 분석(A) → 일반선형모형(G) → 반복측도(R) 를 클릭하여 창을 연다.

반복측도 요인 정의 상자에서 '개체-내 요인이름(W)'과 '수준 수(L)'를 지정하고 추가(A) 를 클릭한 후 정의(F) 를 클릭하면 반복측도 대화상자가 열린다.

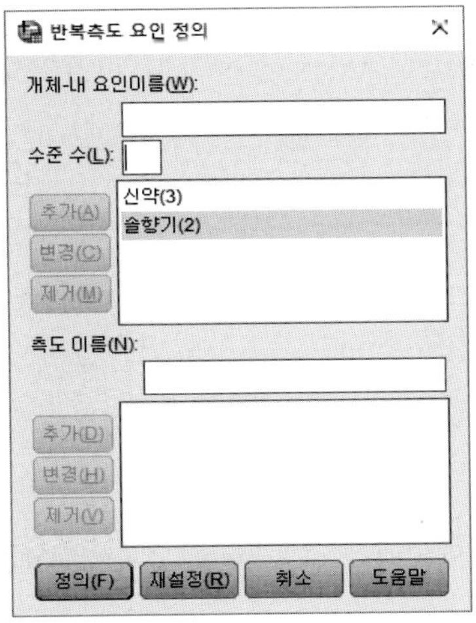

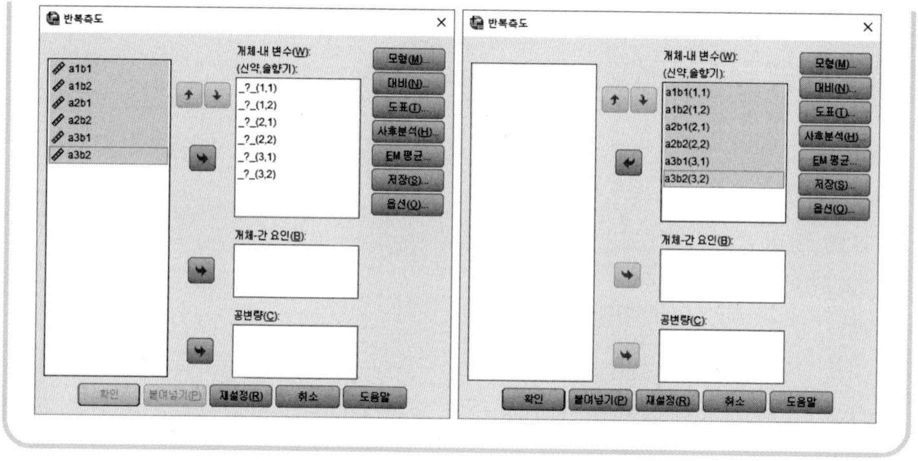

변수 목록 중 '개체-내 변수(W)'에 반복측정된 종속변수를 선택한다.

반복측정 대화상자에서 [EM 평균...]을 클릭한다.

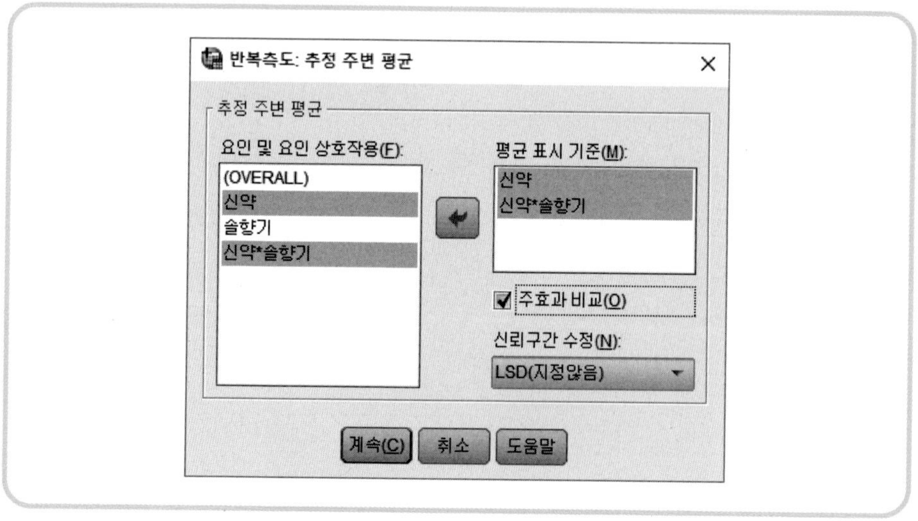

'요인 및 요인 상호작용(F)' 창에 있는 독립변수들과 상호작용항을 오른쪽 '평균 표시 기준(M)'으로 옮긴 후, 다음의 [주효과 비교(O)]를 클릭하면 사후대비분석 및 사전대비분석이 가능하다. 사후 및 사전대비분석 방법은 '신뢰구간 수정(N)'에서 지정 가능하다. 디폴트는 LSD 방법이다. [계속(C)]을 클릭한다.

[옵션(O)...]을 클릭한 뒤, '표시' 부분에서 [기술통계량(D)]을 선택하고 [계속(C)]을 클릭한 다음, 반복측정 대화상자에서 [확인]을 클릭하면 분석 결과가 출력된다.

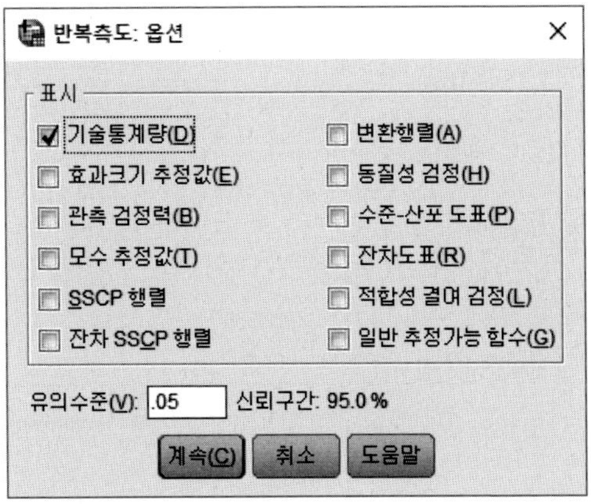

자료에 대한 기술통계 결과는 다음과 같고 〈표 8-2〉의 분석 결과와 같다.

개체-내 요인

측도: MEASURE_1

신약	솔향기	종속변수
1	1	a1b1
	2	a1b2
2	1	a2b1
	2	a2b2
3	1	a3b1
	2	a3b2

기술통계량

	평균	표준편차	N
a1b1	3.00	1.512	8
a1b2	4.25	1.282	8
a2b1	4.50	1.195	8
a2b2	7.00	1.069	8
a3b1	5.38	.916	8
a3b2	7.25	1.035	8

다변량 검정[a]

효과		값	F	가설 자유도	오차 자유도	유의확률
신약	Pillai의 트레이스	.932	41.270[b]	2.000	6.000	.000
	Wilks의 람다	.068	41.270[b]	2.000	6.000	.000
	Hotelling의 트레이스	13.757	41.270[b]	2.000	6.000	.000
	Roy의 최대근	13.757	41.270[b]	2.000	6.000	.000
솔향기	Pillai의 트레이스	.962	179.430[b]	1.000	7.000	.000
	Wilks의 람다	.038	179.430[b]	1.000	7.000	.000
	Hotelling의 트레이스	25.633	179.430[b]	1.000	7.000	.000
	Roy의 최대근	25.633	179.430[b]	1.000	7.000	.000
신약 * 솔향기	Pillai의 트레이스	.806	12.500[b]	2.000	6.000	.007
	Wilks의 람다	.194	12.500[b]	2.000	6.000	.007
	Hotelling의 트레이스	4.167	12.500[b]	2.000	6.000	.007
	Roy의 최대근	4.167	12.500[b]	2.000	6.000	.007

a. Design: 절편
개체-내 계획: 신약 + 솔향기 + 신약 * 솔향기

b. 정확한 통계량

신약에 대한 Wilks의 람다값은 .068, F 통계값은 41.270, 유의확률은 .000으로 신약복용에 따른 행복 정도가 같지 않다. 솔향기 흡입여부에 대한 Wilks의 람다값은 .038, F 통계값은 179.430, 유의확률은 .000으로 솔향기 흡입여부에 대한 행복 정도도 같지 않다고 할 수 있다. 신약과 솔향기의 상호작용에 대한 Wilks의 람다값은 .194, 유의확률 .007로 신약과 솔향기의 상호작용에 따른 행복 정도는 같지 않다.

다음은 구획내 효과에 대한 검정 결과이다.

개체-내 효과 검정

측도: MEASURE_1

소스		제 III 유형 제곱합	자유도	평균제곱	F	유의확률
신약	구형성 가정	64.292	2	32.146	78.839	.000
	Greenhouse-Geisser	64.292	1.396	46.041	78.839	.000
	Huynh-Feldt	64.292	1.637	39.282	78.839	.000
	하한	64.292	1.000	64.292	78.839	.000
오차(신약)	구형성 가정	5.708	14	.408		
	Greenhouse-Geisser	5.708	9.775	.584		
	Huynh-Feldt	5.708	11.457	.498		
	하한	5.708	7.000	.815		
솔향기	구형성 가정	42.187	1	42.187	179.430	.000
	Greenhouse-Geisser	42.187	1.000	42.187	179.430	.000
	Huynh-Feldt	42.187	1.000	42.187	179.430	.000
	하한	42.187	1.000	42.187	179.430	.000
오차(솔향기)	구형성 가정	1.646	7	.235		
	Greenhouse-Geisser	1.646	7.000	.235		
	Huynh-Feldt	1.646	7.000	.235		
	하한	1.646	7.000	.235		
신약 * 솔향기	구형성 가정	3.125	2	1.563	14.189	.000
	Greenhouse-Geisser	3.125	1.726	1.810	14.189	.001
	Huynh-Feldt	3.125	2.000	1.563	14.189	.000
	하한	3.125	1.000	3.125	14.189	.007
오차(신약*솔향기)	구형성 가정	1.542	14	.110		
	Greenhouse-Geisser	1.542	12.084	.128		
	Huynh-Feldt	1.542	14.000	.110		
	하한	1.542	7.000	.220		

'신약', '솔향기', '신약 *솔향기'는 〈표 8-3〉 분산분석표의 구획내 A효과(신약), B효과(솔향기), AB효과(신약×솔향기)에 해당하는 값들과 같다. 그러나 주의할 점은, 오차의 경우 SPSS 결과에서 신약에 대한 오차, 솔향기에 대한 오차, 신약 *솔향기에 대한 오차의 제곱합을 모두 더해 주어야 〈표 8-3〉 분산분석표의 오차제곱합과 같은 값이 나온다. 이 때문에 MS_e값이 달라져 각 효과에 대한 F 통계값에 대해서는 〈표 8-3〉과 SPSS 결과가 다르게 나온다.

다음은 구획간 효과에 대한 검정 결과로서 〈표 8-3〉의 구획 간의 분석 결과와 같다.

개체-간 효과 검정

측도: MEASURE_1
변환된 변수: 평균

소스	제 III 유형 제곱합	자유도	평균제곱	F	유의확률
절편	1312.521	1	1312.521	183.830	.000
오차	49.979	7	7.140		

구획 내에서 신약복용, 솔향기 흡입여부, 둘의 상호작용이 유의하였으므로, 이에 대한 사후대비분석 및 사전대비분석을 실시할 수 있다. 사후 및 사전대비분석은 앞의 반복측도 분석 창에서 옵션(O)... 버튼을 눌러 '요인 및 요인 상호작용(F)'의 '신약', '솔향기', '신약 *솔향기'를 오른쪽으로 옮기고 다음의 주효과 비교(O) 버튼을 누르면 된다.

Fisher의 LSD 방법으로 사후대비분석을 실시한 결과는 다음과 같다.

추정 주변 평균

1. 신약

추정값

측도: MEASURE_1

신약	평균	표준오차	95% 신뢰구간 하한	95% 신뢰구간 상한
1	3.625	.489	2.469	4.781
2	5.750	.378	4.856	6.644
3	6.313	.340	5.509	7.116

대응별 비교

측도: MEASURE_1

(I) 신약	(J) 신약	평균차이(I-J)	표준오차	유의확률[b]	차이에 대한 95% 신뢰구간[b] 하한	상한
1	2	-2.125*	.227	.000	-2.661	-1.589
	3	-2.688*	.282	.000	-3.355	-2.020
2	1	2.125*	.227	.000	1.589	2.661
	3	-.563*	.148	.007	-.911	-.214
3	1	2.688*	.282	.000	2.020	3.355
	2	.563*	.148	.007	.214	.911

추정 주변 평균을 기준으로

*. 평균차이는 .05 수준에서 유의합니다.

b. 다중비교를 위한 수정: 최소유의차 (수정하지 않은 상태와 동일합니다.)

분석 결과, 신약 1(=평상시)과 2(=명랑복용), 1(=평상시)과 3(=기쁨복용), 2(=명랑복용)와 3(=기쁨복용)의 대비에 유의수준 .05에서 유의한 차이가 있었다.

솔향기 흡입여부는 두 개 수준이므로 사후대비분석을 실시하지 않는다.

Sidak 방법으로 사전대비분석을 실시한 결과는 다음과 같다.

추정 주변 평균

1. 신약

추정값

측도: MEASURE_1

신약	평균	표준오차	95% 신뢰구간 하한	상한
1	3.625	.489	2.469	4.781
2	5.750	.378	4.856	6.644
3	6.313	.340	5.509	7.116

대응별 비교

측도: MEASURE_1

(I) 신약	(J) 신약	평균차이(I-J)	표준오차	유의확률[b]	차이에 대한 95% 신뢰구간[b] 하한	상한
1	2	-2.125*	.227	.000	-2.831	-1.419
	3	-2.688*	.282	.000	-3.568	-1.807
2	1	2.125*	.227	.000	1.419	2.831
	3	-.563*	.148	.020	-1.022	-.103
3	1	2.688*	.282	.000	1.807	3.568
	2	.563*	.148	.020	.103	1.022

추정 주변 평균을 기준으로

*. 평균차이는 .05 수준에서 유의합니다.

b. 다중비교를 위한 수정: Sidak

분석 결과, 신약 1(=평상시)과 2(=명랑복용), 1(=평상시)과 3(=기쁨복용), 2(=명랑복용)와 3(=기쁨복용)의 대비에 유의수준 .05에서 유의한 차이가 있었다.

사후대비분석과 마찬가지로 솔향기 흡입여부는 두 개 수준이므로 사전대비분석을 실시하지 않는다.

8.7 장단점

무선구획 2요인설계의 장단점은 다음과 같다.

장점으로는, 첫째, 오차의 원인이 될 수 있는 매개변수를 통제하므로 처치변수의 효과를 정확히 분석할 수 있다. 둘째, 오차의 원인을 배제하므로 검정력(power)을 높일 수 있다. 셋째, 처치변수가 두 개라서 주효과는 물론 두 처치변수의 상호작용효과를 분석할 수 있다. 넷째, 무선구획설계는 매개변수인 집단변수의 수준에 내재된 설계로 수준에 따라 처치변수의 효과에 대하여 분석할 수 있다.

단점으로는, 첫째, 매개변수로 구획변수를 잘못 설정하였을 경우 오차의 분산이 줄어들지 않는다. 둘째, 다수의 구획변수를 설정할 경우에는 실험과 설계가 어려울 수 있다.

연습문제

1. 처치변수가 두 개인 무선구획 2요인설계에 대한 다음 질문에 답하시오.
   - 1-1 선형모형
   - 1-2 통계값에 의한 선형모형
   - 1-3 편차값
   - 1-4 편차제곱합
   - 1-5 분산분석표를 작성하시오.
   - 1-6 사후대비분석의 절차를 설명하시오.
   - 1-7 사전대비분석의 절차를 설명하시오.
   - 1-8 경향성분석의 절차를 설명하시오.

2. $CRF-JK$와 $RBF-JK$에 대한 다음의 질문에 답하시오.
   - 2-1 자유도에 어떤 차이가 있는지 설명하시오.
   - 2-2 SS_e의 값이 어떤지 비교하시오.
   - 2-3 $RBF-JK$의 SS_e와 $CRF-JK$의 SS_e값이 유사하였다면 그 이유가 무엇인지 논하시오.
   - 2-4 2-3 의 경우 무선구획 요인설계는 주효과와 상호작용효과에 대하여 어떤 결과를 가져오는지 논하시오.

3. 〈표 8-2〉를 가지고 분석한 상호작용에 대한 대비 중 다섯 번째 대비와 여섯 번째 대비에서 유의한 상호작용효과가 있음은 무엇을 의미하는지 설명하시오.

4. 무선구획 2요인설계에 의한 분산분석을 실시하고 사후, 사전대비분석 그리고 경향성분석을 하시오.

5. 계산공식에 의한 분석 결과와 SPSS에 의한 분석 결과의 차이를 설명하시오.

6. 무선구획 요인설계의 장단점을 논하시오.

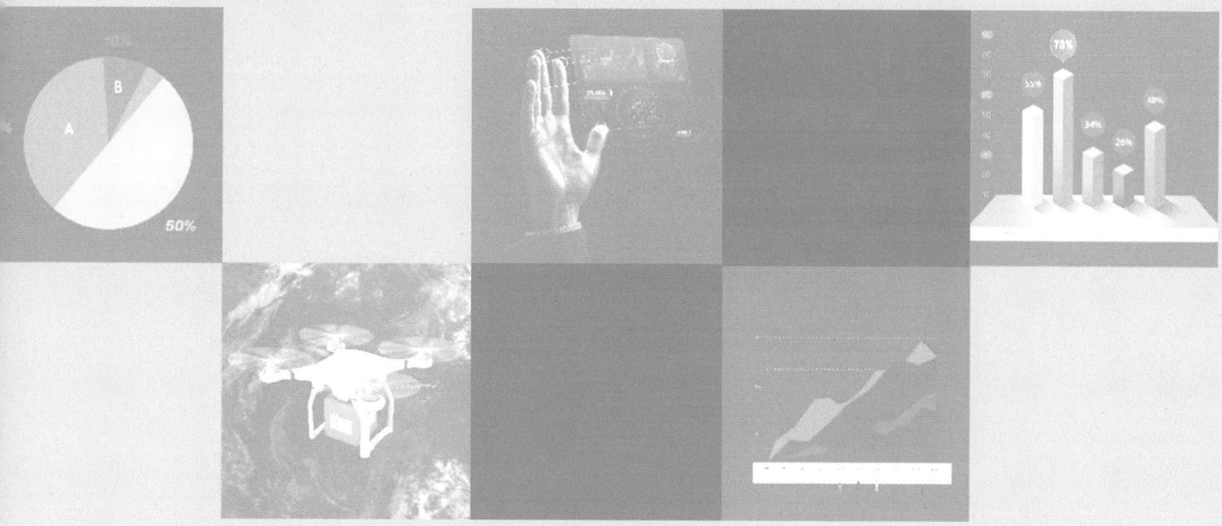

제9장

분할구획 요인설계

분할구획 요인설계 제9장

9.1 기본개념

분할구획 요인설계(Split Plot Factorial design)란 무선구획설계와 완전무선 요인설계의 합성으로서 행동과학에서 자주 사용된다. 무선구획설계는 매개변수의 영향을 통제하기 위하여 구획을 설정하여 유사한 대상을 할당하므로 구획 안은 동질적이나 다른 구획에는 다른 대상들이 할당되어 구획 간은 이질적이다. 분할구획 요인설계의 특징은 매개변수나 다른 변수의 영향을 제거 또는 통제하기 위하여 유사한 대상들을 구획에 할당하여 처치를 가하거나 동일한 대상들을 같은 구획에 할당하여 반복적으로 처치를 가하는 설계방법으로 원래는 농학 분야에서 자주 사용되었다. 농산물의 수확을 증진하는 데 어떤 영양분이 효과가 있는지를 분석하기 위하여 사용된 설계방법이다. 영양분들이 수확에 미치는 영향이 다르고 토질에 따라 수확량이 다를 수 있다. 이런 경우 토질이 다른 두 개 혹은 서너 개의 땅들을 여러 개의 조각으로 나누어 그 조각의 땅에 같은 씨를 뿌리고 다른 영양제를 준 후 수확량의 차이를 비교 분석하는 연구를 실행하였다.

분할구획 요인설계에서 A 변수의 수준이 $j=1,\cdots,J$ 이고, B 변수의 수준이 $k=1,\cdots,K$ 일 경우 설계의 이름을 $\boldsymbol{SPF-J \cdot K}$ 로 표기하며 설계 모형은 [그림 9-1]과 같다.

		B_1	B_k	B_K
A_1	$Block_1$ $Block_2$ ⋮ $Block_n$			
A_J	$Block_1$ $Block_2$ ⋮ $Block_n$			

✪[그림 9-1] 분할구획 요인설계 $SPF-J \cdot K$ 모형

[그림 9-1]의 설계는 처치변수가 A, B 두 개의 변수로서 A 처치변수는 집단으로 구성된 구획들에게 다른 처치를 부여하고, B 처치는 집단은 물론 모든 구획에 처치를 부여하는 특징을 지니고 있다. 다시 말해서 A 처치는 구획 안에서만 영향을 주는 처치변수이고 B 처치는 구획 간에도 영향을 주는 변수가 된다. 토양과 영양분의 연구에서는 각기 다른 토양이 A 처치변수가 되고 여러 영양분들은 처치변수 B 가 된다. 여기서 구획(block)은 토질이 같은 땅 조각이 된다. B 처치변수의 k 수준의 처치는 전체(whole plots)에 영향을 주지만 A 처치변수에서 A_1 수준의 처치는 $Group_1$에 있는 구획에만 영향을 주고 A_j수준의 처치는 $Group_j$에 있는 구획들에만 영향을 준다. 그러므로 A 처치효과는 j수준의 해당 구획(split plot)에만 영향을 준다. 그러므로 A 처치효과를 구획간(between blocks) 혹은 집단간(between groups) 효과라 한다. 반면에 B 처치효과는 모든 구획에게 영향을 주므로 구획내(within blocks) 혹은 집단내(within groups) 효과라 한다. 이렇기 때문에 $SPF-J \cdot K$설계는 구획간(between blocks)과 구획내(within blocks) 효과를 구분하여 분산분석을 실시한다.

분할구획 요인설계에서 구획은 똑같은 구획이나 유사한 구획을 사용한다. 무선구획설계에서 매개변수의 영향을 줄이기 위하여 같은 특징을 지닌 다른 구획이나

그것이 불가능하다면 동일대상에게 반복처치를 부여하는 경우와 같다. 행동과학에서는 매개변수의 특징이 같은 연구대상들을 표집하여 할당하는 것이 거의 불가능하므로 실험의 잔존효과나 기억효과가 나타나지 않는 연구에서는 반복실험을 실시한다 하였다. 분할구획 요인설계를 A 처치변수가 두 개 수준으로 해당 구획에만 영향을 주고, B 처치변수는 세 개 수준이면서 전체 구획에 영향을 주는 설계를 $SPF-2 \cdot 3$이라 표기하며 [그림 9-2]와 같다.

		B_1	B_2	B_3
A_1	S_1 S_2 $\vdots$ S_n			
A_2	S_1 S_2 $\vdots$ S_n			

[그림 9-2] 분할구획 요인설계 모형($SPF-2 \cdot 3$)

[그림 9-2]의 분할구획 요인설계는 반복설계로서 연구의 다른 대상들에게 A 처치변수를 투입하기 위하여 분할되어 있으며 B 처치변수는 연구대상들이 분할되어 있지 않고 처치를 받게 된다. 반복설계도 A 처치는 구획 안에만 영향을 주고 B 처치는 구획 간에도 영향을 주는 설계이다.

구획 안에 영향을 주는 A 처치변수 하나와 구획 간에 영향을 주는 B, C 처치변수가 2개인 분할구획 요인설계는 $SPF-J \cdot KL$로 표기하고 [그림 9-3]과 같다.

	B_1		B_2		B_3	
	C_1	C_2	C_1	C_2	C_1	C_2
A_1						
A_2						

✪[그림 9-3] 구획 안의 처치변수가 A이고 구획 간의 처치변수가 B, C인 설계($SPF-2 \cdot 32$)

[그림 9-3]의 설계는 구획 안에 영향을 주는 처치변수 A, 구획 간에 영향을 주는 처치변수가 B, C로서 B, C 처치변수들의 주효과 뿐만 아니라 BC의 상호작용효과까지 관심을 갖는 모형이다. 이 설계의 명칭은 $SPF-2 \cdot 32$가 된다.

분할구획 요인설계의 확장으로 구획변수 안에 영향을 주는 처치변수가 A, C 두 변수이고 구획 간에도 영향을 주는 처치변수가 B로 1개인 실험설계모형은 **복합분할구획 요인설계**(Complex Split Plot Factorial design)라 하며 [그림 9-4]와 같고 $\boldsymbol{SPF-JL \cdot K}$로 표기한다.

		B_1	B_2	B_3
A_1	C_1 C_2 C_3			
A_2	C_1 C_2 C_3			

✪[그림 9-4] 구획 안의 처치변수가 A, C이고 구획 간의 처치변수가 B인 설계($SPF-23 \cdot 3$)

분할구획 요인설계의 명칭을 표기할 때, 점을 기점으로 앞에는 구획 안에 영향을 주는 처치변수들의 수준 수를, 점 뒤에는 구획 간에 영향을 주는 처치변수의 수준 수를 명기한다. [그림 9-4]의 실험설계는 $SPF-23 \cdot 3$이다. 이런 원리에서 설계의 명칭을 표기하는 것은 분산분석을 실시할 때 분산의 원인으로 구획 안에서의 분산 그리고 구획 간의 분산을 분리하여 분석하기 때문이다.

구획 안과 구획 간에 영향을 주는 처치변수의 수와 수준에 따라 분할구획 요인설계는 확장이 가능하다. 설계가 복잡하면 매개변수의 영향을 제거하고 처치변수의 효과를 정확히 분석할 수 있으나 설계뿐 아니라 실험의 어려움이 따른다.

9.2 계산절차

9.2.1 $SPF-J \cdot K$ 설계

분할구획 요인설계에서 분산분석을 위한 종속변수에 대한 선형모형은 설계마다 다르다. 그러므로 9.1에서 언급한 $SPF-J \cdot K$, $SPF-J \cdot KL$, $SPF-JL \cdot K$ 모형에 따라 선형모형이 다르다. [그림 9-1]에서 설명한 $SPF-J \cdot K$의 선형모형은 다음과 같다.

$$Y_{ijk} = \mu + \alpha_j + \pi_{i(j)} + \beta_k + \alpha\beta_{jk} + \beta\pi_{ki(j)} + \epsilon_{ijk}$$
$$(i = 1, \cdots, n\ ;\ j = 1, \cdots, J\ ;\ k = 1, \cdots, K)$$

μ : 전체평균
α_j : A처치변수 효과
$\pi_{i(j)}$: A 처치변수 안에서 구획의 효과(=오차)
β_k : B 처치변수 효과
$\alpha\beta_{jk}$: AB 처치변수들의 상호작용효과
$\beta\pi_{ki(j)}$: A 처치변수 수준에서 B 처치변수와 구획의 상호작용효과(=오차)
ϵ_{ijk} : 개인오차(구획에 대상이 하나이므로 차이가 0이 되어 추정 안 됨)

선형모형을 통계값으로 대치하면 다음과 같다.

$$Y_{ijk} = \overline{Y}_{\cdots} + (\overline{Y}_{\cdot j \cdot} - \overline{Y}_{\cdots}) + (\overline{Y}_{ij\cdot} - \overline{Y}_{\cdot j \cdot}) + (\overline{Y}_{\cdot\cdot k} - \overline{Y}_{\cdots})$$
$$+ (\overline{Y}_{\cdot jk} - \overline{Y}_{\cdot j \cdot} - \overline{Y}_{\cdot\cdot k} + \overline{Y}_{\cdots}) + (Y_{ijk} - \overline{Y}_{\cdot jk} - \overline{Y}_{ij\cdot} + \overline{Y}_{\cdot j \cdot}) + (Y_{ijk} - \overline{Y}_{\cdot jk})$$

위 식의 끝에 $(Y_{ijk} - \overline{Y}_{\cdot jk})$는 구획 안에 대상이 하나이므로 개인오차는 0이 되어 생략한다. $\overline{Y}_{\cdots}$을 좌변으로 옮기면 다음과 같다.

$$\underset{d_T}{(Y_{ijk} - \overline{Y}_{\cdots})} = \underset{d_A}{(\overline{Y}_{\cdot j \cdot} - \overline{Y}_{\cdots})} + \underset{d_{BL(A)}}{(\overline{Y}_{ij\cdot} - \overline{Y}_{\cdot j \cdot})} + \underset{d_B}{(\overline{Y}_{\cdot\cdot k} - \overline{Y}_{\cdots})}$$
$$+ \underset{d_{AB}}{(\overline{Y}_{\cdot jk} - \overline{Y}_{\cdot j \cdot} - \overline{Y}_{\cdot\cdot k} + \overline{Y}_{\cdots})} + \underset{d_{B\times BL(A)}}{(Y_{ijk} - \overline{Y}_{\cdot jk} - \overline{Y}_{ij\cdot} + \overline{Y}_{\cdot j \cdot})}$$

편차의 합은 0이므로 분석을 위한 제곱합은 다음과 같이 계산한다.

$$\underset{SS_T}{\sum_{i=1}^{n}\sum_{j=1}^{J}\sum_{k=1}^{K}(Y_{ijk} - \overline{Y}_{\cdots})^2}$$
$$= \underset{SS_A}{\sum_{i=1}^{n}\sum_{j=1}^{J}\sum_{k=1}^{K}(\overline{Y}_{\cdot j \cdot} - \overline{Y}_{\cdots})^2} + \underset{SS_{BL(A)}}{\sum_{i=1}^{n}\sum_{j=1}^{J}\sum_{k=1}^{K}(\overline{Y}_{ij\cdot} - \overline{Y}_{\cdot j \cdot})^2}$$
$$+ \underset{SS_B}{\sum_{i=1}^{n}\sum_{j=1}^{J}\sum_{k=1}^{K}(\overline{Y}_{\cdot\cdot k} - \overline{Y}_{\cdots})^2} + \underset{SS_{AB}}{\sum_{i=1}^{n}\sum_{j=1}^{J}\sum_{k=1}^{K}(\overline{Y}_{\cdot jk} - \overline{Y}_{\cdot j \cdot} - \overline{Y}_{\cdot\cdot k} + \overline{Y}_{\cdots})^2}$$
$$+ \underset{SS_{B\times BL(A)}}{\sum_{i=1}^{n}\sum_{j=1}^{J}\sum_{k=1}^{K}(Y_{ijk} - \overline{Y}_{\cdot jk} - \overline{Y}_{ij\cdot} + \overline{Y}_{\cdot j \cdot})^2}$$

분할구획 요인설계를 위한 분산분석표는 〈표 9-1〉과 같다.

❖〈표 9-1〉 $SPF-J \cdot K$ 설계에 의한 분산분석표

분산원	SS	df	MS	F
구획간	$SS_{Between BL}$	$nJ-1$		
A	SS_A	$J-1$	MS_A	$MS_A/MS_{BL(A)}$
구획 in A	$SS_{BL(A)}$	$J(n-1)$	$MS_{BL(A)}$	
구획내	$SS_{Within BL}$	$nJ(K-1)$		
B	SS_B	$K-1$	MS_B	$MS_B/MS_{B\times BL(A)}$
AB	SS_{AB}	$(J-1)(K-1)$	MS_{AB}	$MS_{AB}/MS_{B\times BL(A)}$
$B\times$구획 in A	$SS_{B\times BL(A)}$	$J(n-1)(K-1)$	$MS_{B\times BL(A)}$	
총	SS_T	$nJK-1(=N-1)$		

$F_{J-1,J(n-1),\alpha}$ $F_{K-1,J(n-1)(K-1),\alpha}$ $F_{(J-1)(K-1),J(n-1)(K-1),\alpha}$

〈표 9-1〉의 분산분석에서 SS_T는 구획간($SS_{Between BL}$)과 구획내($SS_{Within BL}$)로 구분되며 구획간 편차제곱합($SS_{Between BL}$)은 A 처치효과에 의한 편차제곱합(SS_A)과 $SS_{BL(A)}$로 구성된다. $SS_{Within BL}$은 SS_B, SS_{AB}, $SS_{B\times BL(A)}$로 구성되어 있다. 분산분석에서 오차는 두 개가 있으며 A 처치효과를 검정하기 위해서는 $MS_{BL(A)}$가 오차로 사용되며 기각값은 $F_{J-1,J(n-1),\alpha}$가 된다. B 처치변수와 AB 상호작용효과를 분석하기 위해서는 $MS_{B\times BL(A)}$를 사용하며 기각값은 $F_{K-1,J(n-1)(K-1),\alpha}$와 $F_{(J-1)(K-1),J(n-1)(K-1),\alpha}$가 된다.

분할구획 요인설계의 예로 토질이 다른 마사토와 모래땅의 조각에 각각 땅콩씨를 뿌린 뒤 영양분을 주지 않고 재배한 경우, 비료를 준 경우, 되비를 준 경우로 나눠 땅콩을 기른 후 $100m^2$당 땅콩의 수확량을 kg단위로 측정하였다. 토질이 다른 땅에 서로 다른 영양분을 주고 땅콩을 재배한 뒤 수확량에 대한 자료는 〈표 9-2〉와 같다.

❖〈표 9-2〉 토질이 다른 땅에 다른 영양분을 주어 수확한 땅콩의 수확량

		b_1 안 줌		b_2 비료		b_3 퇴비		$\overline{Y}_{ij\cdot}$	$\overline{Y}_{\cdot j\cdot}$
a_1 마사토	$Block_1$	5		7		8		6.667	7.167
	$Block_2$	4		8		8		6.667	
	$Block_3$	6		9		8		7.667	
	$Block_4$	4	4.75	9	8.25	10	8.5	7.667	
a_2 모래땅	$Block_1$	5		6		9		6.667	6.583
	$Block_2$	4		6		10		6.667	
	$Block_3$	5		5		10		6.667	
	$Block_4$	5	4.75	5	5.5	9	9.5	6.333	
	$\overline{Y}_{\cdot\cdot k}$	4.75		6.875		9		$\overline{Y}_{\cdots}=6.875$	

토질의 효과가 있는지, 영양분의 효과가 있는지를 분석하기 위하여 편차제곱합을 계산하면 다음과 같다.

$$
\begin{aligned}
SS_T &= \sum_{i=1}^{n}\sum_{j=1}^{J}\sum_{k=1}^{K}(Y_{ijk}-\overline{Y}_{\cdots})^2 \\
&= (5-6.875)^2+(4-6.875)^2+(6-6.875)^2 \\
&\quad +(4-6.875)^2+\cdots+(10-6.875)^2+(9-6.875)^2 \\
&= 100.627
\end{aligned}
$$

$$
\begin{aligned}
SS_{BetweenBL} &= \sum_{i=1}^{n}\sum_{j=1}^{J}\sum_{k=1}^{K}(\overline{Y}_{ij\cdot}-\overline{Y}_{\cdots})^2 \\
&= 3(6.667-6.875)^2+3(6.667-6.875)^2 \\
&\quad +3(7.667-6.875)^2+3(7.667-6.875)^2 \\
&\quad +3(6.667-6.875)^2+3(6.667-6.875)^2 \\
&\quad +3(6.667-6.875)^2+3(6.333-6.875)^2 \\
&= 5.294
\end{aligned}
$$

$$SS_A = \sum_{i=1}^{n}\sum_{j=1}^{J}\sum_{k=1}^{K}(\overline{Y}_{\cdot j\cdot} - \overline{Y}_{\cdots})^2$$
$$= 12(7.167 - 6.875)^2 + 12(6.583 - 6.875)^2$$
$$= 2.042$$

$$SS_{BL(A)} = \sum_{i=1}^{n}\sum_{j=1}^{J}\sum_{k=1}^{K}(\overline{Y}_{ij\cdot} - \overline{Y}_{\cdot j\cdot})^2$$
$$= 3(6.667 - 7.167)^2 + 3(6.667 - 7.167)^2 + \cdots$$
$$+ 3(6.667 - 6.583)^2 + 3(6.333 - 6.583)^2$$
$$= 3.250$$

$$SS_{WithinBL} = \sum_{i=1}^{n}\sum_{j=1}^{J}\sum_{k=1}^{K}(Y_{ijk} - \overline{Y}_{ij\cdot})^2$$
$$= (5 - 6.667)^2 + (4 - 6.667)^2 + (6 - 7.667)^2$$
$$+ (4 - 7.667)^2 + \cdots + (9 - 6.667)^2 + (10 - 6.667)^2$$
$$+ (10 - 6.667)^2 + (9 - 6.333)^2$$
$$= 95.333$$

$$SS_B = \sum_{i=1}^{n}\sum_{j=1}^{J}\sum_{k=1}^{K}(\overline{Y}_{\cdot\cdot k} - \overline{Y}_{\cdots})^2$$
$$= 8(4.75 - 6.875)^2 + 8(6.75 - 6.875)^2 + 8(9 - 6.875)^2$$
$$= 72.25$$

$$SS_{AB} = \sum_{i=1}^{n}\sum_{j=1}^{J}\sum_{k=1}^{K}(\overline{Y}_{\cdot jk} - \overline{Y}_{\cdot j\cdot} - \overline{Y}_{\cdot\cdot k} + \overline{Y}_{\cdots})^2$$
$$= 4(4.75 - 7.167 - 4.75 + 6.875)^2$$
$$+ 4(8.25 - 7.167 - 6.875 + 6.875)^2 + \cdots$$
$$+ 4(9.5 - 6.583 - 9 + 6.875)^2$$
$$= 15.083$$

$$SS_{B\times BL(A)} = \sum_{i=1}^{n}\sum_{j=1}^{J}\sum_{k=1}^{K}(Y_{ijk} - \overline{Y}_{\cdot jk} - \overline{Y}_{ij\cdot} + \overline{Y}_{\cdot j\cdot})^2$$

$$= (5-4.75-6.667+7.167)^2 + (4-4.75-6.667+7.167)^2$$
$$+ (6-4.75-7.667+7.167)^2 + \cdots + (9-9.5-6.667+6.583)^2$$
$$+ (10-9.5-6.667+6.583)^2 + (10-9.5-6.667+6.583)^2$$
$$+ (9-9.5-6.333+6.583)^2$$
$$= 8$$

땅콩의 수확량에 영향을 준 토질과 영양분의 효과를 분석한 결과는 〈표 9-3〉과 같다.

❖〈표 9-3〉 땅콩의 수확량에 영향을 준 토질과 영양분에 대한 분산분석표

분산원	*SS*	*df*	*MS*	*F*
구획간	5.294	7		
A(토질)	2.042	1	2.042	3.769
구획 in *A*	3.250	6	.542	
구획내	95.333	16		
B(영양분)	72.25	2	36.125	54.188
AB	15.083	2	7.542	11.313
B×구획 in *A*	8.000	12	.667	
총	100.627	23		

$F_{1,6,.05} = 5.99$, $F_{2,12,.05} = 3.89$

토질의 효과에 대한 F 통계값은 3.769로 $F_{1,6,.05}$인 기각값 5.99보다 작으므로 영가설을 기각하지 못한다. 그러므로 땅콩의 수확량에 마사토와 모래땅의 차이는 없었다고 결론 내린다. 영양분의 효과에 대한 검정은 F 통계값이 54.188로 $F_{2,12,.05}$인 기각값 3.89보다 크므로 '유의수준 .05에서 땅콩의 수확량에 영양분의 효과가 나타났다.'고 결론 내린다. 토질과 영양분의 상호작용효과에 대한 검정은 F 통계값이 11.313으로 기각값 3.89보다 크므로 '유의수준 .05에서 땅콩의 수확량에 토질과 영양분의 상호작용효과가 있다.'고 결론을 내린다.

9.2.2 $SPF-J \cdot KL$ 설계

분할구획 요인설계에서 A 처치변수는 구획 간에 영향을 주고 B, C 두 처치변수는 구획 안에 영향을 주는 분할구획 요인설계는 $SPF-J \cdot KL$이라 하고 [그림 9-2]와 같다. 구획은 A 처치변수에 무선할당되고 B, C 처치변수 역시 각 구획에 독립적으로 무선할당된다. $SPF-J \cdot KL$ 설계에 의한 종속변수의 선형모형은 다음과 같다.

$$
\begin{aligned}
Y_{ijkl} = \mu + \alpha_j + \pi_{i(j)} + \beta_k + \alpha\beta_{jk} + \beta\pi_{ki(j)} + \gamma_l + \alpha\gamma_{jl} + \gamma\pi_{li(j)} + \beta\gamma_{kl} \\
+ \alpha\beta\gamma_{jkl} + \beta\gamma\pi_{kli(j)} + \epsilon_{ijkl} \\
(i = 1, \cdots, n;\ j = 1, \cdots, J;\ k = 1, \cdots, K;\ l = 1, \cdots, L)
\end{aligned}
$$

μ : 전체평균
α_j : A 처치변수의 효과
$\pi_{i(j)}$: A 처치변수 안에서 구획의 효과: 오차
β_k : B 처치변수의 효과
$\alpha\beta_{jk}$: A, B 처치변수의 상호작용
$\beta\pi_{ki(j)}$: A 처치변수 수준에서 B와 구획 간의 상호작용효과: 오차
γ_l : C 처치변수의 효과
$\alpha\gamma_{jl}$: A, C 처치변수의 상호작용
$\gamma\pi_{li(j)}$: A 처치변수 수준에서 C와 구획 간의 상호작용효과: 오차
$\beta\gamma_{kl}$: B, C 처치변수의 상호작용
$\alpha\beta\gamma_{jkl}$: A, B, C 처치변수의 상호작용
$\beta\gamma\pi_{kli(j)}$: A 처치변수 수준에서 B, C, 구획과의 상호작용효과: 오차
ϵ_{ijkl} : 오차

선형모형에 의한 $SPF-J \cdot KL$의 분산분석표는 〈표 9-4〉와 같다.

❖〈표 9-4〉 $SPF-J \cdot KL$ 설계의 분산분석표

분산원	SS	df	MS	F
Between Blocks	SS_{BL}	$nJ-1$	MS_{BL}	
A	SS_A	$J-1$	MS_A	$MS_A/MS_{BL(A)}$
$BL(A)$	$SS_{BL(A)}$	$J(n-1)$	$MS_{BL(A)}$	
Within Blocks	SS_{wBL}	$nJ(KL-1)$		
B	SS_B	$K-1$	MS_B	$MS_B/MS_{B\times BL(A)}$
AB	SS_{AB}	$(J-1)(K-1)$	MS_{AB}	$MS_{AB}/MS_{B\times BL(A)}$
$B\times BL(A)$	$SS_{B\times BL(A)}$	$J(n-1)(K-1)$	$MS_{B\times BL(A)}$	
C	SS_C	$L-1$	MS_C	$MS_C/MS_{C\times BL(A)}$
AC	SS_{AC}	$(J-1)(L-1)$	MS_{AC}	$MS_{AC}/MS_{C\times BL(A)}$
$C\times BL(A)$	$SS_{C\times BL(A)}$	$J(n-1)(L-1)$	$MS_{C\times BL(A)}$	
BC	SS_{BC}	$(K-1)(L-1)$	MS_{BC}	$MS_{BC}/MS_{B\times BL(AC)}$
ABC	SS_{ABC}	$(J-1)(K-1)(L-1)$	MS_{ABC}	$MS_{ABC}/MS_{B\times BL(AC)}$
$B\times BL(AC)$	$SS_{B\times BL(AC)}$	$J(n-1)(K-1)(L-1)$	$MS_{B\times BL(AC)}$	
총	SS_T	$nJKL-1$		

총분산원은 크게 구획간 분산원과 구획내 분산원으로 나뉜다. 구획간 분산에서 A 처치변수의 효과를 검정할 수 있으며 그때 사용되는 표준오차는 $MS_{BL(A)}$가 된다. B, AB, C, AC, BC, ABC 효과는 구획 내에서 분석하며 이를 분석하기 위한 오차는 세 개의 오차를 사용한다. B 주효과와 AB 상호작용효과는 $MS_{B\times BL(A)}$로, C 효과와 AC 상호작용효과는 $MS_{C\times BL(A)}$ 오차로, BC와 ABC 상호작용효과는 $MS_{B\times BL(AC)}$ 오차에 의하여 분석한다.

9.3 사후대비분석과 사전대비분석

9.3.1 주효과에 대한 대비분석

사후대비분석은 A 처치효과, B 처치효과, AB의 상호작용에 유의한 효과가 있다고 검정되면 어느 수준에서 집단 간의 차이가 있는지를 비교 분석할 수 있다. 완전무선설계나 무선구획설계에서와 같이 각 유의수준을 가능한 모든 대비로 나누기 때문에 유의수준을 가능한 모든 대비수로 나눈 기각값으로 Scheffé 기각값을 사용한다. 대비와 대비에 따른 표준오차를 계산하는 방법은 완전무선설계나 무선구획설계 때 사용하는 방법과 동일하다.

$SPF-J \cdot K$설계에서 A 처치변수에 의한 종속변수에 유의한 차이가 있다는 결과를 얻으면 A 처치변수의 수준에서 어디에 차이가 있는지를 분석할 수 있다. 이를 위하여 사후대비로서 모든 대비를 만들고 그 대비가 단순대비 혹은 복합대비이든 대비계수를 설정하고 이에 따라 평균차, 대비에 대한 오차, t 통계값을 다음과 같이 추정한다.

$$\hat{\psi}_A = \sum_{j=1}^{J} c_j \overline{Y}_{\cdot j \cdot}$$

$$SE_{\hat{\psi}_A} = \sqrt{MS_{BL(A)} \sum_{j=1}^{J} \frac{c_j^2}{nK}}$$

$$t_{\hat{\psi}_A} = \frac{\hat{\psi}_A}{SE_{\hat{\psi}_A}}$$

$$S = \pm\sqrt{(J-1)F_{(J-1),J(n-1),\alpha}}$$

표준오차를 계산할 때 분산분석표 안의 1차 오류인 $MS_{BL(A)}$를 사용한다. t통계값의 절대값이 Scheffé 기각값의 절대값보다 크면 대비에 대한 가설을 기각한다.

〈표 9-3〉에 의하면 A 처치변수인 토질에 따른 땅콩의 수확량에 유의한 차이가 없었으므로 사후대비분석을 하지 않는다. 만약 토질에 따른 땅콩의 수확량에 차이가 있었다 하더라도 수준이 두 수준이므로 대비를 만들 필요가 없다.

B 처치변수가 통계적으로 유의한 효과가 있다고, 즉 B 처치변수의 수준에서 유의한 차이가 있다고 분석되면 B 처치변수의 어느 수준에서 차이가 있는지 대비를 만들어 분석할 수 있다. B 처치변수에 대한 대비와 대비의 표준오차 그리고 t 통계값은 다음 공식에 의하여 계산한다.

$$\hat{\psi}_B = \sum_{k=1}^{K} c_k \overline{Y}_{\cdot\cdot k}$$

$$SE_{\hat{\psi}_B} = \sqrt{MS_{B\times BL(A)} \sum_{k=1}^{K} \frac{c_k^2}{nJ}}$$

$$t_{\hat{\psi}_B} = \frac{\hat{\psi}_B}{SE_{\hat{\psi}_B}}$$

$$S = \pm\sqrt{(K-1)F_{(K-1), J(n-1)(K-1), \alpha}}$$

t 통계값의 절대값이 Scheffé 기각값의 절대값보다 크면 해당 대비에 대한 영가설을 기각한다.

〈표 9-3〉에서 B 처치변수인 영양분을 주지 않을 때와 비료를 주었을 때 그리고 퇴비를 주었을 때 땅콩의 수확량에 유의한 차이가 있었으므로 사후대비분석을 실시한다. 이 경우 3개의 단순대비와 3개의 복합대비분석이 가능하다. 영양분을 주지 않을 때와 비료를 주었을 때 수확량에 차이가 있었는지에 대한 단순대비분석과 영양분을 주지 않은 경우와 비료를 준 경우를 합성하고 퇴비를 준 경우에 땅콩의 수확량에 차이가 있는지에 대한 복합대비분석을 예를 들어 설명한다.

영양분을 주지 않았을 때와 비료를 주었을 때의 수확량을 비교하는 단순대비를 위한 $\hat{\psi}$, $SE_{\hat{\psi}}$, $t_{\hat{\psi}}$는 다음과 같다.

$$\hat{\psi} = \sum_{k=1}^{K} c_k \overline{Y}_{\cdot\cdot k} = (1)4.75 + (-1)6.875 = -2.125$$

$$SE_{\hat{\psi}} = \sqrt{MS_{B\times BL(A)} \sum_{k=1}^{K} \frac{c_k^2}{nJ}} = \sqrt{(.667)\left[\frac{(1)^2 + (-1)^2}{4\times 2}\right]} = .408$$

$$t_{\hat{\psi}} = \frac{\hat{\psi}}{SE_{\hat{\psi}}} = \frac{-2.125}{.408} = -5.208$$

$$S = \pm\sqrt{(K-1)F_{(K-1),J(n-1)(K-1),\alpha}} = \pm\sqrt{2F_{2,12,.05}} = 2.789$$

$t_{\hat{\psi}}$값은 −5.208로서 S 기각값인 2.789보다 절대값이 크므로 유의수준 .05에서 영양분을 주지 않았을 때와 비료를 주었을 때의 수확량은 유의한 차이가 있었다.

영양분을 주지 않았을 때와 비료를 주었을 때를 합성한 수확량과 퇴비를 주었을 때의 수확량을 비교하는 복합대비를 위한 $\hat{\psi}$, $SE_{\hat{\psi}}$, $t_{\hat{\psi}}$는 다음과 같다.

$$\hat{\psi} = \sum_{k=1}^{K} c_k \overline{Y}_{\cdot\cdot k}$$

$$= (1/2)4.75 + (1/2)6.875 + (-1)9 = -3.188$$

$$SE_{\hat{\psi}} = \sqrt{MS_{B\times BL(A)}\sum_{k=1}^{K}\frac{c_k^2}{nJ}}$$

$$= \sqrt{(.667)\left[\frac{(1/2)^2 + (1/2)^2 + (-1)^2}{4\times 2}\right]} = .125$$

$$t_{\hat{\psi}} = \frac{\hat{\psi}}{SE_{\hat{\psi}}} = \frac{-3.188}{.125} = -25.504$$

$$S = \pm\sqrt{(K-1)F_{(K-1),J(n-1)(K-1),\alpha}} = \pm\sqrt{2F_{2,12,.05}} = 2.789$$

$t_{\hat{\psi}}$값은 −25.504로서 S 기각값인 2.789보다 절대값이 크므로 유의수준 .05에서 영양분을 주지 않았을 때와 비료를 주었을 때를 합성한 것과, 퇴비를 주었을 때의 수확량에는 유의한 차이가 있었다.

AB 상호작용효과가 통계적으로 유의하다고 분석되면 A 처치변수의 어느 수준과 B 처치변수의 어느 수준에서 상호작용이 있는지 대비를 만들어 분석할 수 있다. 영양분을 주지 않았을 때, 비료를 줄 때, 마사토, 모래땅의 상호작용에 대한 대비를 예로 들면, AB 처치변수의 상호작용에 대한 대비와 대비의 표준오차 그리고 t 통계값은 다음 공식에 의하여 계산한다.

$$\hat{\psi}_{AB} = \sum_{j=1}^{J}\sum_{k=1}^{K} c_{jk}\overline{Y}_{\cdot jk}$$
$$= (1)4.75 + (-1)4.75 + (-1)8.25 + (1)5.5 = -3.25$$

$$SE_{\hat{\psi}_{AB}} = \sqrt{MS_{B\times BL(A)}\sum_{j=1}^{J}\sum_{k=1}^{K}\frac{c_{jk}^2}{n_{jk}}}$$
$$= \sqrt{(.667)\left[\frac{(1)^2 + (-1)^2 + (-1)^2 + (1)^2}{4}\right]} = .817$$

$$t_{\hat{\psi}_{AB}} = \frac{\hat{\psi}_{AB}}{SE_{\hat{\psi}_{AB}}} = \frac{-3.25}{.817} = -3.979$$
$$S = \pm\sqrt{(J-1)(K-1)F_{(J-1)(K-1),\, J(n-1)(K-1),\alpha}} = \pm\sqrt{2F_{2,12,.05}} = \pm 2.789$$

이다.

t 통계값이 −3.979로 Scheffé 기각값의 절대값보다 커서 '유의수준 .05에서 땅콩의 수확량에 대해 토질과 영양분에는 유의한 상호작용이 있다.'고 결론 내린다.

사전대비분석은 A 처치변수 수준, B 처치변수 수준, AB 상호작용에서 연구자가 관심 있는 대비를 설정하고 그에 따른 대비, 표준오차, t 통계값을 산출하고 기각값으로 Dunn t나 Dunn-Sidak 값을 찾아 대비에 따른 기각여부를 검정할 수 있다.

9.3.2 처치변수 수준별 대비분석

분할구획 요인설계의 경우는 처치가 연구대상에게 모두 가해지는 것이 아니라 A 처치변수는 집단 안에서만 처치가 된다. 그러므로 처치수준에 따라 대비분석이 가능하다. 처치수준에서의 대비에 대한 영가설과 대립가설은 두 종류로서 B 처치변수의 수준에서 A 처치집단 간의 차이가 있는가에 대한 영가설과 대립가설은 다음과 같다.

$$H_0 : \psi_A \ at \ B_k = 0$$

$$H_A : \psi_A \ at \ B_k \neq 0$$

대비가 단순대비든 혹은 복합대비든 대비에 대한 가설을 검정하기 위한 대비 평균, 대비의 표준오차, t 통계값 계산 공식은 다음과 같다.

$$\hat{\psi}_A \ at \ B_k = \sum_{j=1}^{J} c_j \overline{Y}_{\cdot jk}$$

$$SE_{\hat{\psi}_A} at \ B_k = \sqrt{MS_{WCELL} \sum_{j=1}^{J} \frac{c_j^2}{n_{jk}}}$$

$$t_{\hat{\psi}_A} = \frac{\hat{\psi}_A \ at \ B_k}{SE_{\hat{\psi}_A} \ at \ B_k}$$

여기서 특기할 점은 대비의 표준오차를 추정할 때 $MS_{BL(A)}$ 나 $MS_{B \times BL(A)}$ 중의 하나를 사용하지 않고 둘을 통합한 MS_{WCELL} 을 사용한다는 것이다. 그 이유는 분할구획 요인설계에서 B 처치변수 k 수준에서 A 처치에 대한 대비는 구획간 효과와 구획내 효과와 관련된 오차 요인을 공유하기 때문에 이에 대한 평균오차 혹은 공통오차를 사용하여야 한다. 그러므로 오차의 분산을 계산하는 방법은 두 독립표본 t 검정에서 통합분산을 계산하는 방법과 동일하며 다음 공식에 의한다.

$$MS_{WCELL} = \frac{SS_{BL(A)} + SS_{B \times BL(A)}}{J(n-1) + J(n-1)(K-1)} = \frac{SS_{BL(A)} + SS_{B \times BL(A)}}{JK(n-1)}$$

B 처치수준에서 A 처치집단 간의 차이의 대비에 대한 Scheffé 기각값은 집단간 자유도와 오차와 관련된 통합된 자유도에 의하여 다음과 같다.

$$S = \pm \sqrt{(J-1) F_{(J-1), JK(n-1), \alpha}}$$

t 통계값의 절대값이 S 기각값의 절대값보다 크면 대비에 대한 영가설을 기각한다.

A 처치변수의 수준에서 B 처치집단 간의 차이가 있는지에 대한 단순대비나 복합대비에 대한 영가설과 대립가설은 다음과 같다.

$$H_0 = \psi_B \ at \ A_j = 0$$

$$H_A = \psi_B \ at \ A_j \neq 0$$

대비에 대한 가설을 검정하기 위한 대비 평균, 대비 표준오차, t 통계값 계산 공식은 다음과 같다.

$$\hat{\psi}_B \ at \ A_j = \sum_{k=1}^{K} c_k \overline{Y}_{\cdot jk}$$

$$SE_{\hat{\psi}_B} at \ A_j = \sqrt{MS_{B\times BL(A)} \sum_{k=1}^{K} \frac{c_k^2}{n_{jk}}}$$

$$t_{\hat{\psi}_B} = \frac{\hat{\psi}_B \ at \ A_j}{SE_{\hat{\psi}_B} at \ A_j}$$

$$S = \pm \sqrt{(K-1)F_{(K-1), J(n-1)(K-1), \alpha}}$$

A 처치변수 수준에서 B 처치집단 간의 대비분석의 경우는 표준오차를 계산할 때 오차는 구획 간과 구획 안에 걸쳐 있는 것이 아니라 구획 안의 오차분산만 관련이 있으므로 통합분산을 사용하지 않고 해당 대비와 관련된 $MS_{B\times BL(A)}$만을 사용하고 Scheffé 기각값도 이와 관련된 자유도를 사용한다.

마사토인 A_1수준에서의 영양제의 효과가 있는지 가능한 모든 사후대비분석의 대비는 단순대비 3개, 복합대비 3개로 총 6개이다. 그중 하나의 단순대비의 예시로, 영양분을 주지 않은 토양의 땅콩 수확량과 비료를 준 토양의 땅콩 수확량에 유의한 차이가 있는지는 다음과 같다.

$$\hat{\psi}_B \ at \ A_1 = (1)4.75 + (-1)8.25 = -3.5$$

$$SE_{\hat{\psi}_B} at \ A_1 = \sqrt{MS_{B\times BL(A)} \sum_{k=1}^{K} \frac{c_k^2}{n_{1k}}} = \sqrt{(.667)\left[\frac{(1)^2 + (-1)^2}{4}\right]} = .577$$

$$t_{\hat{\psi}_B} at\ A_1 = \frac{\hat{\psi}_B\ at\ A_1}{SE_{\hat{\psi}_B} at\ A_1} = \frac{-3.5}{.577} = -6.066$$

또한 마사토인 A_1수준에서 영양분을 주지 않은 토양과 비료를 준 토양을 합성하고 이것과 퇴비를 준 토양과의 땅콩 수확량에 대해 복합대비를 한 예시는 다음과 같다.

$$\hat{\psi}_B\ at\ A_1 = (1/2)4.75 + (1/2)8.25 + (-1)8.5 = -2$$

$$SE_{\hat{\psi}_B} at\ A_1 = \sqrt{MS_{B\times BL(A)}\sum_{k=1}^{K}\frac{c_k^2}{n_{1k}}} = \sqrt{(.667)\left[\frac{(1/2)^2 + (1/2)^2 + (-1)^2}{4}\right]} = .5$$

$$t_{\hat{\psi}_B} at\ A_1 = \frac{\hat{\psi}_B\ at\ A_1}{SE_{\hat{\psi}_B} at\ A_1} = \frac{-2}{.5} = -4$$

대비에 대한 기각값은 사후대비분석인 경우, $S = \pm\sqrt{(K-1)F_{(K-1),J(n-1)(K-1),\alpha}}$ $= \pm\sqrt{2F_{2,12,.05}} = \pm 2.789$로, $t_{\hat{\psi}_B} at\ A_1$ 통계값의 절대값이 S기각값보다 크므로 단순대비와 복합대비 모두 유의한 차이가 있다고 결론 내린다. 또한 사전대비의 경우에는 기각값이 Dunn $t_{12,.05,2개} = \pm 2.560$ 혹은 Dunn−Sidak $t_{12.05,2개} = \pm 2.553$이 되어, $t_{\hat{\psi}_B} at\ A_1$ 통계값이 기각값보다 절대값이 크기 때문에, 단순대비와 복합대비 모두 통계적으로 유의한 차이가 있다고 결론 내린다.

9.4 경향성분석

경향성분석은 다시 강조하지만 처치변수가 양적변수로서 각 처치수준 간의 등간성을 유지하고 집단 간의 사례수가 같은지를 확인한 후 실시할 수 있다. 처치수준에 따라 선형, 곡선형, 큐빅형 혹은 4차 곡선형분석이 가능하며 완전무선설계에서 사용하는 경향성분석과 동일한 절차를 따른다.

분할구획 요인분석에서 A 처치변수에 대한 경향성분석은 의미가 없다. 그 이유는 A 처치변수 수준에 있는 구획들이 서로 다를 수 있으므로 경향성분석을 위한 매개변수를 통제할 수 없기 때문이다. 그러나 B 처치변수에 의한 경향성분석은 바람직하다. 동일하거나 유사한 구획이 연구의 대상이 되므로 B 처치변수의 변화량에 따른 종속변수의 경향성을 분석할 수 있다. 처치변수에 의한 경향성분석도 연구자에 따라 사전분석 혹은 사후분석을 실시할 수 있다.

9.5 SPSS 실행

〈표 9-2〉 자료를 이용하여 분할구획 요인설계 분석을 실시한다.

분할구획 요인설계 분석을 위해서는 자료를 〈표 9-2〉와 같은 형태로 입력하여야 한다. 다음과 같은 형태로 자료를 코딩한다.

	토질	비료안줌	비료	퇴비
1	1	5	7	8
2	1	4	8	8
3	1	6	9	8
4	1	4	9	10
5	2	5	6	9
6	2	4	6	10
7	2	5	5	10
8	2	5	5	9

분할구획 요인설계 분석을 위하여 분석(A) → 일반선형모형(G) → 반복측도(R) 를 클릭하여 분석창을 연다.

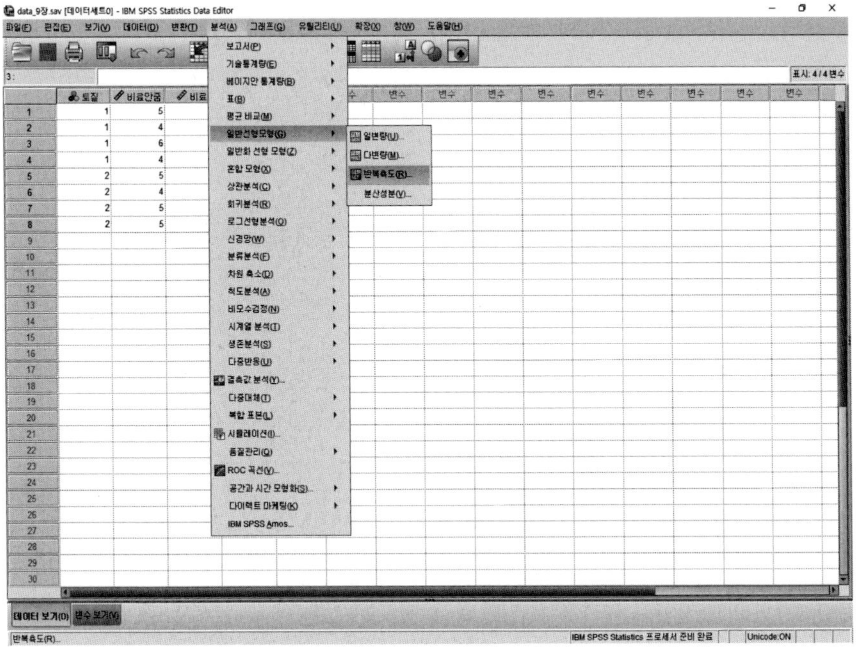

반복측도 요인 정의 상자에서 '개체-내 요인이름(W)'과 '수준 수(L)'를 지정하고 추가(A) 를 클릭한 후 정의(F) 를 클릭하면 반복측도 대화상자가 열린다.

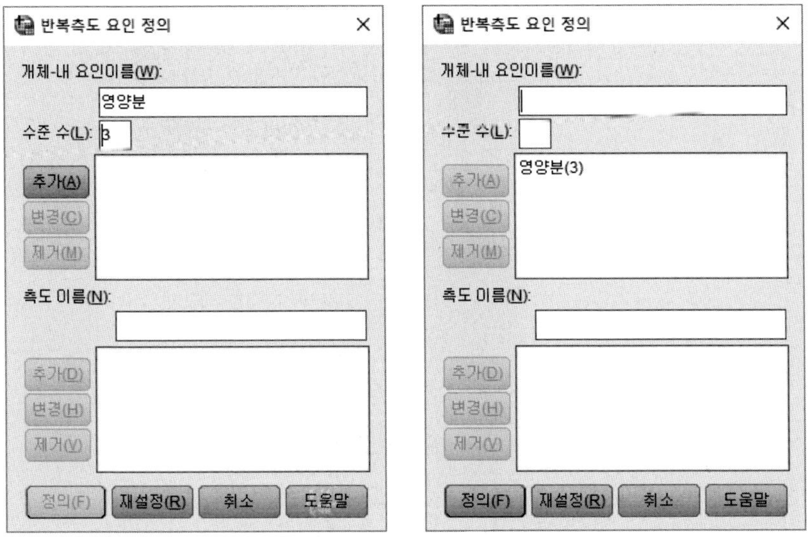

변수 목록 중 '개체-내 변수(W)'에 반복측정된 종속변수를 옮긴다. 그리고 '개체-간 요인(B)'에는 구획변수인 토질을 옮긴다.

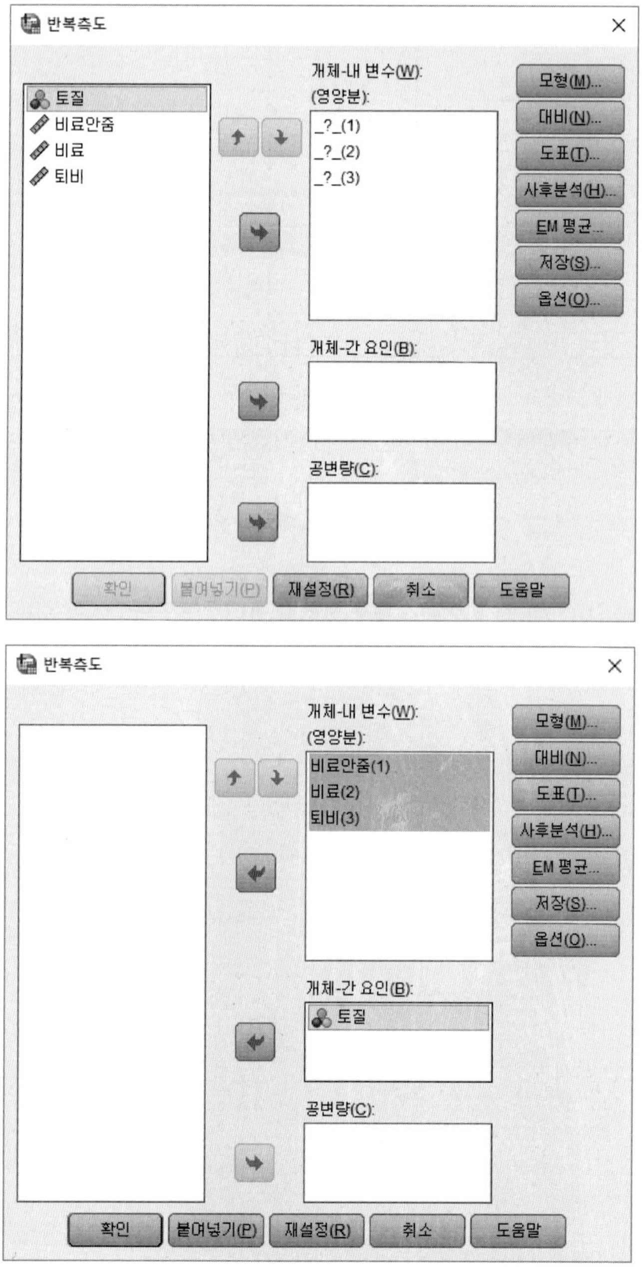

반복측도 대화상자에서 EM 평균... 을 클릭한다. '요인 및 요인 상호작용(F)'에 있는 주효과 및 상호작용효과를 오른쪽 '평균 표시 기준(M)'창으로 옮긴다. 다음의 주효과 비교(O) 를 클릭하면 사후대비분석 및 사전대비분석이 가능하다. '신뢰구간 수정(N)'으로 대비분석 방법의 지정 또한 가능하다. 계속(C) 을 클릭한다.

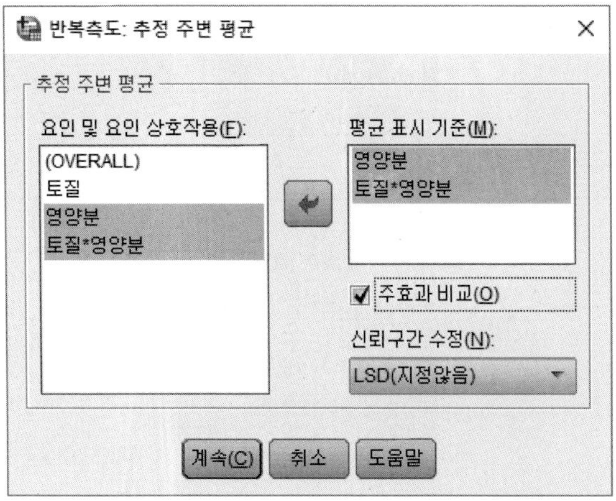

옵션(O)... 을 클릭한 뒤, 기술통계량(D) 과 동질성 검정(H) 을 선택하고 계속(C) 을 클릭한 다음 반복측정 대화상자에서 확인 을 클릭하면 SPSS 뷰어에 결과가 출력된다.

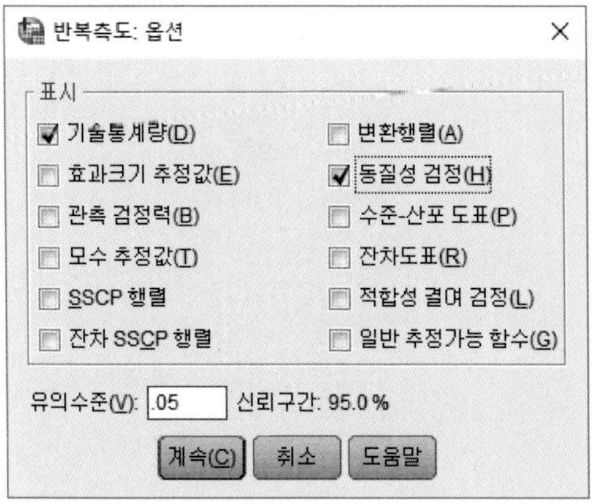

자료에 대한 기술통계 결과는 다음과 같고 〈표 9-2〉의 분석 결과와 같다.

개체-내 요인

측도: MEASURE_1

영양분	종속변수
1	비료안줌
2	비료
3	퇴비

개체-간 요인

		값 레이블	N
토질	1	마사토	4
	2	모래땅	4

기술통계량

	토질	평균	표준편차	N
비료안줌	마사토	4.75	.957	4
	모래땅	4.75	.500	4
	전체	4.75	.707	8
비료	마사토	8.25	.957	4
	모래땅	5.50	.577	4
	전체	6.88	1.642	8
퇴비	마사토	8.50	1.000	4
	모래땅	9.50	.577	4
	전체	9.00	.926	8

등분산검정을 실시한 결과는 다음과 같다.

공분산 행렬에 대한 Box의 동일성 검정[a]

Box의 M	5.670
F	.411
자유도1	6
자유도2	260.830
유의확률	.871

여러 집단에서 종속변수의 관측 공분산 행렬이 동일한 영가설을 검정합니다.

a. Design: 절편 + 토질
개체-내 계획: 영양분

검정 결과, M 통계값은 5.670이며 유의확률은 .871로 '등분산가정을 만족한다.'는 영가설을 기각하지 못하므로 등분산가정을 충족한다.

다변량 검정[a]

효과		값	F	가설 자유도	오차 자유도	유의확률
영양분	Pillai의 트레이스	.930	33.346[b]	2.000	5.000	.001
	Wilks의 람다	.070	33.346[b]	2.000	5.000	.001
	Hotelling의 트레이스	13.338	33.346[b]	2.000	5.000	.001
	Roy의 최대근	13.338	33.346[b]	2.000	5.000	.001
영양분 * 토질	Pillai의 트레이스	.880	18.406[b]	2.000	5.000	.005
	Wilks의 람다	.120	18.406[b]	2.000	5.000	.005
	Hotelling의 트레이스	7.362	18.406[b]	2.000	5.000	.005
	Roy의 최대근	7.362	18.406[b]	2.000	5.000	.005

a. Design: 절편 + 토질
개체-내 계획: 영양분

b. 정확한 통계량

종속변수가 집단에 따라 다른지 확인하기 위하여 다변량 검정을 실시한 결과, 영양분에 대한 Wilks의 람다값은 .070, 유의확률은 .001, 영양분과 토질의 상호작용에 대한 Wilks의 람다값은 .120, 유의확률은 .005이므로 유의수준 .05에서 땅콩 수확량은 영양분 그리고 영양분과 토질의 상호작용에 따라 다름을 알 수 있다.

구획내 효과를 검정한 결과는 다음과 같다.

개체-내 효과 검정

측도: MEASURE_1

소스		제 III 유형 제곱합	자유도	평균제곱	F	유의확률
영양분	구형성 가정	72.250	2	36.125	54.188	.000
	Greenhouse-Geisser	72.250	1.615	44.733	54.188	.000
	Huynh-Feldt	72.250	2.000	36.125	54.188	.000
	하한	72.250	1.000	72.250	54.188	.000
영양분 * 토질	구형성 가정	15.083	2	7.542	11.312	.002
	Greenhouse-Geisser	15.083	1.615	9.339	11.312	.004
	Huynh-Feldt	15.083	2.000	7.542	11.312	.002
	하한	15.083	1.000	15.083	11.312	.015
오차(영양분)	구형성 가정	8.000	12	.667		
	Greenhouse-Geisser	8.000	9.691	.826		
	Huynh-Feldt	8.000	12.000	.667		
	하한	8.000	6.000	1.333		

영양분에 대한 결과들은 〈표 9-3〉 분산분석표의 구획내의 B에 대한 결과와 같고, 영양분*토질에 대한 결과는 〈표 9-3〉의 구획내 AB에 대한 결과와 같으며, 오차는 〈표 9-3〉의 구획내 $B\times$구획 in A에 대한 결과와 같다.

영양분에 대한 F 통계값은 54.188, 유의확률 .000, 영양분과 토질의 상호작용에 대한 F 통계값은 11.312, 유의확률 .002로 유의수준 .05에서 영양분, 그리고 영양분과 토질의 상호작용에 따라서 땅콩의 수확량은 유의한 영향을 받는다.

다음은 구획간 효과를 검정한 결과이다.

개체-간 효과 검정

측도: MEASURE_1
변환된 변수: 평균

소스	제 III 유형 제곱합	자유도	평균제곱	F	유의확률
절편	1134.375	1	1134.375	2094.231	.000
토질	2.042	1	2.042	3.769	.100
오차	3.250	6	.542		

결과에서 '토질'에 대한 값들은 〈표 9-3〉 분산분석표에서 구획간 A 효과에 대한 값들과 일치하고, '오차'에 대한 값들은 〈표 9-3〉의 구획간의 구획 in A 에 해당하는 값과 일치한다.

영양분 그리고 영양분과 토질의 상호작용에 대한 땅콩 수확량에 유의한 차이가 있었으므로, 이에 대한 사후대비분석 및 사전대비분석을 실시할 수 있다.

Fisher의 LSD 방법으로 사후대비분석을 실시한 결과는 다음과 같다.

1. 영양분

추정값

측도: MEASURE_1

영양분	평균	표준오차	95% 신뢰구간 하한	95% 신뢰구간 상한
1	4.750	.270	4.089	5.411
2	6.875	.280	6.191	7.559
3	9.000	.289	8.294	9.706

대응별 비교

측도: MEASURE_1

(I) 영양분	(J) 영양분	평균차이(I-J)	표준오차	유의확률[b]	차이에 대한 95% 신뢰구간[b] 하한	상한
1	2	-2.125*	.402	.002	-3.108	-1.142
	3	-4.250*	.489	.000	-5.448	-3.052
2	1	2.125*	.402	.002	1.142	3.108
	3	-2.125*	.315	.001	-2.895	-1.355
3	1	4.250*	.489	.000	3.052	5.448
	2	2.125*	.315	.001	1.355	2.895

추정 주변 평균을 기준으로

*. 평균차이는 .05 수준에서 유의합니다.

b. 다중비교를 위한 수정: 최소유의차 (수정하지 않은 상태와 동일합니다.)

검정 결과, 유의수준 .05에서 1(=비료 안 줌)과 2(=비료), 1(=비료 안 줌)과 3(=퇴비), 2(=비료)와 3(=퇴비)의 대비에 유의한 차이가 있었다.

Sidak 방법으로 사전대비분석을 실시한 결과는 다음과 같다.

추정 주변 평균

1. 영양분

추정값

측도: MEASURE_1

영양분	평균	표준오차	95% 신뢰구간 하한	상한
1	4.750	.270	4.089	5.411
2	6.875	.280	6.191	7.559
3	9.000	.289	8.294	9.706

대응별 비교

측도: MEASURE_1

(I) 영양분	(J) 영양분	평균차이(I-J)	표준오차	유의확률[b]	차이에 대한 95% 신뢰구간[b] 하한	상한
1	2	-2.125*	.402	.006	-3.440	-.810
	3	-4.250*	.489	.000	-5.852	-2.648
2	1	2.125*	.402	.006	.810	3.440
	3	-2.125*	.315	.002	-3.155	-1.095
3	1	4.250*	.489	.000	2.648	5.852
	2	2.125*	.315	.002	1.095	3.155

추정 주변 평균을 기준으로

*. 평균차이는 .05 수준에서 유의합니다.

b. 다중비교를 위한 수정: Sidak

검정 결과, 유의수준 .05에서 1(=비료 안 줌)과 2(=비료), 1(=비료 안 줌)과 3(=퇴비), 2(=비료)와 3(=퇴비)의 대비에 유의한 차이가 있었다.

9.6 장단점

분할구획 요인설계의 장점은, 첫째, 무선구획 요인설계보다 적은 구획을 사용할 수 있다. A 처치가 모든 구획에 가해지지 않기 때문에 구획을 줄일 수 있다. 둘째, 구획 안에 모든 처치를 할 필요가 없을 때 분할구획 요인설계를 할 수 있다. 예를 들어, A 처치의 각 처치를 일부 구획에만 가할 수 있다. 셋째, 무선구획설계나 완전무선설계보다 사례수가 적어도 된다. 넷째, 구획 간의 차이가 있는지를 분석할 수 있다. 다섯째, 구획들이 집단에 따라 다를 경우에는 이 구획들을 분류하기 위해 집단화함으로써 매개변수를 통제하는 집단화 변수를 사용할 수 있다. 분할구획 요인설계에서 A 변수를 배경변인의 변수로서, 예를 들어 성별이나 사회계층 등의 변수를 사용한다면 이 매개변수의 영향을 통제할 수 있다. 이럴 경우는 무선구획설계나 반복설계에서 연구의 대상을 집단화한 설계가 된다.

단점으로는, 분할구획 요인설계의 $SPF-J \cdot K$의 경우 A 효과보다 B 효과,

AB 상호작용효과를 더 정확하게 분석할 수 있다. A 처치변수는 집단 안에 있는 구획들에게만 작용하므로 혼합효과(confounding effect)를 가져와서 상대적으로 덜 정확하게 분석된다. 그러므로 A 효과를 정확히 분석하기 위해서는 무선구획 요인설계를 추천한다. 또한 무선구획 요인설계보다 연구대상의 무선할당이나 분석이 복잡하고 결측값이 있을 때 계산이 어려워진다.

연습문제

1. 분할구획 요인설계가 무선구획설계와 다른 점이 무엇인지 설명하시오.

2. 구획간 효과와 구획내 효과의 차이를 설명하시오.

3. 분할구획 요인설계 모형 $SPF-J \cdot K$에 대하여 다음 질문에 답하시오.

3-1 선형모형을 쓰시오.

3-2 d_T, d_A, $d_{BL(A)}$, d_B, d_{AB}, $d_{B \times BL(A)}$ 의 계산 공식을 쓰시오.

3-3 SS_T, SS_A, $SS_{BL(A)}$, SS_B, SS_{AB}, $SS_{B \times BL(A)}$ 의 계산 공식을 쓰시오.

3-4 오차분산이 두 개인데 무엇이며 어떤 역할을 하는지 설명하시오.

3-5 $SPF-J \cdot K$ 의 분산분석표를 만드시오.

4. $SPF-J \cdot KL$모형의 예를 들어 설명하고 분산분석표를 만드시오.

5. 복합분할구획 요인설계의 예를 들어 설명하고 분산분석표를 만드시오.

6. $SPF-J \cdot K$에서 사후대비분석에 대한 다음 질문에 답하시오.

6-1 A 처치변수 수준 간의 차이가 있는지 사후대비검정 절차를 설명하시오.

6-2 B 처치변수 수준 간의 차이가 있는지 사후대비검정 절차를 설명하시오

6-3 두 처치변수 수준 간의 차이에 대한 사후대비검정 절차의 차이를 설명하시오.

6-4 B 처치변수 수준에서 A 처치변수 간의 차이가 있는지 검정 절차를 설명하시오.

6-5 A 처치변수 수준에서 B 처치변수 간의 차이가 있는지 검정 절차를 설명하시오.

6-6 6-4 와 6-5 에서 큰 차이가 무엇인지 설명하시오.

7. 분할구획 요인설계의 장단점을 말하시오.

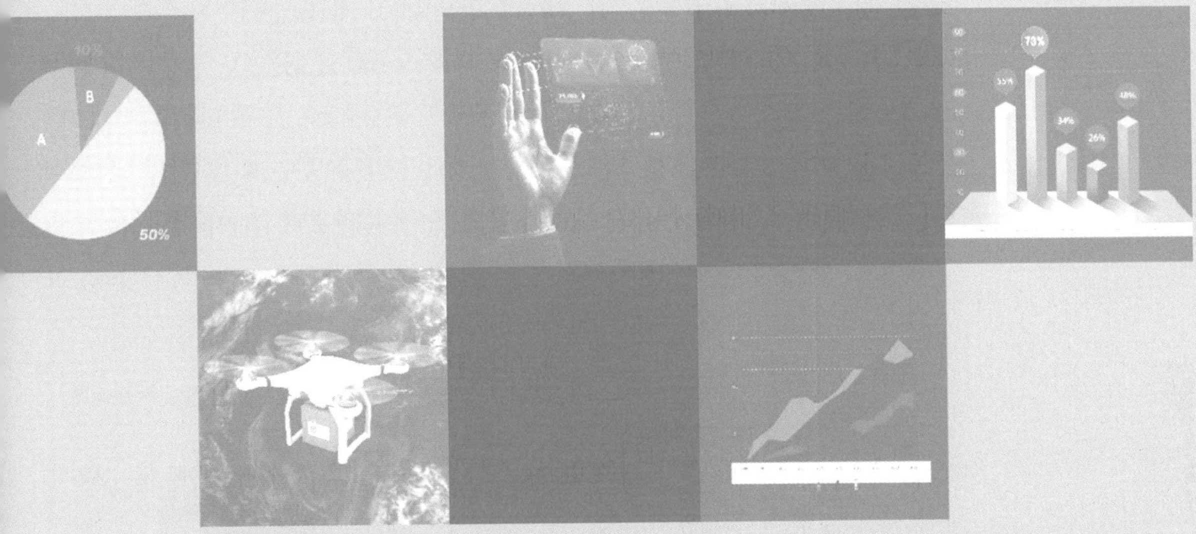

제10장

일반화 무선구획설계

일반화 무선구획설계 제10장

10.1 기본개념

실험설계에서 무선구획설계(RB: Randomized Block design)란 처치변수 이외에 구획변수를 사용하여 오차분산을 줄여 처치변수의 효과를 분석하려는 설계라 하였으며, 구획변수(blocking variable)란 처치의 목적이 아니라 매개변수를 통제하기 위하여 이용되는 변수라 하였다. 실험연구에서 연구의 내적 타당도를 유지하기 위하여 통제집단과 실험집단에 연구대상을 할당할 때, 단순무선표집이나 균형집단 혹은 대응집단 방법을 사용한다 하였다. 이는 독립변수 이외에 작용하는 매개변수로 인한 오차를 확률적으로 통제하기 위한 방안이다.

무선구획설계는 구획 안에 연구의 대상이 하나인 경우를 말한다. 그러나 구획 안에 연구 대상이 하나가 아니라 구획을 집단으로 구성하여 집단 안에 연구의 대상이 둘 이상인 경우를 **일반화 무선구획설계**(Generalized Randomized Block design: *GRB*)라 하며 [그림 10-1]과 같다. 완전무선설계에서 예를 든 교수법에 따른 학업성취도의 차이, 즉 교수법의 효과를 분석하기 위한 연구에서 컴퓨터를 이용한 교수법이 남학생들에게 유리하고 여학생들에게는 불리하다면 성별이란 매개변수를 통제하여야 한다. 이 설계에서 교수법은 처치변수이고 학업성취도는 종속변수이며 성별은 매개변수의 역할을 하는 집단변수가 된다. 성별은 처치변수가 아니므로 성별이 주는 효과를 배제하기 위하여 일반적으로 각 교수법의 처치를 받는 연구대상으로 남녀 비율을 같게 한다. [그림 10-1]에서 사용된 성별은 매개변수로서 집단변수(grouping variable)이고 각 집단 안에 연구대상이 둘 이상인 경우다.

무선구획설계는 한 칸에 자료가 하나이나 일반화 무선구획설계는 [그림 10-1]에서와 같이 연구대상이 4명이며 교수법의 처치수준이 3수준이므로 이 설계를 $GRB-3$으로 표기한다.

성별 \ 교수법	전통적 교수법		컴퓨터 교수법		개인 교수법		
남	5		7		8		7.083
	4		8		8		
	6		8		8		
	4	4.75	9	8	10	8.5	
여	5		6		9		6.583
	4		6		10		
	5		5		10		
	5	4.75	5	5.5	9	9.5	
	4.75		6.75		9		6.833

✪[그림 10-1] 일반화 무선구획설계 GRB-3

다시 강조하면 일반화 무선구획설계에서도 처치변수의 효과를 분석하기 위하여 매개변수를 통제하려고 집단변수를 사용한다. 그러므로 완전무선 요인설계의 교차설계와 같이 두 처치변수의 상호작용효과에 관심을 두지 않는다. 상호작용의 효과를 분석하기 위한 교차설계보다는 집단변수의 각 수준에서 처치변수의 효과에 관심을 갖는다. [그림 10-1]과 같이 구획이며 집단인 남녀 수준에서 교수법의 효과를 분석하는 데 주목적이 있다. 남학생과 여학생의 각 수준에서 교수법에 따른 학업성취도에 차이가 있는가에 관심을 둔다. 다시 말해서 남학생과 여학생 수준에서 교수법에 따라 학업성취도에 다른 양상이 있을 것이라는 가정을 한다는 의미이다.

[그림 10-1]은 성별을 집단변수로 하여 연구의 대상을 무선할당하였으나, 만약 학업의 사전능력 정도를 집단변수로 사용할 경우는 사전능력을 상, 중, 하로 나누어 집단을 만든 다음에 각 집단에 사전능력이 상, 중, 하인 연구대상들을 균등하게 확률적으로 배분할 수 있다. 이 경우 학업성취도를 상, 중, 하로 구분하는 구분점 때문에 논란을 야기할 수 있다. 왜냐하면 상, 중, 하로 집단을 분류할 때 구분점

수를 달리하면, 세 집단의 분류가 달라져서 분석에 영향을 주기 때문이다.

일반화 무선구획설계에 대하여 Wilk(1955)가 자세하게 논의를 하였으며 다음의 세 가지 조건을 충족할 때 일반화 무선구획설계를 사용하는 것이 바람직하다 하였다. 첫째, 처치변수가 2개 수준 이상이며 집단화 변수도 2개 수준 이상이어야 한다. 둘째, 집단을 구획으로 구성할 때, 구획집단 안에 대상이 둘 이상으로서 각 처치집단이 J 개, 연구대상이 n이면 구획으로 설정된 집단 안에 연구대상 수는 nJ가 되어야 한다. 무선구획설계에서 구획에는 각 처치수준에 연구대상이 하나가 할당되어 구획 안에서 연구대상의 수는 J가 되나 일반화 무선구획설계에서는 nJ가 된다. 그러므로 매개변수로 작용하는 구획 안에서는 연구대상이 유사하나 다른 집단과는 달라야 한다. 셋째, 통제하여야 할 집단이 G 개라면 전체 연구대상 수는 nJG가 된다.

10.2 계산절차

10.2.1 내재설계

성별수준에서 교수법에 따른 학업성취도의 차이가 있는지, 다시 말해 교수법의 효과가 있는지를 검정하기 위해서는 내재설계를 사용하여야 한다. 내재설계는 성별과 교수법의 상호작용에 관심을 두지 않고 집단수준에서 교수법의 효과가 있는지를 검정하므로 선형모형은 다음과 같다.

$$Y_{igj} = \mu + \delta_g + \alpha_{j\ in\ g} + \epsilon_{igj}$$
$$(i = 1, \cdots, n;\ g = 1, \cdots, G;\ j = 1, \cdots, J)$$

μ : 전체평균

δ_g : 집단변수 G수준의 매개효과

$\alpha_{j\ in\ g}$: 집단변수 G수준에 내재된 처치효과

ϵ_{igj} : 오차

Y_{igj}는 전체평균과 집단의 효과, 집단내에서 처치효과 그리고 오차로 구성된다. $\alpha_{j\ in\ g}$는 각 집단수준에서 처치변수의 효과를 나타내며 각 집단수준에서 처치효과의 양은 다르다.

선형모형에 통계값을 대입하면 다음과 같다.

$$Y_{igj} = \overline{Y}\cdots + (\overline{Y}_{\cdot g \cdot} - \overline{Y}\cdots) + (\overline{Y}_{\cdot gj} - \overline{Y}_{\cdot g \cdot}) + (Y_{igj} - \overline{Y}_{\cdot gj})$$

선형모형의 $\overline{Y}\cdots$을 좌변으로 옮기고 편차로 구성하면 다음과 같다.

$$\underset{d_T}{(Y_{igj} - \overline{Y}\cdots)} = \underset{d_G}{(\overline{Y}_{\cdot g \cdot} - \overline{Y}\cdots)} + \underset{d_{A\ in\ G}}{(\overline{Y}_{\cdot gj} - \overline{Y}_{\cdot g \cdot})} + \underset{error}{(Y_{igj} - \overline{Y}_{\cdot gj})}$$

총편차는 집단간 편차, 집단수준에서 처치효과에 의한 편차, 오차로 구성된다. 여기서 집단간 편차가 크면 집단으로 인한 매개변수를 잘 통제한 것이고, 집단에서의 처치변수에 의한 편차가 크면 집단수준에서 처치효과가 크다는 것을 말한다.

편차의 합은 항상 0이므로 분석이 불가능하여 편차제곱합으로 계산하면 다음과 같다.

$$\underset{SS_T}{\sum_{i=1}^{n}\sum_{g=1}^{G}\sum_{j=1}^{J}(Y_{igj} - \overline{Y}\cdots)^2}$$

$$= \underset{SS_G}{\sum_{i=1}^{n}\sum_{g=1}^{G}\sum_{j=1}^{J}(\overline{Y}_{\cdot g \cdot} - \overline{Y}\cdots)^2} + \underset{SS_{A\ in\ G}}{\sum_{i=1}^{n}\sum_{g=1}^{G}\sum_{j=1}^{J}(\overline{Y}_{\cdot gj} - \overline{Y}_{\cdot g \cdot})^2}$$

$$+ \underset{SS_{error}}{\sum_{i=1}^{n}\sum_{g=1}^{G}\sum_{j=1}^{J}(Y_{igj} - \overline{Y}_{\cdot gj})^2}$$

총편차제곱합은 집단간 편차제곱합, 집단수준에서 처치효과에 의한 편차제곱합, 오차제곱합으로 구성된다. $SS_{A\ in\ G}$값이 크면 처치변수의 효과가 큰 것을 의미한다.

내재설계를 위한 서술적 가설과 통계적 가설은 다음과 같다.

서술적 가설

H_0 : 집단변수 G 수준에서 처치집단 간에 평균의 차이가 없다; 처치효과가 없다.

H_A : 집단변수 G 수준에서 처치집단 간에 평균의 차이가 있다; 처치효과가 있다.

통계적 가설

$H_0: \mu_j(G_g) = \mu_{j'}(G_g)$ $\qquad H_A: \mu_j(G_g) \neq \mu_{j'}(G_g)$

$H_0: \alpha_{j\ in\ g} = 0$ $\qquad H_A: \alpha_{j\ in\ g} \neq 0$

내재설계에서는 상호작용에 대한 관심이 없으므로 집단 변수인 성별에 내재된 처치변수인 교수법의 효과를 분석하는 일반화 무선구획설계에 의한 분산분석표는 〈표 10-1〉과 같다.

❖〈표 10-1〉 일반화 무선구획설계의 분산분석표

분산원	SS	df	MS	F	η^2
G	SS_G	$G-1$	$SS_G/(G-1) = MS_G$	MS_G/MS_e	SS_G/SS_T
$A_{in}G_g$	$SS_{A_{in}G_g}$	$G(J-1)$			
$A_{in}G_1$	$SS_{A_{in}G_1}$	$J-1$	$SS_{A_{in}G_1}/(J-1) = MS_{A_{in}G_1}$	$MS_{A_{in}G_1}/MS_e$	$SS_{A_{in}G_1}/SS_T$
$A_{in}G_2$	$SS_{A_{in}G_2}$	$J-1$	$SS_{A_{in}G_2}/(J-1) = MS_{A_{in}G_2}$	$MS_{A_{in}G_2}/MS_e$	$SS_{A_{in}G_2}/SS_T$
$A_{in}G_g$	$SS_{A_{in}G_g}$	$J-1$	$SS_{A_{in}G_g}/(J-1) = MS_{A_{in}G_g}$	$MS_{A_{in}G_g}/MS_e$	$SS_{A_{in}G_g}/SS_T$
집단내	SS_e	$nGJ-GJ$	$SS_e/(nGJ-GJ) = MS_e$		
총	SS_T	$nGJ-1$			

교차설계에 의한 완전무선 2요인설계 혹은 이원분산분석표인 〈표 5-1〉과 비교할 때 집단변수인 G 변수에 의한 효과, 집단내 그리고 총편차의 제곱합 부분은 동일하며 교차설계에서의 A 처치변수 효과와, A 처치변수와 G 집단변수의 상호

작용효과인 AG 상호작용효과에 의한 편차제곱합의 합이 G 변수의 각 수준에 있는 A 변수 효과로 대치되었음을 알 수 있다. 〈표 10-1〉에서 분산원의 G는 집단 간의 차이를 검정하는 것이 아니라 집단변수로서 매개변수인 집단구획변수의 영향을 제거하고 각 집단에서 처치변수의 효과가 있는지를 검정한다.

자유도를 분석할 때 A 변수의 자유도$(J-1)$과 상호작용의 자유도$(J-1)(G-1)$의 합은 $JG-G$ 로서 이는 집단변수 각 수준에서의 자유도인 $(J-1)$들을 합한 것과 같다. 즉, 내재설계의 A in G_g의 $G(J-1)$과 동일하다. 여기서 알 수 있는 것은 각 집단변수 수준에서 처치변수의 편차제곱합들의 합계는 처치변수의 편차제곱합과 처치변수와 구획변수 간 상호작용의 편차제곱합의 합과 같게 된다는 점이다.

$$SS_{A\ in\,G} = SS_A + SS_{AG}$$

G 집단변수의 편차제곱합(SS_G)과 개인에 의한 집단내 편차제곱합(SS_e), 총편차제곱합(SS_T)을 계산하는 절차는 교차설계에서 계산하는 절차와 동일하다. 단지 매개변수인 G 집단변수의 각 수준에서 A 변수에 의한 편차제곱합을 계산하는 공식이 상이하며 공식은 다음과 같다.

$$SS_{A\ in\ G_g} = n_{gj}\sum_{j=1}^{J}(\overline{Y}_{\cdot gj} - \overline{Y}_{\cdot g\cdot})^2$$

G 집단매개변수의 g 수준을 고정시키고 그 수준에서 A 독립변수의 j 처치를 받은 피험자 집단의 평균에서 G 집단매개변수의 평균을 뺀 값을 제곱한다. 그 후 집단의 사례수를 곱한 다음 A_1부터 A_J까지 더한 값이다.

[그림 10-1]에 의한 교수법과 성별에 따른 학업성취도의 수준에 대한 자료를 가지고 성별 수준에서 교수법에 따라 학업성취도에 차이가 있는가를 검정하고자 할 때 내재설계를 위한 각 편차의 제곱합은 다음과 같다.

$$SS_T = \sum_{i=1}^{n}\sum_{g=1}^{G}\sum_{j=1}^{J}(Y_{igj} - \overline{Y}...)^2$$

$$= (5-6.833)^2 + (4-6.833)^2 + (6-6.833)^2 + (4-6.833)^2$$

$$+ (7-6.833)^2 + (8-6.833)^2 + (8-6.833)^2 + (9-6.833)^2$$

$$+ (8-6.833)^2 + (8-6.833)^2 + (8-6.833)^2 + (10-6.833)^2$$

$$+ (5-6.833)^2 + (4-6.833)^2 + (5-6.833)^2 + (5-6.833)^2$$

$$+ (6-6.833)^2 + (6-6.833)^2 + (5-6.833)^2 + (5-6.833)^2$$

$$+ (9-6.833)^2 + (10-6.833)^2 + (10-6.833)^2 + (9-6.833)^2$$

$$= 97.333$$

$$SS_G = \sum_{i=1}^{n}\sum_{g=1}^{G}\sum_{j=1}^{J}(\overline{Y}_{\cdot g \cdot} - \overline{Y}...)^2 = nJ\sum_{g=1}^{G}(\overline{Y}_{\cdot g \cdot} - \overline{Y}...)^2$$

$$= 12(7.083-6.833)^2 + 12(6.583-6.833)^2 = 1.5$$

$$SS_{A\ in\ G_1} = n_{G_1}\sum_{j=1}^{J}(\overline{Y}_{\cdot 1j} - \overline{Y}_{\cdot 1 \cdot})^2$$

$$= 4(4.75-7.083)^2 + 4(8-7.083)^2 + 4(8.5-7.083)^2$$

$$= 33.17$$

$$SS_{A\ in\ G_2} = n_{G_2}\sum_{j=1}^{J}(\overline{Y}_{\cdot 2j} - \overline{Y}_{\cdot 2 \cdot})^2$$

$$= 4(4.75-6.583)^2 + 4(5.5-6.583)^2 + 4(9.5-6.583)^2$$

$$= 52.17$$

$$SS_e = \sum_{i=1}^{n}\sum_{g=1}^{G}\sum_{j=1}^{J}(Y_{igj} - \overline{Y}_{\cdot gj})^2$$

$$= (5-4.75)^2 + (4-4.75)^2 + (6-4.75)^2 + (4-4.75)^2$$

$$+ (7-8)^2 + (8-8)^2 + (8-8)^2 + (9-8)^2$$

$$+ (8-8.5)^2 + (8-8.5)^2 + (8-8.5)^2 + (10-8.5)^2$$

$$+ (5-4.75)^2 + (4-4.75)^2 + (5-4.75)^2 + (5-4.75)^2$$

$$
\begin{aligned}
&+(6-5.5)^2+(6-5.5)^2+(5-5.5)^2+(5-5.5)^2\\
&+(9-9.5)^2+(10-9.5)^2+(10-9.5)^2+(9-9.5)^2\\
=\ &10.5
\end{aligned}
$$

매개변수인 성별에 내재된 교수법의 효과가 있는지를 분석한 분산분석표는 〈표 10-2〉와 같다.

❖〈표 10-2〉 성별에 내재된 교수법이 학업성취도에 주는 영향에 대한 분산분석표

분산원	*SS*	*df*	*MS*	*F*	η^2
성별	1.5	1	1.5	2.571	
교수법 in 성별	85.34	4			.877
교수법 in 남	33.17	2	16.58	28.43	.341
교수법 in 여	52.17	2	26.08	44.71	.536
집단내	10.5	18	.583		
총	97.333	23			

$F_{1,18,.05}=4.41$ $F_{2,18,.10/2}=3.55$

성별의 집단에 내재된 설계로서 성별의 효과와 남학생 수준에서 교수법 효과 그리고 여학생 수준에서 교수법 효과로 분석된다. 남학생 수준에서 교수법에 의한 편차제곱합은 33.17이고 여학생 수준에서 교수법에 의한 편차제곱합은 52.17로서 성별에서 교수법에 의한 편차제곱합의 합은 85.34이다. 분석 결과 성별에 의한 학업성취도의 편차제곱합은 1.5에 지나지 않아 성별이 매개변수로서의 역할이 거의 없다고 해석할 수 있다.

성별에 내재된 교수법에 해당하는 자유도의 합인 4는 교차설계에서 교수법에 해당하는 자유도인 2와 상호작용에 해당하는 자유도인 2의 합임을 알 수 있다.

내재설계에서 G 집단매개변수의 각 수준에서 교수법 A 변수의 효과에 대한 편차제곱합은 교차설계에서 교수법 A 변수에 의한 편차제곱합과 상호작용에 의한 편차제곱합의 합성이므로, A 효과 검정을 위한 유의수준 .05와 상호작용효과 검정을 위한 유의수준 .05를 공유하게 된다. 그러므로 두 유의수준을 합한 .10을 내재설계 안에서 G 매개변수의 G 수준 수로 나누어야 한다. 각 성별 수준에서 교

수법의 효과 검정을 위한 기각값은 $F_{2,18,.10/2}$로 3.55가 된다. 만약 구획변수의 구획이 4개이면 $F_{2,18,.10/4}$가 기각값이 된다.

〈표 10-2〉에 나타난 분산분석 결과를 서술하면 다음과 같다. 남학생 수준에서 교수법에 의한 편차제곱합은 33.17, 편차제곱평균은 16.58 그리고 F 통계값은 28.43이다. 기각값은 $F_{2,18,.10/2}$인 3.55로서 통계값이 기각값보다 크므로 영가설을 기각한다. 그러므로 남학생의 경우 유의수준 .05에서 교수법에 따라 학업성취도에 통계적으로 유의한 차이가 나타났다고 결론 내린다. 여학생의 경우도 F 통계값 44.71이 기각값 $F_{2,18,.10/2}$인 3.55보다 크므로 영가설을 기각한다. 그러므로 여학생도 유의수준 .05에서 교수법에 따라 학업성취도에 유의한 차이가 있다는 결론을 내린다.

10.2.2 SPSS실행

일반화 무선구획설계를 분석하기 위하여 자료를 다음과 같은 형태로 입력한다.

	성별	교수법	학업성취
1	1	1	5
2	1	1	4
3	1	1	6
4	1	1	4
5	2	1	5
6	2	1	4
7	2	1	5
8	2	1	5
9	1	2	7
10	1	2	8
11	1	2	8
12	1	2	9
13	2	2	6
14	2	2	6
15	2	2	5
16	2	2	5
17	1	3	8
18	1	3	8
19	1	3	8
20	1	3	10
21	2	3	9
22	2	3	10
23	2	3	10
24	2	3	9

일반화 무선구획설계를 분석하려면 명령문 편집기를 이용해야 한다. [그림 10-1]의 자료를 이용하여 성별에 내재된 교수법이 성취도에 미치는 영향을 분석하려면 메뉴에서 파일(F) → 새파일(N) → 명령문(S)을 눌러 명령문 편집기를 연 다음, 다음과 같이 명령문을 입력한다. 그러고 나서 메뉴에서 실행(R) → 모두(A)를 누르면 명령문이 실행된다.

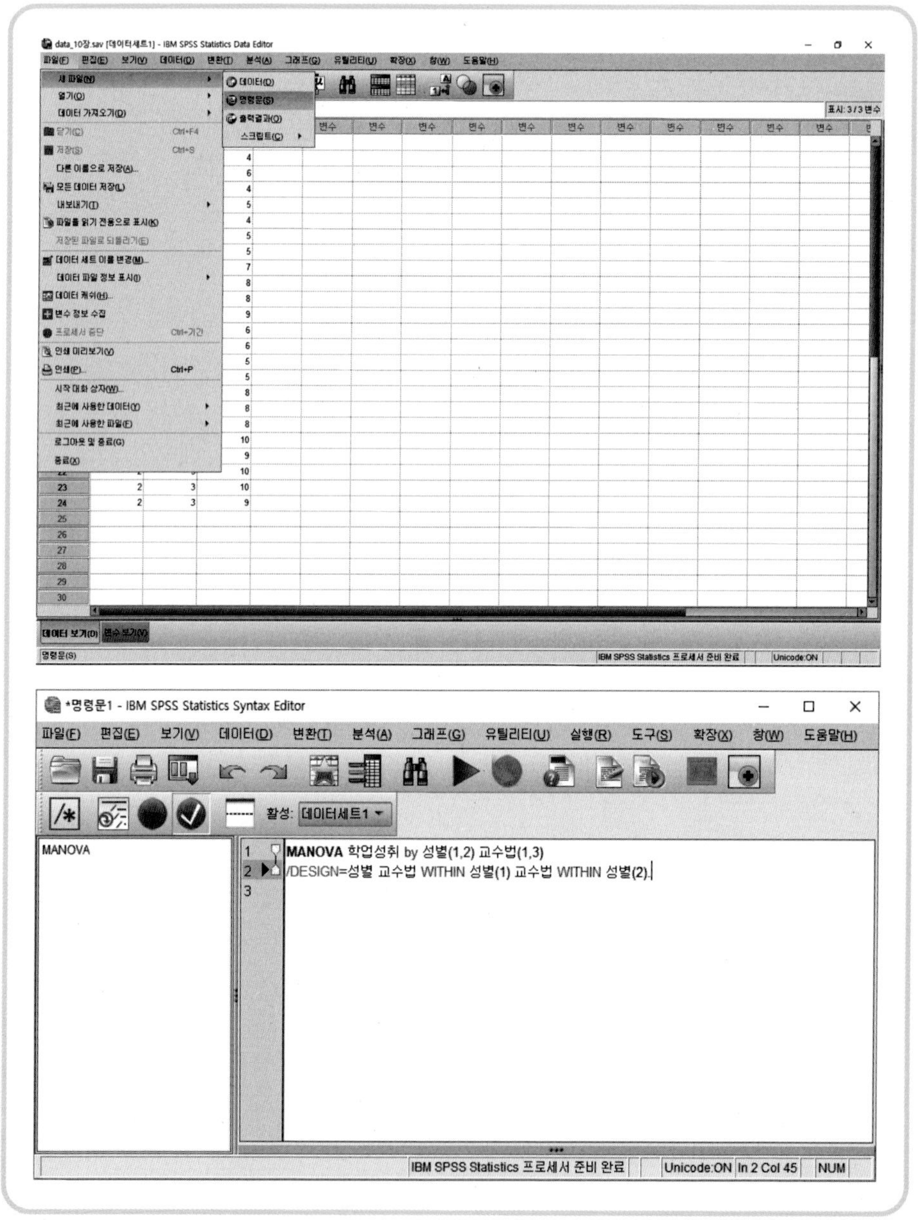

성별에 내재된 교수법이 학업성취도에 주는 영향에 대한 일반화 무선구획설계 결과는 다음과 같으며, 〈표 10-2〉와 동일하여 10.2.1에서와 같이 결론을 내릴 수 있다.

```
MANOVA의 기본값 오차항이 WITHIN CELLS에서 WITHIN+RESIDUAL로 변경되었습니다 .  모든 완전요인계획에서 동일합니다.


* * * * * * * * * * * * * * * * * A n a l y s i s   o f   V a r i a n c e * * * * * * * * * * * * * * * * *


        24 cases accepted.
         0 cases rejected because of out-of-range factor values.
         0 cases rejected because of missing data.
         6 non-empty cells.

         1 design will be processed.
 - - - - - - - - - - - - - - - - - - - - - - - - - - - - - - - - - - - - - - - - - - - - - - - - - - - - - -


* * * * * * * * * * * * * * * * * A n a l y s i s   o f   V a r i a n c e -- Design  1 * * * * * * * * * * * * * * * * *

 Tests of Significance for 학업성취 using UNIQUE sums of squares
 Source of Variation          SS      DF       MS        F    Sig of F

 WITHIN+RESIDUAL           10.50      18      .58
 성별                        1.50       1     1.50     2.57      .126
 교수법 WITHIN 성별(1)      33.17       2    16.58    28.43      .000
 교수법 WITHIN 성별(2)      52.17       2    26.08    44.71      .000

 (Model)                   86.83       5    17.37    29.77      .000
 (Total)                   97.33      23     4.23

 R-Squared =           .892
 Adjusted R-Squared =  .862
 - - - - - - - - - - - - - - - - - - - - - - - - - - - - - - - - - - - - - - - - - - - - - - - - - - - - - -
```

10.3 사후대비분석

내재설계를 실시하여 한 구획변수인 집단변수의 각 수준에서 처치변수에 의한 집단 간 차이가 있는지를 검정하여 유의한 차이가 있다는 결과가 나오면 사후대비분석을 실시한다. 〈표 10-2〉에서와 같이 남·여학생 수준에서 교수법의 효과를 분석하니, 남·여학생들은 교수법에 따라 유의수준 .05에서 학업성취도에 유의한 차이가 있음을 알았다. 그러므로 남 · 여학생 수준 내에서 어떤 교수법 간에 학업성취도의 차이가 있는지 사후대비분석을 실시할 수 있다. 대비와 표준오차 그리고 t 통계값을 계산하는 절차는 완전무선설계의 사후분석과 동일하다. 다만, 평균을 계산할 때 나누는 집단의 사례수는 해당 집단변수 수준에 한정된다.

예를 들어, 남학생 수준에서 전통적 교수법과 컴퓨터 교수법의 차이가 있는지에 대한 단순대비에 대한 평균의 차이와 표준오차, t 통계값은 다음과 같다.

$$\hat{\psi}_1 = (1)4.75 + (-1)8 = -3.25$$

$$SE_{\hat{\psi}_1} = \sqrt{.583[(1)^2/4 + (-1)^2/4]} = .540$$

$$t_{\hat{\psi}_1} = -3.25/.540 = -6.02$$

남학생 수준에서 전통적 교수법과 개인 교수법의 차이가 있는지에 대한 단순대비에 대한 평균의 차이와 표준오차, t 통계값은 다음과 같다.

$$\hat{\psi}_2 = (1)4.75 + (-1)8.5 = -3.75$$

$$SE_{\hat{\psi}_2} = \sqrt{.583[(1)^2/4 + (-1)^2/4]} = .540$$

$$t_{\hat{\psi}_2} = -3.75/.540 = -6.94$$

남학생 수준에서 컴퓨터 교수법과 개인 교수법의 차이가 있는지에 대한 단순대비에 대한 평균의 차이와 표준오차, t 통계값은 다음과 같다.

$$\hat{\psi}_3 = (1)8 + (-1)8.5 = -.5$$

$$SE_{\hat{\psi}_3} = \sqrt{.583[(1)^2/4 + (-1)^2/4]} = .540$$

$$t_{\hat{\psi}_3} = -.5/.540 = -.93$$

남학생 수준에서 전통적 교수법이 컴퓨터 교수법과 개인 교수법의 합성과 차이가 있는지의 복합대비에 대한 평균의 차이와 표준오차, t 통계값은 다음과 같다.

$$\hat{\psi}_4 = (1)4.75 + (-1/2)8 + (-1/2)8.5 = -3.5$$

$$SE_{\hat{\psi}_4} = \sqrt{.583[(1)^2/4 + (-1/2)^2/4 + (-1/2)^2/4]} = .468$$

$$t_{\hat{\psi}_4} = -3.5/.468 = -7.48$$

남학생 수준에서 컴퓨터 교수법이 전통적 교수법과 개인 교수법의 합성과 차이가 있는지의 복합대비에 대한 평균의 차이와 표준오차, t 통계값은 다음과 같다.

$$\hat{\psi}_5 = (-1/2)4.75 + (1)8 + (-1/2)8.5 = 1.375$$

$$SE_{\hat{\psi}_5} = \sqrt{.583[(-1/2)^2/4 + (1)^2/4 + (-1/2)^2/4]} = .468$$

$$t_{\hat{\psi}_5} = 1.375/.468 = 2.94$$

남학생 수준에서 개인 교수법이 전통적 교수법과 컴퓨터 교수법의 합성과 차이가 있는지의 복합대비에 대한 평균의 차이와 표준오차, t 통계값은 다음과 같다.

$$\hat{\psi}_6 = (-1/2)4.75 + (-1/2)8 + (1)8.5 = 2.125$$

$$SE_{\hat{\psi}_6} = \sqrt{.583[(-1/2)^2/4 + (-1/2)^2/4 + (1)^2/4]} = .468$$

$$t_{\hat{\psi}_6} = 2.125/.468 = 4.54$$

[그림 10-1]과 같이 매개변수인 집단변수 G에 내재된 A 효과에 대한 사후분석을 위한 Scheffé 기각값은 다음과 같다.

$$S = \pm\sqrt{df_A F_{df_A,\, df_e,\, 2\alpha/G}}$$

df_A는 A독립변수의 자유도이며, G는 G집단변수의 수준, 즉 집단 수를 말한다. 내재설계에서 매개변수인 집단수준에 내재된 처치효과는 상호작용효과를 포함하므로 내재된 설계에서의 처치변수에 대한 효과분석은 처치효과와 상호작용효과에 부여된 두 개의 유의수준을 공유한다. 각 효과에 대한 유의수준을 α로 하

였을 때 상호작용효과에 대한 유의수준 α를 포함하는 2α를 구획변수인 집단변수의 수준 수로 나눈다.

〈표 10-2〉의 경우 집단변수는 성별이고 그 수준 혹은 종류는 2개이므로 각 수준이 차지하는 유의수준은 $2\alpha/2$가 된다. 만약 매개변수 G의 수준이 4개이었다면 집단변수의 각 수준에 따른 처치변수의 효과 검정은 각각 $2\alpha/4$의 유의수준을 갖는다.

교수법의 예에서 유의수준 α를 .05로 설정하였다면 남학생 집단에서의 교수법 효과는 유의수준 .05를, 여학생 집단에서의 교수법 효과도 유의수준 .05를 갖게 된다. 사후분석은 남학생 집단에 의한 교수법 효과에 대하여 실시하였으므로 Scheffé 기각값은 다음과 같다.

$$S = \pm\sqrt{2F_{2,18,.10/2}} = \pm\sqrt{2(3.55)} = \pm 2.665$$

기각값은 ± 2.665이므로 $\hat{\psi}_1$, $\hat{\psi}_2$, $\hat{\psi}_4$, $\hat{\psi}_5$, $\hat{\psi}_6$에서 유의한 차이가 있다.

여학생 수준에서 전통적 교수법과 컴퓨터 교수법의 차이가 있는지에 대한 단순대비에 대한 평균의 차이와 표준오차, t 통계값은 다음과 같다.

$$\hat{\psi}_1 = (1)4.75 + (-1)5.5 = -.75$$

$$SE_{\hat{\psi}_1} = \sqrt{.583[(1)^2/4 + (-1)^2/4]} = .540$$

$$t_{\hat{\psi}_1} = -.75/.540 = -1.39$$

여학생 수준에서 전통적 교수법과 개인 교수법의 차이가 있는지에 대한 단순대비에 대한 평균의 차이와 표준오차, t 통계값은 다음과 같다.

$$\hat{\psi}_2 = (1)4.75 + (-1)9.5 = -4.75$$

$$SE_{\hat{\psi}_2} = \sqrt{.583[(1)^2/4 + (-1)^2/4]} = .540$$

$$t_{\hat{\psi}_2} = -4.75/.540 = -8.80$$

여학생 수준에서 컴퓨터 교수법과 개인 교수법의 차이가 있는지에 대한 단순대비에 대한 평균의 차이와 표준오차, t 통계값은 다음과 같다.

$$\hat{\psi}_3 = (1)5.5 + (-1)9.5 = -4$$

$$SE_{\hat{\psi}_3} = \sqrt{.583[(1)^2/4 + (-1)^2/4]} = .540$$

$$t_{\hat{\psi}_3} = -4/.540 = -7.41$$

여학생 수준에서 전통적 교수법이 컴퓨터 교수법과 개인 교수법의 합성과 차이가 있는지의 복합대비에 대한 평균의 차이와 표준오차, t 통계값은 다음과 같다.

$$\hat{\psi}_4 = (1)4.75 + (-1/2)5.5 + (-1/2)9.5 = -2.75$$

$$SE_{\hat{\psi}_4} = \sqrt{.583[(1)^2/4 + (-1/2)^2/4 + (-1/2)^2/4]} = .468$$

$$t_{\hat{\psi}_4} = -2.75/.468 = -5.88$$

여학생 수준에서 컴퓨터 교수법이 전통적 교수법과 개인 교수법의 합성과 차이가 있는지의 복합대비에 대한 평균의 차이와 표준오차, t 통계값은 다음과 같다.

$$\hat{\psi}_5 = (-1/2)4.75 + (1)5.5 + (-1/2)9.5 = -1.625$$

$$SE_{\hat{\psi}_5} = \sqrt{.583[(-1/2)^2/4 + (1)^2/4 + (-1/2)^2/4]} = .468$$

$$t_{\hat{\psi}_5} = -1.625/.468 = -3.47$$

여학생 수준에서 개인 교수법이 전통적 교수법과 컴퓨터 교수법의 합성과 차이가 있는지의 복합대비에 대한 평균의 차이와 표준오차, t 통계값은 다음과 같다.

$$\hat{\psi}_6 = (-1/2)4.75 + (-1/2)5.5 + (1)9.5 = 4.375$$

$$SE_{\hat{\psi}_6} = \sqrt{.583[(-1/2)^2/4 + (-1/2)^2/4 + (1)^2/4]} = .468$$

$$t_{\hat{\psi}_6} = 4.375/.468 = 9.35$$

여학생 수준에서 교수법에 따른 학업성취도에 대한 대비의 기각값도 ±2.665이므로 $\hat{\psi}_2, \hat{\psi}_3, \hat{\psi}_4, \hat{\psi}_5, \hat{\psi}_6$에서 유의한 차이가 있다.

남학생과 여학생 수준에서 교수법에 따른 학업성취도에 유의한 차이가 있는지를 정리하면 〈표 10-3〉과 같다.

❖〈표 10-3〉 남녀 학생 수준에서 교수법에 따른 학업성취도에 대한 사후대비분석

구획변수	ψ	c			$\hat{\psi}$	$SE_{\hat{\psi}}$	$t_{\hat{\psi}}$
		전통적	컴퓨터	개인			
남학생	1	1	−1	0	−3.25	.540	−6.02
	2	1	0	−1	−3.75	.540	−6.94
	3	0	1	−1	−.50	.540	−.93
	4	1	−1/2	−1/2	−3.50	.468	−7.48
	5	−1/2	1	−1/2	1.375	.468	2.94
	6	−1/2	−1/2	1	2.125	.468	4.54
여학생	1	1	−1	0	−.75	.540	−1.39
	2	1	0	−1	−4.75	.540	−8.80
	3	0	1	−1	−4.00	.540	−7.41
	4	1	−1/2	−1/2	−2.75	.468	−5.88
	5	−1/2	1	−1/2	−1.625	.468	−3.47
	6	−1/2	−1/2	1	4.375	.468	9.35

$S = \pm\sqrt{2(F_{2,18,.10/2})} = \pm 2.665$

남학생과 여학생 수준에서 교수법에 따른 성취도의 차이가 있는가에 대한 사후분석을 한 결과 다른 결론을 내릴 수 있다. 전통적 교수법과 컴퓨터 교수법에 의한 학업성취도의 비교분석에서 남학생들에게는 유의한 차이가 있었으나 여학생들에게는 유의한 차이가 없었다. 전통적 교수법과 개인 교수법에 의한 학업성취도의 차이에 대한 비교분석에서는 남학생과 여학생 모두에게 유의한 차이가 있었다. 컴퓨터 교수법과 개인 교수법에 의한 학업성취도의 차이분석에서는 남학생에게는 유의한 차이가 없었으나 여학생에게는 유의한 차이가 있음을 알 수 있다.

세 개의 복합대비에서는 남녀 학생 모두 유의한 차이가 나타남을 알 수 있다.

10.4 사전대비분석

사전대비분석은 매개변수의 수준에 따른 교수법에 의한 집단간 학업성취도가 다른가에 관한 관심 있는 대비를 만들 수 있다. 즉, 남녀학생 집단에서 전통적 교수법과 컴퓨터 교수법에 차이가 있는지 그리고 컴퓨터 교수법과 개인 교수법과의 차이가 있는지를 검정할 수 있다. 그러므로 사전대비분석에서는 연구자가 특별히 관심을 가지는 대비만을 검정하는 것이 바람직하다.

대비와 그에 따른 표준오차, t 통계값을 계산하는 절차는 내재설계의 사후대비분석과 동일하며 다만 기각값만 다르다. g 수준을 지닌 G 변수에 내재된 A 처치변수효과를 검정하는 일반화 무선구획설계에서 사전대비분석을 위한 기각값은 다음과 같다.

$$\pm t_{df_e,\ 2\alpha/G/\text{관심있는 대비수}}$$

연구자가 남학생 수준에서 전통적 교수법과 컴퓨터 교수법에 의한 학업성취도 차이, 컴퓨터 교수법과 개인 교수법의 차이, 전통적 교수법과 개인 교수법의 합성과 컴퓨터 교수법의 복합대비에만 관심이 있다면 평균의 차이와 표준오차 그리고 t 통계값은 다음과 같다.

$$\hat{\psi}_1 = (1)4.75 + (-1)8 = -3.25$$

$$SE_{\hat{\psi}_1} = \sqrt{.583[(1)^2/4 + (-1)^2/4]} = .540$$

$$t_{\hat{\psi}_1} = -3.25/.540 = -6.02$$

$$\hat{\psi}_2 = (1)8 + (-1)8.5 = -.5$$

$$SE_{\hat{\psi}_2} = \sqrt{.583[(1)^2/4 + (-1)^2/4]} = .540$$

$$t_{\hat{\psi}_2} = -.5/.540 = -.93$$

$$\hat{\psi}_3 = (1/2)4.75 + (-1)8 + (1/2)8.5 = -1.375$$

$$SE_{\hat{\psi}_3} = \sqrt{.583[(-1/2)^2/4 + (1)^2/4 + (-1/2)^2/4]} = .468$$

$$t_{\hat{\psi}_3} = -1.375/.468 = -2.94$$

세 개의 사전대비분석을 위한 [수표 8]에 의한 Dunn t 기각값은 2.639이고, t 통계값으로 기각값을 구하면 다음과 같다.

$$\pm t_{df_e, 2\alpha/2/3} = \pm t_{18,\ .017} = \pm 2.639$$

내재설계 시 차지하는 유의수준은 2α를 성별이 남녀로 두 수준이므로 2로 나누고, 관심 있는 대비가 3개이기 때문에 3으로 나눈 값이며 기각값은 ± 2.639이다.

앞의 세 개의 대비 중에서 첫 번째 대비와 세 번째 대비의 t통계값은 기각값보다 크므로 영가설을 기각한다. 두 번째 대비의 t 통계값은 기각값의 절대값보다 작으므로 대비에 대한 영가설을 기각하지 못한다. 그러므로 남학생 수준에서 전통적 교수법과 컴퓨터 교수법에 의한 학업성취도에는 유의한 차이가 나타났으나, 컴퓨터 교수법과 개인 교수법에 의한 학업성취도 차이에서 유의한 차이가 나타나지 않았고, 전통적 교수법과 개인 교수법의 합성과 컴퓨터 교수법에 의한 학업성취도의 복합대비에는 유의한 차이가 있다고 결론을 내린다.

여학생 수준에서 사전대비로 연구자가 전통적 교수법과 컴퓨터 교수법의 차이, 컴퓨터 교수법과 개인 교수법의 차이, 전통적 교수법과 개인 교수법의 합성과 컴퓨터 교수법의 차이에 대한 사전대비에 관심을 갖고, 여학생들이 특히 개인 교수법의 효과가 크다는 경험적 배경에 의하여 전통적 교수법과 컴퓨터 교수법의 합성과 개인교수법에 의한 차이가 있는지를 검정한다면 사전대비는 4개가 된다. 이 사전대비의 평균차, 표준오차, t 통계값은 다음과 같다.

$$\hat{\psi}_1 = (1)4.75 + (-1)5.5 = -.75$$

$$SE_{\hat{\psi}_1} = \sqrt{.583[(1)^2/4 + (-1)^2/4]} = .540$$

$$t_{\hat{\psi}_1} = -.75/.540 = -1.39$$

$$\hat{\psi}_2 = (1)5.5 + (-1)9.5 = -4$$

$$SE_{\hat{\psi}_2} = \sqrt{.583[(1)^2/4 + (-1)^2/4]} = .540$$

$$t_{\hat{\psi}_2} = -4/.540 = -7.41$$

$$\hat{\psi}_3 = (-1/2)4.75 + (1)5.5 + (-1/2)9.5 = -1.625$$

$$SE_{\hat{\psi}_3} = \sqrt{.583[(1)^2/4 + (-1/2)^2/4 + (-1/2)^2/4]} = .468$$

$$t_{\hat{\psi}_3} = -1.625/.468 = -3.472$$

$$\hat{\psi}_4 = (-1/2)4.75 + (-1/2)5.5 + (1)9.5 = 4.375$$

$$SE_{\hat{\psi}_4} = \sqrt{.583[(-1/2)^2/4 + (-1/2)^2/4 + (1)^2/4]} = .468$$

$$t_{\hat{\psi}_4} = 4.375/.468 = 9.35$$

여학생 수준에서 연구자가 관심을 가진 사전대비수는 4개로서 각 대비분석을 위한 Dunn t 기각값은 2.775이고, t 통계값으로 기각값을 구하면 다음과 같다.

$$\pm t_{df_e, 2\alpha/2/4} = \pm t_{18, .0125} = \pm 2.775$$

첫 번째 사전대비만을 제외하고 모든 사전대비의 통계값이 기각값의 절대값보다 크므로 영가설을 기각한다. 여학생 수준에서는 전통적 교수법과 컴퓨터 교수법에 유의한 차이가 없고, 유의수준 .05에서 컴퓨터 교수법과 개인 교수법에서는 유의한 차이가 있으며, 전통적 교수법과 개인 교수법의 합성과 컴퓨터 교수법에 유의한 차이가 있고, 전통적 교수법과 컴퓨터 교수법의 합성과 개인 교수법에는 유의한 차이가 있다고 결론 내린다.

사전대비분석에서 Dunn 방법을 사용하여 기각값을 찾아 결론을 유도하였으나, Dunn–Sidak 방법에 의한 기각값도 사용할 수 있음을 알려둔다.

동일한 연구에서 남녀 학생 수준에서 교수법에 의한 학업성취도에 차이가 있을 것으로 연구자가 가정하고 성별을 집단변수로 설정하여 사전대비분석을 한 결과

남학생 수준에서 교수법에 따른 학업성취도의 차이 결과와 여학생 수준에서의 교수법에 따른 학업성취도의 차이가 다른 양상을 나타내고 있음을 일반화 무선구획설계의 사전대비분석을 통하여 알 수 있다. 시사하는 점은 만약 구획으로 설정한 집단변수 수준에서의 대비분석이 같은 양상을 가져온다면 이 변수들을 집단변수로 설정할 필요가 없다는 것이다.

10.5 경향성분석

일반화 무선구획설계에서도 경향성분석이 가능하다. 다만 처치변수가 동일한 간격의 처치수준을 지녀야 하고 집단 안의 사례수가 동일하여야 한다. 집단변수 수준에서 선형, 곡선형, 3차 곡선형 등이 있는지를 분석할 수 있다. 사후 혹은 사전대비분석을 통하여도 경향성분석이 가능하다. 경향성분석에 대한 기본적인 절차는 완전무선설계의 경향성분석과 동일하다. 다만 집단변수의 수준에 맞추어 집단 간의 평균점수가 이용되고 기각값이 다소 다를 뿐이다.

10.6 장단점

일반화 무선구획설계의 장점으로는, 첫째, 오차의 원인이 될 수 있는 집단을 구획변수로 통제하므로 처치변수의 효과를 정확히 분석할 수 있다. 둘째, 오차의 원인을 배제하므로 검정력(power)을 높일 수 있다. 셋째, 집단변수인 집단 안에서 처치를 받은 각 처치집단의 연구대상 수를 둘 이상으로 하기 때문에 무선구획설계에서 구획에 연구대상을 하나로 할 때 나타나는 오류를 줄일 수 있다. 넷째, 일반화 무선구획설계는 집단수준에서 처치의 효과가 있는지, 즉 처치수준 간에 어떤 차이가 있는가를 밝힐 수 있다.

단점으로는, 첫째, 구획변수로 집단변수를 잘못 설정하였을 경우 오차의 분산이 줄어들지 않는다. 둘째, 집단변수가 양적변수일 경우 이를 집단으로 구분하여 집단변수로 만들 때 분할점이 다르면 분할점에 따라 분석 결과가 달라진다.

때로는 처치변수와 매개변수를 통제하기 위하여 사용한 집단변수 간의 상호작용효과도 분석하는 경우가 있다. 이럴 경우 교차설계를 실시하여 처치와 집단의 상호작용을 파악할 수 있다. 만약 처치와 집단 간에 상호작용이 있다면 이는 집단 수준에서 처치변수의 효과가 다르다는 것을 의미한다. 제9장의 예에서 남학생 수준에서 교수법에 따른 학업성취도에 대한 차이의 형태와 여학생 수준에서 교수법에 따른 차이의 형태가 같다면 성별과 교수법의 상호작용효과는 나타나지 않는다. 상호작용이 있다면 남학생과 여학생 수준에서 교수법의 처치효과에 따른 학업성취도의 형태가 다르게 나타남을 뜻한다. 매개변수로 간주하여 집단을 통제하기 위하여 집단변수를 사용했지만 상호작용효과를 분석하기 위해서는 교차설계를 할 수도 있다는 설명이다. 이럴 경우는 완전무선 2요인설계의 교차설계 방법의 계산절차와 동일하다.

연습문제

1. 일반화 무선구획설계가 무엇이며 언제 사용하는지 예를 들어 설명하시오.

2. 무선구획설계와 일반화 무선구획설계의 차이가 무엇인지 설명하시오.

3. 일반화 무선구획설계에서 교차설계와 내재설계 중 어느 설계가 합당한지 이유를 설명하시오.

4. 일반화 무선구획설계에 대하여 다음의 질문에 답하시오.
   - 4-1 선형모형
   - 4-2 통계값에 의한 선형모형
   - 4-3 총편차, 집단변수에 의한 편차, 집단변수 수준에서 처치변수에 의한 편차, 오차
   - 4-4 각 편차의 제곱합
   - 4-5 내재설계에 의한 분산분석표

5. 내재설계에 의한 사후대비분석을 설명하시오.

6. 내재설계에 의한 사전대비분석을 설명하시오.

7. 사후대비분석과 사전대비분석에서 유의수준의 배분에 대하여 설명하고, 기각값을 비교 설명하시오.

8. 일반화 무선구획설계의 장단점을 설명하시오.

9. 사후대비분석을 실시하여 각 집단수준에서의 비교가 같은 형태의 결과를 가져 왔다면, 이는 무엇을 의미하고 어떤 설계 방법이 더 타당한지 설명하시오.

10. 일반화 무선구획설계의 예를 들어 SPSS로 분석 실행하시오.

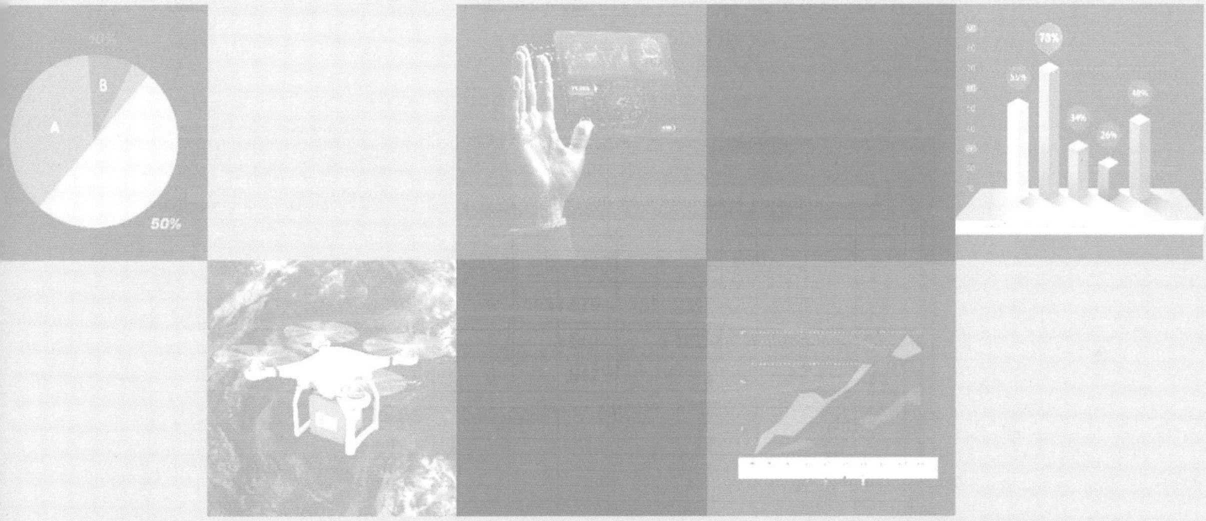

제11장

일반화 무선구획 요인설계

일반화 무선구획 요인설계 제11장

11.1 기본개념

일반화 무선구획 요인설계(Generalized Randomized Block Factorial design: *GRBF*)란 일반화 무선구획설계에 처치변수가 더 추가된 설계로서 *GRBF*로 표기하고 처치변수의 수준에 따라 $GRBF-JK$라 표기한다. 처치변수가 3개일 경우는 세 번째 처치변수의 수준까지를 명시하여 $GRBF-JKL$이라 표기한다.

일반화 무선구획 요인설계의 특징은 구획으로서 집단변수와 처치변수가 합성되어 있는 것이며 처치변수의 주효과와 처치변수들 간의 상호작용의 효과를 분석하고, 매개변수로 인한 오차를 제거하기 위하여 집단변수를 사용한다. 완전무선 2요인설계에 구획변수로 집단변수를 사용하면 일반화 무선구획 2요인설계가 되며 무선구획 2요인설계와 다른 점은 각 처치수준 안에 둘 이상의 연구대상을 할당한다는 것이다. 교수법과 보상의 효과 그리고 두 처치변수의 상호작용효과를 분석하기 위하여 매개변수로 작용하는 집단변수인 성별을 통제한 설계는 [그림 11-1]과 같고 $GRBF-32$로 표기한다.

성별 \ 보상 \ 교수법	전통적 교수법		컴퓨터 교수법		개인 교수법	
	무보상	보상	무보상	보상	무보상	보상
남						
여						

✪[그림 11-1] 교수법, 보상, 성별을 이용한 일반화 무선구획 2요인설계($GRBF$-32)

[그림 11-1]을 분산분석에서는 삼원분산분석이라 한다. 분산분석에서는 독립변수가 처치변수이든 매개변수이든 상관없이 변수의 수에 따라 표현하기 때문이다. 설계의 특성상 성별은 매개변수인 집단변수이고, 교수법과 보상은 처치변수이다.

일반화 무선구획 요인설계의 특징은 다음과 같다.

첫째, 2개 이상의 처치변수, 1개 이상의 매개변수인 집단변수가 사용된다.

둘째, 각 처치를 받는 집단에는 둘 이상의 연구대상이 있다.

셋째, 처치변수들은 2개 이상의 수준을 갖는다.

넷째, 실험대상은 A, B 변수의 처치를 받으므로 AB의 상호작용효과도 분석한다.

다섯째, 실험대상은 무선할당에 의하여 한 칸에 배치된다. 즉, 반복처치를 받는 것이 아니라 A의 한 수준 j와 B의 한 수준 k의 처치를 받는다.

여섯째, 매개변수인 집단변수의 수준이 2개 이상이다. 매개변수는 종속변수에 영향을 주는 변수로서 일반적으로 명명척도에 의한 집단변수이거나 연속변수를 범주로 구분한 범주변수이다. 만약 양적변수를 집단으로 구분하여 집단구획변수로 사용하면 구분점에 따라 분산분석의 결과가 다르게 나온다. 그러므로 이런 경우 집단구분이 논란이 될 수 있어 구획을 설정한 이론적이거나 경험적 배경이 필요하다.

일반화 무선구획 요인설계의 경우도 일반화 무선구획설계와 같이 집단변수는 매개변수를 통제하기 위하여 사용한 변수로서 매개변수의 효과를 검정하는 데 큰 관심이 없으므로 교차설계보다는 내재설계를 실시한다.

11.2 계산절차

성별을 집단인 집단변수, 즉 매개변수로 고려하여 남녀 학생 수준에서 교수법과 보상의 주효과 그리고 교수법과 보상의 상호작용효과를 검정함에 있어 교수법에 따라 학업성취도의 차이가 있는지, 보상여부에 따라 학업성취도에 차이가 있는지, 학업성취도에 교수법과 보상의 상호작용효과가 있는지를 분석하고자 한다면 집단변수에 내재되어 있는 설계를 하여야 한다.

일반화 무선구획 요인설계에서 내재설계의 선형모형은 다음과 같다.

$$Y_{igjk} = \mu + \delta_g + (\alpha_j + \beta_k + \alpha\beta_{jk})_{in\ g} + \epsilon_{igjk}$$
$$(i = 1, \cdots, n;\ g = 1, \cdots, G;\ j = 1, \cdots, J;\ k = 1, \cdots, K)$$

μ : 전체평균
δ_g : 집단변수에서 G 수준의 매개효과
$\alpha_{j\,in\,g}$: 집단에서 A 처치효과
$\beta_{k\,in\,g}$: 집단에서 B 처치효과
$\alpha\beta_{jk\,in\,g}$: 집단에서 AB 상호작용효과
ϵ_{igjk} : 오차

일반화 무선구획 요인설계에서 내재설계의 관심 있는 영가설은 다음과 같다.

$$H_0: \mu_{j\ in\ g} = \mu_{j'\ in\ g}\ ;\ \alpha_{j\ in\ g} = 0$$

$$H_0: \mu_{k\ in\ g} = \mu_{k'\ in\ g}\ ;\ \beta_{k\ in\ g} = 0$$

$$H_0: \alpha\beta_{jk\ in\ g} = 0$$

집단변수인 G 변수는 처치변수가 아니기에 검정할 필요가 없다. 만약 집단변수의 영향을 분석하였을 때 집단 간의 차이가 없으면, 집단변수의 영향이 없는 것으로 집단변수를 매개변수로서 설정할 필요가 없음을 의미한다. 일반화 무선구획

요인설계의 선형모형은 집단변수에 의한 매개효과, 집단수준에서 A, B 처치변수 주효과와 AB 상호작용효과 그리고 오차로 구성된다.

Y_{igjk}는 전체평균과 집단의 매개효과, 집단 내에서 A 처치효과, B 처치효과, AB 상호작용효과, 오차로 구성된다. 선형모형에 통계값을 대입하면 다음과 같다.

$$Y_{igjk} = \overline{Y}_{....} + (\overline{Y}_{\cdot g \cdot\cdot} - \overline{Y}_{....}) + (\overline{Y}_{\cdot gj \cdot} - \overline{Y}_{\cdot g \cdot\cdot}) + (\overline{Y}_{\cdot g \cdot k} - \overline{Y}_{\cdot g \cdot\cdot})$$
$$+ (\overline{Y}_{\cdot gjk} - \overline{Y}_{\cdot gj \cdot} - \overline{Y}_{\cdot g \cdot k} + \overline{Y}_{\cdot g \cdot\cdot}) + (Y_{igjk} - \overline{Y}_{\cdot gjk})$$

선형모형의 $\overline{Y}_{....}$을 좌변으로 옮기고 편차로 구성하면 다음과 같다.

$$\underset{d_T}{(Y_{igjk} - \overline{Y}_{....})} = \underset{d_G}{(\overline{Y}_{\cdot g \cdot\cdot} - \overline{Y}_{....})} + \underset{d_{A\,in\,G}}{(\overline{Y}_{\cdot gj \cdot} - \overline{Y}_{\cdot g \cdot\cdot})} + \underset{d_{B\,in\,G}}{(\overline{Y}_{\cdot g \cdot k} - \overline{Y}_{\cdot g \cdot\cdot})}$$
$$+ \underset{d_{AB\,in\,G}}{(\overline{Y}_{\cdot gjk} - \overline{Y}_{\cdot gj \cdot} - \overline{Y}_{\cdot g \cdot k} + \overline{Y}_{\cdot g \cdot\cdot})} + \underset{error}{(Y_{igjk} - \overline{Y}_{\cdot gjk})}$$

총편차는 집단에 의한 편차, 집단수준에서 A 처치효과에 의한 편차, B 처치효과에 의한 편차, AB 상호작용효과에 의한 편차, 오차로 구성된다. 여기서 집단간 편차가 크면 집단으로 인한 매개변수를 잘 통제한 것이고, 집단에서의 처치변수들에 의한 편차가 크면 집단수준에서 처치효과가 크다는 것을 말한다. 상호작용에 의한 편차가 크면 집단수준에서 두 처치변수의 상호작용이 나타난다는 것이다.

편차의 합은 항상 0이므로 분석이 불가능하여 편차제곱합으로 계산하면 다음과 같다.

$$\underset{SS_T}{\sum_{i=1}^{n}\sum_{g=1}^{G}\sum_{j=1}^{J}\sum_{k=1}^{K}(Y_{igjk} - \overline{Y}_{....})^2}$$
$$= \underset{SS_G}{\sum_{i=1}^{n}\sum_{g=1}^{G}\sum_{j=1}^{J}\sum_{k=1}^{K}(\overline{Y}_{\cdot g \cdot\cdot} - \overline{Y}_{....})^2} + \underset{SS_{A\,in\,G}}{\sum_{i=1}^{n}\sum_{g=1}^{G}\sum_{j=1}^{J}\sum_{k=1}^{K}(\overline{Y}_{\cdot gj \cdot} - \overline{Y}_{\cdot g \cdot\cdot})^2}$$

$$+\underbrace{\sum_{i=1}^{n}\sum_{g=1}^{G}\sum_{j=1}^{J}\sum_{k=1}^{K}(\overline{Y}_{\cdot g\cdot k}-\overline{Y}_{\cdot g\cdot\cdot})^2}_{SS_{B\,in\,G}}$$

$$+\underbrace{\sum_{i=1}^{n}\sum_{g=1}^{G}\sum_{j=1}^{J}\sum_{k=1}^{K}(\overline{Y}_{\cdot gjk}-\overline{Y}_{\cdot gj\cdot}-\overline{Y}_{\cdot g\cdot k}+\overline{Y}_{\cdot g\cdot\cdot})^2}_{SS_{AB\,in\,G}}$$

$$+\underbrace{\sum_{i=1}^{n}\sum_{g=1}^{G}\sum_{j=1}^{J}\sum_{k=1}^{K}(Y_{igjk}-\overline{Y}_{\cdot gjk})^2}_{SS_{error}}$$

총편차제곱합은 집단에 의한 편차제곱합, 집단수준에서 A 처치효과에 의한 편차제곱합, 집단수준에서 B 처치효과에 의한 편차제곱합, 집단수준에서 AB 처치변수의 상호작용효과에 의한 편차제곱합 그리고 오차제곱합으로 구성된다.

내재설계를 위한 서술적 가설과 통계적 가설은 다음과 같다.

서술적 가설

H_0 : 집단변수 G 수준에서 A 처치수준 간에 평균의 차이가 없다;
A 처치효과가 없다.

H_A : 집단변수 G 수준에서 A 처치수준 간에 평균의 차이가 있다;
A 처치효과가 있다.

H_0 : 집단변수 G 수준에서 B 처치수준 간에 평균의 차이가 없다;
B 처치효과가 없다.

H_A : 집단변수 G 수준에서 B 처치수준 간에 평균의 차이가 있다;
B 처치효과가 있다.

H_0 : 집단변수 G 수준에서 AB 처치변수의 상호작용효과가 없다.

H_A : 집단변수 G 수준에서 AB 처치변수의 상호작용효과가 있다.

통계적 가설

$H_0 : \mu_j(G_g) = \mu_{j'}(G_g)$ $\qquad$ $H_A : \mu_j(G_g) \neq \mu_{j'}(G_g)$

$; \alpha_{j\,in\,G} = 0$ $\qquad$ $; \alpha_{j\,in\,G} \neq 0$

$H_0 : \mu_k(G_g) = \mu_{k'}(G_g)$ $\qquad$ $H_A : \mu_k(G_g) \neq \mu_{k'}(G_g)$

$; \beta_{k\,in\,G} = 0$ $\qquad$ $; \beta_{k\,in\,G} \neq 0$

$H_0 : \alpha\beta_{jk\,in\,G} = 0$ $\qquad$ $H_A : \alpha\beta_{jk\,in\,G} \neq 0$

일반화 무선구획 요인설계에서 집단에 내재된 A, B 처치변수의 주효과와 AB 상호작용효과를 분석하는 분산분석표는 ⟨표 11-1⟩과 같다.

❖⟨표 11-1⟩ 일반화 무선구획 요인설계 중 내재설계의 분산분석표

분산원	SS	df	MS	F
집단	SS_G	$G-1$	$SS_G/(G-1)$	
집단 1				
A 효과	$SS_{A\,in\,G_1}$	$J-1$	$SS_{A\,in\,G_1}/(J-1)$	$MS_{A\,in\,G_1}/MS_e$
B 효과	$SS_{B\,in\,G_1}$	$K-1$	$SS_{B\,in\,G_1}/(K-1)$	$MS_{B\,in\,G_1}/MS_e$
AB 효과	$SS_{AB\,in\,G_1}$	$(J-1)(K-1)$	$SS_{AB\,in\,G_1}/(J-1)(K-1)$	$MS_{AB\,in\,G_1}/MS_e$
집단 2				
A 효과	$SS_{A\,in\,G_2}$	$J-1$	$SS_{A\,in\,G_2}/(J-1)$	$MS_{A\,in\,G_2}/MS_e$
B 효과	$SS_{B\,in\,G_2}$	$K-1$	$SS_{B\,in\,G_2}/(K-1)$	$MS_{B\,in\,G_2}/MS_e$
AB 효과	$SS_{AB\,in\,G_2}$	$(J-1)(K-1)$	$SS_{AB\,in\,G_2}/(J-1)(K-1)$	$MS_{AB\,in\,G_2}/MS_e$
오차	SS_e	$nGJK-GJK$	$SS_e/(nGJK-GJK)$	
총	SS_T	$nGJK-1$		

일반화 무선구획 요인설계에서는 매개변수인 집단변수의 효과를 검정하지 않기 때문에 그에 해당하는 F 통계값을 일반적으로 보고하지 않는다. 오로지 매개변수의 영향력을 제거한 처치변수 A 효과, B 효과, 상호작용의 효과를 분석하므로 이에 해당하는 F 통계값을 보고하고 통계적 검정을 실시한다.

총편차제곱합이 집단변수에 의한 편차제곱합과 A 변수, B 변수, AB 상호작용,

그리고 오차에 의한 편차제곱합으로 구성되어 있으므로 집단변수의 편차제곱합을 제거하고 A, B, AB 상호작용효과를 검정하기에 검정력이 강한(powerful) 설계임을 알 수 있다. 그리고 집단수준에서 주효과와 상호작용효과를 추정한다.

11.3 사후대비분석

일반화 무선구획 요인설계의 집단수준에서 A, B의 주효과 그리고 AB 상호작용의 효과가 유의하면, 즉 A 처치변수의 수준에서 차이가 있고, B 처치변수의 수준에서 차이가 있으며 상호작용이 유의하다면, 이때 어느 수준에서 유의한 차이가 있으며 어디에서 유의한 상호작용이 있는지를 검정할 수 있다. 집단수준에 따라 주효과와 상호작용효과에 대한 분석 결과가 달라질 수 있다. 사후대비분석을 위한 절차는 일반화 무선구획설계에서의 사후대비분석 절차와 같이 $\hat{\psi}$, $SE_{\hat{\psi}}$, $t_{\hat{\psi}}$를 계산하고 Scheffé 기각값과 비교하여 결론을 유도한다.

〈표 11-2〉의 일반화 무선구획 요인설계의 경우 성별, 교수법, 보상, 교수법×보상, 성별×교수법, 성별×보상, 성별×교수법×보상에 각각 유의수준 α를 부여하면 전체 유의수준은 7α가 된다. 7α 중 내재설계에서는 성별에 내재되어 있으므로 성별이 α를 차지하고 나머지 6α를 집단의 수준 수로 나누어 갖게 된다. 그러므로 집단의 각 수준은 $6\alpha/G$의 유의수준을 갖게 된다. 교수법과 보상의 예에서는 유의수준을 .05로 설정하였을 때 남학생이나 여학생 수준에서의 통계검정을 위한 유의수준은 (6×.05)/2로서 .15가 된다. 그런데 집단수준에서 A 처치효과, B 처치효과, AB 상호작용효과에 대한 사후대비분석을 하게 되므로 각각에 대한 유의수준은 $6\alpha/G/3$이 되고 이 안에서 가능한 모든 대비수가 이를 공유하기에 대비에 대한 유의수준은 $6\alpha/G/3/$(가능한 모든 대비수)가 된다.

집단수준에서 A 효과에 대한 사후대비분석은 다음과 같다.

먼저 남자집단인 G_1수준에서 A 효과에 대한 사후대비분석의 공식이다.

$$\hat{\psi}_A \ at \ G_1 = \sum_{j=1}^{J} c_j \overline{Y}_{\cdot 1j\cdot}$$

$$SE_{\hat{\psi}_A} at \ G_1 = \sqrt{MS_e \sum_{j=1}^{J} \frac{c_j^2}{n_{1j}}}$$

$$t = \frac{\hat{\psi}_A \ at \ G_1}{SE_{\hat{\psi}_A} at \ G_1}$$

$$S = \pm \sqrt{(J-1)F_{(J-1),(nGJK-GJK),6\alpha/G/3}}$$

G_1수준에서 B 효과에 대한 사후대비분석의 공식은 다음과 같다.

$$\hat{\psi}_B \ at \ G_1 = \sum_{k=1}^{K} c_k \overline{Y}_{\cdot 1\cdot k}$$

$$SE_{\hat{\psi}_B} at \ G_1 = \sqrt{MS_e \sum_{k=1}^{K} \frac{c_k^2}{n_{1k}}}$$

$$t = \frac{\hat{\psi}_B \ at \ G_1}{SE_{\hat{\psi}_B} at \ G_1}$$

$$S = \pm \sqrt{(K-1)F_{(K-1),(nGJK-GJK),6\alpha/G/3}}$$

G_1수준에서 AB 상호작용효과에 대한 사후대비분석의 공식은 다음과 같다.

$$\hat{\psi}_{AB} \ at \ G_1 = \sum_{j=1}^{J} \sum_{k=1}^{K} c_{jk} \overline{Y}_{\cdot 1jk}$$

$$SE_{\hat{\psi}_{AB}} at \ G_1 = \sqrt{MS_e \sum_{j=1}^{J} \sum_{k=1}^{K} \frac{c_{jk}^2}{n_{1jk}}}$$

$$t = \frac{\hat{\psi}_{AB} \ at \ G_1}{SE_{\hat{\psi}_{AB}} at \ G_1}$$

$$S = \pm \sqrt{(J-1)(K-1)F_{(J-1)(K-1),(nGJK-GJK),6\alpha/G/3}}$$

11.4 사전대비분석

일반화 무선구획 요인설계의 사전대비분석은 사후대비분석과 동일한 원리로 $\hat{\psi}$, $SE_{\hat{\psi}}$, $t_{\hat{\psi}}$를 추정한다. 다른 것은 유의수준을 흥미 있는 대비수로 나눈 유의수준을 갖는 Dunn t 나 Dunn−Sidak 기각값을 사용한다는 점이다.

사전대비에 대한 유의수준은 $6\alpha/G/3/$(흥미 있는 대비수)가 된다.

11.5 경향성분석

일반화 무선구획 요인설계에서 역시 경향성분석이 가능하다. 처치변수가 동일한 간격의 처치수준을 지녀야 하고 집단 안의 사례수가 동일하여야 한다. 또한 집단변수 수준에서 선형, 곡선형, 3차 곡선형 등이 있는지를 분석할 수 있다. 사후 혹은 사전대비분석을 통하여도 경향성분석이 가능하다. 경향성분석에 대한 기본적인 절차는 완전무선설계의 경향성분석과 동일하다. 다만, 집단변수의 수준에 맞추어 집단 간의 평균점수가 이용되고 기각값이 다소 다를 뿐이다.

11.6 예와 SPSS실행

11.6.1 예

36명의 피험자를 교수법, 보상이 학업성취도에 미치는 영향을 분석하기 위하여 매개변수로 성별을 설정하였을 때 학업성취도는 〈표 11−2〉와 같다.

❖〈표 11-2〉 성별에 따른 교수법, 보상에 의한 학업성취도

교수법	전통적		컴퓨터		개인	
성별 \ 보상	×	○	×	○	×	○
남학생	7	8	7	8	8	12
	7	8	8	9	8	15
	8	10	8	10	9	16
$\overline{Y}_{\cdot gjk}$	7.333	8.667	7.667	9	8.333	14.333
여학생	6	8	8	9	9	13
	7	8	9	10	9	15
	8	9	8	10	11	16
	7	8.333	8.333	9.667	9.667	14.667

$\overline{Y}_{\cdot\cdot jk}$	7.167	8.5	8.0	9.333	9.0	14.5
$\overline{Y}_{\cdot gj\cdot}$	8.0	7.667	8.333	9.0	11.333	12.167
$\overline{Y}_{\cdot g\cdot k}$	7.778	8.333	10.667	10.889		
$\overline{Y}_{\cdot\cdot j\cdot}$	7.833	8.667	11.75			
$\overline{Y}_{\cdot\cdot\cdot k}$	8.056	10.778				
$\overline{Y}_{\cdot g\cdot\cdot}$	9.222	9.611				
$\overline{Y}_{\cdot\cdot\cdot\cdot}$	9.417					

$\overline{Y}_{\cdot gjk}$, $\overline{Y}_{\cdot\cdot jk}$, $\overline{Y}_{\cdot gj\cdot}$, $\overline{Y}_{\cdot g\cdot k}$, $\overline{Y}_{\cdot\cdot j\cdot}$, $\overline{Y}_{\cdot\cdot\cdot k}$, $\overline{Y}_{\cdot g\cdot\cdot}$, $\overline{Y}_{\cdot\cdot\cdot\cdot}$를 가지고 SS_T, SS_G, $SS_{A\ in\ G}$, $SS_{B\ in\ G}$, $SS_{AB\ in\ G}$, SS_e를 구하면 다음과 같다.

$$
\begin{aligned}
SS_T &= \sum_{i=1}^{n}\sum_{g=1}^{G}\sum_{j=1}^{J}\sum_{k=1}^{K}(Y_{igjk}-\overline{Y}_{\cdot\cdot\cdot\cdot})^2 \\
&= (7-9.417)^2+(7-9.417)^2+(8-9.417)^2 \\
&\quad +(6-9.417)^2+(7-9.417)^2+(8-9.417)^2 \\
&\quad +(8-9.417)^2+(8-9.417)^2+(10-9.417)^2 \\
&\quad +(8-9.417)^2+(8-9.417)^2+(9-9.417)^2
\end{aligned}
$$

$$
\begin{aligned}
&+(7-9.417)^2+(8-9.417)^2+(8-9.417)^2 \\
&+(8-9.417)^2+(9-9.417)^2+(8-9.417)^2 \\
&+(8-9.417)^2+(9-9.417)^2+(10-9.417)^2 \\
&+(9-9.417)^2+(10-9.417)^2+(10-9.417)^2 \\
&+(8-9.417)^2+(8-9.417)^2+(9-9.417)^2 \\
&+(9-9.417)^2+(9-9.417)^2+(11-9.417)^2 \\
&+(12-9.417)^2+(15-9.417)^2+(16-9.417)^2 \\
&+(13-9.417)^2+(15-9.417)^2+(16-9.417)^2 \\
&=234.75
\end{aligned}
$$

$$
\begin{aligned}
SS_G &= \sum_{i=1}^{n}\sum_{g=1}^{G}\sum_{j=1}^{J}\sum_{k=1}^{K}(\overline{Y}_{\cdot g\cdot\cdot}-\overline{Y}_{\cdot\cdot\cdot\cdot})^2 \\
&= 18(9.222-9.417)^2+18(9.611-9.417)^2 \\
&= 1.361
\end{aligned}
$$

집단 1 수준에서의 SS_A, SS_B, SS_{AB}는 다음과 같다.

$$
\begin{aligned}
SS_{A\ in\ G_1} &= \sum_{i=1}^{n}\sum_{j=1}^{J}\sum_{k=1}^{K}(\overline{Y}_{\cdot 1j\cdot}-\overline{Y}_{\cdot 1\cdot\cdot})^2 = nK\sum_{j=1}^{J}(\overline{Y}_{\cdot 1j\cdot}-\overline{Y}_{\cdot 1\cdot\cdot})^2 \\
&= 6(8.0-9.222)^2+6(8.333-9.222)^2+6(11.333-9.222)^2 \\
&= 40.44
\end{aligned}
$$

$$
\begin{aligned}
SS_{B\ in\ G_1} &= \sum_{i=1}^{n}\sum_{j=1}^{J}\sum_{k=1}^{K}(\overline{Y}_{\cdot 1\cdot k}-\overline{Y}_{\cdot 1\cdot\cdot})^2 = nJ\sum_{k=1}^{K}(\overline{Y}_{\cdot 1\cdot k}-\overline{Y}_{\cdot 1\cdot\cdot})^2 \\
&= 9(7.778-9.222)^2+9(10.667-9.222)^2 \\
&= 37.56
\end{aligned}
$$

$$SS_{AB\ in\ G_1} = \sum_{i=1}^{n}\sum_{j=1}^{J}\sum_{k=1}^{K}(\overline{Y}_{\cdot 1jk} - \overline{Y}_{\cdot 1j\cdot} - \overline{Y}_{\cdot 1\cdot k} + \overline{Y}_{\cdot 1\cdot\cdot})^2$$

$$= 3(7.333 - 8.0 - 7.778 + 9.222)^2$$
$$+ 3(8.667 - 8.0 - 10.667 + 9.222)^2$$
$$+ 3(7.667 - 8.333 - 7.778 + 9.222)^2$$
$$+ 3(9.0 - 8.333 - 10.667 + 9.222)^2$$
$$+ 3(8.333 - 11.333 - 7.778 + 9.222)^2$$
$$+ 3(14.333 - 11.333 - 10.667 + 9.222)^2$$
$$= 21.776$$

집단 2 수준에서의 SS_A, SS_B, SS_{AB}는 다음과 같다.

$$SS_{A\ in\ G_2} = \sum_{i=1}^{n}\sum_{j=1}^{J}\sum_{k=1}^{K}(\overline{Y}_{\cdot 2j\cdot} - \overline{Y}_{\cdot 2\cdot\cdot})^2 = nK\sum_{j=1}^{J}(\overline{Y}_{\cdot 2j\cdot} - \overline{Y}_{\cdot 2\cdot\cdot})^2$$

$$= 6(7.667 - 9.611)^2 + 6(9.0 - 9.611)^2 + 6(12.167 - 9.611)^2$$
$$= 64.114$$

$$SS_{B\ in\ G_2} = \sum_{i=1}^{n}\sum_{j=1}^{J}\sum_{k=1}^{K}(\overline{Y}_{\cdot 2\cdot k} - \overline{Y}_{\cdot 2\cdot\cdot})^2 = nJ\sum_{k=1}^{K}(\overline{Y}_{\cdot 2\cdot k} - \overline{Y}_{\cdot 2\cdot\cdot})^2$$

$$= 9(8.333 - 9.611)^2 + 9(10.089 - 9.611)^2$$
$$= 29.39$$

$$SS_{AB\ in\ G_2} = \sum_{i=1}^{n}\sum_{j=1}^{J}\sum_{k=1}^{K}(\overline{Y}_{\cdot 2jk} - \overline{Y}_{\cdot 2j\cdot} - \overline{Y}_{\cdot 2\cdot k} + \overline{Y}_{\cdot 2\cdot\cdot})^2$$

$$= 3(7.0 - 7.667 - 8.333 + 9.611)^2$$
$$+ 3(8.333 - 7.667 - 10.889 + 9.611)^2$$
$$+ 3(8.333 - 9.0 - 8.333 + 9.611)^2$$
$$+ 3(9.667 - 9.0 - 10.889 + 9.611)^2$$

$$+3(9.667-12.167-8.333+9.611)^2$$
$$+3(14.667-12.167-10.889+9.611)^2$$
$$=13.443$$

$$SS_e=\sum_{i=1}^{n}\sum_{g=1}^{G}\sum_{j=1}^{J}\sum_{k=1}^{K}(Y_{igjk}-\overline{Y}_{\cdot gjk})^2$$
$$=(7-7.333)^2+(7-7.333)^2+(8-7.333)^2$$
$$+(6-7)^2+(7-7)^2+(8-7)^2$$
$$+(8-8.667)^2+(8-8.667)^2+(10-8.667)^2$$
$$+(8-8.333)^2+(8-8.333)^2+(9-8.333)^2$$
$$+(7-7.667)^2+(8-7.667)^2+(8-7.667)^2$$
$$+(8-8.333)^2+(9-8.333)^2+(8-8.333)^2$$
$$+(8-9)^2+(9-9)^2+(10-9)^2+(9-9.667)^2$$
$$+(10-9.667)^2+(10-9.667)^2$$
$$+(8-8.333)^2+(8-8.333)^2+(9-8.333)^2$$
$$+(9-9.667)^2+(9-9.667)^2+(11-9.667)^2$$
$$+(12-14.333)^2+(15-14.333)^2+(16-14.333)^2$$
$$+(13-14.667)^2+(15-14.667)^2$$
$$+(16-14.667)^2$$
$$=26.667$$

성별에 내재된 교수법, 보상, 상호작용효과 분석을 위한 일반화 무선구획 요인 설계의 분산분석표는 〈표 11-3〉과 같다.

❖〈표 11-3〉 성별에 내재된 교수법, 보상, 상호작용효과의 분산분석표

분산원	SS	df	MS	F
성별	1.361	1	1.361	
남학생				
교수법 효과	40.440	2	20.220	18.200
보상 효과	37.560	1	37.560	33.800
상호작용 효과	21.776	2	10.890	9.800
여학생				
교수법 효과	64.114	2	32.060	28.850
보상 효과	29.390	1	29.390	26.450
상호작용 효과	13.443	2	6.720	6.050
오차	26.667	24	1.110	
총	234.75	35		

$F_{1,24,(.05\times6)/2/3}=4.26$, $F_{2,24,(.05\times6)/2/3}=3.40$

성별 집단에 내재된 설계로 성별의 효과, 남학생 수준에서 교수법 효과, 보상 효과, 상호작용효과 그리고 여학생 수준에서 교수법 효과, 보상 효과, 상호작용효과로 분석된다. 성별, 교수법, 보상, 교수법×보상, 성별×교수법, 성별×보상, 성별×교수법×보상이 각각 유의수준 α를 가지므로 전체 유의수준은 7α이며 이 중 성별이 α를 차지하고 성별에 내재된 교수법, 보상, 교수법과 보상의 상호작용효과가 총 6α를 나눠가진다. 성별이 2개 수준이므로 $6\alpha/2$, 성별 내에서도 교수법, 보상, 상호작용으로 3개 효과를 검정하므로 $6\alpha/2/3 = .05$가 각각의 유의수준이 된다.

남학생 수준에서 교수법 효과의 F 통계값은 18.200으로서 기각값 3.40보다 크므로 유의수준 .05에서 남학생 집단에 내재된 교수법의 효과는 유의하였다. 보상 효과의 F 통계값은 33.800이므로 기각값 4.26보다 커 유의수준 .05에서 남학생 집단에 내재된 보상의 효과도 유의하였다. 상호작용효과의 F 통계값은 9.800으로 기각값인 3.40보다 커 유의수준 .05에서 남학생 집단에 내재된 교수법과 보상의 상호작용 또한 유의하였다.

여학생 수준에서 교수법 효과의 F 통계값은 28.850으로 기각값 3.40보다 커 유의수준 .05에서 여학생 집단에 내재된 교수법 효과는 유의하였고, 보상 효과의

F 통계값은 26.450으로 기각값 4.26보다 크므로 유의수준 .05에서 여학생 집단에 내재된 보상 효과는 유의하였다. 상호작용효과의 F 통계값은 6.050으로 기각값인 3.40보다 커 유의수준 .05에서 여학생 집단에 내재된 상호작용효과 또한 유의하였다.

따라서 남학생과 여학생 수준 모두에 유의수준 .05에서 교수법, 보상, 교수법과 보상의 상호작용효과가 모두 유의한 차이가 있다고 결론 내린다.

11.6.2 SPSS 실행

일반화 무선구획 요인설계를 분석하기 위하여 자료를 다음과 같은 형태로 입력한다.

	성별	교수법	보상	학업성취
24	2	2	2	10
25	1	3	1	8
26	1	3	1	8
27	1	3	1	9
28	2	3	1	9
29	2	3	1	9
30	2	3	1	11
31	1	3	2	12
32	1	3	2	15
33	1	3	2	16
34	2	3	2	13
35	2	3	2	15
36	2	3	2	16

제10장과 마찬가지로 일반화 무선구획 요인설계로 분석하려면 명령문 편집기를 이용한다. 〈표 11-2〉의 자료를 이용하여 성별에 내재된 교수법과 보상, 교수법과 보상의 상호작용효과를 분석하려면 메뉴에서 파일(F) → 새파일(N) → 명령문(S)을 클릭하여 명령문 편집기를 열고 다음과 같이 명령문을 입력한다. 메뉴에서 실행(R) → 모두(A)를 누르면 명령문이 실행된다.

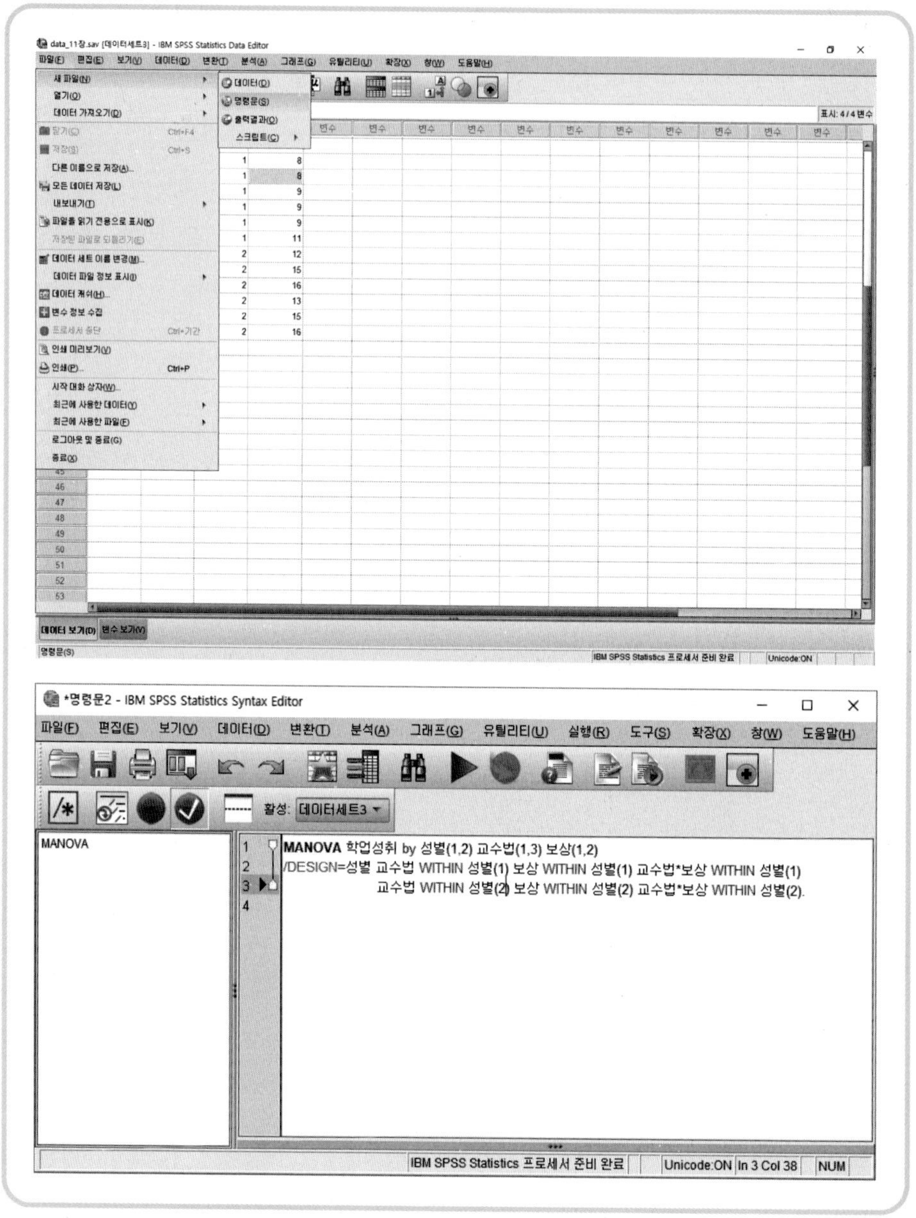

성별에 내재된 교수법과 보상, 교수법과 보상의 상호작용효과에 대한 일반화 무선구획 요인설계 결과는 다음과 같으며, 〈표 11-3〉과 동일하다.

```
MANOVA의 기본값 오차항이 WITHIN CELLS에서 WITHIN+RESIDUAL로 변경되었습니다 . 모든 완전요인계획에서 동일합니다.

* * * * * * * * * * * * * * * * * A n a l y s i s   o f   V a r i a n c e * * * * * * * * * * * * * * * * *

        36 cases accepted.
         0 cases rejected because of out-of-range factor values.
         0 cases rejected because of missing data.
        12 non-empty cells.

         1 design will be processed.

- - - - - - - - - - - - - - - - - - - - - - - - - - - - - - - - - - - - - - - - - - - - - - - - - - - - - -

* * * * * * * * * * * * * * * * * A n a l y s i s   o f   V a r i a n c e -- Design   1 * * * * * * * * * * * * * * * * *

 Tests of Significance for 학업성취 using UNIQUE sums of squares
 Source of Variation              SS      DF      MS        F    Sig of F

 WITHIN+RESIDUAL                26.67     24     1.11
 성별                            1.36      1     1.36     1.23     .279
 교수법 WITHIN 성별(1)          40.44      2    20.22    18.20     .000
 보상 WITHIN 성별(1)            37.56      1    37.56    33.80     .000
 교수법 * 보상 WITHIN 성별(1)   21.78      2    10.89     9.80     .001
 교수법 WITHIN 성별(2)          64.11      2    32.06    28.85     .000
 보상 WITHIN 성별(2)            29.39      1    29.39    26.45     .000
 교수법 * 보상 WITHIN 성별(2)   13.44      2     6.72     6.05     .007

 (Model)                       208.08     11    18.92    17.03     .000
 (Total)                       234.75     35     6.71

 R-Squared =           .886
 Adjusted R-Squared =  .834

- - - - - - - - - - - - - - - - - - - - - - - - - - - - - - - - - - - - - - - - - - - - - - - - - - - - - -
```

남학생에서 교수법의 F 통계값은 18.20, 보상의 F 통계값은 33.80, 교수법과 보상의 상호작용의 F 통계값은 9.80으로, 유의수준 .05에서 모두 유의한 효과가 있었다. 여학생에서 교수법의 F 통계값은 28.85, 보상의 F 통계값은 26.45, 교수법과 보상의 상호작용의 F 통계값은 6.05로, 남학생과 마찬가지로 유의수준 .05에서 모두 유의한 효과가 있었다.

11.7 장단점

일반화 무선구획 요인설계의 장점은 일반화 무선구획설계와 유사하다.

장점은, 첫째, 오차의 원인이 될 수 있는 집단을 구획변수로 통제하므로 매개효과를 제거하고 처치변수의 효과를 정확히 분석할 수 있다. 둘째, 오차의 원인을 배제하므로 검정력(power)을 높일 수 있다. 셋째, 두 개 이상의 처치변수를 투입하므로 상호작용효과도 분석할 수 있다. 넷째, 집단변수인 집단 안에서 처치를 받은 각 처치집단의 연구대상 수를 둘 이상으로 하기 때문에 무선구획설계에서 구획에 연구대상을 하나로 할 때 나타나는 오류를 줄일 수 있다. 다섯째, 일반화 무선구획 요인설계는 집단수준에서 처치의 효과가 있는지, 즉 처치수준 간에 어떤 차이가 있는가를 밝힐 수 있다.

단점으로는, 첫째, 구획변수로 집단변수를 잘못 설정하였을 경우 오차의 분산이 줄어들지 않는다. 둘째, 집단변수가 양적변수일 경우 이를 집단으로 구분하여 집단변수로 만들 때 분할점이 다르면 분할점에 따라 분석 결과가 달라진다. 셋째, 처치변수가 많아지므로 연구대상 수가 증가하여 시간과 비용이 많이 소요된다.

일반화 무선구획 요인설계도 일반화 무선구획설계와 같이 내재설계를 하지 않고 교차설계를 실시하여 처치변수와 집단변수의 상호작용을 분석할 수 있다. 특히 두 처치변수의 상호작용효과를 분석할 수 있으며, 처치변수와 집단변수의 상호작용효과도 분석할 수 있다. 두 처치변수의 상호작용효과에 대한 분석은 의미가 있으나 처치변수와 집단변수의 상호작용은 별 의미를 갖지 않는다. 일반화 무선구획설계에서 처치변수와 집단변수에 대하여 설명을 하였듯, 일반화 무선구획 요인설계에서도 해석이 용이하나 연구에서 관심이 있는 것이 아니므로 내재설계로 분석하는 것이 바람직하다.

연습문제

1. 일반화 무선구획 요인설계가 무엇이며 언제 사용하는지 목적이 무엇인지 예를 들어 설명하시오.

2. 무선구획설계, 무선구획 요인설계, 일반화 무선구획설계, 일반화 무선구획 요인설계의 차이가 무엇인지 설명하시오.

3. 일반화 무선구획 요인설계에서 내재설계가 바람직한 이유를 설명하시오.

4. 일반화 무선구획 요인설계에 대하여 다음의 질문에 답하시오.
   - 4-1 선형모형
   - 4-2 통계값에 의한 선형모형
   - 4-3 총편차, 집단변수에 의한 편차, 집단변수 수준에서 처치변수에 의한 편차, 오차
   - 4-4 각 편차의 제곱합
   - 4-5 내재설계에 의한 분산분석표

5. 내재설계에 의한 사후대비분석을 설명하시오.

6. 내재설계에 의한 사전대비분석을 설명하시오.

7. 사후대비분석과 사전대비분석에서 유의수준의 배분에 대하여 설명하고, 기각값을 비교 설명하시오.

8. 사후대비분석을 실시하여 각 집단수준에서의 비교가 같은 형태의 결과를 가져왔다면, 이는 무엇을 의미하고, 어떤 설계 방법이 더 타당한지 설명하시오.

9. 일반화 무선구획 요인설계에서 교차설계를 사용하여 집단변수와 처치변수의 상호작용이 나타났다면 이는 무엇을 말하는지 설명하시오.

10. 일반화 무선구획 요인설계의 예를 들고 SPSS로 분석 실행하시오.

11. 일반화 무선구획 요인설계의 장단점을 말하시오.

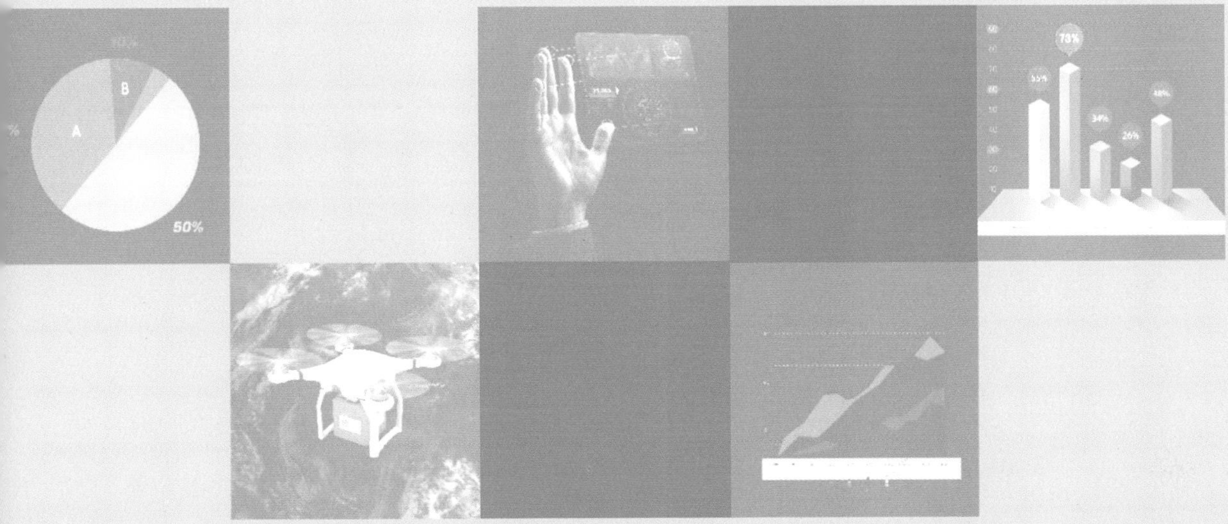

제12장 공분산분석

공분산분석 제12장

12.1 기본개념

실험연구에서 독립변수인 처치변수만이 종속변수에 영향을 미치는 것은 아니다. 처치변수 이외에 종속변수에 영향을 미치는 변수가 있으며 이 변수들의 영향력을 통제하거나 제거하여야 처치효과를 정확히 분석할 수 있으며 연구의 내적 타당도를 높일 수 있다. 실험연구에서 가장 중요한 것은 처치변수의 효과를 분석하는 것으로 처치변수를 적절하게 투입하고 매개변수를 완벽하게 통제하여야 한다. 매개변수를 제대로 통제하지 못하면 처치변수의 효과를 알 수가 없다. 즉, 종속변수에 영향을 준 것이 독립변수인 처치변수의 효과인지 아니면 매개변수의 효과인지를 알 수 없다. 다시 말해서 심한 경우에는 종속변수의 변화가 매개변수에 의하여 나타날 수 있다는 것이다. 매개변수를 통제하여야 오차를 줄이게 되어 처치변수의 효과를 보다 더 정확히 분석할 수 있다는 의미이다.

실험연구에서 매개변수를 통제할 때 설계 시부터 고려하는 방법으로 구획변수를 사용하는 무선구획설계와 반복설계는 제7장, 무선구획 요인설계는 제8장, 분할구획 요인설계는 제9장, 일반화 무선구획설계는 제10장, 일반화 무선구획 요인설계는 제11장에서 설명하였다. 매개변수를 무선할당이나 설계방법으로 통제하지 않고 통계적으로 그 영향을 제거하는 방법으로 공분산분석이 있다.

공분산분석(Analysis of Covariance: ANCOVA)은 회귀분석과 분산분석 방법을 사용하여 각 집단으로부터 얻은 종속변수에서 매개변수가 주는 영향을 제거한 교정값을 가지고 분산분석을 하는 방법이다. 공분산분석에서 매개변수는 양적변수이며 매개변수의 영향을 제거하여 실험에서 발생하는 편차를 제거하므로 오차분산이 줄어든다. 그러므로 공분산분석은 다른 방법에 비하여 검정력이 높다.

예를 들어 설명하면, 매개변수가 상, 중, 하로 나눈 사회계층 같은 범주변수일 경우 이를 통제하기 위해서는 무선구획설계나 일반화 무선구획설계를 사용한다. 그러나 사회계층을 측정하는 사회계층 지수의 원자료(raw data)가 있다면 상, 중, 하로 구분한 범주변수를 사용한 무선구획설계보다 원자료를 사용한 공분산분석이 더 정확한 결과를 얻는다는 뜻이다.

교수법의 영향에 관한 연구에서 사전 학업능력점수가 양적인 매개변수일 때는 교수법이 다른 각 처치집단에서 피험자들의 사전 학업능력을 통제하여야 한다. 즉, 교수법의 집단에 유사한 피험자들을 배정하기 위하여 무선할당을 사용한다고 하였다. 무선적으로 할당하는 방법으로 제1장 5절에서 설명한 것과 같이 단순무선표집, 균형집단, 대응집단 방법으로 유사한 피험자들을 각 집단에 배정하였다 하더라도 세 집단의 피험자들의 능력이 정확히 똑같다는 보장을 할 수 없다. 그렇다면 사전학업능력이라는 매개변수를 완벽하게 통제하여야 교수법인 처치변수의 효과를 제대로 분석할 수 있다. 이럴 경우 매개변수의 효과를 통계적으로 제거하는 공분산분석을 사용한다.

완전무선설계에서 매개변수를 적용한 공분산분석은 $CRAC-J$ (Completely Randomized Analysis of Covariance)로 표기하고, 무선구획설계에 매개변수를 적용한 공분산분석은 $RBAC-J$ (Randomized Block Analysis of Covariance)로 표기한다. J는 처치집단 수를 의미하며 완전무선설계(Completely Randomized design: CR)나 무선구획설계(Randomized Block Design: RB)에 공분산분석(Analysis of Covariance: AC)의 앞 두 글자를 추가한 것이다. 세 교수법을 투입한 후 학업성취도의 연구에서 매개변수를 통제하는 경우는 $CRAC-3$ 으로 표기한다.

〈표 12-1〉은 교수법이 다른 세 집단의 피험자들의 사전능력점수와 교수법을 투입하고 난 후 학업성취도 점수인 경우를 예로 들어 설명한다.

❖〈표 12-1〉 세 교수법의 피험자들의 사전능력점수와 학업성취도

교수법	전통적 교수법		컴퓨터 교수법		개인 교수법	
	학업성취도 Y_{ij}	사전능력 X_{ij}	학업성취도 Y_{ij}	사전능력 X_{ij}	학업성취도 Y_{ij}	사전능력 X_{ij}
	8	7	7	5	8	4
	8	8	8	6	9	5
	9	9	9	7	10	6
	10	9	7	6	7	4
$\overline{Y}_{\cdot j}$	8.75	8.25	7.75	6.00	8.50	4.75

$\overline{Y}_{\cdot\cdot}=8.333$ $\overline{X}_{\cdot\cdot}=6.333$

교수법이 다른 세 집단의 학업성취도 평균점수는 전통적 교수법에서 8.75점, 컴퓨터 교수법에서 7.75점이고 개인 교수법에서 8.50점으로 전통적 교수법에 의한 학업성취도가 가장 높다. 학업성취도만 비교하면 전통적 교수법에 의한 학업성취도가 가장 높고 컴퓨터 교수법에 의한 학업성취도가 가장 낮다는 결론을 내릴 수 있다. 이는 종속변수인 학업성취도만 비교한 결과이다. 이런 결과는 전통적 교수법과 컴퓨터 교수법 그리고 개인 교수법에 할당된 연구대상들이 거의 같거나 유사한 대상이 아니기 때문이다. 근본적으로 사전능력이 같지 않은 피험자들의 사전능력을 고려하지 않았기 때문에 얻은 결과로 내린 그 결론은 맞지 않다. 따라서 실험을 실시하기 이전에 동일한 능력의 피험자들을 세 집단에 할당하였어야 한다. 그러나 확률적으로 아무리 유사한 능력의 피험자들을 할당한다 해도 집단 간의 사전능력을 똑같게 할당하기란 쉽지 않다. 그러므로 타당한 결론을 내리기 위해서는 사전능력을 통제하여야 한다. 즉, 사전능력점수의 영향을 학업성취도에서 제거하여야 한다.

부연 설명하면, 자료를 분석함에 있어 전통적 교수법을 받은 피험자들의 평균 학업성취도 점수가 높은 것은 사전능력이 높은 피험자들이 실험에 참여하였기 때문이다. 또한 개인 교수법을 받은 피험자들의 학업성취도가 가장 낮은 이유는 피험자들의 사전능력이 매우 낮았기 때문이다. 다른 교수법을 받은 피험자들의 학업성취도가 다른 것은 실험을 시작하기 전 단계에서부터 출발점이 달랐기 때문에 그런 결과를 얻게 된 것이다.

달리기를 할 때 출발점이 같은 선에서 출발하여야 누가 빨리 뛰었나를 쉽게 알 수 있듯이, 이 실험에서도 출발선을 동일하게 맞추어야 한다. 즉, 사전능력이 다른 세 집단을 사전능력점수가 같게 통계적으로 조정하여 종속변수인 학업성취도를 교정하여야 한다. 종속변수에서 매개변수의 영향을 제거하여 종속변수의 값을 조정하는 방법으로 두 집단의 **교정평균**을 추정하는 방법을 그림으로 설명하면 [그림 12-1]과 같다.

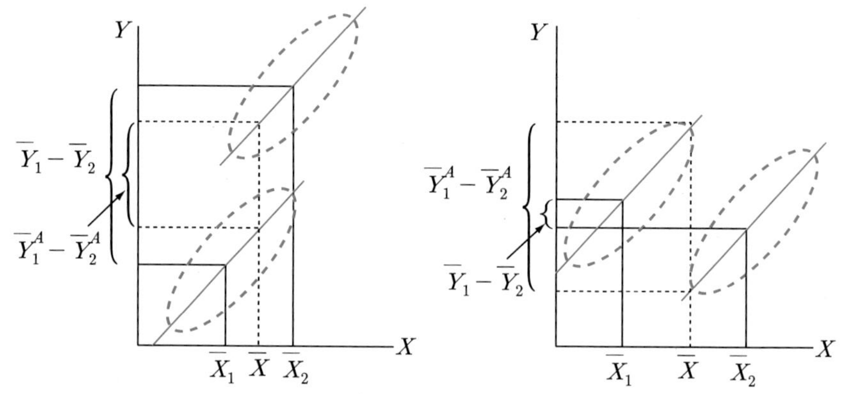

✪[그림 12-1] 두 집단의 교정평균을 추정하는 절차

a)의 경우는 두 집단의 종속변수의 차이가 큰 경우로서 첫 번째 집단의 매개변수인 $\overline{X}_1$의 값을 매개변수의 평균인 $\overline{X}$로 회귀선에 의하여 이동하면 $\overline{Y}_1$의 점수는 올라가게 되어 $\overline{Y}_1^A$인 교정평균이 된다. 반면에 $\overline{X}_2$를 매개변수의 평균인 $\overline{X}$로 회귀선에 의하여 이동하면 $\overline{Y}_2$는 내려와서 $\overline{Y}_2^A$인 교정평균이 된다. 그러므로 종속변수의 차이인 $(\overline{Y}_1 - \overline{Y}_2)$보다 교정평균인 $(\overline{Y}_1^A - \overline{Y}_2^A)$의 차이가 작게 되는 경우이다.

b)의 경우는 매개변수의 차이가 크면서 종속변수의 차이가 작은 경우로 첫 번째 집단의 매개변수인 $\overline{X}_1$의 값을 매개변수의 평균인 $\overline{X}$로 회귀선에 의하여 이동하면 $\overline{Y}_1$의 점수는 올라가게 되어 $\overline{Y}_1^A$인 교정평균이 된다. 반면에 $\overline{X}_2$를 매개변

수의 평균인 $\overline{X}$로 회귀선에 의하여 이동하면 $\overline{Y}_2$는 내려와서 $\overline{Y}_2^A$인 교정평균이 되어 오히려 첫 번째 집단의 교정평균보다 작게 된다. 이렇게 되어 종속변수의 차이인 $(\overline{Y}_1 - \overline{Y}_2)$보다 교정평균인 $(\overline{Y}_1^A - \overline{Y}_2^A)$의 차이가 더 커지는 경우이다.

a)와 b)의 경우 분산분석을 실시하기 전에 종속변수의 값은 회귀선에 의하여 교정됨을 알 수 있다. 그래서 공분산분석은 회귀분석과 분산분석을 통합한 통계적 방법이라 한다.

각 집단의 종속변수의 평균을 교정할 때 사용하는 회귀선을 추정하는 방법에는 세 가지 방법이 있다. 첫째는 각 집단 내에서 매개변수와 종속변수에 의한 회귀분석을 하여 회귀선에 의하여 이동하는 방안이고, 둘째는 각 집단에서 추정한 회귀선들을 통합하여 대표되는 회귀선을 만든 후 그 회귀선에 의하여 이동하는 방법이다. 마지막으로 세 번째 방법은 각 집단을 고려하지 않고 종속변수와 매개변수에 의한 하나의 회귀선을 추정하여 그 회귀선에 의하여 이동하는 방법이다. 일반적으로 두 번째 방법인 각 집단 내에서 회귀선을 추정한 후 이 회귀선들에 대한 가중치를 부여하는 절차로 대표가 되는 회귀선을 추정하여 이동하는 방법을 주로 사용한다. 이때 각 집단의 회귀선들이 평행을 이루는가를 검정하여야 한다. 즉, 회귀등식에 의한 **회귀계수의 동질성검정**$(H_0 : \beta_1 = \beta_2 = \cdots = \beta_k)$을 실시한다.

세 집단 내에서 추정한 회귀선에 의하여 〈표 12-1〉의 자료를 매개변수인 사전능력의 전체 평균인 점수를 기점으로 학업성취도를 교정하는 방법은 [그림 12-2]와 같다.

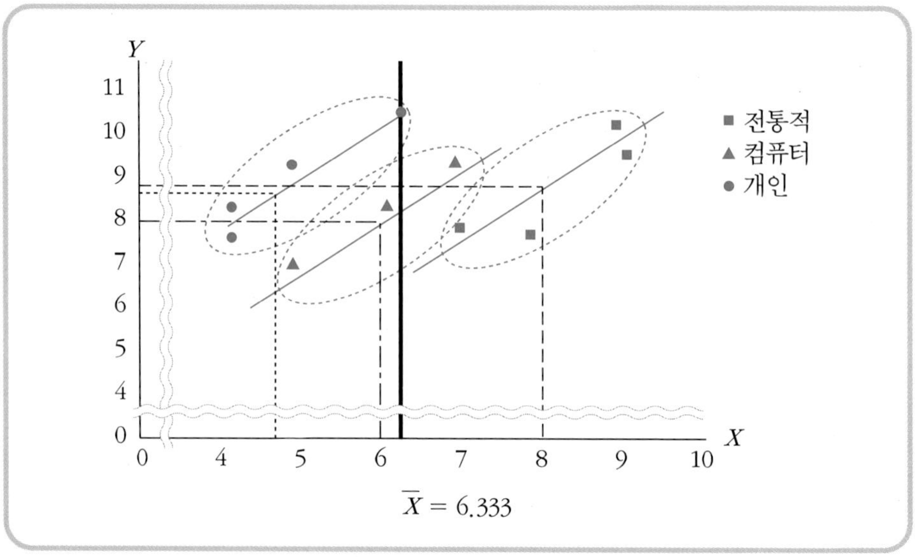

✪[그림 12-2] 회귀선을 이용한 세 집단의 학업성취도의 이동

[그림 12-2]에서 종속변수에 영향을 주는 매개변수인 사전능력점수의 영향력을 제거한 그림으로 설명하면 *Y*축상에 교정평균 점수는 전통적 교수법에 의한 학업성취도의 교정점수가 가장 낮고, 컴퓨터 교수법에 의한 학업성취도의 교정점수가 다소 높으며, 개인 교수법에 의한 학업성취도의 교정점수가 가장 높음을 알 수 있다.

〈표 12-1〉의 자료를 가지고 설명하면 다음과 같다. 세 집단의 매개변수인 사전능력점수가 각기 다르므로 사전능력점수들을 동일한 기준점으로 하여 학업성취도를 교정하여야 한다. 그러기 위해서는 기준점을 *X*축에서 0점으로 하거나 10점으로 지정할 수 있으나 계산상의 편리함과 점수의 이동을 가장 적게 하기 위하여 세 집단 피험자들의 사전능력점수의 전체 평균점수인 6.333으로 고정하는 것이 합리적이다. 세 집단의 사전능력 평균점수인 8.25점, 6.00점, 4.75점을 6.333점으로 이동시켜야 하고 이때 단순히 좌우로 수평 이동시키는 것이 아니라 회귀분석을 통하여 얻은 회귀선, 즉 회귀계수에 따라 [그림 12-2]와 같이 전체를 이동시켜야 한다.

회귀분석을 통하여 회귀계수를 추정하고 교정평균을 계산하는 절차는 다음 절에서 설명하며 매개변수와 교정평균은 〈표 12-2〉와 같다. 전통적 교수법에 할당된 4명의 사전능력점수는 8.25이고 이 점수를 매개변수의 평균인 6.333점으로 이동하였을 때 학업성취도는 8.75점에서 6.769로 교정되고, 컴퓨터 교수법에 의한 연구대상의 사전능력점수는 6점인데 이의 영향을 제거하면 그 집단의 7.75점인 학업성취도는 8.094로 교정된다. 개인 교수법의 경우 사전능력점수가 4.75점으로서 8.5점인 학업성취도를 교정하면 교정평균이 10.136이 된다.

❖〈표 12-2〉 학업성취도 평균점수, 사전능력 평균점수, 학업성취도 교정평균점수

교수법 / 평균점수	전통적 교수법	컴퓨터 교수법	개인 교수법	평균
학업성취도	8.75	7.75	8.50	8.333
사전능력	8.25	6.00	4.75	6.333
학업성취도 교정	6.769	8.094	10.136	8.333

〈표 12-2〉에서 흥미 있는 사실은 학업성취도의 평균과 매개변수의 영향을 제거한 학업성취도의 교정 점수 평균이 8.333으로 같다는 것이다. 이는 종속변수인 학업성취도에서 매개변수인 사전능력을 제거하는 일정한 원칙이 적용되고 있음을 알 수 있다. 회귀분석을 통한 회귀선에 의한 학업성취도를 교정하는 절차는 제2절에서 상세하게 설명하기로 한다.

매개변수를 통제하는 방법으로 매개변수와 종속변수 간 관계의 관점에서 볼 때, 둘의 상관이 높을 때는 공분산분석을 실시하여야 처치변수의 효과를 정확히 분석할 수 있다. 일반적으로 종속변수와 매개변수의 상관계수가 .8 이상일 경우 공분산분석을 실시할 것을 권유한다. 참고로 매개변수를 구획으로 통제하기 위한 무선구획설계는 매개변수인 집단변수와 종속변수의 상관관계가 .6정도일 때 사용한다. 매개변수와 종속변수의 상관이 .6부터 .8까지의 경우 무선구획설계나 공분산분석 중 선택할 수 있으나 매개변수의 특성에 따라 분석방법을 선택하게 된다. 매개변수가 구획변수이지만 구획으로 구분하기 위한 원자료가 있다면 무선구획설계보다는 원자료를 사용한 공분산분석이 더 타당한 결과를 얻게 된다는 것을 다시 설명한다.

공분산분석을 위한 기본가정은 다음과 같다.

첫째, 독립변수와 종속변수 그리고 매개변수는 선형성(linearity)을 유지하여야 한다.

둘째, 회귀선들의 기울기가 같아야 한다.

셋째, 독립변수와 매개변수의 상호작용이 없어야 한다.

12.2 계산절차

매개변수 X를 가지고 종속변수 Y를 예측하는 회귀등식은 다음과 같다.

$$\hat{Y}_{ij} = \hat{\beta}_T(X_{ij} - \overline{X}..) + \overline{Y}..$$
$$(i = 1, \cdots, n;\ j = 1, \cdots, J)$$

$\hat{Y}_{ij}$: 종속변수의 예측값

$\hat{\beta}_T$: 종속변수와 매개변수의 회귀분석의 회귀계수

X_{ij} : 집단 j의 i의 매개변수

$\overline{X}..$: 매개변수의 평균

$\overline{Y}..$: 종속변수의 평균

$\hat{\beta}_T$ 는 집단을 고려하지 않은 매개변수와 종속변수 간 회귀선의 회귀계수를 말한다. 〈표 12-1〉의 자료를 집단을 구분하지 않고 매개변수와 종속변수, 편차와 편차제곱합, 매개변수와 종속변수의 편차의 곱을 계산한 결과는 〈표 12-3〉과 같다.

❖〈표 12-3〉 $\hat{\beta}_T$ 를 추정하는 절차

Y	X	교수법	$Y_{ij}-\overline{Y}..$	$(Y_{ij}-\overline{Y}..)^2$	$X_{ij}-\overline{X}..$	$(X_{ij}-\overline{X}..)^2$	$(Y_{ij}-\overline{Y}..)(X_{ij}-\overline{X}..)$
8	7	전	−.33	.11	.67	.44	−.22
8	8	전	−.33	.11	1.67	2.78	−.56
9	9	전	.67	.44	2.67	7.11	1.78
10	9	전	1.67	2.78	2.67	7.11	4.45
7	5	컴	−1.33	1.78	−1.33	1.78	1.78
8	6	컴	−.33	.11	−.33	.11	.11
9	7	컴	.67	.44	.67	.44	.44
7	6	컴	−1.33	1.78	−.33	.11	.44
8	4	개	−.33	.11	−2.33	5.44	.78
9	5	개	.67	.44	−1.33	1.78	−.89
10	6	개	1.67	2.78	−.33	.11	−.56
7	4	개	−1.33	1.78	−2.33	5.44	3.11
		Σ		12.67		32.67	10.67

$s_Y = 1.073,\quad s_X = 1.723,\quad r_{XY} = .524$

〈표 12-3〉의 자료를 가지고 매개변수와 종속변수의 회귀분석을 통한 이론적 공식에 의한 회귀계수는 다음과 같다.

$$\hat{\beta}_T = r_{XY} \cdot \frac{s_Y}{s_X} = \frac{s_{XY}}{s_X^2} = .327$$

계산 공식에 의한 회귀계수는 다음과 같다. 이론적 공식과 계산공식에 의한 회귀계수가 같음을 알 수 있다.

$$\hat{\beta}_T = \frac{\sum_{i=1}^{n}\sum_{j=1}^{J}(X_{ij}-\overline{X}..)(Y_{ij}-\overline{Y}..)}{\sum_{i=1}^{n}\sum_{j=1}^{J}(X_{ij}-\overline{X}..)^2} = .327$$

집단을 고려하지 않고 전체 매개변수에 의해 계산한 종속변수의 회귀등식은 다음과 같다.

$$\widehat{Y_i} = .327X_i + 6.265$$

매개변수인 사전능력점수와 종속변수인 학업성취도의 회귀분석에 의한 회귀선은 [그림 12-3]과 같다.

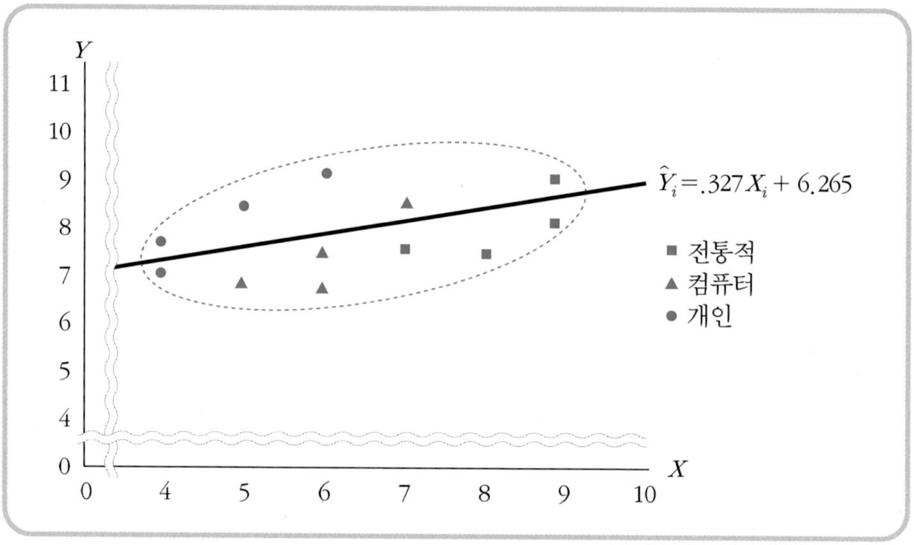

[그림 12-3] 집단을 고려하지 않은 사전능력점수와 학업성취도의 회귀선

공분산분석을 위한 기본가정으로 독립변수, 매개변수, 종속변수는 선형성을 유지하여야 하고 회귀선의 기울기가 같아야 한다는 가정이 있다. 회귀선의 기울기가 같아야 한다는 가정을 검정하는 영가설과 대립가설은 다음과 같으며 추정하는 절차는 다음과 같다.

$$H_0 : \beta_j = \beta_{j'}$$

$$H_A : \beta_j \neq \beta_{j'}$$

교수법에 따른 세 집단의 회귀계수를 추정하는 공식은 집단 안에서의 종속변수와 매개변수의 상관계수와 공분산 그리고 두 변수의 표준편차로 추정하며 다음과 같다.

$$\hat{\beta}_j = r_{X_j Y_j} \cdot \frac{s_{Y_j}}{s_{X_j}}$$

〈표 12-1〉에 제시된 자료를 공식에 의하여 추정한 전통적 교수법, 컴퓨터 교수법, 개인 교수법 집단 내에서의 매개변수인 사전능력과 종속변수인 학업성취도의 회귀계수를 계산하면 다음과 같다.

$$\hat{\beta}_1 = .818 \quad (r_{X_1Y_1} = .818,\ s_{X_1} = .957,\ s_{Y_1} = .957) \quad \hat{Y}_1 = .818X_1 + 2.0$$

$$\hat{\beta}_2 = 1.0 \quad (r_{X_2Y_2} = .853,\ s_{X_2} = .817,\ s_{Y_2} = .957) \quad \hat{Y}_2 = 1.0X_2 + 1.75$$

$$\hat{\beta}_3 = 1.273 \quad (r_{X_3Y_3} = .944,\ s_{X_3} = .957,\ s_{Y_3} = 1.291) \quad \hat{Y}_3 = 1.273X_3 + 2.455$$

세 교수법 집단 내에서 추정된 각 회귀계수에 의한 회귀선들은 [그림 12-4]와 같다.

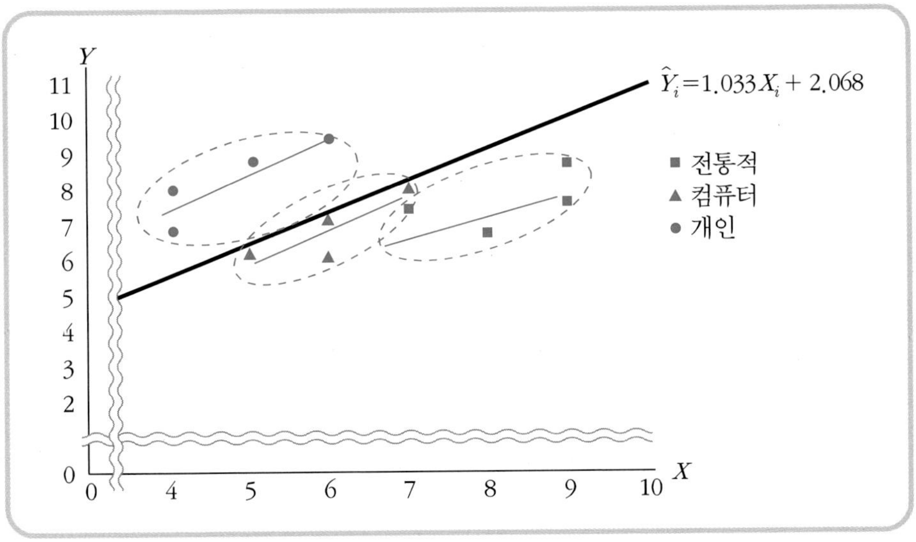

✪[그림 12-4] 세 교수법에 의한 집단 내에서의 회귀선

회귀계수의 동질성 검정을 위한 F 통계값은 다음 공식으로 계산한다.

$$F = \frac{\left\{ \sum_{j=1}^{J} \frac{\left[\sum_{i=1}^{n}(X_{ij}-\overline{X}_{\cdot j})(Y_{ij}-\overline{Y}_{\cdot j})\right]^2}{\sum_{i=1}^{n}(X_{ij}-\overline{X}_{\cdot j})^2} - \frac{\left[\sum_{i=1}^{n}\sum_{j=1}^{J}(X_{ij}-\overline{X}_{\cdot j})(Y_{ij}-\overline{Y}_{\cdot j})\right]^2}{\sum_{i=1}^{n}\sum_{j=1}^{J}(X_{ij}-\overline{X}_{\cdot j})^2} \right\} / (J-1)}{\left\{ \sum_{i=1}^{n}\sum_{j=1}^{J}(Y_{ij}-\overline{Y}_{\cdot j})^2 - \sum_{j=1}^{J} \frac{\left[\sum_{i=1}^{n}(X_{ij}-\overline{X}_{\cdot j})(Y_{ij}-\overline{Y}_{\cdot j})\right]^2}{\sum_{i=1}^{n}(X_{ij}-\overline{X}_{\cdot j})^2} \right\} / J(n-2)}$$

회귀계수의 동질성가정을 검정하기 위하여 유의수준은 일반적으로 .10이나 .25를 설정한다. 그 이유는 회귀계수가 동질적이지 않은데 회귀계수가 동질적이라고 판단하는 2종 오류를 범하지 않기 위해서이며 유의수준을 일반 가설검정과 달리 높게 설정한다.

F 통계값이 $F_{(J-1),\, J(n-2),\, \alpha}$의 기각값보다 작으면 회귀계수의 동질성가정을 수용한다. 교수법에 의한 학업성취도의 회귀계수의 동질성에 대한 F 통계값 계산절차는 〈표 12-4〉와 같다.

❖〈표 12-4〉 회귀계수 동질성 검정을 위한 F 통계값 계산절차

교수법	전통적 교수법			컴퓨터 교수법			개인 교수법		
	학업 성취도 Y_{ij}	사전 능력 X_{ij}	$X_{ij}Y_{ij}$	학업 성취도 Y_{ij}	사전 능력 X_{ij}	$X_{ij}Y_{ij}$	학업 성취도 Y_{ij}	사전 능력 X_{ij}	$X_{ij}Y_{ij}$
	8	7	56	7	5	35	8	4	32
	8	8	64	8	6	48	9	5	45
	9	9	81	9	7	63	10	6	60
	10	9	90	7	6	42	7	4	28
$\sum$	35	33	291	31	24	188	34	19	165

$\overline{X}_{\cdot 1} = 8.25$ $\overline{X}_{\cdot 2} = 6.0$ $\overline{X}_{\cdot 3} = 4.75$

$\overline{Y}_{\cdot 1} = 8.75$ $\overline{Y}_{\cdot 2} = 7.75$ $\overline{Y}_{\cdot 3} = 8.5$

$$F=\frac{\left\{\sum_{j=1}^{J}\frac{\left[\sum_{i=1}^{n}(X_{ij}-\overline{X}_{\cdot j})(Y_{ij}-\overline{Y}_{\cdot j})\right]^2}{\sum_{i=1}^{n}(X_{ij}-\overline{X}_{\cdot j})^2}-\frac{\left[\sum_{i=1}^{n}\sum_{j=1}^{J}(X_{ij}-\overline{X}_{\cdot j})(Y_{ij}-\overline{Y}_{\cdot j})\right]^2}{\sum_{i=1}^{n}\sum_{j=1}^{J}(X_{ij}-\overline{X}_{\cdot j})^2}\right\}/(J-1)}{\left\{\sum_{i=1}^{n}\sum_{j=1}^{J}(Y_{ij}-\overline{Y}_{\cdot j})^2-\sum_{j=1}^{J}\frac{\left[\sum_{i=1}^{n}(X_{ij}-\overline{X}_{\cdot j})(Y_{ij}-\overline{Y}_{\cdot j})\right]^2}{\sum_{i=1}^{n}(X_{ij}-\overline{X}_{\cdot j})^2}\right\}/J(n-2)}$$

$$\begin{aligned}\sum_{i=1}^{n}\sum_{j=1}^{J}(X_{ij}-\overline{X}_{\cdot j})^2 &= (7-8.25)^2+\cdots+(9-8.25)^2\\ &\quad+(5-6)^2+\cdots+(6-6)^2\\ &\quad+(4-4.75)^2+\cdots+(4-4.75)^2\\ &=7.5\end{aligned}$$

$$\begin{aligned}\sum_{i=1}^{n}\sum_{j=1}^{J}(Y_{ij}-\overline{Y}_{\cdot j})^2 &= (8-8.75)^2+\cdots+(10-8.75)^2\\ &\quad+(7-7.75)^2+\cdots+(7-7.75)^2\\ &\quad+(8-8.5)^2+\cdots+(7-8.5)^2\\ &=10.5\end{aligned}$$

$$\begin{aligned}\sum_{i=1}^{n}\sum_{j=1}^{J}(X_{ij}-\overline{X}_{\cdot j})(Y_{ij}-\overline{Y}_{\cdot j}) &= (7-8.25)(8-8.75)+\cdots\\ &\quad+(9-8.25)(10-8.75)\\ &\quad+(5-6)(7-7.75)+\cdots\\ &\quad+(6-6)(7-7.75)\\ &\quad+(4-4.75)(8-8.5)+\cdots\\ &\quad+(4-4.75)(7-8.5)\\ &=7.75\end{aligned}$$

$$\sum_{j=1}^{J}\frac{\left[\sum_{i=1}^{n}\left(X_{ij}-\overline{X}._{j}\right)\left(Y_{ij}-\overline{Y}._{j}\right)\right]^2}{\sum_{i=1}^{n}\left(X_{ij}-\overline{X}._{j}\right)^2}=\frac{(2.25)^2}{2.75}+\frac{(2)^2}{2}+\frac{(3.5)^2}{2.75}=8.296$$

$$F=\frac{\left[8.296-\frac{(7.75)^2}{7.5}\right]/\,2}{[10.5-8.296]/\,6}=\frac{.144}{.367}=.392$$

회귀계수의 동질성검정을 위한 F 통계값은 .392이며 유의수준을 .10으로 설정한 기각값은 $F_{2,6,.10}$으로서 3.46이다. F 통계값 .392는 F 기각값 3.46보다 작으므로 영가설을 기각하지 못한다. 그러므로 사전능력을 매개변수로 설정하고 교수법이 학업성취도에 미치는 영향에 대한 공분산분석에서 각 교수법 내에서의 회귀계수가 유의한 차이가 없다고 결론 내린다. 즉, 공분산분석을 위한 회귀계수의 동질성가정을 충족하며 회귀선들이 평행임을 알 수 있다.

교수법에 따른 세 집단 안에서의 회귀계수를 통합하여 이 세 개의 회귀계수를 대표하는 회귀계수는 다음 공식에 의하여 추정된다.

$$\hat{\beta}_W=\frac{\sum_{j=1}^{J}(X_{ij}-\overline{X}._{j})^2\hat{\beta}_j}{\sum_{j=1}^{J}(X_{ij}-\overline{X}._{j})^2}$$

〈표 12-1〉의 자료를 가지고 공식에 의하여 세 집단을 대표하는 회귀계수 $\hat{\beta}_W$를 계산하면 다음과 같다.

$$\begin{aligned}\hat{\beta}_W&=\frac{(X_{i1}-\overline{X}._{1})^2\hat{\beta}_1+(X_{i2}-\overline{X}._{2})^2\hat{\beta}_2+(X_{i3}-\overline{X}._{3})^2\hat{\beta}_3}{(X_{i1}-\overline{X}._{1})^2+(X_{i2}-\overline{X}._{2})^2+(X_{i3}-\overline{X}._{3})^2}\\&=\frac{(1.563\times.818)+\cdots+(1\times1)+\cdots+(.563\times1.273)}{1.563+\cdots+.563+1+\cdots+0+.563+\cdots+.563}\\&=\frac{7.750}{7.500}=1.033\end{aligned}$$

$\hat{\beta}_W$ 는 세 개의 회귀선을 대표하는 회귀선으로 [그림 12-4]에서 굵은 선으로 표시되어 있다.

계산된 세 집단의 대표회귀계수 $\hat{\beta}_W$로 사전능력점수인 X_{ij} 에 대응되는 학업성취도인 Y_{ij}를 교정하는 공식은 다음과 같다.

$$Y_{ij}^A = Y_{ij} - \hat{\beta}_W(X_{ij} - \overline{X}..)$$

앞의 교정된 Y_{ij}^A 계산 공식을 이용하여 첫 번째 집단의 첫 번째 피험자의 학업성취도인 Y_{11}을 교정하는 절차는 다음과 같다.

$$Y_{11}^A = Y_{11} - \hat{\beta}_W(X_{11} - \overline{X}..) = 8 - [1.033 \times (7 - 6.333)] = 7.311$$

같은 방식으로 모든 피험자의 학업성취도 Y_{ij}를 교정하면 Y_{ij}^A는 〈표 12-5〉와 같다.

❖〈표 12-5〉 세 교수법의 피험자들의 사전능력점수와 교정된 학업성취도

교수법	전통적 교수법		컴퓨터 교수법		개인 교수법	
	교정된 학업성취도 Y_{ij}^A	사전능력 X_{ij}	교정된 학업성취도 Y_{ij}^A	사전능력 X_{ij}	교정된 학업성취도 Y_{ij}^A	사전능력 X_{ij}
	7.311	7	8.378	5	10.411	4
	6.278	8	8.344	6	10.378	5
	6.244	9	8.311	7	10.344	6
	7.244	9	7.344	6	9.411	4
평균	6.769	8.25	8.094	6.0	10.136	4.75

공분산분석은 교정된 종속변수를 가지고 분산분석을 실시하므로 공분산분석에 의한 선형모형은 다음과 같다.

$$Y_{ij}^A = Y_{ij} - \hat{\beta}_W(X_{ij} - \overline{X}..) = \mu + \alpha_j + \epsilon_{ij}$$

$\hat{\beta}_W$: 대표회귀계수
α_j : 처치효과
ϵ_{ij} : 오차

제12장 맨 앞에서 선형모형은 설명할 때 회귀계수로 $\hat{\beta}_T$ 를 제시하였으나 $\hat{\beta}_T$ 보다는 집단별 회귀계수를 **통합한 대표 회귀계수**인 $\hat{\beta}_W$ 를 사용한다. 이 공식에 의하여 종속변수 값으로 교정된 값을 얻게 된다.

회귀계수를 대표하는 회귀계수를 추정한 후 집단 간의 평균을 비교할 수 있다. 이때 종속변수인 학업성취도 점수를 그대로 비교하는 것이 아니라 회귀선에 의해서 매개변수의 영향력이 제거된 교정평균을 계산하여야 한다. 교수법에 따른 집단의 교정평균은 다음의 공식에 의하여 추정한다.

$$\overline{Y}._j^A = \overline{Y}._j - \hat{\beta}_W(\overline{X}._j - \overline{X}..)$$

전통적 교수법, 컴퓨터 교수법, 개인 교수법에 의한 각 집단의 학업성취도의 교정평균은 다음과 같다. 교정평균은 〈표 12-5〉에서 계산한 평균과 같다.

$$\overline{Y}_1^A = 8.75 - 1.033(8.25 - 6.333) = 6.769$$
$$\overline{Y}_2^A = 7.75 - 1.033(6.0 - 6.333) = 8.094$$
$$\overline{Y}_3^A = 8.50 - 1.033(4.75 - 6.333) = 10.136$$

공분산분석 효과를 보고하는 공분산분석표는 매개변수의 내용을 포함하지 않고 처치변수와 오차, 총분산을 제공하는 〈표 12-6〉과 매개변수인 공분산에 대한 정보를 제공하는 〈표 12-7〉이 있다.

❖〈표 12-6〉 처치변수의 효과만 포함하는 공분산분석표

분산원	*SS*	*df*	*MS*	*F*
처치(교수법)	6.692	$J-1=2$	3.346	10.743
오차	2.492	$J(n-1)-1=8$	.311	
총	9.184	$nJ-2=10$		

$F_{2,8,.05} = 4.46$

매개변수의 사전능력을 설명하지 않고, 처치변수인 교수법의 효과에 대한 정보만 제공하며 F 통계값은 10.743이다. 오차에 대한 자유도는 완전무선설계에서 $J(n-1)$이나 공분산분석에서는 매개변수인 $\overline{X}..$ 에 의해 통제되었으므로 자유도가 $J(n-1)-1$로 자유도는 8이 된다. F 통계값은 10.743으로 $F_{2,8,.05}$ 인 F 기각값 4.46보다 크므로 유의수준 .05에서 교수법에 따른 학업성취도에 유의한 차이가 있다고 결론 내린다.

〈표 12-6〉은 공분산에 대한 정보를 주지 못하므로 총변화량 중에 매개변수의 영향력이 얼마였는지를 알지 못한다. 그러나 〈표 12-7〉에서는 매개변수의 영향력과 얼마나 그 영향력이 제거되었는지를 알 수 있다.

❖〈표 12-7〉 매개변수의 내용을 포함한 공분산분석표

분산원	SS	df	MS	F
공분산(사전능력)	3.483	1		
처치(교수법)	6.692	$J-1=2$	3.346	10.743
오차	2.492	$J(n-1)-1=8$	.311	
총	12.667	$nJ-1=11$		

$F_{2,8,.05}=4.46$

〈표 12-6〉과 비교할 때 사전능력이라는 공분산에 대한 정보가 추가되어 총변화량이 증가한 것 외에 교수법에 대한 효과, 오차에 대한 정보는 동일하고 결론도 같다. 〈표 12-7〉의 장점은 공분산인 매개변수에 대한 정보로서 총변화량 12.667 중에 매개변수가 차지하는 편자제곱합이 3.483이라는 것이다. 공분산이 차지하는 양이 많으면 매개변수가 잘 통제되었다고 할 수 있다. 따라서 본 연구는 매개변수를 적절히 설정했다고 할 수 있다.

12.3 사후대비분석

공분산분석 결과 설정한 유의수준에서 전체가설이 기각되면 집단 간의 차이가 있는지를 분석할 수 있다. 사후대비분석의 기본적인 원리의 절차는 완전무선설계의 사후대비분석과 유사하다. 종속변수의 교정평균을 비교하게 되며, 대비계수와 $\hat{\psi}$ 추정은 동일하다. 다만 대비분석에 대한 표준오차에 대한 계산이 완전무선설계와 다르고, 계산한 t 통계값은 Scheffé 기각값과 비교하여 결론을 내린다. 계산 절차와 공식은 다음과 같다.

$$\hat{\psi} = \sum_{j=1}^{J} c_j \overline{Y}_{\cdot j}^{A}$$

$$SE_{\hat{\psi}} = \sqrt{MS_e^A \left(\sum_{j=1}^{J} \frac{c_j^2}{n_j} + \frac{(\sum_{j=1}^{J} c_j \overline{X}_{\cdot j})^2}{\sum_{i=1}^{n}\sum_{j=1}^{J}(X_{ij} - \overline{X}_{\cdot j})^2} \right)}$$

$SE_{\hat{\psi}}$ 의 계산에서는 완전무선설계에서의 $SE_{\hat{\psi}}$ 계산과 달리 교정점수의 집단내 평균 편차제곱합과 매개변수인 X 변수에 대한 대비계수의 집단평균 그리고 매개변수의 집단내 편차제곱합이 포함된다. 즉, 매개변수의 영향이 포함된다. t 통계값 계산은 완전무선설계와 동일하다.

$$t_{\hat{\psi}} = \frac{\hat{\psi}}{SE_{\hat{\psi}}}$$

Scheffé 기각값은 다음과 같다.

$$S = \pm \sqrt{(J-1) F_{J-1,\, J(n-1)-1,\, \alpha}}$$

t 통계값이 Scheffé 기각값의 절대값보다 크면 대비는 유의한 차이가 있다고 결론 내린다.

모든 가능한 사후대비는 전통적 교수법 vs 컴퓨터 교수법, 전통적 교수법 vs 개인 교수법, 컴퓨터 교수법 vs 개인 교수법의 단순대비와 전통적 교수법 vs (컴퓨터 교수법+개인 교수법), 개인 교수법 vs (전통적 교수법+컴퓨터 교수법), 컴퓨터 교수법 vs (전통적 교수법+개인 교수법)의 복합대비로 총 여섯 개 대비가 가능하다. 그중 단순대비와 복합대비를 한 가지씩 예로 들면 다음과 같다.

단순대비로서 전통적 교수법과 개인 교수법의 사후대비분석을 위한 $\hat{\psi}$, $SE_{\hat{\psi}}$, $t_{\hat{\psi}}$는 다음과 같다.

$$\hat{\psi} = \sum_{j=1}^{J} c_j \overline{Y}_{\cdot j}^{A} = (1)6.769 + (-1)10.136 = -3.367$$

$$SE_{\hat{\psi}} = \sqrt{MS_e^A \left(\sum_{j=1}^{J} \frac{c_j^2}{n_j} + \frac{(\sum_{j=1}^{J} c_j \overline{X}_{\cdot j})^2}{\sum_{i=1}^{n}\sum_{j=1}^{J}(X_{ij} - \overline{X}_{\cdot j})^2} \right)}$$

$$= \sqrt{.311 \left(\frac{(1)^2}{4} + \frac{(-1)^2}{4} + \frac{\{(1)8.25 + (-1)4.75\}^2}{7.5} \right)} = .815$$

$$t_{\hat{\psi}} = \frac{\hat{\psi}}{SE_{\hat{\psi}}} = \frac{-3.367}{.815} = -4.134$$

복합대비로서 개인 교수법과 전통적 교수법 및 컴퓨터 교수법을 합성하여 비교하는 $\hat{\psi}$, $SE_{\hat{\psi}}$, $t_{\hat{\psi}}$는 다음과 같다.

$$\hat{\psi} = \sum_{j=1}^{J} c_j \overline{Y}_{\cdot j}^{A} = (1)10.136 + (-1/2)6.769 + (-1/2)8.094 = 2.705$$

$$SE_{\hat{\psi}} = \sqrt{MS_e^A \left[\sum_{j=1}^{J} \frac{c_j^2}{n_j} + \frac{(\sum_{j=1}^{J} c_j \overline{X}._j)^2}{\sum_{i=1}^{n}\sum_{j=1}^{J}(X_{ij} - \overline{X}._j)^2} \right]}$$

$$= \sqrt{.311\left[\frac{(1)^2}{4} + \frac{(-1/2)^2}{4} + \frac{(-1/2)^2}{4} + \frac{\{(1)4.75 + (-1/2)(8.25 + 6.00)\}^2}{7.5}\right]} = .592$$

$$t_{\hat{\psi}} = \frac{\hat{\psi}}{SE_{\hat{\psi}}} = \frac{2.705}{.592} = 4.569$$

Scheffé 기각값은 $S = \pm\sqrt{(3-1)F_{2,8,.05}}$ 로 ± 2.986이다. 단순대비인 전통적 교수법과 개인 교수법의 t 통계값이 -4.134이고, 복합대비인 개인 교수법, 전통적 교수법과 컴퓨터 교수법 합성의 t 통계값은 4.569이다. 따라서 예시한 두 사후대비의 t 통계값이 Scheffé 기각값 ± 2.986보다 절대값이 크므로, 설정한 대비는 유의수준 .05에서 유의한 차이가 있다고 결론 내린다.

12.4 사전대비분석

사전대비분석은 연구자가 관심이 있는 대비에 대해 검정을 실시하는 것이다. 두 개의 사전대비라고 하였을 때, Dunn t 기각값은 2.752이며 Dunn-Sidak 기각값은 2.743이다.

예를 들어, 연구자가 다음 두 개의 사전대비, 즉 컴퓨터 교수법과 개인 교수법의 단순대비와 전통적 교수법을 컴퓨터 교수법과 개인 교수법의 합성과 비교한 복합대비에 관심이 있다면, 사전대비분석의 절차는 다음과 같다.

관심있는 두 개의 대비 중 첫 번째 대비로 컴퓨터 교수법과 개인 교수법의 비교를 위한 $\hat{\psi}$, $SE_{\hat{\psi}}$, $t_{\hat{\psi}}$는 다음과 같다.

$$\hat{\psi} = \sum_{j=1}^{J} c_j \overline{Y}_{\cdot j}^{A} = (1)8.094 + (-1)10.136 = -2.042$$

$$SE_{\hat{\psi}} = \sqrt{MS_e^A \left(\sum_{j=1}^{J} \frac{c_j^2}{n_j} + \frac{(\sum_{j=1}^{J} c_j \overline{X}_{\cdot j})^2}{\sum_{i=1}^{n}\sum_{j=1}^{J} (X_{ij} - \overline{X}_{\cdot j})^2} \right)}$$

$$= \sqrt{.311 \left[\frac{(1)^2}{4} + \frac{(-1)^2}{4} + \frac{\{(1)6.0 + (-1)4.75\}^2}{7.5} \right]} = .469$$

$$t_{\hat{\psi}} = \frac{\hat{\psi}}{SE_{\hat{\psi}}} = \frac{-2.042}{.469} = -4.351$$

두 번째 관심있는 복합대비로서 전통적 교수법과 컴퓨터 교수법 및 개인 교수법을 합성한 대비 검정을 위한 $\hat{\psi}$, $SE_{\hat{\psi}}$, $t_{\hat{\psi}}$는 다음과 같다.

$$\hat{\psi} = \sum_{j=1}^{J} c_j \overline{Y}_{\cdot j}^{A} = (1)6.769 + (-1/2)8.094 + (-1/2)10.136 = -2.346$$

$$SE_{\hat{\psi}} = \sqrt{MS_e^A \left(\sum_{j=1}^{J} \frac{c_j^2}{n_j} + \frac{(\sum_{j=1}^{J} c_j \overline{X}_{\cdot j})^2}{\sum_{i=1}^{n}\sum_{j=1}^{J} (X_{ij} - \overline{X}_{\cdot j})^2} \right)}$$

$$= \sqrt{.311 \left[\frac{(1)^2}{4} + \frac{(-1/2)^2}{4} + \frac{(-1/2)^2}{4} + \frac{\{(1)8.25 + (-1/2)(6.0 + 4.75)\}^2}{7.5} \right]}$$

$$= .459$$

$$t_{\hat{\psi}} = \frac{\hat{\psi}}{SE_{\hat{\psi}}} = \frac{-2.346}{.459} = -5.107$$

두 사전대비의 t 통계값이 −4.351과 −5.107이고 Dunn t 기각값이 2.752, Dunn-Sidak의 t 기각값이 2.743이다. 따라서 두 대비의 t 통계값이 기각값의 절대값보다 크므로 유의수준 .05에서 두 사전대비는 유의한 차이가 있다고 결론 내린다.

12.5 SPSS 실행

전통적 교수법, 컴퓨터 교수법, 개인 교수법 가운데 어떤 교수법이 학업성취도 향상에 효과가 있는지에 대한 공분산분석 실행을 위하여 〈표 12-1〉의 자료를 다음과 같이 입력한다.

	교수법	사전능력	학업성취도
1	1	7	8
2	1	8	8
3	1	9	9
4	1	9	10
5	2	5	7
6	2	6	8
7	2	7	9
8	2	6	7
9	3	4	8
10	3	5	9
11	3	6	10
12	3	4	7

공분산분석을 실시하기 위하여 분석(A) → 일반선형모형(G) → 일변량(U) 을 클릭하여 분석 창을 연다.

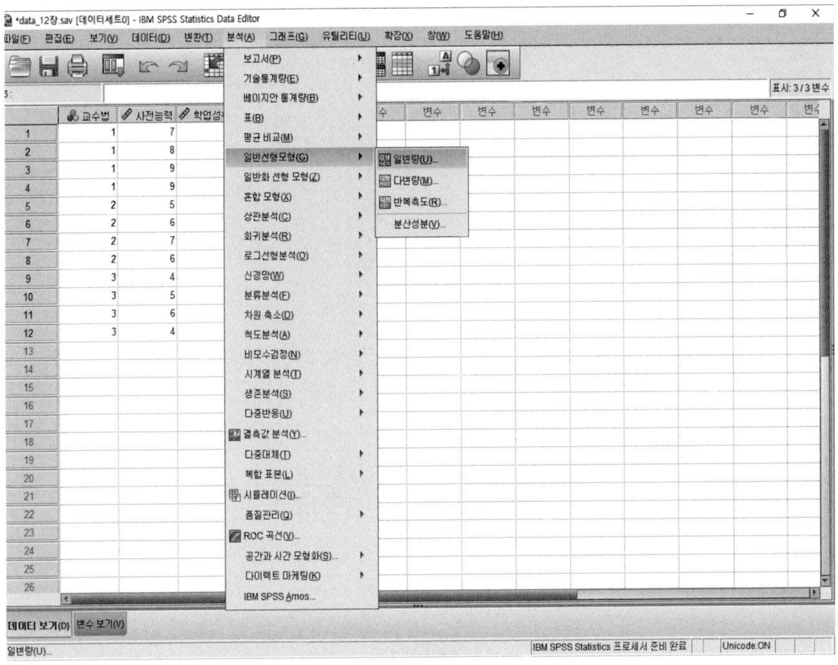

'종속변수(D)'에 종속변수인 학업성취도를, '모수요인(F)'에 독립변수인 교수법을, '공변량(C)'에 매개변수인 사전능력점수를 옮긴다.

[모형(M)...]을 클릭하면 다음과 같은 모형 대화상자가 열린다. 다음 '제곱합(Q)'에서 [제 I 유형]으로 변경하고 [계속(C)]을 누른다.

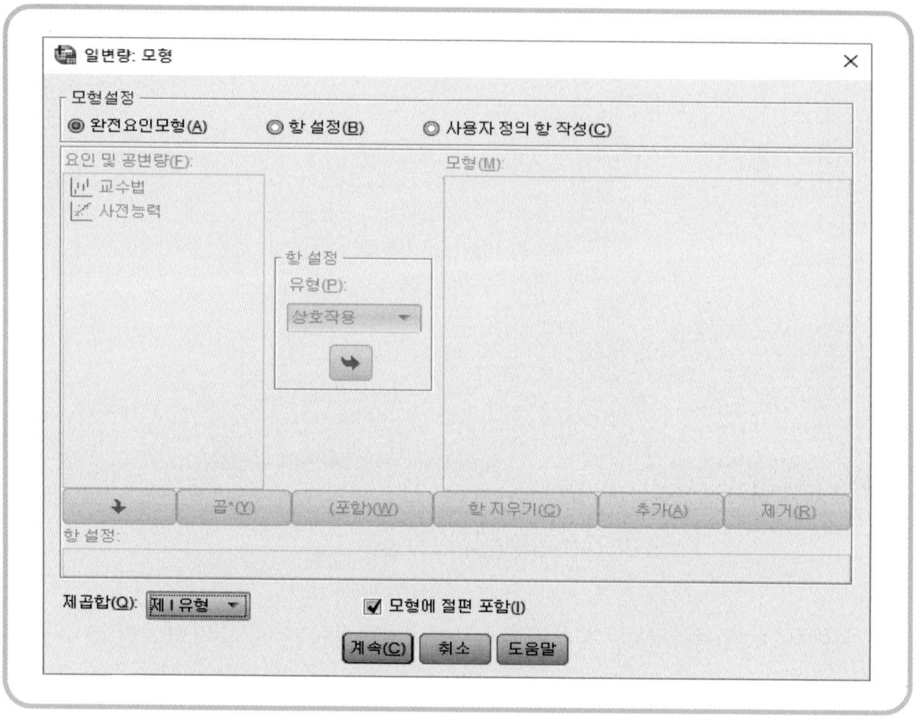

다음으로 [EM 평균...]을 클릭한다.

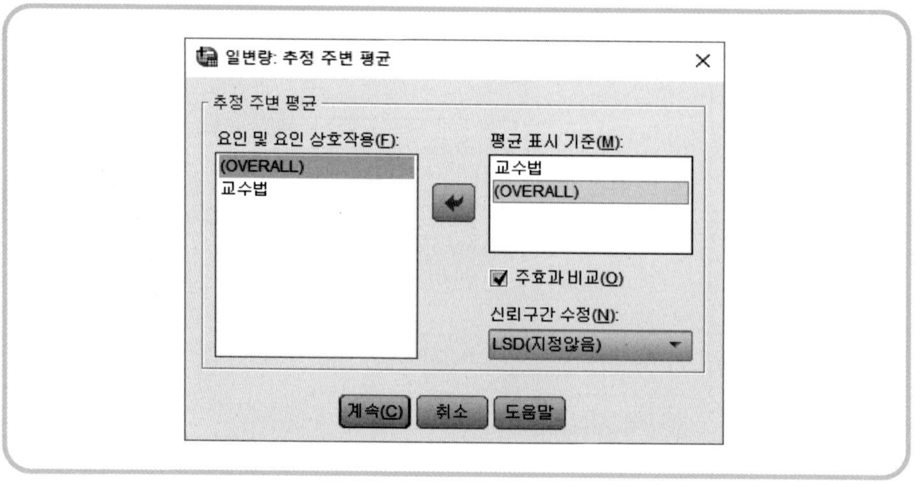

'추정 주변 평균' 부분의 '요인 및 요인 상호작용(F)'에서 주변평균을 산출하고자 하는 변수들을 '평균 표시 기준(M)'으로 이동시킨다. 주변평균은 공분산의 효과를 제거한 후 추정된, 즉 교정된 종속변수의 평균을 나타낸다.

'평균 출력 기준(M)' 아래의 주효과 비교(O)를 클릭하면 공분산분석에 대한 사후대비분석 또한 가능하다. 디폴트는 LSD 방법이며, Sidak 방법 등 다양한 방법을 설정할 수 있다. 계속(C)을 클릭한다.

옵션(O)...을 클릭한 뒤, '표시' 부분의 기술통계량(D)과 동질성 검정(H)을 클릭하고 계속(C)을 클릭한다.

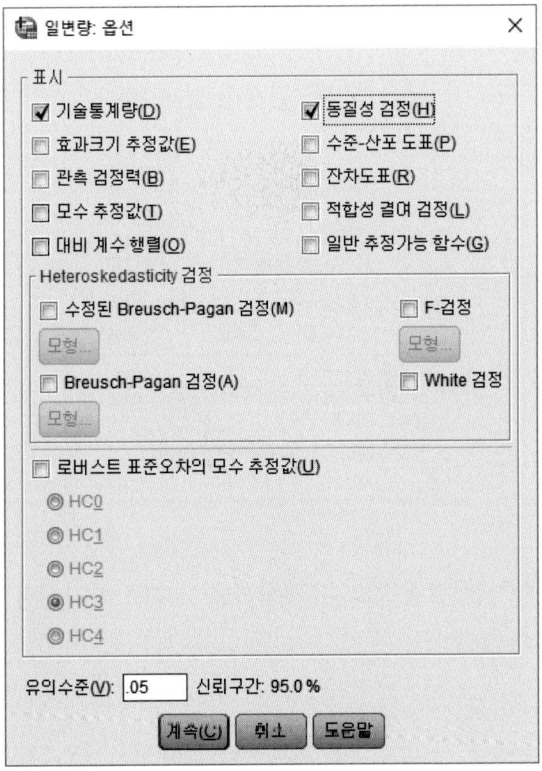

일변량 대화상자에서 확인을 클릭하면 SPSS 뷰어에 분석 결과가 출력된다.

자료에 대한 기술통계 결과는 다음과 같고 〈표 12-1〉의 분석 결과와 같다.

개체-간 요인

		값 레이블	N
교수법	1	전통적	4
	2	컴퓨터	4
	3	개인	4

기술통계량

종속변수: 학업성취도

교수법	평균	표준편차	N
전통적	8.75	.957	4
컴퓨터	7.75	.957	4
개인	8.50	1.291	4
전체	8.33	1.073	12

다음은 학업성취도의 등분산가정을 검정한 결과이다.

오차 분산의 동일성에 대한 Levene 의 검정[a]

종속변수: 학업성취도

F	자유도1	자유도2	유의확률
.636	2	9	.552

여러 집단에서 종속변수의 오차 분산이 동일한 영가설을 검정합니다.

a. Design: 절편 + 사전능력 + 교수법

Levene의 등분산가정 검정결과, 유의확률은 .552로 영가설을 기각하지 못하여 등분산 가정을 충족한다.

다음은 공분산분석 결과이며, 〈표 12-7〉과 같다. 단, SS_T는 '수정된 합계'를 읽어주어야 한다.

개체-간 효과 검정

종속변수: 학업성취도

소스	제 I 유형 제곱합	자유도	평균제곱	F	유의확률
수정된 모형	10.175[a]	3	3.392	10.890	.003
절편	833.333	1	833.333	2675.585	.000
사전능력	3.483	1	3.483	11.183	.010
교수법	6.692	2	3.346	10.743	.005
오차	2.492	8	.311		
전체	846.000	12			
수정된 합계	12.667	11			

a. R 제곱 = .803 (수정된 R 제곱 = .730)

총편차제곱합 12.667 중에 사전능력점수의 편차제곱합은 3.483이고 F통계값은 11.182, 유의확률은 .010으로 매개변수로 사전능력점수가 제대로 통제되었음을 알 수 있다. 따라서 공분산분석을 적용하는 것은 타당하다. 사전능력점수가 학업성취도에 미치는 영향을 통제한 후의 교수법의 F 통계값은 10.743, 유의확률은 .005로 유의수준 .05에서 교수법에 따라 학업성취도에 유의한 차이가 있다.

다음은 교수법에 매개변수의 효과를 통제하여 종속변수를 교정한 후의 교정평균에 대한 기술통계 결과로서 〈표 12-2〉의 교정평균과 같다.

추정 주변 평균

1. 총평균

종속변수: 학업성취도

평균	표준오차	95% 신뢰구간 하한	95% 신뢰구간 상한
8.333[a]	.161	7.962	8.705

a. 모형에 나타나는 공변량은 다음 값에 대해 계산됩니다.: 사전능력 = 6.33.

사전능력점수의 전체 평균인 6.333을 기준으로 교정된 학업성취도의 집단별 평균과 표준오차 그리고 전체 평균과 표준오차가 제시된다. 교정평균값들은 〈표

12–5〉와 같다.

2. 교수법

추정값

종속변수: 학업성취도

교수법	평균	표준오차	95% 신뢰구간 하한	95% 신뢰구간 상한
전통적	6.769[a]	.480	5.663	7.876
컴퓨터	8.094[a]	.287	7.432	8.757
개인	10.136[a]	.427	9.152	11.120

a. 모형에 나타나는 공변량은 다음 값에 대해 계산됩니다.: 사전능력 = 6.33.

사전능력을 통제한 이후, 교수법의 효과가 유의하였으므로 이에 대한 사후대비분석 또는 사전대비분석을 실시할 수 있다. Fisher의 LSD 방법으로 사후대비분석을 실시한 결과는 다음과 같다.

대응별 비교

종속변수: 학업성취도

(I) 교수법	(J) 교수법	평균차이(I-J)	표준오차	유의확률[b]	차이에 대한 95% 신뢰구간[b] 하한	차이에 대한 95% 신뢰구간[b] 상한
전통적	컴퓨터	-1.325	.605	.060	-2.720	.070
	개인	-3.367*	.815	.003	-5.246	-1.487
컴퓨터	전통적	1.325	.605	.060	-.070	2.720
	개인	-2.042*	.470	.002	-3.125	-.959
개인	전통적	3.367*	.815	.003	1.487	5.246
	컴퓨터	2.042*	.470	.002	.959	3.125

추정 주변 평균을 기준으로

*. 평균차이는 .05 수준에서 유의합니다.

b. 다중비교를 위한 수정: 최소유의차 (수정하지 않은 상태와 동일합니다.)

교수법에 대한 사후대비분석 결과, 전통적 교수법과 개인 교수법, 컴퓨터 교수법과 개인 교수법의 대비에 유의수준 .05에서 유의한 차이가 있었다.

Sidak 방법으로 사전대비분석을 실시한 결과는 다음과 같다.

대응별 비교

종속변수: 학업성취도

(I) 교수법	(J) 교수법	평균차이(I-J)	표준오차	유의확률b	차이에 대한 95% 신뢰구간b	
					하한	상한
전통적	컴퓨터	-1.325	.605	.169	-3.143	.493
	개인	-3.367*	.815	.010	-5.816	-.918
컴퓨터	전통적	1.325	.605	.169	-.493	3.143
	개인	-2.042*	.470	.007	-3.453	-.630
개인	전통적	3.367*	.815	.010	.918	5.816
	컴퓨터	2.042*	.470	.007	.630	3.453

추정 주변 평균을 기준으로

*. 평균차이는 .05 수준에서 유의합니다.

b. 다중비교를 위한 수정: Sidak

교수법에 대한 사전대비분석 결과, 전통적 교수법과 개인 교수법, 컴퓨터 교수법과 개인 교수법의 대비에 유의수준 .05에서 유의한 차이가 있었다.

12.6 장단점

완전무선설계에서 공분산분석을 사용할 시 기본가정은 다음과 같다. 첫째, 처치집단에서 매개변수와 종속변수 간의 회귀분석의 회귀계수, 즉 기울기가 유사하여야 한다. 이는 각 처치집단 안에서 종속변수와 매개변수의 회귀선이 평행이 됨을 의미한다. 즉, 처치집단 모두에서 매개변수의 영향력이 유사하게 미침을 말한다. 둘째, 매개변수가 오차 없이 측정되어야 한다. 셋째, 회귀분석에 의하여 설명되지 않은 편차, 즉 잔여분은 평균이 0이고 분산이 같아야 한다. 다시 말해, 각 집단의 종속변수는 정규분포이어야 한다.

장점으로는, 매개변수의 영향력이 클 경우 매개변수의 영향력을 통계적으로 제거하여 처치변수의 영향을 정확히 분석할 수 있다. 일반적으로 처치 전에 종속변수를 측정하고 처치를 가한 후 처치효과를 검증하기 위하여 두 종속표본 t 검정을 사용하나 이 경우, 검사에 대한 기억효과로 처치변수의 효과를 정확히 분석할 수 없다. 이런 경우 종속변수와 상관이 있는 양적변수인 매개변수를 측정하여 매개변수를 통제하고 처치변수의 효과를 검정할 수 있다. 둘째, 매개변수를 통제할 뿐 아니라 오차변수의 영향을 최소화한다. 셋째, 매개변수가 2개 이상일 경우도 매개변수의 영향력을 통계적으로 제거할 수 있다.

단점은, 통계적으로 계산절차가 다소 복잡하고 결측값이 발생할 경우 어려움을 겪게 된다. 매개변수가 2개이면 매개변수가 하나인 공분산분석 계산절차와 동일한데 매개변수를 하나 더 고려하는 절차가 따른다. 만약 매개변수가 3개 이상이면 계산절차는 더욱 복잡해진다. 이럴 경우 계산의 어려움보다도, 많은 매개변수의 자료가 존재하여야 하고, 자료가 없는 경우 측정하여야 하는 어려움이 있기 때문에 동일한 대상에게 처치를 반복적으로 가하는 반복설계를 사용한다.

연습문제

1. 공분산분석이 무엇인지 설명하시오.

2. 공분산분석이 회귀분석과 분산분석의 통합적 방법이라 하는 이유를 설명하시오.

3. 종속변수의 평균과 교정평균에 대하여 다음 질문에 대하여 답하시오.
   - 3-1 교정평균이 무엇인지 설명하시오.
   - 3-2 종속변수의 교정평균의 차이가 원자료의 평균보다 커지는 경우를 설명하시오.
   - 3-3 종속변수의 교정평균의 차이가 원자료의 평균보다 작아지는 경우를 설명하시오.

4. 공분산분석의 선형모형을 쓰시오.

5. 공분산분석에서 회귀등식을 추정하는 다음의 방법을 설명하시오.
   - 5-1 집단을 고려하지 않고 종속변수와 매개변수의 회귀등식을 구하는 방법
   - 5-2 집단별로 종속변수와 매개변수의 회귀등식을 구하는 방법
   - 5-3 집단별로 추정한 회귀등식을 통합하는 방법
   - 5-4 세 방법 중 어느 방법이 가장 합리적인지 설명하시오.

6. 공분산분석에서 회귀계수의 동질성검정이 왜 필요한지 설명하시오.

7. 공분산분석표를 쓰시오.

8. 공분산분석에서 총편차제곱합 중 공분산에 의한 편차제곱합이 작으면 무엇을 의미하는지 설명하시오.

9. 매개변수와 종속변수의 관계가 어느 정도일 때 공분산분석이 바람직한지 설명하시오.

10. 공분산분석의 장단점을 논하시오.

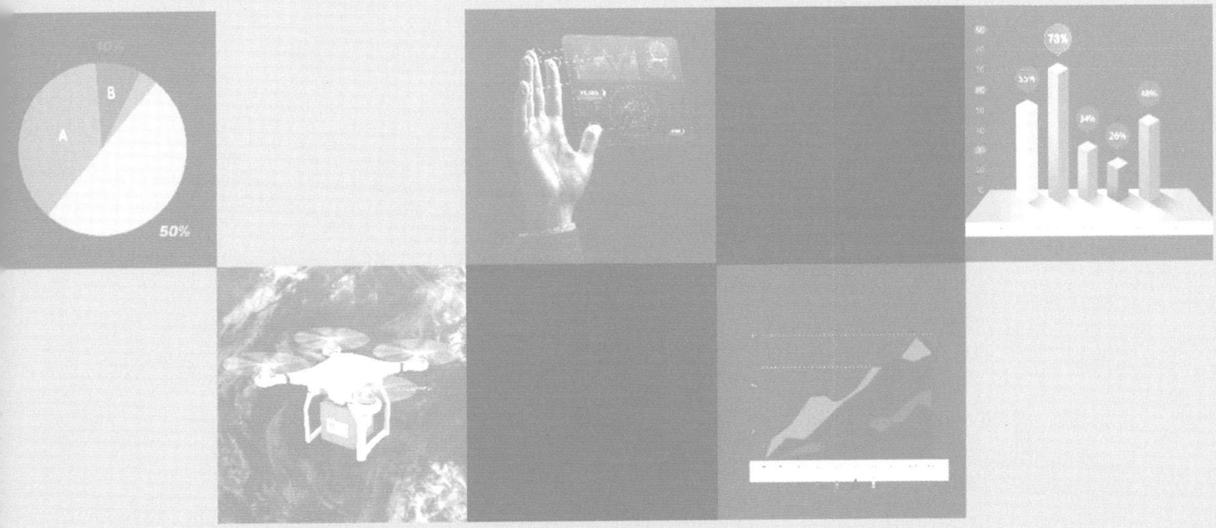

부록

[수표 1] 난수표

10 09 73 25 33	76 52 01 35 86	34 67 35 48 76	80 95 90 91 17	39 29 27 49 45
37 54 20 48 05	64 89 47 42 96	24 80 52 40 37	20 63 61 04 02	00 82 29 16 65
08 42 26 89 53	19 64 50 93 03	23 20 90 25 60	15 95 33 47 64	35 08 03 36 06
99 01 90 25 29	09 37 67 07 15	38 31 13 11 65	88 67 67 43 97	04 43 62 76 59
12 80 79 99 70	80 15 73 61 47	64 03 23 66 53	98 95 11 68 77	12 17 17 68 33
66 06 57 47 17	34 07 27 68 50	36 69 73 61 70	65 81 33 98 85	11 19 92 91 70
31 06 01 08 05	45 57 18 24 06	35 30 34 26 14	86 79 90 74 39	23 40 30 97 32
85 26 97 76 02	02 05 16 56 92	68 66 57 48 18	73 05 38 52 47	18 62 38 85 79
63 57 33 21 35	05 32 54 70 48	90 55 35 75 48	28 46 82 87 09	83 49 12 56 24
73 79 64 57 53	03 52 96 47 78	35 80 83 42 82	60 93 52 03 44	35 27 38 84 35
98 52 01 77 67	14 90 56 86 07	22 10 94 05 58	60 97 09 34 33	50 50 07 39 98
11 80 50 54 31	39 80 82 77 32	50 72 56 82 48	29 40 52 42 01	52 77 56 78 51
83 45 29 96 34	06 28 89 80 83	13 74 67 00 78	18 47 54 06 10	68 71 17 78 17
88 68 54 02 00	86 50 75 84 01	36 76 66 79 51	90 36 47 64 93	29 60 91 10 62
99 59 46 73 48	87 51 76 49 69	91 82 60 89 28	93 78 56 13 68	23 47 83 41 13
65 48 11 76 74	17 46 85 09 50	58 04 77 69 74	73 03 95 71 86	40 21 81 65 44
80 12 43 56 35	17 72 70 80 15	45 31 82 23 74	21 11 57 82 53	14 38 55 37 63
74 35 09 98 17	77 40 27 72 14	43 23 60 02 10	45 52 16 42 37	96 28 60 26 55
69 91 62 68 03	66 25 22 91 48	36 93 68 72 03	76 62 11 39 90	94 40 05 64 18
09 89 32 05 05	14 22 56 85 14	46 42 75 67 88	96 29 77 88 22	54 38 21 45 98
91 49 91 45 23	68 47 92 76 68	46 16 28 35 54	94 75 08 99 23	37 08 92 00 48
80 33 69 45 98	26 94 03 68 58	70 29 73 41 35	53 14 03 33 40	42 05 08 23 41
44 10 48 19 49	85 15 74 79 54	32 97 92 65 75	57 60 04 08 81	22 22 20 64 13
12 55 07 37 42	11 10 00 20 40	12 86 07 46 97	96 64 48 94 39	28 70 72 58 15
63 60 64 93 29	16 50 53 44 84	40 21 95 25 63	43 65 17 70 82	07 20 73 17 90
61 19 69 04 46	26 45 74 77 74	51 92 43 37 29	65 39 45 95 93	42 58 26 05 27
15 47 44 52 66	95 27 07 99 53	59 36 78 38 48	82 39 61 01 18	33 21 15 94 66
94 55 72 85 73	67 89 75 43 87	54 62 24 44 31	91 19 04 25 92	92 92 74 59 73
42 48 11 62 13	97 34 40 87 21	16 86 84 87 67	03 07 11 20 59	25 70 14 66 70
23 52 37 83 17	73 20 88 98 37	68 93 59 14 16	26 25 22 96 63	05 52 28 25 62
04 49 35 24 94	75 24 63 38 24	45 86 25 10 25	61 96 27 93 35	65 33 71 24 72
00 54 99 76 54	64 05 18 81 59	96 11 96 38 96	54 69 28 23 91	23 28 72 95 29
35 96 31 53 07	26 89 80 93 54	33 35 13 54 62	77 97 45 00 24	90 10 33 93 33
59 80 80 83 91	45 42 72 68 42	83 60 94 97 00	13 02 12 48 92	78 56 52 01 06
46 05 88 52 36	01 39 09 22 86	77 28 14 40 77	93 91 08 36 47	70 61 74 29 41
32 17 90 05 97	87 37 92 52 41	05 56 70 70 07	86 74 31 71 57	85 39 41 18 38
69 23 46 14 06	20 11 74 52 04	15 95 66 00 00	18 74 39 24 23	97 11 89 63 38
19 56 54 14 30	01 75 87 53 79	40 41 92 15 85	66 67 43 68 06	84 96 28 52 07
45 15 51 49 38	19 47 60 72 46	43 66 79 45 43	59 04 79 00 33	20 82 66 95 41
94 86 43 19 94	36 16 81 08 51	34 88 88 15 53	01 54 03 54 56	05 01 45 11 76
98 08 62 48 26	45 24 02 84 04	44 99 90 88 96	39 09 47 34 07	35 44 13 18 80
33 18 51 62 32	41 94 15 09 49	89 43 54 85 81	88 69 54 19 94	37 54 87 30 43
80 95 10 04 06	96 38 27 07 74	20 15 12 33 87	25 01 62 52 98	94 62 46 11 71
79 75 24 91 40	71 96 12 82 96	69 86 10 25 91	74 85 22 05 39	00 38 75 95 79
18 63 33 25 37	98 14 50 65 71	31 01 02 46 74	05 45 56 14 27	77 93 89 19 36
74 02 94 39 02	77 55 73 22 70	97 79 01 71 19	52 52 75 80 21	80 81 45 17 48
54 17 84 56 11	80 99 33 71 43	05 33 51 29 69	56 12 71 92 55	36 04 09 03 24
11 66 44 98 83	52 07 98 48 27	59 38 17 15 39	09 97 33 34 40	88 46 12 33 56
48 32 47 79 28	31 24 96 47 10	02 29 53 68 70	32 30 75 75 46	15 02 00 99 94
69 07 49 41 38	87 63 79 19 76	35 58 40 44 01	10 51 82 16 15	01 84 87 69 38

[수표 2] Tang 차트

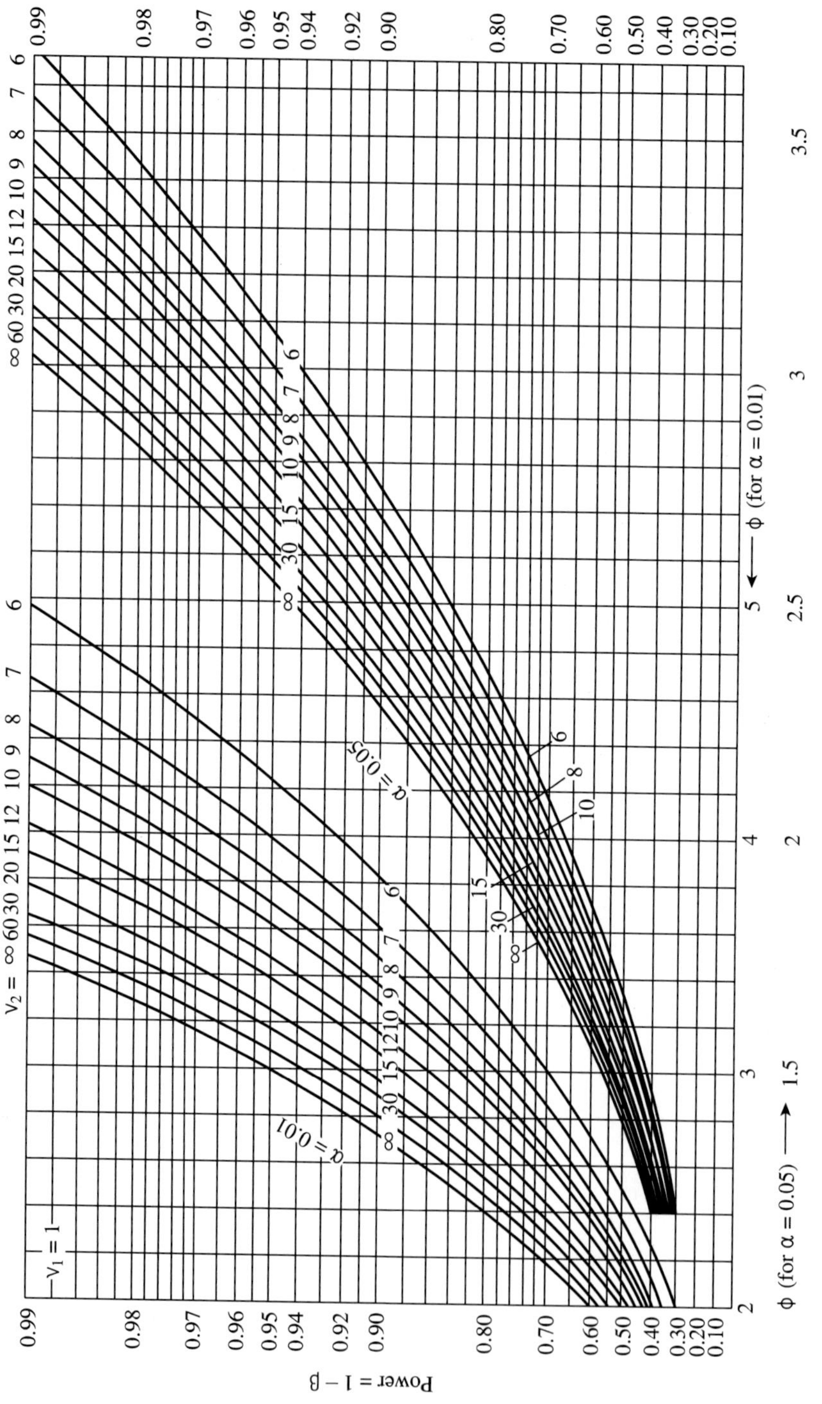

(계속)

[수표 2] Tang 차트

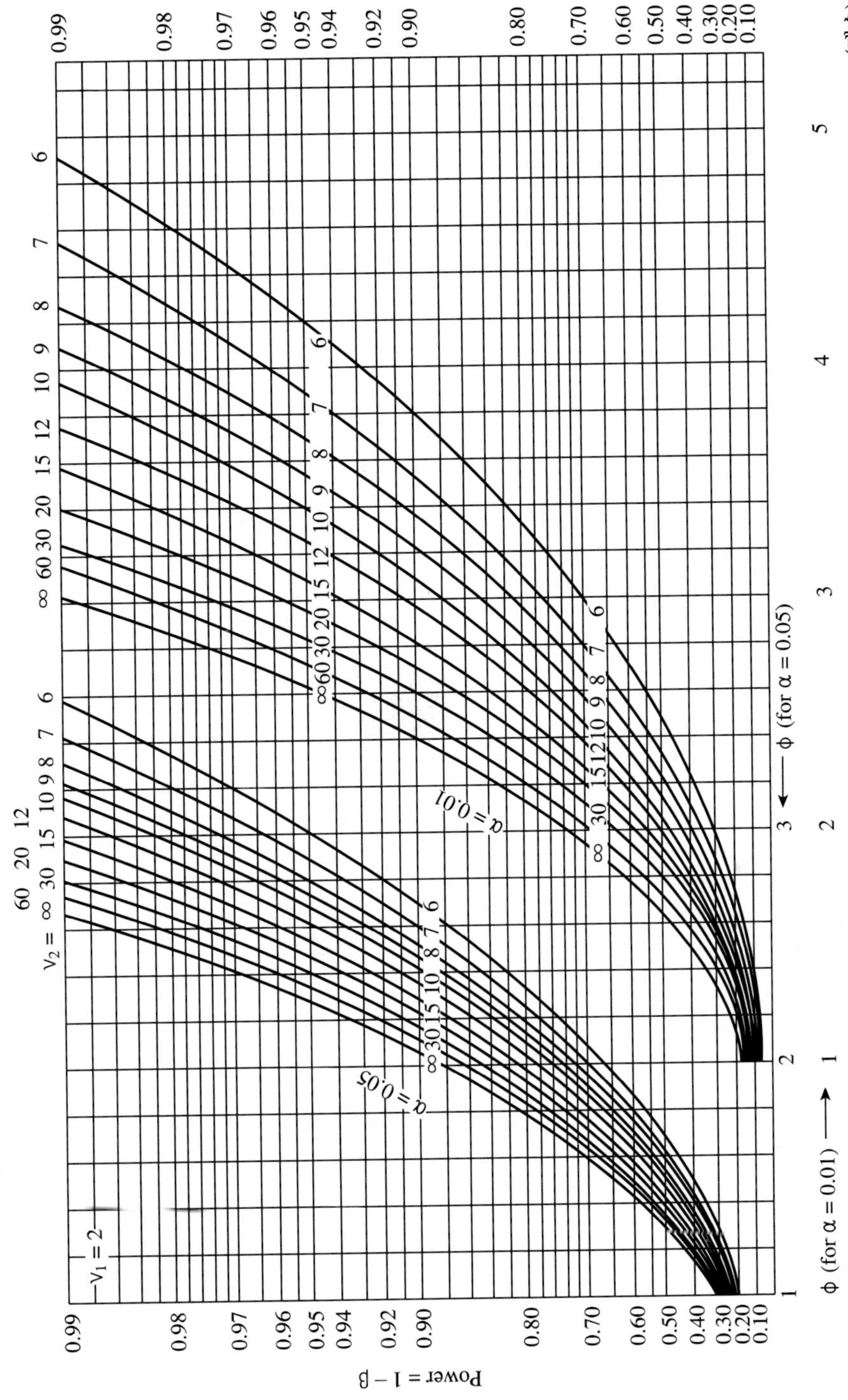

(계속)

[수표 2] Tang 차트

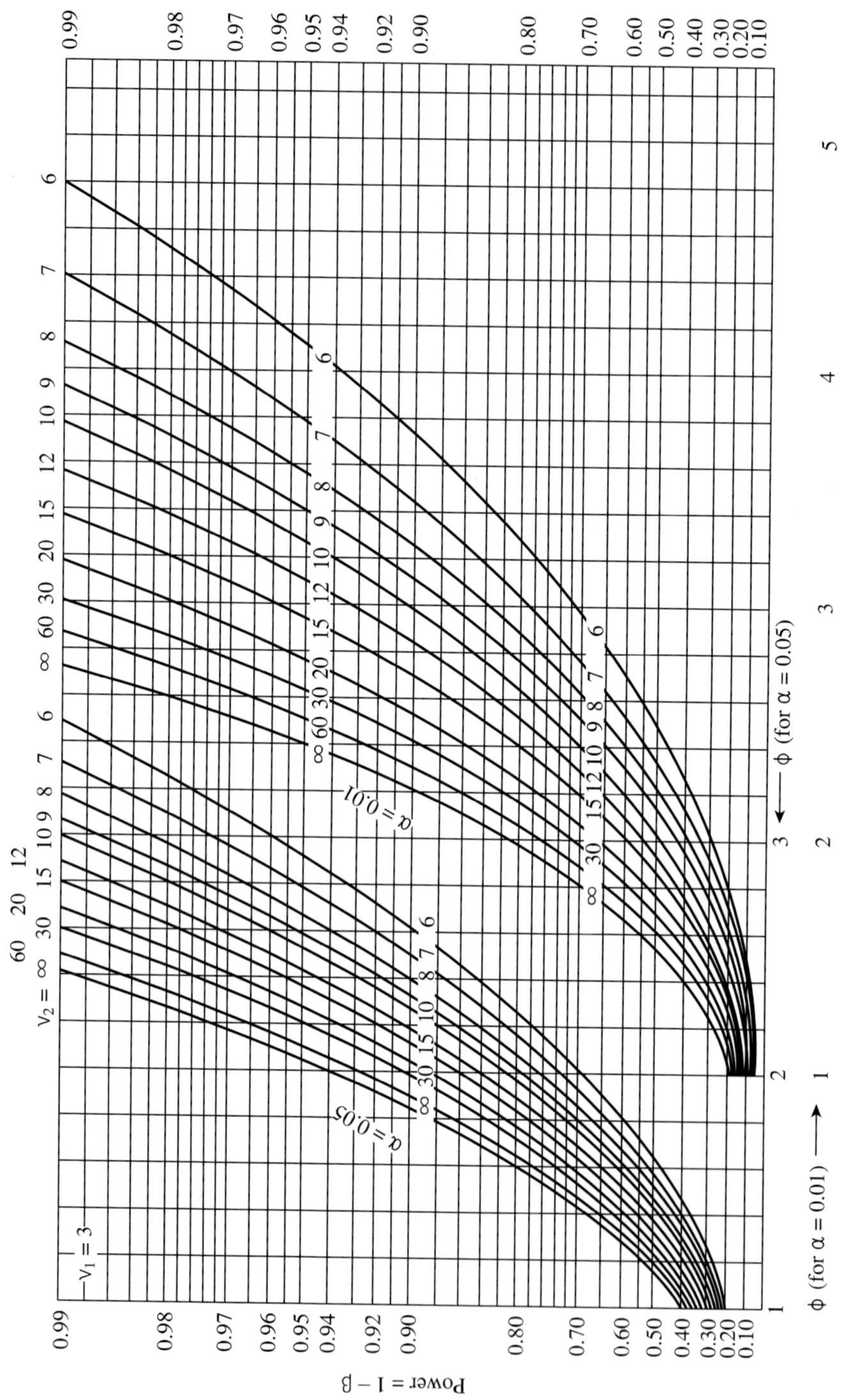

(계속)

[수표 2] Tang 차트

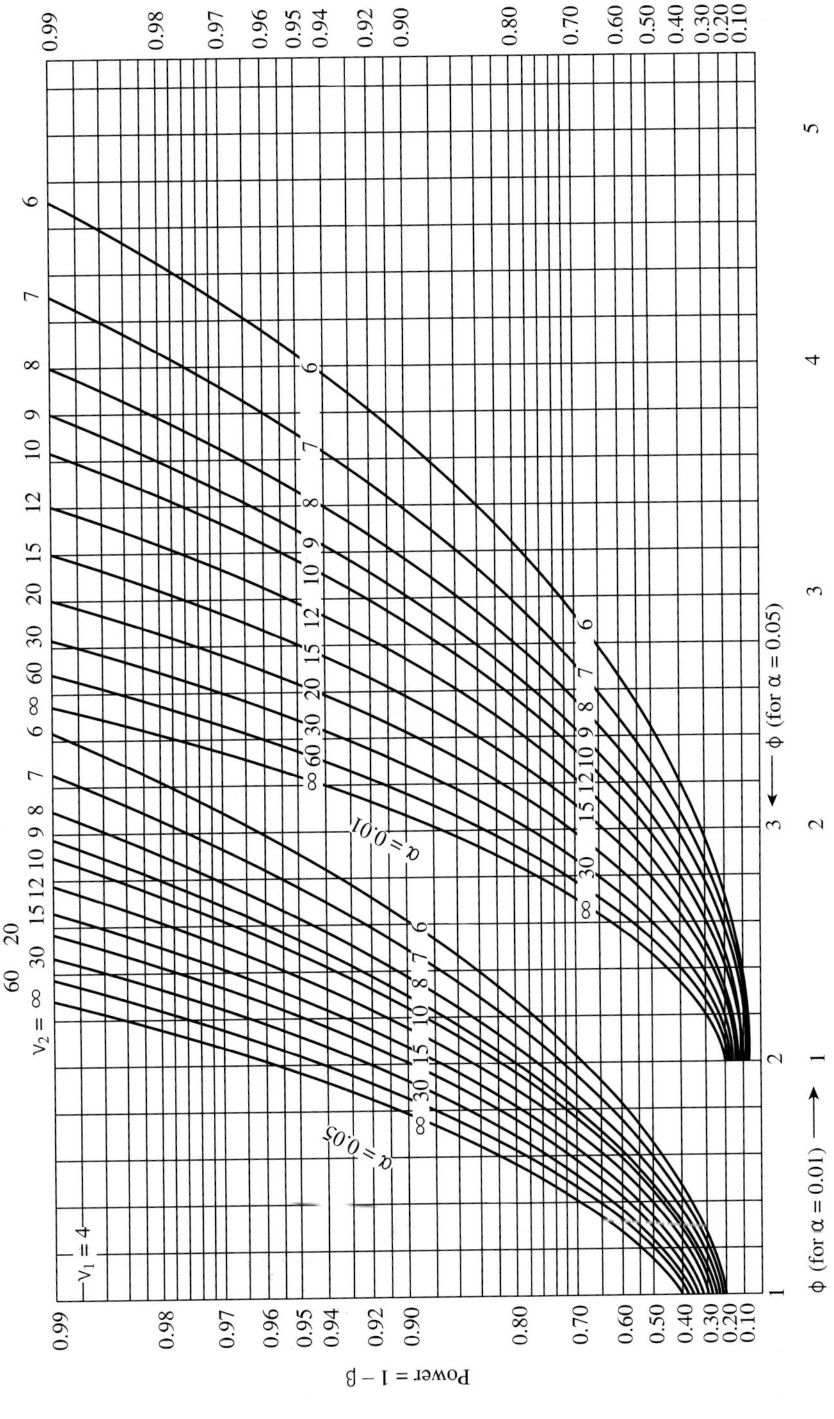

[수표 3] Hartley 수표(F_{max} 기각값)

$$F_{\max} = (\hat{\sigma}^2_{j\ largest})/(\hat{\sigma}^2_{j\ smallest})$$

df for $\hat{\sigma}^2_j$	α	집단수 (J)										
		2	3	4	5	6	7	8	9	10	11	12
2	.05	39.0	87.5	142	202	266	333	403	475	550	626	704
	.01	199	448	729	1036	1362	1705	2063	2432	2813	3204	3605
3	.05	15.4	27.8	39.2	50.7	62.0	72.9	83.5	93.9	104	114	124
	.01	47.5	85	120	151	184	216	249	281	310	337	361
4	.05	9.60	15.5	20.6	25.2	29.5	33.6	37.5	41.4	44.6	48.0	51.4
	.01	23.2	37.	49.	59.	69.	79.	89.	97.	106.	113.	120.
5	.05	7.15	10.8	13.7	16.3	18.7	20.8	22.9	24.7	26.5	28.2	29.9
	.01	14.9	22.	28.	33.	38.	42.	46.	50.	54.	57.	60.
6	.05	5.82	8.38	10.4	12.1	13.7	15.0	16.3	17.5	18.6	19.7	20.7
	.01	11.1	15.5	19.1	22.	25.	27.	30.	32.	34.	36.	37.
7	.05	4.99	6.9412.	8.44	9.70	10.8	11.8	12.7	13.5	14.3	15.1	15.8
	.01	8.89	1	14.5	16.5	18.4	20.	22.	23.	24.	26.	27.
8	.05	4.43	6.00	7.18	8.12	9.03	9.78	10.5	11.1	11.7	12.2	12.7
	.01	7.50	9.9	11.7	13.2	14.5	15.8	16.9	17.9	18.9	19.8	21.
9	.05	4.03	5.34	6.31	7.11	7.80	8.41	8.95	9.45	9.91	10.3	10.7
	.01	6.54	8.5	9.9	11.1	12.1	13.1	13.9	14.7	15.3	16.0	16.6
10	.05	3.72	4.85	5.67	6.34	6.92	7.42	7.87	8.28	8.66	9.01	9.34
	.01	5.85	7.4	8.6	9.6	10.4	11.1	11.8	12.4	12.9	13.4	13.9
12	.05	3.28	4.16	4.79	5.30	5.72	6.09	6.42	6.72	7.00	7.25	7.48
	.01	4.91	6.1	6.9	7.6	8.2	8.7	9.1	9.5	9.9	10.2	10.6
15	.05	2.86	3.54	4.01	4.37	4.68	4.95	5.19	5.40	5.59	5.77	5.93
	.01	4.07	4.9	5.5	6.0	6.4	6.7	7.1	7.3	7.5	7.8	8.0
20	.05	2.46	2.95	3.29	3.54	3.76	3.94	4.10	4.24	4.37	4.49	4.59
	.01	3.32	3.8	4.3	4.6	4.9	5.1	5.3	5.5	5.6	5.8	5.9
30	.05	2.07	2.40	2.61	2.78	2.91	3.02	3.12	3.21	3.29	3.36	3.39
	.01	2.63	3.0	3.3	3.4	3.6	3.7	3.8	3.9	4.0	4.1	4.2
60	.05	1.67	1.85	1.96	2.04	2.11	2.17	2.22	2.26	2.30	2.33	2.36
	.01	1.96	2.2	2.3	2.4	2.4	2.5	2.5	2.6	2.6	2.7	2.7
∞	.05	1.00	1.00	1.00	1.00	1.00	1.00	1.00	1.00	1.00	1.00	1.00
	.01	1.00	1.00	1.00	1.00	1.00	1.00	1.00	1.00	1.00	1.00	1.00

[수표 4] Cochran 수표(C 기각값)

$$C = \frac{largest\,\hat{\sigma}_j^2}{\sum \hat{\sigma}_j^2}$$

df for $\hat{\sigma}_j^2$	α	집단수 (J)										
		2	3	4	5	6	7	8	9	10	15	20
1	.05	.9985	.9669	.9065	.8412	.7808	.7271	.6798	.6385	.6020	.4709	.3894
	.01	.9999	.9933	.9676	.9279	.8828	.8376	.7945	.7544	.7175	.5747	.4799
2	.05	.9750	.8709	.7679	.6838	.6161	.5612	.5157	.4775	.4450	.3346	.2705
	.01	.9950	.9423	.8643	.7885	.7218	.6644	.6152	.5727	.5358	.4069	.3297
3	.05	.9392	.7977	.6841	.5981	.5321	.4800	.4377	.4027	.3733	.2758	.2205
	.01	.9794	.8831	.7814	.6957	.6258	.5685	.5209	.4810	.4469	.3317	.2654
4	.05	.9057	.7457	.6287	.5441	.4803	.4307	.3910	.3584	.3311	.2419	.1921
	.01	.9586	.8335	.7212	.6329	.5635	.5080	.4627	.4251	.3934	.2882	.2288
5	.05	.8772	.7071	.5895	.5065	.4447	.3974	.3595	.3286	.3029	.2195	.1735
	.01	.9373	.7933	.6761	.5875	.5195	.4659	.4226	.3870	.3572	.2593	.2048
6	.05	.8534	.6771	.5598	.4783	.4184	.3726	.3362	.3067	.2823	.2034	.1602
	.01	.9172	.7606	.6410	.5531	.4866	.4347	.3932	.3592	.3308	.2386	.1877
7	.05	.8332	.6530	.5365	.4564	.3980	.3535	.3185	.2901	.2666	.1911	.1501
	.01	.8988	.7335	.6129	.5259	.4608	.4105	.3704	.3378	.3106	.2228	.1748
8	.05	.8159	.6333	.5175	.4387	.3817	.3384	.3043	.2768	.2541	.1815	.1422
	.01	.8823	.7107	.5897	.5037	.4401	.3911	.3522	.3207	.2945	.2104	.1646
9	.05	.8010	.6167	.5017	.4241	.3682	.3259	.2926	.2659	.2439	.1736	.1357
	.01	.8674	.6912	.5702	.4854	.4229	.3751	.3373	.3067	.2813	.2002	.1567
16	.05	.7341	.5466	.4366	.3645	.3135	.2756	.2462	.2226	.2032	.1429	.1108
	.01	.7949	.6059	.4884	.4094	.3529	.3105	.2779	.2514	.2297	.1612	.1248
36	.05	.6602	.4748	.3720	.3066	.2612	.2278	.2022	.1820	.1655	.1144	.0879
	.01	.7067	.5153	.4057	.3351	.2858	.2494	.2214	.1992	.1811	.1251	.0960
144	.05	.5813	.4031	.3093	.2513	.2119	.1833	.1616	.1446	.1308	.0889	.0675
	.01	.6062	.4230	.3251	.2644	.2229	.1929	.1700	.1521	.1376	.0934	.0709

[수표 5] t 분포표

df	P	.005	.01	.025	.05	.10	.90	.95	.975	.99	.995
	α						.10	.05	.025	.01	.005
1		−63.657	−31.821	−12.706	−6.314	−3.078	3.078	6.314	12.706	31.821	63.657
2		−9.925	−6.965	−4.303	−2.920	−1.886	1.886	2.920	4.303	6.965	9.925
3		−5.841	−4.541	−3.182	−2.353	−1.638	1.638	2.353	3.182	4.541	5.841
4		−4.604	−3.747	−2.776	−2.132	−1.533	1.533	2.132	2.776	3.747	4.604
5		−4.032	−3.365	−2.571	−2.015	−1.476	1.476	2.015	2.571	3.365	4.032
6		−3.707	−3.343	−2.447	−1.943	−1.440	1.440	1.943	2.447	3.143	3.707
7		−3.499	−2.998	−2.365	−1.895	−1.415	1.415	1.895	2.365	2.998	3.499
8		−3.355	−2.896	−2.306	−1.860	−1.397	1.397	1.860	2.306	2.896	3.355
9		−3.250	−2.821	−2.262	−1.833	−1.383	1.383	1.833	2.262	2.821	3.250
10		−3.169	−2.764	−2.228	−1.812	−1.372	1.372	1.812	2.228	2.764	3.169
11		−3.106	−2.718	−2.201	−1.796	−1.363	1.363	1.796	2.201	2.718	3.106
12		−3.055	−2.681	−2.179	−1.782	−1.356	1.356	1.782	2.179	2.681	3.055
13		−3.012	−2.650	−2.160	−1.771	−1.350	1.350	1.771	2.160	2.650	3.012
14		−2.977	−2.624	−2.145	−1.761	−1.345	1.345	1.761	2.145	2.624	2.977
15		−2.947	−2.602	−2.131	−1.753	−1.341	1.341	1.753	2.131	2.602	2.947
16		−2.921	−2.583	−2.120	−1.746	−1.337	1.337	1.746	2.120	2.583	2.921
17		−2.898	−2.567	−2.110	−1.740	−1.333	1.333	1.740	2.110	2.567	2.898
18		−2.878	−2.552	−2.101	−1.734	−1.330	1.330	1.734	2.101	2.552	2.878
19		−2.861	−2.539	−2.093	−1.729	−1.328	1.328	1.729	2.093	2.539	2.861
20		−2.845	−2.528	−2.086	−1.725	−1.325	1.325	1.725	2.086	2.528	2.845
21		−2.831	−2.518	−2.080	−1.721	−1.323	1.323	1.721	2.080	2.518	2.831
22		−2.819	−2.508	−2.074	−1.717	−1.321	1.321	1.717	2.074	2.508	2.819
23		−2.807	−2.500	−2.069	−1.714	−1.319	1.319	1.714	2.069	2.500	2.807
24		−2.797	−2.492	−2.064	−1.711	−1.318	1.318	1.711	2.064	2.492	2.797
25		−2.787	−2.485	−2.060	−1.708	−1.316	1.316	1.708	2.060	2.485	2.787
26		−2.779	−2.479	−2.056	−1.706	−1.315	1.315	1.706	2.056	2.479	2.779
27		−2.771	−2.473	−2.052	−1.703	−1.314	1.314	1.703	2.052	2.473	2.771
28		−2.763	−2.467	−2.048	−1.701	−1.313	1.313	1.701	2.048	2.467	2.763
29		−2.756	−2.462	−2.045	−1.699	−1.311	1.311	1.699	2.045	2.462	2.756
30		−2.750	−2.457	−2.042	−1.697	−1.310	1.310	1.697	2.042	2.457	2.750
40		−2.704	−2.423	−2.021	−1.684	−1.303	1.303	1.684	2.021	2.423	2.704
60		−2.660	−2.390	−2.000	−1.671	−1.296	1.296	1.671	2.000	2.390	2.660
120		−2.617	−2.358	−1.980	−1.658	−1.289	1.289	1.658	1.980	2.358	2.617
∞		−2.576	−2.326	−1.960	−1.645	−1.282	1.282	1.645	1.960	2.326	2.576

[수표 6] F 분포표

ν_2, 분모의 자유도	p	α	ν_1, 분자의 자유도: 1	2	3	4	5	6	7	8	9	10	11	12	15	20	24	30	40	60	120	∞	Cum. prop.
1	.950	.050	161	200	216	225	230	234	237	239	241	242	243	244	246	248	249	250	251	252	253	254	.95
	.975	.025	648	800	864	900	922	937	948	957	963	969	973	977	985	993	997	100^1	101^1	101^1	101^1	102^1	.975
	.990	.010	405^1	500^1	540^1	562^1	576^1	586^1	593^1	598^1	602^1	606^1	608^1	611^1	616^1	621^1	623^1	626^1	629^1	631^1	634^1	637^1	.99
	.995	.005	162^2	200^2	216^2	225^2	231^2	234^2	237^2	239^2	241^2	242^2	243^2	244^2	246^2	248^2	249^2	250^2	251^2	253^2	254^2	255^2	.995
2	.950	.050	18.5	19.0	19.2	19.2	19.3	19.3	19.4	19.4	19.4	19.4	19.4	19.4	19.4	19.4	19.5	19.5	19.5	19.5	19.5	19.5	.95
	.975	.025	38.5	39.0	39.2	39.2	39.3	39.3	39.4	39.4	39.4	39.4	39.4	39.4	39.4	39.4	39.5	39.5	39.5	39.5	39.5	39.5	.975
	.990	.010	98.5	99.0	99.2	99.2	99.3	99.3	99.4	99.4	99.4	99.4	99.4	99.4	99.4	99.4	99.5	99.5	99.5	99.5	99.5	99.5	.99
	.995	.005	198	199	199	199	199	199	199	199	199	199	199	199	199	199	199	199	199	199	199	200	.995
3	.950	.050	10.1	9.55	9.28	9.12	9.01	8.94	8.89	8.85	8.81	8.79	8.76	8.74	8.70	8.66	8.63	8.62	8.59	8.57	8.55	8.53	.95
	.975	.025	17.4	16.0	15.4	15.1	14.9	14.7	14.6	14.5	14.5	14.4	14.4	14.3	14.3	14.2	14.1	14.1	14.0	14.0	13.9	13.9	.975
	.990	.010	34.1	30.8	29.5	28.7	28.2	27.9	27.7	27.5	27.3	27.2	27.1	27.1	26.9	26.7	26.6	26.5	26.4	26.3	26.2	26.1	.99
	.995	.005	55.6	49.8	47.5	46.2	45.4	44.8	44.4	44.1	43.9	43.7	43.5	43.4	43.1	42.8	42.6	42.5	42.3	42.1	42.0	41.8	.995
4	.950	.050	7.71	6.94	6.59	6.39	6.26	6.16	6.09	6.04	6.00	5.96	5.94	5.91	5.86	5.80	5.77	5.75	5.72	5.69	5.66	5.63	.95
	.975	.025	12.2	10.6	9.98	9.60	9.36	9.20	9.07	8.98	8.90	8.84	8.79	8.75	8.66	8.56	8.51	8.46	8.41	8.36	8.31	8.26	.975
	.990	.010	21.2	18.0	16.7	16.0	15.5	15.2	15.0	14.8	14.7	14.5	14.4	14.4	14.2	14.0	13.9	13.8	13.7	13.7	13.6	13.5	.99
	.995	.005	31.3	26.3	24.3	23.2	22.5	22.0	21.6	21.4	21.1	21.0	20.8	20.7	20.4	20.2	20.0	19.9	19.8	19.6	19.5	19.3	.995
5	.950	.050	6.61	5.79	5.41	5.19	5.05	4.95	4.88	4.82	4.77	4.74	4.71	4.68	4.62	4.56	4.53	4.50	4.46	4.43	4.40	4.36	.95
	.975	.025	10.0	8.43	7.76	7.39	7.15	6.98	6.85	6.76	6.68	6.62	6.57	6.52	6.43	6.33	6.28	6.23	6.18	6.12	6.07	6.02	.975
	.990	.010	16.3	13.3	12.1	11.4	11.0	10.7	10.5	10.3	10.2	10.1	9.96	9.87	9.72	9.55	9.47	9.38	9.29	9.20	9.11	9.02	.99
	.995	.005	22.8	18.3	16.5	15.6	14.9	14.5	14.2	14.0	13.8	13.6	13.5	13.4	13.1	12.9	12.8	12.7	12.5	12.4	12.3	12.1	.995

$.0^356 = .00056$, $200^1 = 2,000$, $162^4 = 1,620,000$

(계속)

[수표 6] F 분포표

ν_2, 분모의 자유도	p	α	ν_1, 분자의 자유도 1	2	3	4	5	6	7	8	9	10	11	12	15	20	24	30	40	60	120	∞	Cum. prop.
6	.950	.050	5.99	5.14	4.76	4.53	4.39	4.28	4.21	4.15	4.10	4.06	4.03	4.00	3.94	3.87	3.84	3.81	3.77	3.74	3.70	3.67	.95
	.975	.025	8.81	7.26	6.60	6.23	5.99	5.82	5.70	5.60	5.52	5.46	5.41	5.37	5.27	5.17	5.12	5.07	5.01	4.96	4.90	4.85	.975
	.990	.010	13.7	10.9	9.78	9.15	8.75	8.47	8.26	8.10	7.98	7.87	7.79	7.72	7.56	7.40	7.31	7.23	7.14	7.06	6.97	6.88	.99
	.995	.005	18.6	14.5	12.9	12.0	11.5	11.1	10.8	10.6	10.4	10.2	10.1	10.0	9.81	9.59	9.41	9.36	9.24	9.12	9.00	8.88	.995
7	.950	.050	5.59	4.74	4.35	4.12	3.97	3.87	3.79	3.73	3.68	3.64	3.60	3.57	3.51	3.44	3.41	3.38	3.34	3.30	3.27	3.23	.95
	.975	.025	8.07	6.54	5.89	5.52	5.29	5.12	4.99	4.90	4.82	4.76	4.71	4.67	4.57	4.47	4.42	4.36	4.31	4.25	4.20	4.14	.975
	.990	.010	12.2	9.55	8.45	7.85	7.46	7.19	6.99	6.84	6.72	6.62	6.54	6.47	6.31	6.16	6.07	5.99	5.91	5.82	5.74	5.65	.99
	.995	.005	16.2	12.4	10.9	10.0	9.52	9.16	8.89	8.68	8.51	8.38	8.27	8.18	7.97	7.75	7.65	7.53	7.42	7.31	7.19	7.08	.995
8	.950	.050	5.32	4.46	4.07	3.84	3.69	3.58	3.50	3.44	3.39	3.35	3.31	3.28	3.22	3.15	3.12	3.08	3.04	3.01	2.97	2.93	.95
	.975	.025	7.57	6.06	5.42	5.05	4.82	4.65	4.53	4.43	4.36	4.30	4.24	4.20	4.10	4.00	3.95	3.89	3.84	3.78	3.73	3.67	.975
	.990	.010	11.3	8.65	7.59	7.01	6.63	6.37	6.18	6.03	5.91	5.81	5.73	5.67	5.52	5.36	5.28	5.20	5.12	5.03	4.95	4.86	.99
	.995	.005	14.7	11.0	9.60	8.81	8.30	7.95	7.69	7.50	7.34	7.21	7.10	7.01	6.81	6.61	6.50	6.40	6.29	6.18	6.06	5.95	.995
9	.950	.050	5.12	4.26	3.86	3.63	3.48	3.37	3.29	3.23	3.18	3.14	3.10	3.07	3.01	2.94	2.90	2.86	2.83	2.79	2.75	2.71	.95
	.975	.025	7.21	5.71	5.08	4.72	4.48	4.32	4.20	4.10	4.03	3.96	3.91	3.87	3.77	3.67	3.61	3.56	3.51	3.45	3.39	3.33	.975
	.990	.010	10.6	8.02	6.99	6.42	6.06	5.80	5.61	5.47	5.35	5.26	5.18	5.11	4.96	4.81	4.73	4.65	4.57	4.48	4.40	4.31	.99
	.995	.005	13.6	10.1	8.72	7.96	7.47	7.13	6.88	6.69	6.54	6.42	6.31	6.23	6.03	5.83	5.73	5.62	5.52	5.41	5.30	5.19	.995
10	.950	.050	4.96	4.10	3.71	3.48	3.33	3.22	3.14	3.07	3.02	2.98	2.94	2.91	2.85	2.77	2.74	2.70	2.66	2.62	2.58	2.54	.95
	.975	.025	6.94	5.46	4.83	4.47	4.24	4.07	3.95	3.85	3.78	3.72	3.66	3.62	3.52	3.42	3.37	3.31	3.26	3.20	3.14	3.08	.975
	.990	.010	10.0	7.56	6.55	5.99	5.64	5.39	5.20	5.06	4.94	4.85	4.77	4.71	4.56	4.41	4.33	4.25	4.17	4.08	4.00	3.91	.99
	.995	.005	12.8	9.43	8.08	7.34	6.87	6.54	6.30	6.12	5.97	5.85	5.75	5.66	5.47	5.27	5.17	5.07	4.97	4.86	4.75	4.64	.995

$.0^356 = .00056,\ 200^1 = 2{,}000,\ 162^4 = 1{,}620{,}000$

(계속)

[수표 6] F 분포표

ν_2, 분모의 자유도

ν_2	p	α	1	2	3	4	5	6	7	8	9	10	11	12	15	20	24	30	40	60	120	∞	Cum. prop.
11	.950	.050	4.84	3.98	3.59	3.36	3.20	3.09	3.01	2.95	2.90	2.85	2.82	2.79	2.72	2.65	2.61	2.57	2.53	2.49	2.45	2.40	.95
	.975	.025	6.72	5.26	4.63	4.28	4.04	3.88	3.76	3.66	3.59	3.53	3.47	3.43	3.33	3.23	3.17	3.12	3.06	3.00	2.94	2.88	.975
	.990	.010	9.65	7.21	6.22	5.67	5.32	5.07	4.89	4.74	4.63	4.54	4.46	4.40	4.25	4.10	4.02	3.94	3.86	3.78	3.69	3.60	.99
	.995	.005	12.2	8.91	7.60	6.88	6.42	6.10	5.86	5.68	5.54	5.42	5.32	5.24	5.05	4.86	4.76	4.65	4.55	4.45	4.34	4.23	.995
12	.950	.050	4.75	3.89	3.49	3.26	3.11	3.00	2.91	2.85	2.80	2.75	2.72	2.69	2.62	2.54	2.51	2.47	2.43	2.38	2.34	2.30	.95
	.975	.025	6.55	5.10	4.47	4.12	3.89	3.73	3.61	3.51	3.44	3.37	3.32	3.28	3.18	3.07	3.02	2.96	2.91	2.85	2.79	2.72	.975
	.990	.010	9.33	6.93	5.95	5.41	5.06	4.82	4.64	4.50	4.39	4.30	4.22	4.16	4.01	3.86	3.78	3.70	3.62	3.54	3.45	3.36	.99
	.995	.005	11.8	8.51	7.23	6.52	6.07	5.76	5.52	5.35	5.20	5.09	4.99	4.91	4.72	4.53	4.43	4.33	4.23	4.12	4.01	3.90	.995
15	.950	.050	4.54	3.68	3.29	3.06	2.90	2.79	2.71	2.64	2.59	2.54	2.51	2.48	2.40	2.33	2.29	2.25	2.20	2.16	2.11	2.07	.95
	.975	.025	6.20	4.76	4.15	3.80	3.58	3.41	3.29	3.20	3.12	3.06	3.01	2.96	2.86	2.76	2.70	2.64	2.59	2.52	2.46	2.40	.975
	.990	.010	8.68	6.36	5.42	4.89	4.56	4.32	4.14	4.00	3.89	3.80	3.73	3.67	3.52	3.37	3.29	3.21	3.13	3.05	2.96	2.87	.99
	.995	.005	10.8	7.70	6.48	5.80	5.37	5.07	4.85	4.67	4.54	4.42	4.33	4.25	4.07	3.88	3.79	3.69	3.59	3.48	3.37	3.26	.995
20	.950	.050	4.35	3.49	3.10	2.87	2.71	2.60	2.51	2.45	2.39	2.35	2.31	2.28	2.20	2.12	2.08	2.04	1.99	1.95	1.90	1.84	.95
	.975	.025	5.87	4.46	3.86	3.51	3.29	3.13	3.01	2.91	2.84	2.77	2.72	2.68	2.57	2.46	2.41	2.35	2.29	2.22	2.16	2.09	.975
	.990	.010	8.10	5.85	4.49	4.43	4.10	3.70	3.70	3.56	3.46	3.37	3.29	3.23	3.09	2.94	2.86	2.78	2.69	2.61	2.52	2.42	.99
	.995	.005	9.94	6.99	5.82	5.17	4.76	4.26	4.26	4.09	3.96	3.85	3.76	3.68	3.50	3.32	3.22	3.12	3.02	2.92	2.81	2.69	.995
24	.950	.050	4.26	3.40	3.01	2.78	2.62	2.51	2.42	2.36	2.30	2.25	2.21	2.18	2.11	2.03	1.98	1.94	1.89	1.84	1.79	1.73	.95
	.975	.025	5.72	4.32	3.72	3.38	3.15	2.99	2.87	2.78	2.70	2.64	2.59	2.54	2.44	2.33	2.27	2.21	2.15	2.08	2.01	1.94	.975
	.990	.010	7.82	5.61	4.72	4.22	3.90	3.67	3.50	3.36	3.26	3.17	3.09	3.03	2.89	2.74	2.66	2.58	2.49	2.40	2.31	2.21	.99
	.995	.005	.955	6.66	5.52	4.89	4.49	4.20	3.99	3.83	3.69	3.59	3.50	3.42	3.25	3.06	2.97	2.87	2.77	2.66	2.55	2.43	.995

$.0^356 = .00056,\ 200^1 = 2,000,\ 162^4 = 1,620,000$

(계속)

[수표 6] F 분포표

ν_2, 분모의 자유도	p	α	1	2	3	4	5	6	7	8	9	10	11	12	15	20	24	30	40	60	120	∞	Cum. prop.
30	.950	.050	4.17	3.32	2.92	2.69	2.53	2.42	2.33	2.27	2.21	2.16	2.13	2.09	2.01	1.93	1.89	1.84	1.79	1.74	1.68	1.62	.95
	.975	.025	5.57	4.18	3.59	3.25	3.03	2.87	2.75	2.65	2.57	2.51	2.46	2.41	2.31	2.20	2.14	2.07	2.01	1.94	1.87	1.79	.975
	.990	.010	7.56	5.39	4.51	4.02	3.70	3.47	3.30	3.17	3.07	2.98	2.91	2.84	2.70	2.55	2.47	2.39	2.30	2.21	2.11	2.01	.99
	.995	.005	9.18	3.65	5.24	4.62	4.23	3.95	3.74	3.58	3.45	3.34	3.25	3.18	3.01	2.82	2.73	2.63	2.52	2.42	2.30	2.18	.995
40	.950	.050	4.08	3.23	2.84	2.61	2.45	2.34	2.25	2.18	2.12	2.08	2.04	2.00	1.92	1.84	1.79	1.74	1.69	1.64	1.58	1.51	.95
	.975	.025	5.42	4.05	3.46	3.13	2.90	2.74	2.62	2.53	2.45	2.39	2.33	2.29	2.18	2.07	2.01	1.94	1.88	1.80	1.72	1.64	.975
	.990	.010	7.31	5.18	4.31	3.83	3.51	3.29	3.12	2.99	2.89	2.80	2.73	2.66	2.52	2.37	2.29	2.20	2.11	2.02	1.92	1.80	.99
	.995	.005	8.83	6.07	4.98	4.37	3.99	3.71	3.51	3.35	3.22	3.12	3.03	2.95	2.78	2.60	2.50	2.40	2.30	2.18	2.06	1.93	.995
60	.950	.050	4.00	3.15	2.76	2.53	2.37	2.25	2.17	2.10	2.04	1.99	1.95	1.92	1.84	1.75	1.70	1.65	1.59	1.53	1.47	1.39	.95
	.975	.025	5.29	3.93	3.34	3.01	2.79	2.63	2.51	2.41	2.33	2.27	2.22	2.17	2.06	1.94	1.88	1.82	1.74	1.67	1.58	1.48	.975
	.990	.010	7.08	4.98	4.13	3.65	3.34	3.12	2.95	2.82	2.72	2.63	2.56	2.50	2.35	2.20	2.12	2.03	1.94	1.84	1.73	1.60	.99
	.995	.005	8.49	5.80	4.73	4.14	3.76	3.49	3.29	3.13	3.01	2.90	2.82	2.74	2.57	2.39	2.29	2.19	2.08	1.96	1.83	1.69	.995
120	.950	.050	3.92	3.07	2.68	2.45	2.29	2.18	2.09	2.02	1.96	1.91	1.87	1.83	1.75	1.66	1.61	1.55	1.50	1.43	1.35	1.25	.95
	.975	.025	5.15	3.80	3.23	2.89	2.67	2.52	2.39	2.30	2.22	2.16	2.10	2.05	1.95	1.82	1.76	1.69	1.61	1.53	1.43	1.31	.975
	.990	.010	6.85	4.79	3.95	3.48	3.17	2.96	2.79	2.66	2.56	2.47	2.40	2.34	2.19	2.03	1.95	1.86	1.76	1.66	1.53	1.38	.99
	.995	.005	8.18	5.54	4.50	3.92	3.55	3.28	3.09	2.93	2.81	2.71	2.62	2.54	2.37	2.19	2.09	1.98	1.87	1.75	1.61	1.43	.995
∞	.950	.050	3.84	3.00	2.60	2.37	2.21	2.10	2.01	1.94	1.88	1.83	1.79	1.75	1.67	1.57	1.52	1.46	1.39	1.32	1.22	1.00	.95
	.975	.025	5.02	3.69	3.12	2.79	2.57	2.41	2.29	2.19	2.11	2.05	1.99	1.94	1.83	1.71	1.64	1.57	1.48	1.39	1.27	1.00	.975
	.990	.010	6.63	4.61	3.78	3.32	3.02	2.80	2.64	2.51	2.41	2.32	2.25	2.18	2.04	1.88	1.79	1.70	1.59	1.47	1.32	1.00	.99
	.995	.005	7.88	5.30	4.28	3.72	3.35	3.09	2.90	2.74	2.62	2.52	2.43	2.36	2.19	2.00	1.90	1.79	1.67	1.53	1.36	1.00	.995

Column header: ν_1, 분자의 자유도

$.0^{3}56 = .00056,\ 200^{1} = 2{,}000,\ 162^{4} = 1{,}620{,}000$

[수표 7] Tukey의 HSD-qT

Error df	α	집단수 (J)									
		2	3	4	5	6	7	8	9	10	11
2	.05	6.08	8.33	9.80	10.88	11.73	12.44	13.03	13.54	13.99	14.38
	.01	14.04	19.02	22.29	24.72	26.63	28.20	29.53	30.68	31.69	32.59
3	.05	4.50	5.91	6.82	7.50	8.04	8.48	8.85	9.18	9.46	9.72
	.01	8.26	10.62	12.17	13.32	14.24	15.00	15.64	16.20	16.69	17.13
4	.05	3.93	5.04	5.76	6.29	6.71	7.05	7.35	7.60	7.83	8.03
	.01	6.51	8.12	9.17	9.96	10.58	11.10	11.54	11.92	12.26	12.57
5	.05	3.64	4.60	5.22	5.67	6.03	6.33	6.58	6.80	6.99	7.17
	.01	5.70	6.98	7.80	8.42	8.91	9.32	9.67	9.97	10.24	10.48
6	.05	3.46	4.34	4.90	5.30	5.63	5.90	6.12	6.32	6.49	6.65
	.01	5.24	6.33	7.03	7.56	7.97	8.32	8.61	8.87	9.10	9.30
7	.05	3.34	4.16	4.68	5.06	5.36	5.61	5.82	6.00	6.16	6.30
	.01	4.95	5.92	6.54	7.01	7.37	7.68	7.94	8.17	8.37	8.55
8	.05	3.26	4.04	4.53	4.89	5.17	5.40	5.60	5.77	5.92	6.05
	.01	4.75	5.64	6.20	6.62	6.96	7.24	7.47	7.68	7.86	8.03
9	.05	3.20	3.95	4.41	4.76	5.02	5.24	5.43	5.59	5.74	5.87
	.01	4.60	5.43	5.96	6.35	6.66	6.91	7.13	7.33	7.49	7.65
10	.05	3.15	3.88	4.33	4.65	4.91	5.12	5.30	5.46	5.60	5.72
	.01	4.48	5.27	5.77	6.14	6.43	6.67	6.87	7.05	7.21	7.36
11	.05	3.11	3.82	4.26	4.57	4.82	5.03	5.20	5.35	5.49	5.61
	.01	4.39	5.15	5.62	5.97	6.25	6.48	6.67	6.84	6.99	7.13
12	.05	3.08	3.77	4.20	4.51	4.75	4.95	5.12	5.27	5.39	5.51
	.01	4.32	5.05	5.50	5.84	6.10	6.32	6.51	6.67	6.81	6.94
13	.05	3.06	3.73	4.15	4.45	4.69	4.88	5.05	5.19	5.32	5.43
	.01	4.26	4.96	5.40	5.73	5.98	6.19	6.37	6.53	6.67	6.79
14	.05	3.03	3.70	4.11	4.41	4.64	4.83	4.99	5.13	5.25	5.36
	.01	4.21	4.89	5.32	5.63	5.88	6.08	6.26	6.41	6.54	6.66
15	.05	3.01	3.67	4.08	4.37	4.59	4.78	4.94	5.08	5.20	5.31
	.01	4.17	4.84	5.25	5.56	5.80	5.99	6.16	6.31	6.44	6.55
16	.05	3.00	3.65	4.05	4.33	4.56	4.74	4.90	5.03	5.15	5.26
	.01	4.13	4.79	5.19	5.49	5.72	5.92	6.08	6.22	6.35	6.46
17	.05	2.98	3.63	4.02	4.30	4.52	4.70	4.86	4.99	5.11	5.21
	.01	4.10	4.74	5.14	5.43	5.66	5.85	6.01	6.15	6.27	6.38
18	.05	2.97	3.61	4.00	4.28	4.49	4.67	4.82	4.96	5.07	5.17
	.01	4.07	4.70	5.09	5.38	5.60	5.79	5.94	6.08	6.20	6.31
19	.05	2.96	3.59	3.98	4.25	4.47	4.65	4.79	4.92	5.04	5.14
	.01	4.05	4.67	5.05	5.33	5.55	5.73	5.89	6.02	6.14	6.25
20	.05	2.95	3.58	3.96	4.23	4.45	4.62	4.77	4.90	5.01	5.11
	.01	4.02	4.64	5.02	5.29	5.51	5.69	5.84	5.97	6.09	6.19
24	.05	2.92	3.53	3.90	4.17	4.37	4.54	4.68	4.81	4.92	5.01
	.01	3.96	4.55	4.91	5.17	5.37	5.54	5.69	5.81	5.92	6.02
30	.05	2.89	3.49	3.85	4.10	4.30	4.46	4.60	4.72	4.82	4.92
	.01	3.89	4.45	4.80	5.05	5.24	5.40	5.54	5.65	5.76	5.85
40	.05	2.86	3.44	3.79	4.04	4.23	4.39	4.52	4.63	4.73	4.82
	.01	3.82	4.37	4.70	4.93	5.11	5.26	5.39	5.50	5.60	5.69
60	.05	2.83	3.40	3.74	3.98	4.16	4.31	4.44	4.55	4.65	4.73
	.01	3.76	4.28	4.59	4.82	4.99	5.13	5.25	5.36	5.45	5.53
80	.05	2.81	3.38	3.71	3.95	4.13	4.28	4.40	4.51	4.60	4.69
	.01	3.73	4.24	4.55	4.76	4.93	5.07	5.19	5.28	5.37	5.45
120	.05	2.80	3.36	3.68	3.92	4.10	4.24	4.36	4.47	4.56	4.64
	.01	3.70	4.20	4.50	4.71	4.87	5.01	5.12	5.21	5.30	5.37
∞	.05	2.77	3.31	3.63	3.86	4.03	4.17	4.29	4.39	4.47	4.55
	.01	3.64	4.12	4.40	4.60	4.76	4.88	4.99	5.08	5.16	5.23

(계속)

[수표 7] Tukey의 HSD-qT

집단수 (J)										Error
12	13	14	15	16	17	18	19	20	α	*df*
14.75	15.08	15.38	15.65	15.91	16.14	16.37	16.57	16.77	.05	2
33.40	34.13	34.81	35.43	36.00	36.53	37.03	37.50	37.94	.01	
9.95	10.16	10.35	10.52	10.69	10.84	10.98	11.11	11.24	.05	3
17.53	17.89	18.22	18.52	18.80	19.07	19.32	19.55	19.76	.01	
8.21	8.37	8.52	8.66	8.79	8.91	9.03	9.13	9.23	.05	4
12.84	13.10	13.32	13.53	13.73	13.91	14.08	14.24	14.39	.01	
7.32	7.47	7.60	7.72	7.83	7.93	8.03	8.12	8.21	.05	5
10.70	10.89	11.08	11.24	11.40	11.55	11.68	11.81	11.93	.01	
6.79	6.92	7.03	7.14	7.24	7.34	7.43	7.51	7.59	.05	6
9.48	9.65	9.81	9.95	10.08	10.21	10.32	10.43	10.54	.01	
6.43	6.55	6.66	6.76	6.85	6.94	7.02	7.10	7.17	.05	7
8.71	8.86	9.00	9.12	9.24	9.35	9.46	9.55	9.65	.01	
6.18	6.29	6.39	6.48	6.57	6.65	6.73	6.80	6.87	.05	8
8.18	8.31	8.44	8.55	8.66	8.76	8.85	8.94	9.03	.01	
5.98	6.09	6.19	6.28	6.36	6.44	6.51	6.58	6.64	.05	9
7.78	7.91	8.03	8.13	8.23	8.33	8.41	8.49	8.57	.01	
5.83	5.93	6.03	6.11	6.19	6.27	6.34	6.40	6.47	.05	10
7.49	7.60	7.71	7.81	7.91	7.99	8.08	8.15	8.23	.01	
5.71	5.81	5.90	5.98	6.06	6.13	6.20	6.27	6.33	.05	11
7.25	7.36	7.46	7.56	7.65	7.73	7.81	7.88	7.95	.01	
5.61	5.71	5.80	5.88	5.95	6.02	6.09	6.15	6.21	.05	12
7.06	7.17	7.26	7.36	7.44	7.52	7.59	7.66	7.73	.01	
5.53	5.63	5.71	5.79	5.86	5.93	5.99	6.05	6.11	.05	13
6.90	7.01	7.10	7.19	7.27	7.35	7.42	7.48	7.55	.01	
5.46	5.55	5.64	5.71	5.79	5.85	5.91	5.97	6.03	.05	14
6.77	6.87	6.96	7.05	7.13	7.20	7.27	7.33	7.39	.01	
5.40	5.49	5.57	5.65	5.72	5.78	5.85	5.90	5.96	.05	15
6.66	6.76	6.84	6.93	7.00	7.07	7.14	7.20	7.26	.01	
5.35	5.44	5.52	5.59	5.66	5.73	5.79	5.84	5.90	.05	16
6.56	6.66	6.74	6.82	6.90	6.97	7.03	7.09	7.15	.01	
5.31	5.39	5.47	5.54	5.61	5.67	5.73	5.79	5.84	.05	17
6.48	6.57	6.66	6.73	6.81	6.87	6.94	7.00	7.05	.01	
5.27	5.35	5.43	5.50	5.57	5.63	5.69	5.74	5.79	.05	18
6.41	6.50	6.58	6.65	6.73	6.79	6.85	6.91	6.97	.01	
5.23	5.31	5.39	5.46	5.53	5.59	5.65	5.70	5.75	.05	19
6.34	6.43	6.51	6.58	6.65	6.72	6.78	6.84	6.89	.01	
5.20	5.28	5.36	5.43	5.49	5.55	5.61	5.66	5.71	.05	20
6.28	6.37	6.45	6.52	6.59	6.65	6.71	6.77	6.82	.01	
5.10	5.18	5.25	5.32	5.38	5.44	5.49	5.55	5.59	.05	24
6.11	6.19	6.26	6.33	6.39	6.45	6.51	6.56	6.61	.01	
5.00	5.08	5.15	5.21	5.27	5.33	5.38	5.43	5.47	.05	30
5.93	6.01	6.08	6.14	6.20	6.26	6.31	6.36	6.41	.01	
4.90	4.98	5.04	5.11	5.16	5.22	5.27	5.31	5.36	.05	40
5.76	5.83	5.90	5.96	6.02	6.07	6.12	6.16	6.21	.01	
5.81	4.88	4.94	5.00	5.06	5.11	5.15	5.20	5.24	.05	60
5.60	5.67	5.73	5.78	5.84	5.89	5.93	5.97	6.01	.01	
4.76	4.83	4.89	4.95	5.00	5.05	5.10	5.14	5.18	.05	80
5.52	5.59	5.64	5.70	5.75	5.80	5.84	5.88	5.92	.01	
4.71	4.78	4.84	4.90	4.95	5.00	5.04	5.09	5.13	.05	120
5.44	5.50	5.56	5.61	5.66	5.71	5.75	5.79	5.83	.01	
4.62	4.68	4.74	4.80	4.85	4.89	4.93	4.97	5.01	.05	∞
5.29	5.35	5.40	5.45	5.49	5.54	5.57	5.61	5.65	.01	

[수표 8] Dunn t 기각값(일방적 검정 α; 양방적 검정 α')

Error			대비수(C)														
df	α	α'	2	3	4	5	6	7	8	9	10	11	12	13	14	15	20
2	.025	.05	6.205	7.649	8.860	9.925	10.886	11.769	12.590	13.360	14.089	14.782	15.443	16.078	16.688	17.277	19.962
	.005	.01	14.099	17.277	19.962	22.327	24.464	26.429	28.256	29.975	31.599	33.144	34.619	36.035	37.397	38.710	44.705
3	.025	.05	4.177	4.857	5.392	5.841	6.232	6.580	6.895	7.185	7.453	7.704	7.940	8.162	8.374	8.575	9.465
	.005	.01	7.453	8.575	9.465	10.215	10.869	11.453	11.984	12.471	12.924	13.347	13.745	14.121	14.479	14.819	16.326
4	.025	.05	3.495	3.961	4.315	4.604	4.851	5.068	5.261	5.437	5.598	5.747	5.885	6.015	6.138	6.254	6.758
	.005	.01	5.598	6.254	6.758	7.173	7.529	7.841	8.122	8.376	8.610	8.827	9.029	9.219	9.398	9.568	10.306
5	.025	.05	3.163	3.534	3.810	4.032	4.219	4.382	4.526	4.655	4.773	4.882	4.983	5.076	5.164	5.247	5.604
	.005	.01	4.773	5.247	5.604	5.893	6.138	6.352	6.541	6.713	6.869	7.013	7.146	7.271	7.388	7.499	7.976
6	.025	.05	2.969	3.287	3.521	3.707	3.863	3.997	4.115	4.221	4.317	4.405	4.486	4.561	4.632	4.698	4.981
	.005	.01	4.317	4.698	4.981	5.208	5.398	5.563	5.709	5.840	5.959	6.068	6.169	6.263	6.351	6.434	6.788
7	.025	.05	2.841	3.128	3.335	3.499	3.636	3.753	3.855	3.947	4.029	4.105	4.174	4.239	4.299	4.355	4.595
	.005	.01	4.029	4.355	4.595	4.785	4.944	5.082	5.202	5.310	5.408	5.497	5.580	5.657	5.728	5.795	6.082

(계속)

[수표 8] Dunn t 기각값(일방적 검정 α; 양방적 검정 α')

Error			대비수(C)														
df	α	α'	2	3	4	5	6	7	8	9	10	11	12	13	14	15	20
8	.025	.05	2.752	3.016	3.206	3.355	3.479	3.584	3.677	3.759	3.833	3.900	3.962	4.019	4.072	4.122	4.334
	.005	.01	3.833	4.122	4.334	4.501	4.640	4.759	4.864	4.957	5.041	5.118	5.189	5.255	5.316	5.374	5.617
9	.025	.05	2.685	2.933	3.111	3.250	3.364	3.462	3.547	3.622	3.690	3.751	3.808	3.860	3.909	3.954	4.146
	.005	.01	3.690	3.954	4.146	4.297	4.422	4.529	4.622	4.706	4.781	4.849	4.912	4.971	5.025	5.076	5.291
10	.025	.05	2.634	2.870	3.038	3.169	3.277	3.368	3.448	3.518	3.581	3.639	3.691	3.740	3.785	3.827	4.005
	.005	.01	3.581	3.827	4.005	4.144	4.259	4.357	4.442	4.518	4.587	4.649	4.707	4.760	4.809	4.855	5.049
11	.025	.05	2.593	2.820	2.981	3.106	3.208	3.295	3.370	3.437	3.497	3.551	3.600	3.646	3.689	3.728	3.895
	.005	.01	3.497	3.728	3.895	4.025	4.132	4.223	4.303	4.373	4.437	4.495	4.548	4.597	4.642	4.685	4.863
12	.025	.05	2.560	2.779	2.934	3.055	3.153	3.236	3.308	3.371	3.428	3.480	3.527	3.571	3.611	3.649	3.807
	.005	.01	3.428	3.649	3.807	3.930	4.031	4.117	4.192	4.258	4.318	4.372	4.422	4.467	4.510	4.550	4.716
13	.025	.05	2.533	2.746	2.896	3.012	3.107	3.187	3.256	3.318	3.372	3.422	3.467	3.509	3.548	3.584	3.735
	.005	.01	3.372	3.584	3.735	3.852	3.948	4.030	4.101	4.164	4.221	4.272	4.319	4.362	4.403	4.440	4.597
14	.025	.05	2.510	2.718	2.864	2.977	3.069	3.146	3.214	3.273	3.326	3.374	3.417	3.458	3.495	3.530	3.675
	.005	.01	3.326	3.530	3.675	3.787	3.880	3.958	4.026	4.086	4.140	4.189	4.234	4.275	4.314	4.349	4.499

(계속)

[수표 8] Dunn t 기각값(일방적 검정 α; 양방적 검정 α')

Error df	α	α'	대비수(C) 2	3	4	5	6	7	8	9	10	11	12	13	14	15	20
15	.025	.05	2.490	2.694	2.837	2.947	3.036	3.112	3.177	3.235	3.286	3.333	3.375	3.414	3.450	3.484	3.624
	.005	.01	3.286	3.484	3.624	3.733	3.822	3.897	3.963	4.021	4.073	4.120	4.163	4.202	4.239	4.273	4.417
16	.025	.05	2.473	2.673	2.813	2.921	3.008	3.082	3.146	3.202	3.252	3.297	3.339	3.377	3.412	3.444	3.581
	.005	.01	3.252	3.444	3.581	3.686	3.773	3.846	3.909	3.965	4.015	4.060	4.102	4.140	4.175	4.208	4.346
17	.025	.05	2.458	2.655	2.793	2.898	2.984	3.056	3.119	3.173	3.222	3.267	3.307	3.344	3.378	3.41	3.543
	.005	.01	3.222	3.410	3.543	3.646	3.730	3.801	3.862	3.917	3.965	4.009	4.049	4.086	4.121	4.152	4.286
18	.025	.05	2.445	2.639	2.775	2.878	2.963	3.034	3.095	3.149	3.197	3.240	3.279	3.316	3.349	3.380	3.510
	.005	.01	3.197	3.380	3.510	3.610	3.692	3.762	3.822	3.874	3.922	3.964	4.003	4.039	4.073	4.104	4.233
19	.025	.05	2.433	2.625	2.759	2.861	2.944	3.014	3.074	3.127	3.174	3.216	3.255	3.291	3.323	3.354	3.481
	.005	.01	3.174	3.354	3.481	3.579	3.660	3.727	3.786	3.837	3.883	3.925	3.963	3.998	4.031	4.061	4.187
20	.025	.05	2.423	2.613	2.744	2.845	2.927	2.996	3.055	3.107	3.153	3.195	3.233	3.268	3.301	3.331	3.455
	.005	.01	3.153	3.331	3.455	3.552	3.630	3.697	3.754	3.804	3.850	3.890	3.928	3.962	3.994	4.023	4.146
21	.025	.05	2.414	2.601	2.732	2.831	2.912	2.980	3.038	3.090	3.135	3.176	3.214	3.248	3.280	3.310	3.432
	.005	.01	3.135	3.310	3.432	3.527	3.604	3.669	3.726	3.775	3.819	3.859	3.896	3.929	3.960	3.989	4.110

(계속)

[수표 8] Dunn t 기각값(일방적 검정 α; 양방적 검정 α')

Error df	α	α'	대비수(C) 2	3	4	5	6	7	8	9	10	11	12	13	14	15	20
22	.025	.05	2.405	2.591	2.720	2.819	2.899	2.965	3.023	3.074	3.119	3.159	3.196	3.230	3.262	3.291	3.412
	.005	.01	3.119	3.291	3.412	3.505	3.581	3.645	3.700	3.749	3.792	3.831	3.867	3.900	3.931	3.959	4.077
23	.025	.05	2.398	2.582	2.710	2.807	2.886	2.952	3.009	3.059	3.104	3.144	3.181	3.214	3.245	3.274	3.393
	.005	.01	3.104	3.274	3.393	3.485	3.560	3.623	3.677	3.725	3.768	3.806	3.841	3.874	3.904	3.932	4.047
24	.025	.05	2.391	2.574	2.700	2.797	2.875	2.941	2.997	3.046	3.091	3.130	3.166	3.199	3.230	3.258	3.376
	.005	.01	3.091	3.258	3.376	3.467	3.540	3.603	3.656	3.703	3.745	3.783	3.818	3.850	3.879	3.907	4.021
25	.025	.05	2.385	2.566	2.692	2.787	2.865	2.930	2.986	3.035	3.078	3.117	3.153	3.186	3.216	3.244	3.361
	.005	.01	3.078	3.244	3.361	3.450	3.523	3.584	3.637	3.684	3.725	3.763	3.797	3.828	3.857	3.884	3.996
26	.025	.05	2.379	2.559	2.684	2.779	2.856	2.920	2.975	3.024	3.067	3.106	3.141	3.174	3.204	3.231	3.346
	.005	.01	3.067	3.231	3.346	3.435	3.507	3.567	3.620	3.666	3.707	3.744	3.777	3.808	3.837	3.864	3.974
27	.025	.05	2.373	2.552	2.676	2.771	2.847	2.911	2.966	3.014	3.057	3.095	3.130	3.162	3.192	3.219	3.333
	.005	.01	3.057	3.219	3.333	3.421	3.492	3.552	3.604	3.649	3.690	3.726	3.759	3.790	3.818	3.845	3.954
28	.025	.05	2.368	2.546	2.669	2.763	2.839	2.902	2.957	3.004	3.047	3.085	3.120	3.152	3.181	3.208	3.321
	.005	.01	3.047	3.208	3.321	3.408	3.479	3.538	3.589	3.634	3.674	3.710	3.743	3.773	3.801	3.827	3.935

(계속)

[수표 8] Dunn t 기각값(일방적 검정 α; 양방적 검정 α')

Error df	α	α'	대비수(C) 2	3	4	5	6	7	8	9	10	11	12	13	14	15	20
29	.025	.05	2.364	2.541	2.663	2.756	2.832	2.894	2.949	2.996	3.038	3.076	3.110	3.142	3.171	3.198	3.310
	.005	.01	3.038	3.198	3.310	3.396	3.466	3.525	3.575	3.620	3.659	3.695	3.728	3.758	3.785	3.811	3.918
30	.025	.05	2.360	2.536	2.657	2.750	2.825	2.887	2.941	2.988	3.030	3.067	3.102	3.133	3.162	3.189	3.300
	.005	.01	3.030	3.189	3.300	3.385	3.454	3.513	3.563	3.607	3.646	3.681	3.714	3.743	3.771	3.796	3.902
40	.025	.05	2.329	2.499	2.616	2.704	2.776	2.836	2.887	2.931	2.971	3.007	3.039	3.069	3.096	3.122	3.227
	.005	.01	2.971	3.122	3.227	3.307	3.372	3.426	3.473	3.514	3.551	3.584	3.614	3.642	3.667	3.691	3.788
60	.025	.05	2.299	2.463	2.575	2.660	2.729	2.785	2.834	2.877	2.915	2.948	2.979	3.007	3.033	3.057	3.156
	.005	.01	2.915	3.057	3.156	3.232	3.293	3.344	3.388	3.426	3.460	3.491	3.519	3.545	3.568	3.590	3.681
120	.025	.05	2.270	2.428	2.536	2.617	2.683	2.737	2.783	2.824	2.860	2.892	2.921	2.948	2.972	2.995	3.088
	.005	.01	2.860	2.995	3.088	3.160	3.217	3.265	3.306	3.342	3.373	3.402	3.428	3.452	3.474	3.494	3.578
∞	.025	.05	2.241	2.394	2.498	2.576	2.638	2.690	2.734	2.773	2.807	2.838	2.865	2.891	2.914	2.935	3.023
	.005	.01	2.807	2.935	3.023	3.090	3.144	3.189	3.227	3.261	3.291	3.317	3.341	3.364	3.384	3.403	3.481

[수표 9] Dunn-Sidak 기각값(일방적 검정)

df	α	대비수(C)														
		2	3	4	5	6	7	8	9	10	11	12	13	14	15	20
2	.05	4.273	5.292	6.144	6.892	7.566	8.185	8.760	9.300	9.810	10.295	10.758	11.202	11.629	12.040	13.918
	.01	9.912	12.166	14.062	15.732	17.241	18.628	19.919	21.130	22.277	23.367	24.408	25.407	26.367	27.295	31.524
3	.05	3.166	3.716	4.146	4.506	4.819	5.097	5.349	5.580	5.793	5.993	6.180	6.357	6.525	6.685	7.391
	.01	5.836	6.733	7.444	8.041	8.563	9.028	9.451	9.839	10.199	10.535	10.852	11.151	11.435	11.706	12.903
4	.05	2.764	3.169	3.474	3.723	3.935	4.121	4.286	4.436	4.574	4.701	4.819	4.929	5.034	5.132	5.560
	.01	4.601	5.162	5.592	5.945	6.247	6.513	6.750	6.966	7.165	7.348	7.520	7.680	7.832	7.975	8.600
5	.05	2.560	2.897	3.146	3.346	3.514	3.660	3.788	3.904	4.009	4.106	4.195	4.278	4.357	4.430	4.746
	.01	4.030	4.452	4.769	5.026	5.242	5.431	5.599	5.750	5.887	6.014	6.132	6.242	6.345	6.443	6.862
6	.05	2.438	2.736	2.954	3.127	3.270	3.394	3.503	3.600	3.688	3.769	3.843	3.912	3.976	4.037	4.295
	.01	3.705	4.055	4.313	4.520	4.694	4.844	4.976	5.095	5.203	5.302	5.393	5.478	5.558	5.633	5.953
7	.05	2.356	2.630	2.828	2.984	3.112	3.223	3.319	3.405	3.482	3.553	3.618	3.678	3.735	3.787	4.010
	.01	3.498	3.803	4.026	4.204	4.352	4.479	4.591	4.691	4.781	4.864	4.940	5.011	5.077	5.139	5.403
8	.05	2.298	2.555	2.739	2.883	3.002	3.103	3.191	3.269	3.340	3.404	3.463	3.517	3.568	3.615	3.815
	.01	3.354	3.630	3.830	3.988	4.119	4.232	4.330	4.418	4.497	4.570	4.636	4.698	4.755	4.809	5.037

(계속)

[수표 9] Dunn-Sidak 기각값(일방적 검정)

df	α	대비수(C) 2	3	4	5	6	7	8	9	10	11	12	13	14	15	20
9	.05	2.254	2.499	2.673	2.809	2.920	3.015	3.097	3.170	3.235	3.295	3.349	3.400	3.447	3.490	3.674
	.01	3.248	3.503	3.687	3.832	3.951	4.054	4.143	4.222	4.294	4.359	4.419	4.474	4.526	4.574	4.777
10	.05	2.221	2.456	2.623	2.752	2.858	2.947	3.025	3.094	3.156	3.212	3.263	3.310	3.354	3.395	3.567
	.01	3.168	3.407	3.579	3.714	3.825	3.919	4.002	4.075	4.141	4.201	4.256	4.306	4.354	4.398	4.584
11	.05	2.194	2.422	2.582	2.707	2.808	2.894	2.968	3.034	3.093	3.146	3.195	3.240	3.282	3.320	3.483
	.01	3.104	3.332	3.494	3.621	3.726	3.815	3.892	3.960	4.022	4.078	4.129	4.177	4.220	4.262	4.434
12	.05	2.172	2.394	2.550	2.670	2.768	2.851	2.922	2.986	3.042	3.093	3.140	3.183	3.223	3.260	3.415
	.01	3.053	3.271	3.426	3.547	3.647	3.731	3.804	3.869	3.927	3.980	4.028	4.073	4.114	4.153	4.315
13	.05	2.153	2.370	2.523	2.640	2.735	2.815	2.885	2.946	3.000	3.050	3.095	3.136	3.175	3.211	3.360
	.01	3.011	3.221	3.371	3.487	3.582	3.662	3.732	3.794	3.850	3.900	3.946	3.988	4.028	4.064	4.218
14	.05	2.138	2.351	2.500	2.614	2.707	2.785	2.853	2.912	2.965	3.013	3.057	3.097	3.134	3.169	3.314
	.01	2.976	3.179	3.324	3.436	3.527	3.605	3.672	3.732	3.785	3.833	3.877	3.918	3.956	3.991	4.138
15	.05	2.125	2.334	2.480	2.592	2.683	2.760	2.826	2.884	2.935	2.982	3.025	3.064	3.100	3.134	3.274
	.01	2.945	3.144	3.284	3.393	3.482	3.557	3.622	3.679	3.731	3.777	3.820	3.859	3.895	3.929	4.070
16	.05	2.113	2.320	2.463	2.573	2.663	2.738	2.802	2.859	2.910	2.955	2.997	3.035	3.071	3.104	3.240
	.01	2.920	3.113	3.250	3.356	3.442	3.515	3.578	3.634	3.684	3.729	3.770	3.808	3.843	3.876	4.013
17	.05	2.103	2.307	2.449	2.557	2.645	2.718	2.782	2.838	2.887	2.932	2.973	3.011	3.045	3.077	3.211
	.01	2.897	3.087	3.221	3.324	3.408	3.479	3.541	3.595	3.644	3.688	3.728	3.764	3.799	3.830	3.963

(계속)

[수표 9] Dunn-Sidak 기각값(일방적 검정)

df	α	대비수(C) 2	3	4	5	6	7	8	9	10	11	12	13	14	15	20
18	.05	2.094	2.296	2.436	2.543	2.629	2.702	2.764	2.819	2.868	2.912	2.952	2.989	3.023	3.054	3.186
	.01	2.877	3.064	3.195	3.296	3.378	3.448	3.508	3.561	3.608	3.651	3.690	3.726	3.759	3.790	3.920
19	.05	2.087	2.286	2.424	2.530	2.615	2.687	2.748	2.802	2.850	2.894	2.933	2.969	3.003	3.034	3.163
	.01	2.860	3.043	3.172	3.271	3.352	3.420	3.479	3.531	3.577	3.619	3.657	3.693	3.725	3.755	3.881
20	.05	2.080	2.277	2.414	2.518	2.603	2.673	2.734	2.788	2.835	2.878	2.917	2.952	2.985	3.016	3.143
	.01	2.844	3.025	3.152	3.249	3.329	3.396	3.454	3.504	3.550	3.591	3.628	3.663	3.695	3.724	3.847
21	.05	2.073	2.269	2.405	2.508	2.592	2.662	2.722	2.774	2.821	2.863	2.902	2.937	2.969	3.000	3.125
	.01	2.830	3.009	3.134	3.230	3.308	3.374	3.431	3.481	3.525	3.566	3.602	3.636	3.667	3.696	3.817
22	.05	2.068	2.262	2.397	2.499	2.582	2.651	2.710	2.762	2.809	2.850	2.888	2.923	2.955	2.985	3.108
	.01	2.818	2.994	3.117	3.212	3.289	3.354	3.410	3.459	3.503	3.543	3.579	3.612	3.643	3.671	3.790
23	.05	2.062	2.256	2.389	2.491	2.572	2.641	2.700	2.751	2.797	2.839	2.876	2.911	2.942	2.972	3.094
	.01	2.806	2.981	3.102	3.196	3.272	3.336	3.391	3.440	3.483	3.522	3.558	3.590	3.621	3.649	3.766
24	.05	2.058	2.250	2.382	2.483	2.564	2.632	2.690	2.742	2.787	2.828	2.865	2.899	2.931	2.960	3.080
	.01	2.796	2.968	3.089	3.182	3.257	3.320	3.374	3.422	3.465	3.503	3.539	3.571	3.601	3.628	3.743
25	.05	2.053	2.244	2.376	2.476	2.557	2.624	2.682	2.733	2.778	2.818	2.855	2.889	2.920	2.949	3.068
	.01	2.786	2.957	3.077	3.168	3.243	3.305	3.359	3.406	3.448	3.486	3.521	3.553	3.582	3.610	3.723
26	.05	2.049	2.239	2.370	2.470	2.550	2.617	2.674	2.724	2.769	2.809	2.846	2.879	2.910	2.939	3.057
	.01	2.778	2.947	3.065	3.156	3.230	3.291	3.345	3.391	3.433	3.471	3.505	3.537	3.566	3.593	3.705

(계속)

[수표 9] Dunn-Sidak 기각값(일방적 검정)

		대비수(C)														
df	α	2	3	4	5	6	7	8	9	10	11	12	13	14	15	20
27	.05	2.046	2.235	2.365	2.464	2.543	2.610	2.667	2.717	2.761	2.801	2.837	2.870	2.901	2.929	3.047
	.01	2.770	2.938	3.055	3.145	3.218	3.279	3.332	3.378	3.419	3.456	3.490	3.521	3.550	3.577	3.688
28	.05	2.042	2.231	2.360	2.458	2.537	2.603	2.660	2.710	2.754	2.793	2.829	2.862	2.893	2.921	3.037
	.01	2.762	2.929	3.045	3.135	3.207	3.267	3.320	3.366	3.406	3.443	3.477	3.508	3.536	3.562	3.672
29	.05	2.039	2.227	2.355	2.453	2.532	2.597	2.654	2.703	2.747	2.786	2.822	2.855	2.885	2.913	3.028
	.01	2.755	2.921	3.037	3.125	3.197	3.257	3.309	3.354	3.395	3.431	3.464	3.495	3.523	3.549	3.658
30	.05	2.036	2.223	2.351	2.448	2.527	2.592	2.648	2.697	2.741	2.780	2.815	2.848	2.878	2.905	3.020
	.01	2.749	2.914	3.028	3.116	3.187	3.247	3.298	3.343	3.383	3.420	3.453	3.483	3.511	3.537	3.644
40	.05	2.015	2.197	2.321	2.415	2.490	2.553	2.607	2.654	2.695	2.733	2.767	2.798	2.826	2.853	2.962
	.01	2.703	2.861	2.970	3.053	3.120	3.177	3.225	3.267	3.305	3.339	3.370	3.399	3.425	3.449	3.549
60	.05	1.995	2.171	2.291	2.382	2.455	2.515	2.567	2.612	2.652	2.687	2.720	2.749	2.777	2.802	2.906
	.01	2.659	2.809	2.913	2.992	3.056	3.109	3.155	3.195	3.230	3.262	3.291	3.318	3.342	3.365	3.459
120	.05	1.974	2.146	2.262	2.350	2.420	2.478	2.528	2.571	2.609	2.643	2.674	2.703	2.729	2.753	2.852
	.01	2.617	2.760	2.859	2.934	2.994	3.044	3.087	3.125	3.158	3.188	3.215	3.240	3.263	3.284	3.372
∞	.05	1.955	2.121	2.234	2.319	2.386	2.442	2.490	2.531	2.568	2.601	2.630	2.657	2.682	2.705	2.799
	.01	2.575	2.712	2.806	2.877	2.934	2.981	3.022	3.057	3.089	3.117	3.143	3.166	3.187	3.207	3.289

(계속)

[수표 9] Dunn-Sidak 기각값(양방적 검정)

Error df	α	대비수(C) 2	3	4	5	6	7	8	9	10	11	12	13	14	15	20
2	.05	6.164	7.582	8.774	9.823	10.769	11.639	12.449	13.208	13.927	14.610	15.263	15.889	16.491	17.072	19.721
	.01	14.071	17.248	19.925	22.282	24.413	26.372	28.196	29.908	31.528	33.068	34.540	35.951	37.309	38.620	44.598
3	.05	4.156	4.826	5.355	5.799	6.185	6.529	6.842	7.128	7.394	7.642	7.876	8.096	8.306	8.505	9.387
	.01	7.447	8.565	9.453	10.201	10.853	11.436	11.966	12.453	12.904	13.326	13.724	14.099	14.456	14.796	16.300
4	.05	3.481	3.941	4.290	4.577	4.822	5.036	5.228	5.402	5.562	5.710	5.848	5.977	6.099	6.214	6.714
	.01	5.594	6.248	6.751	7.166	7.520	7.832	8.112	8.367	8.600	8.817	9.019	9.208	9.387	9.556	10.294
5	.05	3.152	3.518	3.791	4.012	4.197	4.358	4.501	4.630	4.747	4.855	4.955	5.049	5.136	5.219	5.573
	.01	4.771	5.243	5.599	5.888	6.133	6.346	6.535	6.706	6.862	7.006	7.139	7.264	7.381	7.491	7.968
6	.05	2.959	3.274	3.505	3.690	3.845	3.978	4.095	4.200	4.296	4.383	4.464	4.539	4.609	4.675	4.956
	.01	4.315	4.695	4.977	5.203	5.394	5.559	5.704	5.835	5.954	6.063	6.164	6.258	6.345	6.428	6.782
7	.05	2.832	3.115	3.321	3.484	3.620	3.736	3.838	3.929	4.011	4.086	4.156	4.220	4.280	4.336	4.574
	.01	4.027	4.353	4.591	4.782	4.941	5.078	5.198	5.306	5.404	5.493	5.575	5.652	5.724	5.791	6.077
8	.05	2.743	3.005	3.193	3.342	3.464	3.569	3.661	3.743	3.816	3.883	3.945	4.002	4.055	4.105	4.316
	.01	3.831	4.120	4.331	4.498	4.637	4.756	4.860	4.953	5.038	5.115	5.185	5.251	5.312	5.370	5.613

(계속)

[수표 9] Dunn-Sidak 기각값(양방적 검정)

df	α	대비수(C)													
		2	3	4	5	6	7	8	9	10	11	12	13	14	15	20
9	.05	2.677	2.923	3.099	3.237	3.351	3.448	3.532	3.607	3.675	3.736	3.793	3.845	3.893	3.939	4.130
	.01	3.688	3.952	4.143	4.294	4.419	4.526	4.619	4.703	4.778	4.846	4.909	4.967	5.021	5.072	5.287
10	.05	2.626	2.360	3.027	3.157	3.264	3.355	3.434	3.505	3.568	3.625	3.677	3.726	3.771	3.813	3.989
	.01	3.580	3.825	4.002	4.141	4.256	4.354	4.439	4.515	4.584	4.646	4.703	4.756	4.806	4.852	5.046
11	.05	2.586	2.811	2.970	3.094	3.196	3.283	3.358	3.424	3.484	3.538	3.587	3.633	3.675	3.715	3.880
	.01	3.495	3.726	3.892	4.022	4.129	4.221	4.300	4.371	4.434	4.492	4.545	4.594	4.639	4.682	4.860
12	.05	2.553	2.770	2.924	3.044	3.141	3.224	3.296	3.359	3.416	3.468	3.515	3.558	3.598	3.636	3.793
	.01	3.427	3.647	3.804	3.927	4.029	4.114	4.189	4.256	4.315	4.369	4.419	4.465	4.507	4.547	4.714
13	.05	2.526	2.737	2.886	3.002	3.096	3.176	3.245	3.306	3.361	3.410	3.455	3.497	3.535	3.571	3.722
	.01	3.371	3.582	3.733	3.850	3.946	4.028	4.099	4.162	4.218	4.270	4.317	4.360	4.400	4.438	4.595
14	.05	2.503	2.709	2.854	2.967	3.058	3.135	3.202	3.261	3.314	3.362	3.406	3.446	3.483	3.518	3.662
	.01	3.324	3.528	3.673	3.785	3.878	3.956	4.024	4.084	4.138	4.187	4.232	4.273	4.311	4.347	4.497
15	.05	2.483	2.685	2.827	2.937	3.026	3.101	3.166	3.224	3.275	3.321	3.364	3.402	3.439	3.472	3.612
	.01	3.285	3.482	3.622	3.731	3.820	3.895	3.961	4.019	4.071	4.118	4.160	4.200	4.237	4.271	4.414
16	.05	2.467	2.665	2.804	2.911	2.998	3.072	3.135	3.191	3.241	3.286	3.327	3.365	3.400	3.433	3.569
	.01	3.251	3.443	3.579	3.684	3.771	3.844	3.907	3.963	4.013	4.058	4.100	4.138	4.173	4.206	4.344
17	.05	2.452	2.647	2.783	2.889	2.974	3.046	3.108	3.163	3.212	3.256	3.296	3.333	3.367	3.399	3.532
	.01	3.221	3.409	3.541	3.644	3.728	3.799	3.860	3.914	3.963	4.007	4.047	4.084	4.118	4.150	4.284

(계속)

[수표 9] Dunn-Sidak 기각값(양방적 검정)

df	α	대비수(C)														
		2	3	4	5	6	7	8	9	10	11	12	13	14	15	20
18	.05	2.439	2.631	2.766	2.869	2.953	3.024	3.085	3.138	3.186	3.229	3.269	3.305	3.338	3.370	3.499
	.01	3.195	3.379	3.508	3.609	3.691	3.760	3.820	3.872	3.920	3.962	4.001	4.037	4.071	4.102	4.231
19	.05	2.427	2.617	2.750	2.852	2.934	3.004	3.064	3.116	3.163	3.206	3.245	3.280	3.313	3.343	3.470
	.01	3.173	3.353	3.479	3.578	3.658	3.725	3.784	3.835	3.881	3.923	3.961	3.996	4.029	4.059	4.185
20	.05	2.417	2.605	2.736	2.836	2.918	2.986	3.045	3.097	3.143	3.185	3.223	3.258	3.290	3.320	3.445
	.01	3.152	3.329	3.454	3.550	3.629	3.695	3.752	3.802	3.848	3.888	3.926	3.960	3.992	4.021	4.144
21	.05	2.408	2.594	2.723	2.822	2.903	2.970	3.029	3.080	3.125	3.166	3.204	3.238	3.270	3.300	3.422
	.01	3.134	3.308	3.431	3.525	3.602	3.667	3.724	3.773	3.817	3.857	3.894	3.927	3.958	3.987	4.108
22	.05	2.400	2.584	2.712	2.810	2.889	2.956	3.014	3.064	3.109	3.150	3.187	3.220	3.252	3.281	3.402
	.01	3.118	3.289	3.410	3.503	3.579	3.643	3.698	3.747	3.790	3.830	3.865	3.898	3.929	3.957	4.075
23	.05	2.392	2.574	2.701	2.798	2.877	2.943	3.000	3.050	3.094	3.134	3.171	3.204	3.235	3.264	3.383
	.01	3.103	3.272	3.392	3.483	3.558	3.621	3.675	3.723	3.766	3.804	3.840	3.872	3.902	3.930	4.046
24	.05	2.385	2.566	2.692	2.788	2.866	2.931	2.988	3.037	3.081	3.121	3.157	3.190	3.220	3.249	3.366
	.01	3.089	3.257	3.375	3.465	3.539	3.601	3.654	3.702	3.744	3.782	3.816	3.848	3.878	3.905	4.019
25	.05	2.379	2.558	2.683	2.779	2.856	2.921	2.976	3.025	3.069	3.108	3.144	3.176	3.207	3.235	3.351
	.01	3.077	3.243	3.359	3.449	3.521	3.583	3.635	3.682	3.723	3.761	3.795	3.826	3.855	3.882	3.995
26	.05	2.373	2.551	2.675	2.770	2.847	2.911	2.966	3.014	3.058	3.096	3.132	3.164	3.194	3.222	3.337
	.01	3.066	3.230	3.345	3.433	3.505	3.566	3.610	3.664	3.705	3.742	3.776	3.807	3.835	3.862	3.972

(계속)

[수표 9] Dunn-Sidak 기각값(양방적 검정)

df	α	대비수(C)														
		2	3	4	5	6	7	8	9	10	11	12	13	14	15	20
27	.05	2.368	2.545	2.668	2.762	2.838	2.902	2.956	3.004	3.047	3.086	3.121	3.153	3.182	3.210	3.324
	.01	3.056	3.218	3.332	3.419	3.491	3.550	3.602	3.647	3.688	3.724	3.758	3.788	3.817	3.843	3.952
28	.05	2.363	2.539	2.661	2.755	2.830	2.893	2.948	2.995	3.038	3.076	3.111	3.142	3.172	3.199	3.312
	.01	3.046	3.207	3.320	3.407	3.477	3.536	3.587	3.632	3.672	3.708	3.741	3.771	3.799	3.825	3.933
29	.05	2.358	2.534	2.655	2.748	2.823	2.886	2.940	2.987	3.029	3.067	3.101	3.133	3.162	3.189	3.301
	.01	3.037	3.197	3.309	3.395	3.464	3.523	3.574	3.618	3.658	3.693	3.726	3.756	3.784	3.809	3.916
30	.05	2.354	2.528	2.649	2.742	2.816	2.878	2.932	2.979	3.021	3.058	3.092	3.124	3.153	3.180	3.291
	.01	3.029	3.188	3.298	3.384	3.453	3.511	3.561	3.605	3.644	3.680	3.712	3.742	3.769	3.794	3.900
40	.05	2.323	2.492	2.608	2.696	2.768	2.827	2.878	2.923	2.963	2.998	3.031	3.060	3.088	3.113	3.218
	.01	2.970	3.121	3.225	3.305	3.370	3.425	3.472	3.513	3.549	3.582	3.612	3.640	3.665	3.689	3.787
60	.05	2.294	2.456	2.568	2.653	2.721	2.777	2.826	2.869	2.906	2.940	2.971	2.999	3.025	3.049	3.148
	.01	2.914	3.056	3.155	3.230	3.291	3.342	3.386	3.425	3.459	3.489	3.517	3.543	3.567	3.589	3.679
120	.05	2.265	2.422	2.529	2.610	2.675	2.729	2.776	2.816	2.852	2.884	2.913	2.940	2.965	2.987	3.081
	.01	2.859	2.994	3.087	3.158	3.215	3.263	3.304	3.340	3.372	3.401	3.427	3.451	3.473	3.493	3.577
∞	.05	2.236	2.388	2.491	2.569	2.631	2.683	2.727	2.766	2.800	2.830	2.858	2.883	2.906	2.928	3.016
	.01	2.806	2.934	3.022	3.089	3.143	3.188	3.226	3.260	3.289	3.316	3.340	3.362	3.383	3.402	3.479

[수표 10] 효과크기(f, ω^2)에 의한 표본크기 표

f와 ω^2 ($\alpha = .05; 1-\beta = .7, .8, .9$)

f^*	.071	.101	.143	.204	.250	.295	.333	.378	.400	.461	.500	.655	.816	1.00
ω^2	.005	.010	.020	.040	.059	.080	.100	.125	.138	.175	.200	.300	.400	.500

$\nu_1 = 2, \nu_2^{CR} = 3(n-1), \nu_2^{RB} = 2(n-1)$

$1-\beta = .7$	507	253	126	62	42	31	24	19	17	14	12	8	5	4
$1-\beta = .8$	633	316	157	78	52	38	30	24	21	17	14	9	6	5
$1-\beta = .9$	827	412	205	101	68	49	39	31	27	21	18	11	8	6

$\nu_1 = 2, \nu_2^{CR} = 4(n-1), \nu_2^{RB} = 3(n-1)$

$1-\beta = .7$	380	190	95	47	32	23	18	15	13	10	9	6	4	3
$1-\beta = .8$	475	237	118	58	39	29	23	18	16	13	11	7	5	4
$1-\beta = .9$	621	309	154	76	51	37	29	23	21	16	14	9	6	5

$\nu_1 = 2, \nu_2^{CR} = 5(n-1), \nu_2^{RB} = 4(n-1)$

$1-\beta = .7$	304	152	76	38	25	19	15	12	11	8	7	5	4	3
$1-\beta = .8$	380	190	94	47	31	23	18	14	13	10	9	6	4	3
$1-\beta = .9$	497	248	123	61	41	30	24	19	17	13	11	7	5	4

$\nu_1 = 2, \nu_2^{CR} = 6(n-1), \nu_2^{RB} = 5(n-1)$

$1-\beta = .7$	254	127	63	31	21	16	12	10	9	7	6	4	3	3
$1-\beta = .8$	317	158	79	39	26	19	15	12	11	9	7	5	4	3
$1-\beta = .9$	414	206	103	51	34	25	20	16	14	11	9	6	4	3

$\nu_1 = 2, \nu_2^{CR} = 7(n-1), \nu_2^{RB} = 6(n-1)$

$1-\beta = .7$	218	109	54	27	18	13	11	9	8	6	5	4	3	2
$1-\beta = .8$	272	136	68	34	23	17	13	10	9	7	6	4	3	3
$1-\beta = .9$	355	177	88	44	29	21	17	13	12	9	8	5	4	3

(계속)

[수표 10] 효과크기(f, ω^2)에 의한 표본크기 표

f와 ω^2 ($\alpha = .05; 1-\beta = .7, .8, .9$)

f^*	.071	**.101**	.143	.204	**.250**	.295	.333	.378	**.400**	.461	.500	.655	.816	1.00
ω^2	.005	**.010**	.020	.040	**.059**	.080	.100	.125	**.138**	.175	.200	.300	.400	.500
$\nu_1=2, \nu_2^{CR}=8(n-1), \nu_2^{RB}=7(n-1)$														
$1-\beta=.7$	190	95	48	24	16	12	9	8	7	5	5	3	3	2
$1-\beta=.8$	238	119	59	29	20	15	12	9	8	7	6	4	3	2
$1-\beta=.9$	311	155	77	38	26	19	15	12	11	8	7	5	3	3
$\nu_1=2, \nu_2^{CR}=9(n-1), \nu_2^{RB}=8(n-1)$														
$1-\beta=.7$	169	85	42	21	14	11	8	7	6	5	4	3	2	2
$1-\beta=.8$	211	106	53	26	18	13	10	8	7	6	5	3	3	2
$1-\beta=.9$	276	138	69	34	23	17	13	11	10	7	6	4	3	2
$\nu_1=2, \nu_2^{CR}=12(n-1), \nu_2^{RB}=11(n-1)$														
$1-\beta=.7$	127	64	32	16	11	8	7	5	5	4	3	2	2	2
$1-\beta=.8$	159	79	40	20	13	10	8	6	6	5	4	3	2	2
$1-\beta=.9$	207	103	52	26	17	13	10	8	7	6	5	3	3	2
$\nu_1=2, \nu_2^{CR}=18(n-1), \nu_2^{RB}=17(n-1)$														
$1-\beta=.7$	85	43	21	11	7	6	5	4	3	3	3	2	2	2
$1-\beta=.8$	106	53	27	13	9	7	5	4	4	3	3	2	2	2
$1-\beta=.9$	138	69	35	17	12	9	7	6	5	4	4	2	2	2
$\nu_1=2, \nu_2^{CR}=24(n-1), \nu_2^{RB}=23(n-1)$														
$1-\beta=.7$	64	32	16	8	6	4	4	3	3	2	2	2	2	2
$1-\beta=.8$	80	40	20	10	7	5	4	3	3	3	2	2	2	2
$1-\beta=.9$	104	52	26	13	9	7	5	4	4	3	3	2	2	2
$\nu_1=2, \nu_2^{CR}=27(n-1), \nu_2^{RB}=26(n-1)$														
$1-\beta=.7$	57	29	14	7	5	4	3	3	2	2	2	2	2	2
$1-\beta=.8$	71	36	18	9	6	5	4	3	3	2	2	2	2	2
$1-\beta=.9$	92	46	23	12	8	6	5	4	4	3	3	2	2	2
$\nu_1=2, \nu_2^{CR}=36(n-1), \nu_2^{RB}=35(n-1)$														
$1-\beta=.7$	43	22	11	6	4	3	3	2	2	2	2	2	2	2
$1-\beta=.8$	53	27	14	7	5	4	3	3	2	2	2	2	2	2
$1-\beta=.9$	69	35	18	9	6	5	4	3	3	2	2	2	2	2
$\nu_1=2, \nu_2^{CR}=48(n-1), \nu_2^{RB}=47(n-1)$														
$1-\beta=.7$	32	16	8	4	3	2	2	2	2	2	2	2	2	2
$1-\beta=.8$	40	20	10	5	4	3	2	2	2	2	2	2	2	2
$1-\beta=.9$	52	26	13	7	5	4	3	2	2	2	2	2	2	2

(계속)

[수표 10] 효과크기(f, ω^2)에 의한 표본크기 표

f와 ω^2 ($\alpha = .05; 1-\beta = .7, .8, .9$)

f^*	.071	**.101**	.143	.204	**.250**	.295	.333	.378	**.400**	.461	.500	.655	.816	1.00
ω^2	.005	**.010**	.020	.040	**.059**	.080	.100	.125	**.138**	.175	.200	.300	.400	.500

$\nu_1 = 3, \nu_2^{CR} = 4(n-1), \nu_2^{RB} = 3(n-1)$

$1-\beta=.7$	434	217	108	54	36	27	21	17	15	12	10	7	5	4
$1-\beta=.8$	538	268	134	66	44	32	26	20	18	14	12	8	6	4
$1-\beta=.9$	696	347	172	85	57	42	33	26	23	18	15	10	7	5

$\nu_1 = 3, \nu_2^{CR} = 6(n-1), \nu_2^{RB} = 5(n-1)$

$1-\beta=.7$	290	145	72	36	24	18	14	11	10	8	7	5	4	3
$1-\beta=.8$	359	179	89	44	30	22	17	14	12	10	8	5	4	3
$1-\beta=.9$	464	231	115	57	38	28	22	17	16	12	11	7	5	4

$\nu_1 = 3, \nu_2^{CR} = 7(n-1), \nu_2^{RB} = 6(n-1)$

$1-\beta=.7$	248	124	62	31	21	15	12	10	9	7	6	4	3	3
$1-\beta=.8$	307	154	77	38	26	19	15	12	11	8	7	5	4	3
$1-\beta=.9$	398	198	99	49	33	24	19	15	14	11	9	6	4	3

$\nu_1 = 3, \nu_2^{CR} = 8(n-1), \nu_2^{RB} = 7(n-1)$

$1-\beta=.7$	217	109	54	27	18	14	11	9	8	6	5	4	3	2
$1-\beta=.8$	269	134	67	33	22	17	13	10	9	7	6	4	3	3
$1-\beta=.9$	348	174	86	43	29	21	17	13	12	9	8	5	4	3

$\nu_1 = 3, \nu_2^{CR} = 9(n-1), \nu_2^{RB} = 8(n-1)$

$1-\beta=.7$	193	97	48	24	16	12	10	8	7	6	5	3	3	2
$1-\beta=.8$	239	120	60	30	20	15	12	9	8	7	6	4	3	2
$1-\beta=.9$	309	154	77	38	26	19	15	12	11	8	7	5	3	3

$\nu_1 = 3, \nu_2^{CR} = 10(n-1), \nu_2^{RB} = 9(n-1)$

$1-\beta=.7$	174	87	44	22	15	11	9	7	6	5	4	3	2	2
$1-\beta=.8$	215	108	54	27	18	13	11	9	8	6	5	4	3	2
$1-\beta=.9$	279	139	69	34	23	17	13	11	10	8	7	4	3	3

$\nu_1 = 3, \nu_2^{CR} = 12(n-1), \nu_2^{RB} = 11(n-1)$

$1-\beta=.7$	145	73	36	18	12	9	7	6	5	4	4	3	2	2
$1-\beta=.8$	180	90	45	22	15	11	9	7	6	5	5	3	2	2
$1-\beta=.9$	232	116	58	29	19	14	11	9	8	6	6	4	3	2

$\nu_1 = 3, \nu_2^{CR} = 13(n-1), \nu_2^{RB} = 12(n-1)$

$1-\beta=.7$	134	67	34	17	11	9	7	6	5	4	4	3	2	2
$1-\beta=.8$	166	83	41	21	14	10	8	7	6	5	4	3	2	2
$1-\beta=.9$	214	107	53	27	18	13	10	8	7	6	5	3	3	2

(계속)

[수표 10] 효과크기(f, ω^2)에 의한 표본크기 표

f와 ω^2 ($\alpha = .05; 1-\beta = .7, .8, .9$)

f^*	.071	**.101**	.143	.204	**.250**	.295	.333	.378	**.400**	.461	.500	.655	.816	1.00
ω^2	.005	**.010**	.020	.040	**.059**	.080	.100	.125	**.138**	.175	.200	.300	.400	.500

$\nu_1 = 3, \nu_2^{CR} = 16(n-1), \nu_2^{RB} = 15(n-1)$

$1-\beta=.7$	109	55	27	14	9	7	6	5	4	3	3	2	2	2
$1-\beta=.8$	135	67	34	17	12	9	7	6	5	4	4	3	2	2
$1-\beta=.9$	174	87	43	22	15	11	9	7	6	5	4	3	2	2

$\nu_1 = 3, \nu_2^{CR} = 24(n-1), \nu_2^{RB} = 23(n-1)$

$1-\beta=.7$	73	37	18	9	6	5	4	3	3	3	2	2	2	2
$1-\beta=.8$	90	45	23	11	8	6	5	4	4	3	3	2	2	2
$1-\beta=.9$	116	58	29	15	10	7	6	5	4	3	3	2	2	2

$\nu_1 = 3, \nu_2^{CR} = 32(n-1), \nu_2^{RB} = 31(n-1)$

$1-\beta=.7$	55	28	14	7	5	4	3	3	2	2	2	2	2	2
$1-\beta=.8$	68	34	17	9	6	5	4	3	3	2	2	2	2	2
$1-\beta=.9$	87	44	22	11	8	6	5	4	3	3	2	2	2	2

$\nu_1 = 3, \nu_2^{CR} = 36(n-1), \nu_2^{RB} = 35(n-1)$

$1-\beta=.7$	49	25	12	6	4	3	3	2	2	2	2	2	2	2
$1-\beta=.8$	60	30	15	8	5	4	3	3	3	2	2	2	2	2
$1-\beta=.9$	78	39	20	10	7	5	4	3	3	3	2	2	2	2

$\nu_1 = 3, \nu_2^{CR} = 48(n-1), \nu_2^{RB} = 47(n-1)$

$1-\beta=.7$	37	19	9	5	4	3	2	2	2	2	2	2	2	2
$1-\beta=.8$	45	23	12	6	4	3	3	2	2	2	2	2	2	2
$1-\beta=.9$	58	29	15	8	5	4	3	3	2	2	2	2	2	2

$\nu_1 = 3, \nu_2^{CR} = 64(n-1), \nu_2^{RB} = 63(n-1)$

$1-\beta=.7$	28	14	7	4	3	2	2	2	2	2	2	2	2	2
$1-\beta=.8$	34	17	9	5	3	3	2	2	2	2	2	2	2	2
$1-\beta=.9$	44	22	11	6	4	3	3	2	2	2	2	2	2	2

[수표 11] 경향성분석 대비계수

집단수	경향성	대비계수							$\sum c_{ij}^2$
3	선형	−1	0	1					2
	곡선형	1	−2	1					6
4	선형	−3	−1	1	3				20
	곡선형	1	−1	−1	1				4
	3차 곡선형	−1	3	−3	1				20
5	선형	−2	−1	0	1	2			10
	곡선형	2	−1	−2	−1	2			14
	3차 곡선형	−1	2	0	−2	1			10
	4차 곡선형	1	−4	6	−4	1			70
6	선형	−5	−3	−1	1	3	5		70
	곡선형	5	−1	−4	−4	−1	5		84
	3차 곡선형	−5	7	4	−4	−7	5		180
	4차 곡선형	1	−3	2	2	−3	1		28
7	선형	−3	−2	−1	0	1	2	3	28
	곡선형	5	0	−3	−4	−3	0	5	84
	3차 곡선형	−1	1	1	0	−1	−1	1	6
	4차 곡선형	3	−7	1	6	1	−7	3	154

참고문헌

성태제(2014a). 현대기초통계학: 이해와 적용(제7판). 서울: 학지사.

성태제(2014b). (SPSS/AMOS를 이용한) 알기쉬운 통계분석(제2판). 서울: 학지사.

성태제, 시기자(2014). 연구방법론(제2판). 서울: 학지사.

Brown, M. B., & Forsythe. A. B. (1974). Robust tests for the equality of variances. *Journal of the American Statistical Association, 69*(346), 364–367.

Campbell, D. T., & Stanley, J. C. (1966). *Experimental and quasi-experimental designs for research.* Chicago: Rand McNally.

Cochran, W. G. (1941). The distribution of the largest of a set of estimated variances as a fraction of their total. *Annals of Human Genetics, 11*(1), 47–52.

Cohen, J. (1988). *Statistical power analysis for the behavioral sciences(2nd ed.).* Hilsdale. NJ: Lawrence Earlbaum.

Dunn, O. J. (1961). Multiple comparisons among means. *Journal of the American Statistical Association, 56*(293), 52–64.

Fisher, R. A. (1924, August). On a Distribution Yielding the Error Functions of Several Well Known Statistics. *Proceedings of the International Congress of Mathematicians*, Torono, Canada.

Hartley, H. O. (1940). Testing the homogeneity of a set of variances. *Biometrika, 31*(3/4), 249–255.

Hartley, H. O. (1950). The maximum F-ratio as a short-cut test for heterogeneity of variance. *Biometrika, 37*(3/4), 308–312.

Hays, W. L. (1994). *Statistics* (5th ed.). Fort Worth, TX: Holt, Rinehart and Winston.

Kirk, R. E. (2013). *Experimental Design: Procedures for the Behavioral Sciences*(4th ed.). SAGE.

Lee, H., & Fung. K. Y. (1985). Behavior of trimmed F and sine-wave F statistics in on-way ANOVA. *Sankhya: The Indian Journal of Statistics, 47B*, 186–201.

Levene, H. (1960). Robust tests for equality of variances. *Contributions to probability and statistics, 1*, 278–292.

Pearson, K. (1896). Mathematical contributions to the theory of evolution. III. Regression, heredity, and panmixia. *Philosophical Transactions of the Royal Society of London, 187*, 253–318.

Shadish, W. R., Cook, T. D., & Campbell, D. T. (2002). *Experimental and quasi-experimental designs of generalized causal inference*. New York: Houghton Mifflin.

Tang, P. C. (1938). The power function of the analysis of variance tests, with tables and illustrations of their use. *Statistical Research Memoradum*, 2, 126–149.

Tukey, J. W. (1953). Multiple comparisons. *Journal of the American Statistical Association, 48*(264). 624–25.

Vaughan, G. M., & Corballis, M. C. (1969). Beyond tests of significance: Estimating strength of effects in selected ANOVA designs. *Psychological Bulletin, 72*(3), 204–213.

Wilcox, R. R. (2005). Trimmed means. In B. S. Everitt & D. E. Howell (Eds.), *Encyclopedia of statistics in behavioral sciences* (pp. 2066–2067). Hoboken, NJ: John Wiley.

Wilk, M. B. (1955). The Randomization Analysis of a Generalized Randomized Block Design. *Biometrika, 42*(1–2). 70–79.

찾아보기

저자 소개

■ 성태제

E-mail: tjseong@ewha.ac.kr
Homepage: http://home.ewha.ac.kr/~tjseong

고려대학교 사범대학 교육학과
Univ. of Wisconsin-Madison 대학원 M.S
Univ. of Wisconsin-Madison 대학원 Ph.D
Univ. of Wisconsin-Madison Laboratory of Experimental Design Consultant
이화여자대학교 교육학과 교수
이화여자대학교 사범대학 교육학과장
대학수학능력시험 평가부위원장
이화여자대학교 입학처장
입학처장협의회 회장
이화여자대학교 교무처장
한국교육평가학회 회장
정부업무평가위원
경제 · 인문사회연구회 기획평가위원장/연구기관 평가단장
MARQUIS「Who's who」세계인명사전 등재(2008~현재)
홍조근정 훈장 수훈
한국대학교육협의회 사무총장
한국교육과정평가원장
육군사관학교 자문위원

• 저서 및 역서
문항반응이론 입문(편역, 양서원, 1991)
타당도와 신뢰도(양서원, 1995)
현대기초통계학의 이해와 적용(양서원, 1995)
교육측정평가의 새로운 지평(공저, 교육과학사, 1998)
한국 교육평가의 쟁점과 대안(공저, 교육과학사, 2000)
문항반응이론의 이해와 적용(교육과학사, 2001, 2016)
현대기초통계학의 이해와 적용(개정판, 교육과학사, 2001)
타당도와 신뢰도(개정판, 학지사, 2002)
문항제작 및 분석의 이론과 실제(개정판, 학지사, 1996, 2004)
현대기초통계학의 이해와 적용(7판, 학지사, 2006, 2010, 2011, 2014)
교육연구방법의 이해(4판, 학지사, 1998, 2005, 2016)
현대교육평가(4판, 학지사, 2002, 2005, 2010, 2014
★문화관광부 추천 우수학술도서)
연구방법론(2판, 공저, 학지사, 2006, 2014)
최신 교육학개론(2판, 공저, 학지사, 2007, 2012)
SPSS/AMOS를 이용한 알기 쉬운 통계분석(2판, 학지사, 2007, 2014)
교육평가의 기초(2판, 학지사, 2009, 2014)
준거설정(역, 학지사, 2011)
문항반응이론(공저, 학지사, 2018)

실험설계분석
Analysis of Experimental Design

2018년 1월 5일 1판 1쇄 인쇄
2018년 1월 10일 1판 1쇄 발행

지은이 • 성태제
펴낸이 • 김진환
펴낸곳 • (주) 학지사
121-838 서울특별시 마포구 양화로 15길 20 마인드월드빌딩
대표전화 • 02)330-5114 팩스 • 02)324-2345
등록번호 • 제313-2006-000265호

홈페이지 • http://www.hakjisa.co.kr
페이스북 • https://www.facebook.com/hakjisa

ISBN 978-89-997-1421-4 93310

정가 27,000원

저자와의 협약으로 인지는 생략합니다.
파본은 구입처에서 교환해 드립니다.

이 책을 무단으로 전재하거나 복제할 경우 저작권법에 따라 처벌을 받게 됩니다.

이 도서의 국립중앙도서관 출판시도서목록(CIP)은 서지정보유통지원시스템 홈페이지(http://seoji.nl.go.kr)와 국가자료공동목록시스템(http://www.nl.go.kr/kolisnet)에서 이용하실 수 있습니다.
(CIP 제어번호: CIP2017029404)

교육문화출판미디어그룹 학지사
심리검사연구소 **인싸이트** www.inpsyt.co.kr
원격교육연수원 **카운피아** www.counpia.com
학술논문서비스 **뉴논문** www.newnonmun.com
간호보건의학출판 **정담미디어** www.jdmpub.com